TURING 图灵新知

纠缠

量子力学趣史

THE AGE OF ENTANGLEMENT

[美] 路易莎·吉尔德◎著

李树锋/阮冬◎译

中国工信出版集团 人民邮电出版社 POSTS & TELECOM PRESS

图书在版编目（CIP）数据

纠缠：量子力学趣史 /（美）路易莎·吉尔德（Louisa Gilder）著；李树锋，阮冬译. -- 北京：人民邮电出版社，2020.9（2023.9 重印）

（图灵新知）

ISBN 978-7-115-54210-6

Ⅰ. ①纠… Ⅱ. ①路… ②李… ③阮… Ⅲ. ①量子力学－物理学史－普及读物 Ⅳ. ①O413.1-49

中国版本图书馆CIP数据核字(2020)第099982号

内 容 提 要

本书以独特的叙事风格描述了量子物理学的百年发展史。作者从20世纪物理学巨匠们的论文、书信、回忆录和历史资料中攫取丰富而翔实的故事，勾勒出他们真实的生活状态和科学研究历程，再现了他们作为天才科学家的热情和作为平凡人的喜怒哀乐。书中的对话和细节令这段历史鲜活而有趣。本书适合广大对量子力学、物理学感兴趣的读者阅读。

◆ 著　　[美] 路易莎·吉尔德
译　　李树锋　阮　冬
责任编辑　戴　童
责任印制　周昇亮

◆ 人民邮电出版社出版发行　北京市丰台区成寿寺路11号
邮编　100164　电子邮件　315@ptpress.com.cn
网址　https://www.ptpress.com.cn
北京七彩京通数码快印有限公司印刷

◆ 开本：720×960　1/16
印张：28　　2020年9月第1版
字数：435千字　　2023年9月北京第9次印刷

著作权合同登记号　图字：01-2009-7054号

定价：99.00元

读者服务热线：(010)84084456-6009　印装质量热线：(010)81055316

反盗版热线：(010)81055315

广告经营许可证：京东市监广登字20170147号

版 权 声 明

献给我的父亲。

——路易莎·吉尔德

如果有人不相信数学是简单的，那是因为他没有意识到人生有多复杂。

——约翰·冯·诺伊曼（1903—1957）

致读者

当维尔纳·海森堡开始写自传时，这位最早为研究物质和光的基本行为规律奠定基础的先驱已到了花甲之年。但他所写的并不是个人经历的自传，而是其思想的自传，这些内容几乎完全由复现的交谈构成。海森堡最重要的两篇论文都是他独立完成的：一篇引入了量子力学（研究物质和光的基本行为规律），另一篇则提出了不确定性原理（在任一给定的时刻，某一粒子的位置越确定，其速率和方向就越不确定，反之亦然）。但追根溯源，这两篇论文都源自他与其他量子物理学先驱数月间热烈而细致的讨论。"科学要基于实验，"海森堡写道，"但科学源于交谈。"[1]

这恰与物理学教科书给学生留下的印象大相径庭。在那些书里，物理学看起来就像一尊居于密封盒子里的完美雕塑，各种见解似乎从物理学家那仅与身体有着纤细联系的大脑里一落生就完全成形了。那些像雅典娜一样的理论以及像宙斯一般的理论家①，看起来都熠熠生辉、光彩照人——如果光线合适，有时你能透过它们窥见物理世界的神秘和美丽；只是其中几乎找不到一丝人性的气息，也感觉不到尚有等待解决的未解之谜。

但事实上，物理学是由人类推进的无尽探索，并没有神灵或天使将完美成形的理论传授给不具肉身的先知，再由他们立刻写成教科书。简化的教科书难免要舍弃每一个物理学思想本来具有的曲折、奇特而迷人的历程——不仅是其走过的道路，其未来的前景也是如此。理论的普适性和完美是我们追求的目标，但倘若我们好像已经达成了这一点，那显然是在说谎。

交谈对于科学来说必不可少，但交谈本身的即兴特性给记录带来了困难。就算是在今天这样的数字时代，也很少有人记录下两个人在某一天里的全部谈话内容，即便那些交谈日后可能引发对世界的新理解。因此，历史书中也就很少有关于人们交流互动的内容。如此一来，按照海森堡的说法，某些东西无疑是遗失了。

当我第一次仔细阅读20世纪量子物理学家们的回忆录和传记时，我感觉就像在看一场

① 在古希腊神话中，智慧女神雅典娜是从宙斯被劈开的头颅中诞生的，出生时就具有成人体态。

——译者注

电影，一场人物鲜活、情节曲折的电影。科学的力量在于它能够消除历史的偶然性、直抵纯粹的知识，然而，这样的知识却是经由一个个身处特定时间和地点、各自身怀独特激情的人一点一滴积累而成的。受限于具体情况，科学会沿着某些特定方向发展。而那些鲜活的人物（而非不具肉身的大脑）和曲折的情节（而非直通真理）让我们几乎可以确信，电影里的故事是真实的。

汤姆·沃尔夫在《令人振奋的兴奋剂实验》（*The Electric Kool-Aid Acid Test*）开头曾写道："我不仅试图描述这帮'快乐的搞笑者'① 做过些什么，还试图重建他们的精神氛围或主观实在。若非如此，我就不可能理解他们的经历。"虽然沃尔夫描述的是一段截然不同的思想史，但我发现，他的观点同样适用于那段量子纠缠时代的科学史和思想史，甚至可能更合适。

这是一本由"交谈"构成的书，展现了物理学家之间频繁的意见交换是如何改变了量子物理学发展方向的，就像日常交谈以或微妙或剧烈的方式改变着我们所身处和体验的世界一样。书中的交谈以某种形式呈现，具体发生的日期在文中指明，而谈话的具体内容我也努力确保有据可查（书后的注释列出了引用来源）。大部分交谈由直接引语或尽量忠实的演绎构成，它们源自这些物理学家们遗留下来的信件、论文和回忆录。当偶尔需要用一些日常用语，比如说"很高兴见到你"或"我同意"来连接、补全对话时，我会尽力使之不违背当事人的原意，尽量符合其性格、信念和经历。翻看一下注释的标记，读者就应该很容易将引语与补充内容区分开来。

下面举一个正文中的例子。这次交谈发生于 1923 年夏天，在哥本哈根的一辆有轨电车上，当事人包括量子理论的两位创立者——阿尔伯特·爱因斯坦和尼尔斯·玻尔，以及该理论首位伟大的传播者阿诺尔德·索末菲。

> "看到你做得这么好，真替你高兴。"爱因斯坦说。
>
> 玻尔摇了摇头，微笑着说："从科学研究的角度看，我的人生一直在极乐与绝望的交织中循环流逝……你们想必都能理解这一点……有时感到精力充沛，有

---

① "快乐的搞笑者"（Merry Pranksters）是 1964 年美国作家肯·凯西组建的一个团体，他们有时聚居在凯西位于加利福尼亚州和俄勒冈州的家中。该团体因使用迷幻药而尽人皆知。1964 年夏天，肯·凯西和他的朋友们"快乐的搞笑者"驾驶一辆标有"向前"（Further）字样、车身遍布绚丽色彩的校车，穿越了整个美国。"快乐的搞笑者"这一称谓已把嬉皮士的反叛精神表露无遗。汤姆·沃尔夫在其纪实体非小说作品《令人振奋的兴奋剂实验》一书中记录了他们的早期冒险经历。——译者注

> 时又自觉疲惫不堪；有时自信满满开始写作论文，有时又犹豫再三不让它们发表。”——说话时，他的表情非常诚恳——“因为对于量子理论这个大谜团，我的想法总是在变化。”
>
> “我理解，”索末菲说，“我非常理解。”
>
> 爱因斯坦几乎一直闭着眼在听，这时他点头说道：“这也正是让我止步不前的一道墙。困难重重啊。”——说到这，他睁开了双眼——“相对论不过是我在与量子的艰难斗争中给自己安排的片刻喘息。”

我们知道这次交谈（上述内容只是这次交谈的一小部分）确曾发生，因为玻尔晚年在他儿子和他最亲密的一个同事所做的一次采访中提到过这次交谈。而交谈的内容可以通过查看三人当时从事的研究，以及从他们写给朋友的信件大致推断得出。玻尔在采访中这样描述了1923年的那一天：

> 索末菲并非书呆子，并非十足的书呆子；而爱因斯坦也不比我更谙世事，因此，他来哥本哈根时，我自然要去火车站接他……
>
> 我们搭乘有轨电车从火车站回研究所，并在车上进行了热烈的讨论，不知不觉竟坐过了好几站。我们只好下车往回坐。但这次我们又坐过了站，我现在不记得是坐过了多少站。我们之所以来回搭乘有轨电车，是因为那个时候爱因斯坦确实对这个问题非常感兴趣，虽然我们不知道爱因斯坦的兴趣是否掺杂着怀疑态度。但不管怎么说，我们坐电车来来回回了许多趟，至于别人怎么看我们，那另当别论。[2]

下面这段文字是前述交谈节选中第一个引语的依据，出自1918年8月玻尔写给一位英国同事的一封信：

> 我想你能理解……从科学研究的角度看，我的人生一直在极乐与绝望的交织中循环流逝：有时感到精力充沛，有时又自觉疲惫不堪；有时自信满满开始写作论文，有时又犹豫再三不让它们发表。这是因为对于量子理论这个大谜团，我的想法总是在变化。[3]

这段写于五年之前的文字怎么能适用于后来的交谈呢？尽管在这期间玻尔肯定发生了一

些变化，但他在信中谈到的状况却依旧没有改变：时而兴奋，时而沮丧，并且疲惫不堪（那段时间玻尔一直在筹建哥本哈根的理论物理研究所）；辛苦完成的长篇论文只有部分自信值得发表；最糟糕的是，他一直以来努力试图理解量子理论，但量子理论在 1925 年海森堡取得突破之前，一直都欠缺坚实的基础。

爱因斯坦的引语则取自他于一年前在一次火车旅途中的谈话。当时，巴黎天文台的一位天文学家与爱因斯坦搭乘同一趟火车从比利时出发前往巴黎，并向爱因斯坦请教了他对于量子问题的意见。爱因斯坦答道："那是道让人止步不前的墙。困难太大了！对我来说，相对论不过是我在面对它们的考验时给自己安排的片刻喘息。"[4] 他的这一看法应该会延续到 1923 年夏天那次交谈发生时，因为直到次年夏天，一封从印度不期而至的来信才帮助他在那道"量子墙"上破开一道裂缝。

至于补充内容，玻尔是那种会用自己的快乐感染他人的人。因此，当他接爱因斯坦去参观自己新创立的理论物理研究所时，无论他实际上如何疲惫不堪，如何内心感到绝望，他都会努力让自己表面看上去状态不错。而索末菲，他与玻尔一同参与了量子理论的早期开拓，对玻尔口中"这个大谜团"的含义想必也会感同身受。[5]

我相信，这种讲述故事的方式利大于弊，因为我们借此将对量子理论如何通过思想的碰撞而得以发展有一个感性认识。要是有些地方让读者感到"某人不可能那样说"，还请查阅注释。而那些大家可能不熟悉的物理学术语，书中也给出了一个术语表。我希望我的努力能赢得大家的信任，并希望以此向海森堡关于科学实际是如何实现的见解致敬。

路易莎·吉尔德，2007 年 10 月

目录

调查与控告

1940 年至 1954 年

探索

1952 年至 1982 年

纠缠的兴盛时代

1981 年至 2005 年

引言

纠缠

约翰·斯图尔特·贝尔（1928—1990）

任何时候，只要两个实体相互作用，就会发生量子纠缠。这与它们是光子（光的微粒）、原子（物质的微粒），还是由原子构成的更大实体，诸如尘埃、显微镜、猫或人，完全没有关系。不管这些实体离得有多远，只要它们不再与其他东西发生相互作用，量子纠缠就会一直保持。不过对猫或人而言，这样的苛刻要求简直绝无可能，这也正是我们不会注意到量子纠缠效应的原因。

但亚原子粒子的运动确实受到量子纠缠的支配。当它们相互作用时，量子纠缠就开始了，在这种情况下，它们失去了独立的存在状态。无论它们相距多远，只要其中一个受到调整、测量或观察，另一个似乎就会立即做出响应，纵然它们之间横亘着整个世界。没有人知道这是怎么实现的。

尽管看起来很奇怪，但这种关联（correlation）却时刻都在发生。而我们能知道这件事，则要归功于约翰·贝尔的工作。贝尔成长于第二次世界大战期间动乱的爱尔兰，他在瑞士的和平环境中度过了自己的研究生涯，最后在 62 岁时突然因病去世，当时他并不知道自己已经获得了当年的诺贝尔奖提名。探究量子力学的逻辑基础——贝尔现在最知名的工作——却是他主业之外的个人爱好。1964 年，他就这一主题发表的第二篇论文简明而优美地表明了纠缠的存在，这是两个粒子之间的某种神奇关联。他延伸和深化了爱因斯坦在同一主题上的一篇论文，该论文由爱因斯坦和他两位不甚出名的同事鲍里斯·波多尔斯基和纳森·罗森于 1935 年共同完成（人们通常以三人姓氏的首字母简称之为 EPR 详谬）。这篇论文在此之前一直饱受冷嘲热讽，直到约翰·贝尔为其正名四十年后，才以绝对优势成为爱因斯坦所有光彩夺目、影响深远的作品中被引用最频繁的一篇。① 同时，它也是 20 世纪下半叶最具影响力的物理学杂志——《物理评论》中被引用最频繁的论文。[1]

量子纠缠现象（尤其是微距上的纠缠，比如在一个氢分子当中）在 20 世纪初，也就是量子理论的初期便为人所知。然而直到贝尔，才以简洁的代数和深邃的思想

① 一篇被引用超过 100 次的论文可以被称作著名论文。[2] 爱因斯坦在 1905 年关于狭义相对论和在 1917 年关于量子理论的经典论文，每一篇都被引用超过 700 次；而他在 1905 年关于原子大小的博士论文则被引用超过 1500 次。相比之下，1935 年发表的爱因斯坦 – 波多尔斯基 – 罗森论文，以及贝尔受其启发，在 1964 年发表的关于量子纠缠的论文，都曾被引用超过了 2500 次。

为破解 EPR 佯谬开辟了道路。

量子力学所蕴含的种种神秘难解之处，在其创立者中引发了不同反应，形成了主要的四种思潮：主流派、少数派、不可知论派和单纯的误解。其中三位创立者——玻尔、海森堡和泡利给出了主流解释，这一解释后来以“哥本哈根诠释”为人所熟知。而包括爱因斯坦在内的另外三位创立者则是少数派，他们相信自己苦心培育的量子理论中有某些东西“不对劲”。此外，务实的人会说，理解这些事情的时机尚未成熟；困惑的人则干脆不理会这些难题，而代之以简单化的解释。

这种由不同反应所引发的混乱，对量子力学的未来前景产生了巨大影响，因为量子理论离不开诠释，就如同鱼离不开水。这一事实本身也恰恰表明了量子理论与过往的科学大不相同。对于一个前量子时代的经典物理学方程来说，只要其中的术语得到了明确定义，那么方程本身就其意自明。但经过量子革命之后，方程本身不再不言自明。这时，只有通过某种诠释，它们才能描述这个自然世界。

我们可以做这样一个类比。有一位不丹艺术家第一次前往纽约，在大都会艺术博物馆首次接触到西方绘画艺术。当他面对众多表现《圣经》中的人物犹滴一手优雅持剑、一手提着敌人荷罗孚尼的头颅的绘画时，他不难把握这些血腥故事中的要点。在 20 世纪以前，绘画本身便足以说清画家的意图。但当这位不丹艺术家来到古根海姆博物馆，面对一堆色彩深浅不一、富有动感的褐色条块时，他只能去看标题小卡片（现代艺术馆的常规设置之一），才会明白这幅画实际名叫《火车上的忧郁青年》。

马塞尔·杜尚的另一幅著名绘画《下楼梯的裸女》，比起任何一幅表现手拎头颅的犹太少女的画作都更为惊世骇俗，这幅画在 1913 年面世时就震惊了纽约艺术界。后来，海森堡有一本书的封面就采用了这幅画，似乎暗示了量子力学如同现代绘画一样，与过去大相径庭。同样，类似于杜尚及其后续者的绘画，量子力学也需要一张标题小卡片，以便将美丽的数学与外部的现实联系起来。而在 20 世纪二三十年代，物理学家们一直争论的正是该由谁来写这张卡片。

以下是参与其中的主要人物的思潮。

1. 哥本哈根诠释

尼尔斯·玻尔（1885—1962），这位爱因斯坦终生的朋友和才智上的对手、哥本哈根理论物理研究所的创始人，试图用所谓“互补性”概念来解释这些难题。[3]对玻尔来说，互补性近乎一种宗教信仰，它要求人们接受量子世界的诸多悖论是内在的，无法通过找出“底下到底有什么”而加以“解决”或规避。而且他以一种不同寻常的方式使用这个词：举例来说，波动性和粒子性（或位置和动量）的“互补”意味着，当其中一个属性完全存在时，与其互补的另一个属性就完全不存在。

为了对微观的量子世界进行观察，玻尔强调，必须存在一个不具有互补性的宏观“经典”世界（一个行星绕转、苹果落下的世界，它可以用艾萨克·牛顿的经典力学很好地加以解释），用来作为观察的平台。通常人们把像苹果、猫这样的经典力学研究的事物，想象成由像原子这样的量子力学研究的事物所构成，但玻尔认为，两者的依赖关系其实恰恰相反。在其1927年著名的科莫讲演中，玻尔强调，波和粒子都是“抽象概念，其属性只有通过它们与其他体系的相互作用才可定义和可观测”，并且这些“其他体系”必须是“经典的”，比如一台测量仪器。

接下去，玻尔并没有敦促物理学家去努力寻找某种方式超越这些“抽象概念”，继而得出更精确的描述，而是进一步主张：“在描述与我们通常的时空观有关的经验时，这些抽象概念是必不可少的。”[4]也就是说，我们必须使用“经典”语言讨论量子事物，尽管它对描述量子事物并不合适；并且我们能否认识到一个量子对象的某个属性的存在，总取决于我们是否能找到另一个体系，量子能以“经典”方式与该体系发生相互作用。因此，不无矛盾的是，由量子体系构成的经典体系在描述量子体系时不可或缺。

玻尔的热情支持者维尔纳·海森堡（1901—1976）[5]和最佳批评者沃尔夫冈·泡利（1900—1958）[6]甚至更进一步，认为量子世界在某种意义上是由我们的观察所创造或改变的，毕竟原子在测量之前看上去不具备任何属性。

玻尔曾在一次与海森堡和泡利的谈话中这样说道：“那些在第一次遇到量子理论却不为之震惊的人，肯定是没有理解它。”[7]

2. “有些东西不对劲”①

1909 年，这时距离量子理论首次面世仅过了九年，阿尔伯特·爱因斯坦（1879—1955）[8] 就开始感到忧虑，因为量子理论暗示，一个世界由不可分离的、“不是相互独立”[9] 的部分组成。当爱因斯坦尝试把单个粒子当作个体来分析时，这些粒子之间似乎彼此施加了“一种性质相当神秘的相互影响”[10]，甚至是以他戏称为“幽灵般的超距作用”[11] 或“某种心灵感应式的耦合”[12] 来互相作用的。在爱因斯坦看来，这清楚地表明量子理论中存在致命缺陷。

埃尔温·薛定谔（1887—1961）[13] 则向人们表明，从表面上看，量子理论（尤其是以他自己的名字命名的基本方程）当中蕴含着一个异乎寻常的悖论。如果我们不全盘接受玻尔的观点，即像一只猫那样的宏观事物并不遵循量子力学的法则（尽管它毫无疑问是由遵循这些法则的粒子构成的），那么我们可以证明那只猫会同时处于既死又生的状态。因此，薛定谔试图在抛弃哥本哈根诠释的波粒二象性的基础上完全用自己的方程来描述这个世界，但他始终未能如愿。

一位年轻的法国人——路易·德布罗意（1892—1987）[14] 也提出了另一种版本的量子理论，其中，薛定谔方程描述了一种速度比光速还快的远程力，它如幽灵一般导引着构成这个世界的各个粒子。

几十年来，这种诠释有很多名字，最常见的是“隐变量理论”。对于德布罗意的诠释来说，一个与之相关的重要概念是“与观察者无关的量子理论”[15]——在这样的理论中，粒子的实在性并不依赖于它是否被观察到。

3. 时机尚未成熟

保罗·狄拉克（1902—1984，他总是以自己名字的首字母缩写 P. A. M. 示人）[16] 发现的描述电子的方程是量子理论取得的最光辉的成果之一。他认为，现在对于量子纠缠的讨论还为时尚早，纯属浪费时间，但总有一天它会水落石出。

---

① 哈姆雷特和约翰·贝尔都说过这样的话。

4. 置之不理

与玻尔一样，马克斯·玻恩（1882—1970）[17]也是爱因斯坦终生的朋友，并对哥本哈根诠释做出了贡献。但他始终无法理解，为什么其他人要把理论的含义看成如此重要和费解的一个问题。

20 世纪 30 年代以后，爱因斯坦、薛定谔和德布罗意的分析似乎明显是个死胡同，事实上，量子理论的大多数重大成果确实来自另一个思想流派。

然而，在玻尔、海森堡、泡利、狄拉克或玻恩的后继者中，没有人敢于尝试去理解、测量，甚至哪怕只是提及所有谜题中最深层次的部分——量子纠缠。就在此时，约翰·贝尔出现了。他追随爱因斯坦、薛定谔和德布罗意的少数派观点，进一步延伸得出了其自然的推论，从而拨开重重迷雾，揭示出了谜团之下的奇异景象。

玻尔曾说过："真理与明晰性是互补的。"[18]意思是说，你越试图接近真理，你的表达就越不明晰，反之亦然。玻尔自然相信这一点，贝尔却不以为然，正如他对玻尔在战后最出名的弟子之一约翰·惠勒所说的："我宁可说得明晰却说错，也不要说得模糊而说对。"[19]

玻尔的著作和论文如今已成为量子理论的"圣经"，被一代代新的物理学家所诠释和再诠释，但其中充斥了太多禁令（比如，断言某些东西无法通过思考理解）以及含糊陈述（比如，"互补性""不可分性"和"非理性"等）。因此，从量子纠缠的历史来看，它们合起来的价值恐怕也比不上爱因斯坦、薛定谔、德布罗意或约翰·贝尔哪怕一句清晰、明确的话。在某种意义上，这些话都曾为我们打开了一个全新的世界——"嘿！看这儿。"

01

两只袜子

1978 年和 1981 年

赖因霍尔德·伯尔特曼（1945—　）

1978 年，在瑞士日内瓦附近的欧洲核子研究中心（CERN），约翰·贝尔在每周的茶会上第一次遇见了赖因霍尔德·伯尔特曼。[1] 他自然不知道，这个留着短须的瘦瘦的奥地利年轻人当时混穿了袜子。伯尔特曼也没有注意到，尽管贝尔是个素食主义者，他却穿了双皮鞋。[2]

而在这两人脚下的地底深处，不断加强的磁场正在使质子（位于原子中心的微小粒子）沿着直径为 250 米的面包圈状轨道一圈又一圈地加速。对这些粒子进行研究，是这个被习惯简称为 CERN 的机构的日常工作之一，虽然这个首字母缩写在该机构经过一段复杂的历史后不再名副其实①。20 世纪 50 年代早期，25 岁的贝尔曾为这部称为“质子同步加速器”的设计提供过咨询。到了 1960 年，加速器建造完成

① CERN 是欧洲核子研究中心的法语首字母缩写，是由欧洲 11 国政府于 1952 年联合组建的临时性组织，后来被成立于 1954 年的欧洲核子研究中心所取代，名字虽然改了，但 CERN 这一缩写却沿用至今。——译者注

后，这位爱尔兰物理学家便移居瑞士，加入了欧洲核子研究中心。他的苏格兰妻子玛丽与他同往，她也是一位物理学家和加速器设计师。欧洲核子研究中心坐落在日内瓦市区和群山之间的绿色牧场上，地上是色彩单调、建筑呆板的园区，地下则是质子绕行的加速器。这里成了贝尔的精神家园，他生命中余下的时光都将在此度过。

在这样一个巨大而冷冰冰的地方，贝尔认为，新来者理应受到热情的欢迎。他之前没见过伯尔特曼，于是主动上前打招呼，以远离故土近二十年仍不改的爱尔兰口音说道："我是约翰·贝尔。"[3]

对于伯尔特曼来说，这是一个熟悉的名字。事实上，对于那些研究正在贝尔和伯尔特曼脚下发生的高速碰撞（也就是称为"粒子物理"和"量子场论"的学科）的人来说，这个名字几乎尽人皆知。在过去二十多年里，贝尔一直在研究这些不断绕行、衰变和裂变的粒子。就像夏洛克·福尔摩斯一样，他喜欢关注那些被别人忽略掉的细节，从而常常能做出清晰、明确而又出人意料的评论。贝尔的老师鲁道夫·派尔斯（1907—1995）曾说道："他不喜欢将人们通常接受的观点视为理所当然，而总是会问：'你是怎么知道的?'"[4] 他早年的一位同事这样回忆道："约翰擅长直抵任何论证的要害，并能通过非常简明的推理发现其中的缺陷。"[5] 他的论文（截至 1978 年，其数目已达上百篇）反映的正是对这些追问的解答以及由此发现的缺陷或宝藏。

作为一个理论学者，贝尔有着某种奇怪的责任感：避免进行大胆假设，而力求将研究建立在欧洲核子研究中心的实验数据之上。正是出于这种责任感，他无法对量子力学基础中的"不对劲"或"污点"视而不见。于是，探究量子力学基础中的薄弱点（他称之为理论中"显得不专业的"部分）完全占据了贝尔的业余时间。[6] 实验室的同事并不知道这一点，即便知道，恐怕他们也不会有太多认同。但在 1964 年，贝尔在距离瑞士 9600 多公里的美国加利福尼亚休假时，在这些薄弱点中有了惊人的发现。

1964 年，他在一篇非凡的论文中提出了"贝尔定理"，指出量子力学世界（这是我们所见世界的基础）的构成实体，用物理学的专业术语来说，它既不是"定域因果性"的，也不是"完全可分离"的，更不是"被观察才有实在性"的。

如果量子世界的实体不是定域因果性的，那么类似测量粒子这样的一个动作，就能够产生穿越宇宙的"幽灵般"的即时效应。至于可分离性，爱因斯坦坚持认为：

“如果不假设空间上相隔的事物是相互独立存在的……那么我们所熟知的物理思想将不复成立。没有这样一种清晰的分离，我们就无法去创建和验证物理定律。”[7] 而关于不可分离性最为极端的说法是，量子实体在被观察之前不会变成有形的实在，这就好比说，如果没有人听到，那么一棵树在森林中倒下就没有发出声响。爱因斯坦认为，这其中的寓意极其荒谬：“难道你真的相信，当没有人看时，月亮就不存在了吗？”[8]

一直以来，正如爱因斯坦所说，科学基于可分离性的假设之上。科学可被视为一段人类远离魔法（非定域因果性的）和人类中心主义（不被观察就不具有实在性）的漫长思想历程。然而，甚至让贝尔自己都感到困惑的是，他的定理令物理学不得不做出一个艰难的选择，从这几个看似荒谬的选项中进行取舍。

无论如何，若是在 21 世纪初，贝尔的那篇论文无疑会在物理学界掀起滔天大浪。但在 1978 年，这篇十四年前发表在一份不知名期刊上的论文仍然鲜为人知。

伯尔特曼仔细观察着这位新结识的朋友，只见对方笑容可掬，在金属边框的眼镜后面，眼睛几乎快眯成了一条缝。他留着短须，红色的头发盖住了耳朵（不是火红色，而是在他家乡常见的姜红色），身上的衬衫则比头发更为醒目，也没有打领带。

伯尔特曼用带维也纳语调的英语费劲地做了自我介绍：“我是赖因霍尔德·伯尔特曼，从奥地利来的新人。”

贝尔笑意更浓了。“哦？那你现在在做什么？”[9]

原来他们都在从事有关夸克（组成物质的最小微粒）的计算。贝尔用台式计算器来算，而伯尔特曼则使用他自己编写的计算机程序，但他们得到了相同的结果。

两人由此开始了愉快而富有成果的合作。后来有一天，贝尔偶然注意到了伯尔特曼的袜子。

三年后的一天[10]，在维也纳大学一座宏伟大楼顶部的某间简陋房间里，伯尔特曼正凑在一台计算机的屏幕前，沉浸在夸克的世界里，用方程而不是文字思考着夸克。这台计算机长 4.5 米、宽 1.8 米、高 1.8 米，几乎占满了整个房间，但它还不是物理系里最大的计算机。春寒料峭，屋里却开着空调，因为这个庞然大物在运行时产生了大量的热量。伯尔特曼不时往计算机内放入一张新的打孔卡片，给它下指令。阳光静静地在房间里移动，他已经持续工作了数小时。

突然，有人熟练地打开了门，但发出的声响并没有引起他的注意。格哈德·埃克手里拿着一叠论文，径直走到他的跟前。埃克在大学里负责接收论文的预印本，这些论文已经确定将在不久后正式发表，但通过预印本，论文作者可以及时将成果告知相关领域的科学家。

埃克笑着走了过来。“伯尔特曼！”虽然相距不过一米远，他还是需要大声喊出来。

伯尔特曼抬起头来，满脸茫然。埃克把一份预印本塞到他的手里：“这下你出名了！”

伯尔特曼看到论文的标题是这样的：

伯尔特曼的袜子与物理实在的本质

J. S. 贝尔（瑞士日内瓦，欧洲核子研究中心）

这篇文章定于1981年晚些时候在法国的《物理期刊》上发表。不过，无论是伯尔特曼本人，还是随便一看的其他读者，这个标题无疑都是不知所谓。

“这讲的是什么啊？跟我有什么关系——”

埃克劝道：“往下看，往下看。”

于是伯尔特曼继续往下读：

> 一位没有忍受过一堂量子力学课的“路人”哲学家，对所谓的爱因斯坦－波多尔斯基－罗森（EPR）关联并不会感到新奇。他可以举出日常生活中许多与之类似的关联的例子，而其中最常见的就是伯尔特曼的袜子。

“我的袜子？他究竟在说什么？还有什么EPR关联？这一定是个大玩笑，贝尔在论文中跟我开了个大玩笑。”伯尔特曼暗想着。

EPR是1935年一篇论文的三个作者阿尔伯特·爱因斯坦、鲍里斯·波多尔斯基和纳森·罗森的姓氏首字母缩写。就像在三十年后，贝尔受其启发得出的定理一样，这篇论文也给物理学提出了一个令人困扰的问题（这恰是论文的标题）：“能认为量子力学对物理实在的描述是完备的吗?”对此，爱因斯坦及其两位不太出名的同伴的回答是否定的。他们提醒物理学家们注意，量子理论中存在一个难以解释的现象：两个粒子一旦发生过相互作用，那么无论它们分开多远，都将保持“纠缠”——这个说法由薛定谔在同一年提出。而在严格应用量子力学定律之后，人们似乎不得不得出这样一个结论：测量一个粒子会影响到第二个粒子的状态，并且是以某些“幽灵般”的方式，超越遥远距离进行作用。因此爱因斯坦、波多尔斯基和罗森感到，量子力学需要被未来某些能解释清楚这些关联粒子的理论所取代。

但这篇论文在当时并没有引起多少人的关注。毕竟多年以来，有件事情变得越来越明显：尽管量子力学还遗留一些古怪的细节问题，但这些问题就像一位常胜将军的怪癖一样容易为人所忽略，量子力学依然是科学史上最精确的理论。然而，贝尔是注意细节的人，他注意到 EPR 论文没有得到应有的重视。

伯尔特曼顿觉哭笑不得。他看向了埃克，但对方只是笑着说:“接着读，接着读。”

伯尔特曼博士喜欢混穿两只不同颜色的袜子。某一天他会在哪只脚上穿什么颜色的袜子是相当不可预测的。不过，当你看到（图 1[①]）第一只袜子是粉红色时……

图 1

① 图中的法文为：伯尔特曼的袜子与物理实在的本质，雨果基金会，1980 年 6 月 17 日。——译者注

“什么图 1？我的袜子？”伯尔特曼匆忙往后翻，结果在论文末尾发现了一幅图画，这正是约翰·贝尔喜欢的绘画风格。他接着往下读：

> 不过，当你看到（图 1）第一只袜子是粉红色时，你就能确信第二只袜子不会是粉红色。结合对第一只袜子的观察以及对伯尔特曼的了解，你能立即给出关于第二只袜子的信息。人各有所好，但除此之外，这里面没有什么神秘之处。那么 EPR 也是这样吗？

伯尔特曼的眼前不由浮现出贝尔在讲这话时的得意神情，心中不免暗想：“三年的时间，我们每天都在一起工作，而他竟对此只字未提。”

埃克仍然笑着问：“你在想什么？”

说时迟、那时快，伯尔特曼已经从他身边冲向电话，用颤抖的手指拨通了欧洲核子研究中心的电话。

电话铃声响起时，贝尔正在他的办公室里。伯尔特曼的声音从线上传来，完全语无伦次：“看你都干了什么？干了什么？”

但贝尔清脆的笑声如此熟悉而平静，足以让伯尔特曼的心情沉静下来。贝尔不无得意地说道：“这下子你出名了，赖因霍尔德。”

“可这篇论文讲的是什么？这是一个大玩笑吗？”

“读完论文，赖因霍尔德，然后告诉我你的想法。”[11]

设想一头雌虎在镜子前踱步。雌虎的镜像，细致到它身上的每一块斑纹都在随着它的每一个动作、每一块肌肉和尾巴上最细小的摆动而活动。那么雌虎和它的镜像是怎样关联的？光线落在它狭窄而优美的肩背之上，又向四面八方散射开来。其中一部分光线最终进入旁观者的眼中：要么直接从它的毛皮反射过来；要么经过更长的路径，从老虎到镜子，再进入眼中。于是，旁观者看到两只老虎，以绝对同步的方式进行着左右相反的行动。

现在更近一点看。放大老虎光滑的毛皮去看它一根根的毛发，进而放大其毛发去看组成这些毛发的分子所精细构建的排列，然后再看构成这些分子的原子。每一个原子的大小大致在十亿分之一米的尺度上，并且（不严谨地说）每一个都是一个自己的太阳系：中心有一个高密度的核心，远处则环绕着电子。在分子、原子和电子的层面上，我们进入了量子力学的世界。

体型庞大、色彩斑斓的雌虎必须靠近镜子，旁观者才能见到两只关联的“大猫”。如果是在丛林里，雌虎离开几米的距离就会让镜子只能显现出低矮的灌木丛和摇曳的藤蔓。但即便是在开阔地，雌虎在离开一定的距离后，地面的曲率也会阻碍到镜子和雌虎，打断它们之间的同步性。不过，对于贝尔在论文中谈到的“纠缠的粒子”来说，纵使之间隔着整个宇宙，它们也能表现得完全一致。

正如贝尔在论文中解释的那样，量子纠缠实际上与伯尔特曼的袜子并不是一回事。没有人会感到奇怪，伯尔特曼为何总能选到不同颜色的袜子，或者，他怎么能把不同颜色的袜子穿到脚上。但在量子力学中，并不存在一个品味特别的大脑来主动协调相隔遥远的粒子，这时难免会让人把其中的原理想象成某种魔法作用。

在宏观世界中，关联是定域影响的结果，是一连串不间断的接触。两只公羊牴触互斗，这当中就有定域影响。同样，羊羔听到母羊的召唤而奔向妈妈，则是空气分子互相撞击形成的波，经过了一个完全定域的多米诺效应：波始于母羊的声带，终于羊羔的耳膜，并且，波的模式被羊羔的大脑识别为“这是妈妈”。而当一只狼出现时，流动的空气把狼的气味和皮屑的颗粒吹进了绵羊的鼻子，或者，月光的电磁波从狼的毛皮上散射开来，进入了绵羊的视网膜，这时羊群就会四散逃窜。不管以哪种方式，影响都是定域的，这自然也包括每只羊脑中的神经放电活动，借此“危险”的信号从大脑传递给了全身的肌肉。

一对孪生羊羔，即便在长大后被卖到不同的农场，都还是会在进食后反刍，并产下具有惊人相似性的后代。但这些关联仍然是定域的，因为无论羊羔兄弟最终离得有多远，当它们还是母羊子宫中的一个卵子时，它们的遗传物质就已经确定了。

贝尔喜欢谈论关于双胞胎的话题。[12] 因此，当时美国俄亥俄州的一对同卵双胞胎兄弟（名字都叫“吉姆”）的故事，想必他也有所耳闻。这对双胞胎一生下来就分开了，直到 40 岁时才重新团聚——这恰值贝尔写作“伯尔特曼的袜子”的时候。他们的相似性如此显著，甚至催生了一个专门研究双胞胎的项目，而该项目恰如其分地设在了明尼苏达大学“双城”分校。两个吉姆都爱咬指甲，爱抽同一个牌子的香烟，开同一型号、同一颜色的汽车。他们的狗都叫“托伊”，前妻都叫“琳达”，目前的妻子都叫“贝蒂”。他们在同一天结婚。其中一个吉姆给自己的儿子起名叫詹姆斯·艾伦，他的孪生兄弟也给儿子起名叫詹姆斯·艾伦。他们都喜欢做木工活，一个爱做小型的野餐桌，另一个爱做小型的安乐椅。

贝尔定理中讨论的关联与双胞胎之间的关联如此相似，使得人们自然会猜想，贝尔的关联可能与孪生羊羔和孪生吉姆一样，有着某种类似于基因的东西。但这正是它们的神秘难解之处，因为定理表明了，这些“基因”具有何等奇异和非定域（“幽灵般”）的特性。

美国康奈尔大学一位名叫戴维·默敏的固体物理学家把贝尔定理这道智力难题以非常清晰的方式介绍给了普通的大众。1979 年，他在读到贝尔的朋友贝尔纳·德帕尼亚发表在《科学美国人》上的一篇文章后，首次知道了贝尔定理。虽然他自己的研究领域与贝尔的相去甚远（他研究的是处于略高于绝对零度状况下的低速原子），但默敏很快把贝尔的业余爱好也变成了自己的业余爱好。这时，他想到试着把贝尔定理归结为“简单的东西，从而不用量子力学而只用简单算术，就可以传达其中的论证过程”。[13]

经过一番深思熟虑之后，默敏提出了一个“介于空洞说教与课堂演示之间”的通俗解释。[14] 该解释的核心是一台由三部分构成的假想机器，类似贝尔在“伯尔特曼的袜子”中提到的设计。你可以从两个角度看待这台机器：一方面，它是一种具象，以便更形象地讨论量子力学方程及其预测和结果；另一方面，它也是一种抽象，是当时量子光学实验室里常见的实验设备的简化版本。机器的中央是一个盒子，只要按一下按钮，盒子就会发射出一对粒子，分别射向左右两边。[15] 在远离盒子的两边，各放着一个探测器。每个探测器上都有一个控制杆或手柄，容许操作者对其内部装置进行调整，从而沿不同的轴向对粒子进行测量。手柄的位置包括“正常设置”（正面对粒子进行测量）、“垂直设置”和“水平设置”三种。每个探测器顶上都有一盏灯，一旦接收到粒子，灯就会闪动红光或绿光。

现在设想，我们刚巧碰到了这台机器，却不知道它更多的信息。在胡乱摆弄中，我们按下了按钮，随即又看到两个探测器闪动了红光或绿光。为了尽可能多地搜集信息，我们一边按下按钮，一边操作手柄，使探测器在三种设置之间切换，并记录下闪动的颜色。

经过几小时后，我们积累了成千上万个貌似随机的结果。然而，这些结果并不是随机的，它们精确地符合量子力学对特定双粒子状态所做的预测。

下面是我们所得结果的一个样本（表1中，H代表水平设置，V代表垂直设置，*代表正常设置）。

表1

左探测器设置	右探测器设置	左探测器结果	右探测器结果
H	*****	**绿**	**红**
H	**V**	**绿**	**红**
*****	**V**	**红**	**绿**
*	*	红	红
*****	**V**	**绿**	**红**
H	H	绿	绿
V	V	红	红
*	*	红	红
V	V	红	红
V	*****	**绿**	**红**
*****	**H**	**红**	**红**
*****	**H**	**红**	**绿**

根据上面的结果，我们可以将数据分成两种情况。

第一种情况：当两个探测器处于同一设置时，它们总是闪动相同的颜色。

第二种情况（用黑体表示）：当探测器处于不同设置时，它们闪动相同颜色的概率不超过25%。

默敏指出："这样的统计貌似平淡无奇，但稍作分析就会发现，它们其实像魔术演出一样令人吃惊，也会让我们怀疑，这台机器暗地里是否还藏有隐蔽的线缆、镜子或地板下的同伙。”[16]

不妨考虑一下当探测器处于同一设置、总是闪动相同颜色的情况。默敏写道：“假设两个探测器是毫无联系的，那么对此有一种（并且我认为只有一种）极其简单的方式来解释，即我们只需假设，粒子的某种属性（比如速度、大小或形状）决定了探测器在三种设置下各自闪动的颜色。”[17] 也就是说，具有某种相同“基因”的一对粒子会导致两个探测器闪动相同的颜色。

这个解释看上去如此合情合理，因而当同一批的数据证明它完全错了时，难免会令人沮丧。

如果关于“基因”的假设是正确的，那么我们就能预测更多的结果。下面是此类预测的一个例子（表 2），它给出了具有“正常设置下闪动红色，水平或垂直设置下闪动绿色”基因的所有成对粒子的一系列可能组合。

表 2

左探测器设置	右探测器设置	左探测器结果	右探测器结果
*	*	红	红
*	**H**	**红**	**绿**
*	**V**	**红**	**绿**
H	*	**绿**	**红**
H	H	绿	绿
H	**V**	**绿**	**绿**
V	*	**绿**	**红**
V	**H**	**绿**	**绿**
V	V	绿	绿

然而，这样的粒子永远不能出现我们实际得到的结果。[18] 请注意那些设置不相同时的情况（用黑体表示），在这六次结果里，有两次闪动相同的颜色，占总数的 33.3%，而不是 25%。

这类结果通常被称为“贝尔不等式”。而它之所以长期不为人知，部分原因是，在贝尔之前，从没有人想到要在保证探测器之间没有联系的情况下，求解量子力学方程，并将结果与假设粒子具有某种预定特性情况下的预测相互比较。然而在贝尔提出这个发现之后的四十多年里，这个神秘而难解的问题仍悬而未决：如果探测器之间没有联系，并且抵达探测器的不是一对具有同种“基因”的粒子，那么当探测器处于相同设置时，究竟是什么导致探测器闪动相同的颜色？

在某种意义上，贝尔的论证其实相当简单（当年对贝尔来说，显然是这样），但就像他反复强调的，贝尔定理中的某些内涵在一开始并没有为人们所理解。也正因如此，从 1964 年最初的五行数学证明，到后来多个基于类比的公式（其中一些就包含在讨论“伯尔特曼的袜子”的论文中），贝尔以各种形式多次进行了重申。

他的朋友贝尔纳·德帕尼亚也曾给出过贝尔不等式的一个幽默的类比：

> 年轻的不吸烟者的数量 + 所有年龄段的女性吸烟者的数量 ≥（吸烟和不吸烟的）年轻女性的数量[19]

这是一个没什么价值的永远正确的逻辑命题（重言式），量子理论对此根本就不屑一顾。但问题不在于逻辑，而在于前提：对同一个人要同时使用性别、年龄和是否吸烟这三个条件来限制。在量子理论中，整体看上去反而要比各部分的总和更大、更重要。①

两只公羊牴触而各自弹开，羊羔闻听母羊的召唤声而小跑过去，羊群察觉狼的到来而四下逃散……所有这些关联都有因果，并且因果关系的发生都需要时间。

公羊脑袋的移动速度取决于它的肌肉和四蹄，大约是每秒 10 米；母羊的召唤声传播得更快也更远，大约是每秒 340 米；而泄露狼行踪的气味，其散布速度更慢

---

① 贝尔定理：任何定域隐变量理论都不能重现量子力学的全部统计性预言。贝尔因此提出了关联函数的概念，若干可观测的关联函数（对应文中的性别、年龄、吸烟与否等特征）之间的关系，构成了贝尔不等式，成为经典定域实在性理论与具有整体特征的量子力学孰是孰非的可验证判据。——译者注

也更为随意，并且比母羊召唤声的速度更易受到空气的制约：局部的气温、气压及其变化都会加速或减缓气味进入绵羊鼻孔的速度。

视觉信号的传播速度最快，接近光速，大约是每秒 30 万公里（相较之下，声速仅有约每秒三分之一公里）。尽管这个速度已经快得几乎不可思议（一束光线可以在一秒之内环绕地球 7 圈），但就像其他定域影响一样，它毕竟还是一种速度，而不是瞬时发生。

既然我们已经排除了一种可能性，即贝尔那对神秘关联的粒子在发出时就已经带有完备的同步指令，那么我们不免好奇，在发出之后它们之间是否存在某种信号发送的方式。比如，当快要触及探测器时，一个粒子可能会以某种方式与另一个粒子取得联系，以便协调各自产生的结果。1979 年，在巴黎的一次学术会议上，约翰·贝尔用一个关于法国电视台的有趣故事，解释了这种设想可能存在的问题。

“一直以来大家都相信，电视是造成法国人口出生率下降的原因之一。”——当时坐在台下的物理学家们想必一头雾水，这与量子力学有什么关系呢——“但大家不清楚，两个主要频道（法国电视一台和二台，都在巴黎）哪个责任更大。于是大家同意，通过在里尔和里昂做实验，来调查真相。两地市长每天早上通过投掷硬币来各自决定哪个频道能在当地白天播出。”[20] 贝尔指出，在经过足够长的时间后，人们就可以对“里尔或里昂每天的怀孕人数”与“当天播放的是哪个频道”之间的关系有个相当好的判断了（这涉及两个城市的联合概率分布）。

“乍看之下，你也许会认为没有必要考虑联合分布，而只需考虑两个相互独立的变量。”贝尔继续说，“但略作思考之后，你就知道事实并非如此。比如，两个城市的天气是关联的，虽然不是完全关联。在夜色美好的晚上，人们可能会选择不看电视，而去逛公园，欣赏树木、建筑，或互相欣赏。周日尤其如此。”研究者必须识别出这些同时影响到两个城市的额外变量，并将它们的影响从分析中去除。

研究者如果在去除这些额外变量后，发现两个城市仍是关联的，这无疑非同寻常。而“倘若里尔对频道的选择被证明对里昂有影响，或里昂对频道的选择被证明对里尔有影响”，那么这更是非同寻常。“然而根据量子力学，这种关联的情形是可以实现的。此外，”——他开始触及问题的核心——“其中，奇怪的远程作用的速度似乎比光速还快。”

但根据相对论，这是不可能的。空间和时间并非不受影响的恒定实在。爱因斯坦指出，空间不过是我们用尺子测量到的结果[21]，时间不过是我们用时钟测量到的结果[22]。而且事实上，一个物体运动得越快，空间压缩得就越厉害，其携带的任何时钟（比如运动者自己的心跳）也走得越慢，使得其永远无法达到光速。世界各地的加速器（粒子在其中以接近光速运动）每天都精确地验证了爱因斯坦的预言：每秒 299 800 公里是宇宙中的速度上限。

在贝尔巴黎发言的两年之后（在“伯尔特曼的袜子”面世之前），一位留着赫尔克里·波洛①式小胡子的年轻实验物理学家阿兰·爱斯派克特决定检验一下，这种远程作用的速度是否真的比光速还快。[23]他设计了某种与贝尔－默敏的机器非常相似的设备，发现无论把探测器的设置切换得多快，神秘的关联总是存在。这样的结果无法通过仅以光速传播的物理信号来解释。

如此一来，没有什么基因，也不存在什么信号发送。量子纠缠的方式美丽而神秘。21 世纪伊始，距离这个概念被提出时已经过了四分之三个世纪，但物理学家对其中的“魔法”仍然没有一个清楚的解释。不过，人们已经隐约感觉到了突破的希望。

在最早一批设想利用量子纠缠的人里面，就包括理查德·费曼（1918—1988）。在 1981 年，他是当时尚在世的物理学家中最伟大也是最出名的一位。实际上，费曼曾用与默敏相同的思路考虑过贝尔定理。1984 年，在读过默敏的论文后，费曼给默敏写了封信：“你发表在《美国物理杂志》的论文是我所知的最漂亮的物理学论文之一……在我的职业生涯中，我一直试图将量子力学的奇特之处浓缩成越来越简单的情形……我思考的东西与你的非常接近……”——类似但加倍复杂——“然后我读到了你的异常清晰的论述。”[24]

当时，费曼想到了计算机，意识到贝尔定理让人们无法在量子层级上模拟自

① 阿加莎·克里斯蒂系列侦探小说的主角。——译者注

然。但他别具慧眼，把这当作一个机遇，而不是一个问题。就在爱斯派克特摆弄自己的机器的同一年，费曼在麻省理工学院的一次会议上提到了贝尔不等式，并向与会的全世界最好的计算机科学家提出了一项挑战：制造出一种新型的量子计算机。[25]它们可能不是当时常见的计算机的样子（事实上，20 世纪末制造出来的第一台量子计算机，是装在微小瓶子里的一种经特殊设计的分子构成的液体），然而无论样子如何，它们的原理都是通过操控微观粒子的状态来进行计算的。对费曼来说最为重要的是，量子计算机将会借助量子纠缠的魔法，帮助我们逐渐理解量子纠缠。

在费曼发表这次讲演后不久，一些头脑敏锐的人就对这样一种计算机的某些可能应用给出了证明。对非物理学家来说，最明显的一个可能应用是，一台量子计算机可以破解银行、政府和互联网所用的所有密码。

随着世界各地的实验量子物理团队都把注意力转向制造量子计算机，虽然量子纠缠仍然十分神秘，但人们对它的了解开始逐渐增加。物理学家开始把这种如魔法般的关联视作构成世界的某种基本要素，就像能量和信息。众所周知，科学家对能量和信息的理解正是始于制造机器：在 19 世纪，对能量理解的加深与蒸汽机的制造和运转密不可分；在 20 世纪，计算机的兴起与信息论的发展紧密地交织在一起。同样，在 21 世纪，在量子计算机和量子密码学领域的实践，无疑能让我们在面对量子纠缠时感觉更自如，发现更多惊喜。

抚今追昔，我们与量子纠缠的初次遭遇始于 20 世纪初，量子纠缠的故事几乎贯穿了整个量子物理学的历史。故事始于 20 世纪初，源自人们对于量子理论的奇特特性的怀疑。长久以来，经过不懈努力，物理学家似乎越来越接近对于世界的完整理解。然而，20 世纪初的新发现却向众人宣告：人类对物质和光探究得越深，发现的神秘难解之处就越多。

论争

1909年至1935年

阿尔伯特·爱因斯坦与保罗·埃伦费斯特，约在1920年

02

量子化的光

1909 年 9 月至 1913 年 6 月

在奥地利萨尔茨堡的秋天，常有“焚风”沿着阿尔卑斯山的背风坡席卷而下，掺杂进城中原本清凉的空气当中。虽然这种又干又热的风蒸干了所有雾气，使得远处的景物顿时一目了然，但它也使空气变得闷热，有违时令而令人讨厌。当地人便常把自己的头痛和易怒归咎于焚风。

1909 年 9 月末，阿尔伯特·爱因斯坦身着便装、头戴草帽，来到萨尔茨堡参加他的首次物理学会议。当时他 30 岁，下个月他的正式职业就将由专利局职员变成大学教授。一座座白墙、铜顶的高塔在阳光照耀下熠熠生辉，这是萨尔茨堡的胜景之一，而光也正是爱因斯坦当时在考虑的问题。

雄鸡尾毛和蜂鸟羽毛、贝壳内层和甲虫鞘翅、肥皂泡和油膜上的彩虹、厚玻璃和树叶间透过的光斑——所有这些都涉及光学现象，在深入研究之后，这些现象都表明光是一种波。光不像萨尔茨堡夏天的“连绵细雨”那样直直地落在我们身上，它呈波状传播并会发生干涉。

虽然实际的干涉肉眼不可见，但其现象非常显著：在光的“雨丝”本该照亮之处，出现了暗带；而在光的“雨丝”本该照不到的地方，出现了亮带。此外，颜色也纯粹是一种波动现象（人眼所见的颜色与光的频率，即波每秒的起伏次数相关），并且不同频率的光遇到液体表面或凹凸不平的表面时，它们反射的角度是不同的，从而形成了肥皂泡或甲虫壳上的彩虹色。对于所有这些现象的理解，一度标志着几个世纪以来人类在电磁辐射方面研究的顶峰。（通常意义的光只不过是电磁波谱中一小段人眼可见的部分，电磁波谱的其他部分包括波长比一间房子的长度还要长的无线电波，以及波长比一个原子直径还要短的 X 射线和 γ 射线。）

然后在 1905 年，爱因斯坦的一项发现[1]无意中揭开了一个巨大难题的序幕：本来很明显是一种波的光，有时候却似乎又表现得像“雨滴”或粒子。这个难题就像是在北极的海滩上发现了独角兽的角一样不可思议。对于这样一个发现，一些人的反应是完全不予理会，另一些人则声称可能确实存在一种神奇的长角马，但只有很少一部分人会去搜寻独角鲸——一种北极鲸，是那只角的真正主人。爱因斯坦正是打算到萨尔茨堡去告诉他那些素未谋面的物理学家同行，光既不是波也不是粒子，而是某种当前还无法理解的两者的混合。

不过，真正的独角鲸也是一种奇特的野兽，甚至比神话中的独角兽更为奇特。当时，爱因斯坦正开始试图将光（以及物质）的每个粒子视为具有各自的独立性（不会与任何其他粒子发生纠缠）、各自的定域实在性，以及各自独特的、可分离的状态，并以此为基础考虑问题。[2]爱因斯坦对可分离性的追寻持续了五十年的时间，其间，他一次又一次地被引向了与自己期望相反的结果——量子纠缠。但他没有将自己不希望看到的结果秘而不宣，而是坦诚、明确地公布了出来，这使得他这场不成功的追寻历程变成了 20 世纪最富有成效的研究之一。

在萨尔茨堡会议的前一年，爱因斯坦把注意力越来越多地放到了对光的研究上。他在 1908 年写道：“现在，我正不间断地忙于辐射的构成问题。”[3]他通过信件与荷兰莱顿大学的亨德里克·洛伦兹（1853—1928）和德国柏林大学的马克斯·普朗克（1858—1947）就此进行了激烈的讨论，这两位世界顶尖的理论物理学家都比爱因斯坦年长 20 多岁。

他发现普朗克“是一位极其真诚可靠的人，总是替别人着想”[4]。大概正是出于这个原因，爱因斯坦后来对普朗克保持了始终如一的忠诚，甚至超过了他对自己两任妻子的忠诚。“不过，”爱因斯坦也在 1908 年对人说道，“他有一个缺点：他在应对一系列陌生的想法时会稍显笨拙。”[5]另外，在当时的爱因斯坦看来，洛伦兹的“思想之深刻令人惊讶”。[6]而到了 1909 年，他又写道：“没人能像这个人那样让我不胜钦佩，可以说，我十分爱戴他。”[7]

爱因斯坦和洛伦兹都相信，在 19 世纪的最后一个月，普朗克给物理学带来了颠覆性的变革。一切都始于黑体（爱因斯坦后来反复用到这个概念）。经过多年研究后，普朗克在1900年提出了一个公式，描述一个黑体在任意给定温度下，其辐射的能量随频率的变化关系。（黑体的大小和形状可以是任意的，条件是黑体能吸收所有的电磁辐射，而不会有任何的反射或透射。）

为了得出符合实验数据的公式，普朗克不得不把能量想象成按一份一份特定大小的“量子”（quantum）来计数，其大小可用$h\nu$来表示。当时，“量子”还不是什么神秘的东西（在德语中，它仅仅是“数量”的意思），其中h是一个非常微小的新常数，后人称之为普朗克常数，而ν代表辐射的频率。

随后在1905年，爱因斯坦提出，来自比紫光频率更高的辐射的实验数据表明，普朗克的发现（量子）不仅仅是一个计数手段而已，紫外线、X射线和γ射线表现得好像是由“相互独立的能量量子”[8]构成的——就像光的“原子”。

普朗克和爱因斯坦在处理这个问题时，都借助了另一个人所提出的数学分析方法，这个人就是来自维也纳的路德维希·玻尔兹曼（1844—1906）。他提出的统计力学为逻辑地证明“物质是由原子构成的”做出了巨大的贡献。然而，玻尔兹曼长期为抑郁所困扰，最终在1906年自杀身亡，享年62岁。后来，他的学生保罗·埃伦费斯特在1911年指出，普朗克的公式为物理学引入了某些全新的事物，它们无法由此前已有的物理学推导得出，甚至也无法与之相匹配。对于高能量高频率的辐射，传统的波动理论会得出错得离谱的预测，埃伦费斯特将这种状况称为“紫外灾难”。[9]

爱因斯坦在1908年意识到，“这个量子问题非常重要，而且极其困难，应该引起所有人的关注”。[10]但在当时，除了他自己、普朗克、洛伦兹和埃伦费斯特以外，这个问题几乎没有引起其他人的关注。

1909年5月初，洛伦兹在给爱因斯坦的一封长信中，对爱因斯坦先前提出的“相互独立的粒子”的设想提出了深刻的批评。爱因斯坦则在回信中做了澄清：“我恐怕没有把自己关于光量子的观点表达清楚。我并不认为，人们应该把光看作由定域在相对较小空间内的相互独立的量子构成。”[11]但相互依赖或非定域的量子又是什么奇怪的东西呢？爱因斯坦希望，通过进一步钻研，最终的真相将会使他摆脱这种怪物的困扰。

在从瑞士家中前往萨尔茨堡的途中，爱因斯坦在慕尼黑做了短暂停留，特意前去探望了自己的一位中学老师——吕斯博士。[12] 吕斯曾在中学教授语言和历史，是他激起了爱因斯坦的学习兴趣。在当时，这位始终保持着好奇心而又固执得像头驴的专利局职员已经取得了后来让他闻名世界的多项成就。爱因斯坦已经提出，虽然运动都是相对于特定的参考系，但光速和物理定律却独立于所有参考系。他还提出，能量与物质可以相互转换（$E = mc^2$）。不过，吕斯博士看到的只是一位衣着寒酸的学生，以为他是来要钱的，当即就把他打发走了。对于爱因斯坦的首次学术会议来说，这是个不祥的前奏。

"因此，我认为，"爱因斯坦对着萨尔茨堡会议上的物理学家们解释道，"理论物理学的下一发展阶段将带给我们一种光的新理论，它是光的波动理论和粒子理论的某种混合。"[13] 而他的讲演旨在"论证这一观点，并表明我们关于光的本质和构成的观念必然需要一场深刻的变革"。面对台下困惑不已的听众，爱因斯坦解释道，普朗克的公式实际上要求光既是波又是粒子。

在充满疑惑的掌声平息后，普朗克立即站了起来。他出身神学世家，而他自己有着严肃的双眼、颇具威严的胡子和瘦削的体格，从很多方面来说，普朗克仿佛是德国物理学家中的牧师。"我仅限于就与主讲者观点不同的地方，做出评论。"[14] 他觉得爱因斯坦跨出了"依我看来尚没有必要的一步……不管怎样，我认为我们应该将关注点从量子问题转到更重要的物质与辐射能之间相互作用的问题上"。

随即，好斗的约翰内斯·斯塔克（1874—1957）站了起来，他戴着一副夹鼻眼镜，一字浓胡在英俊的面庞上尤其醒目。当时他 35 岁，是个实验物理学家，爱因斯坦在 1905 年的光量子论文的脚注里曾同时提及他与普朗克。爱因斯坦向来感觉不到谁是难打交道之人，所以似乎与斯塔克已经成了朋友，而后者通常只会四面树敌。有近十年的时间里，斯塔克一直是爱因斯坦光量子理论的唯一追随者。然而，随着爱因斯坦的声望日涨，斯塔克不由妒忌成疾。在纳粹上台后，他掀起了声讨爱因斯坦血统和清除"犹太物理学"的运动。

但在 1909 年，斯塔克认识到爱因斯坦走出这一步是有道理的。他对普朗克说道："我原本也持同样的看法，不过，有一个现象迫使我们将电磁辐射视为独立于物质，并集中在空间里。"伦琴射线，也就是 X 射线，"即便在 10 米开外，仍能集中作用于单独的一个原子”。这恰与波的一圈圈扩散相反。

“伦琴射线有其特殊之处，对此我没有太多可说的，”普朗克回应道，“但既然斯塔克提出了一个支持量子理论的理由，我也希望加上一点反对意见。”大多数光的行为，尤其是干涉现象，根本不能用粒子来解释。普朗克指出：“如果一个量子与自己发生干涉，那它必然存在成千上万波长的弥散延伸。”粒子的“雨丝”（粒子流）如何能产生那些整齐的明暗条纹？干涉需要用波来解释。

斯塔克自信地回答道：“在非常低辐射密度的情况下，干涉现象或许会有所不同。”在70多年后，这个看似不无道理的设想才被证明是错误的。实验证明，单独的一个光量子确实能与自己发生干涉。

这时，爱因斯坦加入讨论，提出了一种后来他称为“幽灵场”（Gespensterfeld）的设想。他指出，一个电子周围环绕着一个电场，而一个量子也可能产生一个类似的场，这样一来，“幽灵场”将经由这些场波动式传播。会议最终以这个乐观的设想收尾。

在接下来的几年里，爱因斯坦曾试图使这一可分离的、一个粒子一个波的描述行得通，却劳而无功。他失败的原因在随后数十年间才慢慢地显露出来：量子纠缠时，两个粒子不是真正可分离的，因为它们要用同一个波函数来描述。

“我还没有找到解决光量子问题的办法，”爱因斯坦在1909年的新年夜写道，“但尽管如此，我还是要试试看我是不是真的无法解决这个我喜欢的问题了。”[15] 到了1910年12月，事情并没有好转：“辐射之谜尚未解开。”[16]1911年春，他在给自己的挚友、工程师米歇尔·安吉洛·贝索的信中写道：“我再也不想探究是否真的存在这些量子，也不再试图为它们构建理论，因为我现在明白了，以我自己的脑力无法在这个方向上取得进展。”[17]

他在光量子上面花了三年半的时间，最终却感觉毫无进展。1911年6月，他转向了另一个新问题，而这个问题的解决将给他带来巨大的成功。“目前，”他在1912年写道，“我正专注于解决引力问题。”[18]

然而，不可分离（因而可数）的量子仍在他脑海里挥之不去。虽然他承认，“人们无法相信存在可数的量子，毕竟光的干涉属性……与之不相容”。但他还是向往可分离性所体现的简单与直接："尽管如此，这种'坦诚的'量子理论在我看来仍然比到目前为止找到的其他妥协方案更为可取。"[19]

在 1913 年 6 月一个温暖的傍晚，爱因斯坦坐在瑞士苏黎世一间咖啡馆的花园里，面前的桌子上放着一个空杯子，身边两位是他一生的好朋友保罗·埃伦费斯特和马克斯·冯·劳厄（1879—1960）。[20]

他们刚从一场学术讨论会出来，讨论会的内容是关于劳厄一年前在慕尼黑做出的激动人心的发现。劳厄发现，原子排列规则的蓝色硫酸铜晶体能使 X 射线发生衍射，也就是说，X 射线会像波一样穿过原子间的缝隙，在另一侧成扇形散开形成同心波纹。然后，这些不同缝隙的波纹之间会相互发生干涉，波峰与波峰（或波谷与波谷）相叠加形成振幅更大的波，或者，波谷抵消了波峰而使振幅减小。劳厄立即把实验结果的照片寄给了爱因斯坦，爱因斯坦则回信祝贺他所取得的了不起的成就，"你的实验是物理学迄今为止所见证的最精彩的事物之一"。[21] 但爱因斯坦的量子如何才能纳入这个图景，仍然是一个谜。

劳厄相貌堂堂、富有思想，并且为人正直——后来在纳粹统治的动乱期间也依然如此。[22] 劳厄的父亲曾是一位普鲁士军官，一生四处漂泊，这也使得劳厄的整个童年总是不断从一个城镇搬到另一个城镇，从一所学校转到另一所学校。1906 年，劳厄在老师普朗克的介绍下首次接触到了刚发表不久的相对论。他顿时被相对论所吸引，决定在暑假专门前往瑞士伯尔尼的专利局，希望与其作者见上一面。见面之后，他惊讶地发现爱因斯坦年纪轻轻，恰与自己同岁。他们在回家途中边走边聊，爱因斯坦递给他一只雪茄，但雪茄闻着如此糟糕，劳厄"一不留神"让它掉进了河里。[23]1911 年，劳厄出版了一本首次全面介绍相对论的教科书，爱因斯坦认可它是"一部小小的杰作"。[24]

自从 1903 年在洛伦兹的课上首次接触到量子的概念，埃伦费斯特已经与量子打了很久的交道。[25] 虽然他常常受到抑郁症的困扰，但这通常会被他充沛的活力所掩盖，而他的真诚和杰出的评判能力则使他成为"物理学界的良知"。他不是一个传统的维也纳人，他娶了俄国物理学家塔季扬娜为妻，两人一起定居圣彼得堡。但在俄国革命前的混乱局势中，尽管他深爱着这个国家，却没有大学能够提供职位给他这样一个外国人、犹太人和无神论者。1912 年，正当他已经决定要搬到瑞士苏黎世以便更接近爱因斯坦时（劳厄在同一年已经这样做了），洛伦兹点名要他去莱顿大学继任自己的位置。在那里，他将为数以百计的来访物理学家创造出宾至如归的学术氛围，但自己却从来没有找到自在如家的感觉。他个子不高、肩膀宽阔，一双深陷的黑色眼睛在短而硬的黑发下炯炯有神。他有时会借用德语中的俗语，比如为了点明某个复杂科学概念的关键所在，他会说："那正是青蛙入水的地方！"又或者为了向爱因斯坦致敬，他会说："这是专利要求！"[26]

在埃伦费斯特第一次与爱因斯坦见面之前，劳厄曾警告过他："你要小心，别让爱因斯坦滔滔不绝，说个不停。他最喜欢这样。"[27] 不过，埃伦费斯特足以应付这件事。这是他们的第二次见面，其间埃伦费斯特和爱因斯坦曾在热气升腾的山间边走边聊，连续交谈了五天。[28] 而在几天前的爬山过程中，他们甩开同行的一帮物理学家走在了前面，爱因斯坦解释着自己的工作，埃伦费斯特则丢出一个个越来越尖锐的问题。当埃伦费斯特最终弄明白时，他欢欣鼓舞的喊声"我明白了"甚至传到了跟在后面的劳厄耳中。[29]

现在在咖啡馆，埃伦费斯特给爱因斯坦讲述了自己在量子理论方面的艰难探索，引得后者不禁同情地连连点头："量子理论越成功，看起来就越荒唐。"[30]

埃伦费斯特转向劳厄，问道："他跟你说过布拉格公园的故事吗？"

劳厄摇了摇头。

"唔，那是一年前我去布拉格第一次拜访爱因斯坦的时候——爱因斯坦，你来讲吧。"

"从我的办公室能看到一座漂亮的公园，有花有树，"爱因斯坦讲道，"人们到公园里来，一些人陷入沉思，其他人则成群地、激烈地比画着手势。"这时，爱因斯坦不由咧嘴笑了起来，说："但奇怪的是，早上只有女人而晚上只有男人。当我问别人这是什么地方时，他们告诉我：'这是波西米亚的精神病院！'"

埃伦费斯特又转向劳厄："然后他说：'那些是没研究量子理论的疯子。'"[31]

03

原子化的量子

1913 年 11 月

尼尔斯·玻尔（1885—1962）

11 月末的雾气一路伴随着马克斯·冯·劳厄和奥托·施特恩攀登于特利贝格峰。埃伦费斯特来访后，又过了五个月。在这个阴沉沉的日子里，他们徒步向这座小山上走去，因为他们确信，云层之上的山巅仍屹立在阳光下。[1] 那天早上，两人在雾气笼罩的街头看见一张黄色的海报上写着“于特利贝格峰之光”（UETLIBERG HELL）。[2]

劳厄和施特恩都只是在最近才成为当地居民的。劳厄是苏黎世大学的一名教授，施特恩是苏黎世联邦理工学院的一名讲师——然而瑞士人更熟知这座知名学府的首字母缩写 E. T. H.，德语念作“唉！泰哈”。和出身阿尔萨斯地区的劳厄一样，施特恩成长在俾斯麦统治下迅速崛起的德意志帝国的另一个极具争议的地区——西里西亚（当年还是一座默默无闻的普通小镇奥斯维辛，也坐落在西里西亚边境）。

施特恩比劳厄年轻 10 岁，他身材敦实，长下巴，为人幽默。施特恩能灵活地游刃于理论与实验之间，在生活中却笨手笨脚。他一成为教授，有了自己的助手帮忙完成实验操作后，就想尽一切办法避免触碰易碎的仪器设备。即使仪器就要倒下，也宁可“让仪器倒下，总比试图抓住它造成的损坏更小”。[3] 施特恩拿着雪茄，边打手势边这样解释。1911 年，他自己花钱跑到布拉格寻访爱因斯坦，并成为爱因斯坦在当地唯一的知己。在遭纳粹迫害，流亡到地球的另一边以后，晚年的施特恩每当回想起那些“美好的日子”[4]，总会热泪盈眶。

在于特利贝格峰之巅，深深吸进寒冷的空气后，后背的汗水渐渐变冷。两个人穿过白色的雾海向远处望去。身后的城市消失不见，取而代之的是震撼人心的阿尔卑斯山脉：艾格峰、僧侣峰和少女峰三座山峰白雪皑皑，芬斯特拉峰露出陡峭的深色尖顶。在这番风景的映衬下，两个人构成了一幅有趣的剪影：圆滚滚的矮个子施特恩和瘦骨嶙峋的高个子劳厄相映成趣。

他们一直在谈论原子——两个人认识的每一个人似乎都在谈论这个话题。自 1911 年，人们开始清楚地认识到原子如同一个极小的太阳系（带正电的原子核就像太阳，持续对如带负电的电子一样的行星，施加一个稳定的电吸引力）以来，一直都存在各种问题。类似电子这样的带电体和它产生的电场之间是不可分离的。如果带电体移动，还会引发磁场；如果移动速度发生改变（加速、减速或旋转），变化将在电场和磁场中产生一个环绕带电体的波，这种电磁波就是人们所谓的“光”。沿特定轨道绕中心原子运行的带电的电子，应该会在其电磁场中持续产生光波，而每列波都会向外辐射能量，直到宇宙中的每一个原子都像被戳破的轮胎一样漏光了气。当然，这种情况并没有发生。

1913 年，就在施特恩和劳厄攀登于特利贝格峰之前的几个礼拜，一位 28 岁默默无闻的丹麦物理学家尼尔斯·玻尔宣称，他已经解决了令人费解的稳定原子问题。[5] 他在英国曼彻斯特待了一年，此时刚刚返回哥本哈根。玻尔为此写了密密麻麻的 71 页纸，而他的解释却似乎不合逻辑。玻尔认为，电子只有在做出某种不可言喻的转变（著名的“量子跃迁”）时才会辐射出光，而不是始终都在辐射光。这些跃迁与一只猫流畅的跳跃截然不同，它们是令人困惑的、量子化的，从一个轨道消失又在另一个轨道出现——要么完全如此，要么完全不跳——就像地球突然在火星的轨道上现身了一样。

量子跃迁与此前物理学理论中发生的情况截然不同，但同样令人不解的还有电子在跳跃过程中辐射的光频率。在我们眼中，光的频率表现为颜色。频率的概念适用于任何可以循环轮转的东西，从像轮子一样的圆形物体到四季交替这类周期性重复的事件。比如，旋转木马的频率就是坐在那匹小斑点木马上、朝你挥手的小妹妹，每分钟经过你所站位置的次数。旋转木马内部有一台电唱机，循环播放一首叮当响的风琴曲。唱机的频率就是其每分钟旋转的圈数（单位：转 / 分），这直接关系到发出声音的频率。如果操作人员不小心把转盘的转速调到了缓慢的 $33\frac{1}{3}$ 转 / 分，用来播放一张转速为 45 转 / 分的唱片，叮当声就会变得低沉，变成令人困倦的拨奏曲；相反，转速变快会产生狂躁、快速的叮当声。然而，在玻尔的原子中，电子的轨道频率不同于其发出光的频率。令人难以置信的是，它是纯粹的单一频率，等于起始和终止轨道之间的能量差再除以普朗克常数（h），仿佛辐射出光的电子早已知道自己将停在何处一样。

"真荒唐。我觉得这根本不是物理学。"劳厄不再看风景，最终说道，"他简直就是在命令原子保持稳定——"[6]

施特恩咧嘴一笑说："独裁者！"

劳厄沮丧地微微一笑。

他们坐下来，再次凝视远处的山峰。然后，两人都转向对方，异口同声地问："你和爱因斯坦谈过了吗？"

劳厄说："在最后这次讨论会上，当他们介绍玻尔的理论时，我在结束时站起来说：'这完全是无稽之谈！如果一个电子环绕圆形轨道运行，它必然会放射出光。'"他看着施特恩，脸上满是诚恳的神情。

施特恩点点头。

"可是爱因斯坦——他却说：'非常奇怪。一定有什么东西是合乎现实的。'"劳厄快速瞥了一眼施特恩，"他说他无法相信，就基本常量而言，能够如此精确地预测出里德伯常量纯属偶然。"[7]

里德伯常量是一个无法解释的数值，三十年来一直出现在用于预测元素周期表中每种元素可能发出的光的公式中。玻尔的"荒谬"理论在无意中轻松得出了这个颇具随意性的数字，而且赋予了它明确的意义，而不再是机械套用的法则。

“嗯，”劳厄最后说，“当他真正开始思考时，他就不会喜欢玻尔的理论了。”

“我同意，”施特恩说，“这个专制的判断，为电子布置好航线，还命令其做出无法解释的跃迁——现在它似乎是成功的，可它不是物理学。”

劳厄以一种嘲讽的腔调评论道：“应该有人站出来制止这种胡说八道。”

施特恩开始模仿挽歌的语调，就像在追溯传说中14世纪瑞士民主制度的诞生一样，说：“带着两支箭的孤独男人……威廉·退尔[①]在哪儿？立下‘吕特立誓言’[②]的人们在哪儿？”

劳厄也融入席勒[③]著名戏剧的氛围之中，念起其中的台词来：“‘不，暴君的权力要被限制。’”他和施特恩都不愿意接受一个独裁者，无论他有多么仁爱亲善。

两人一下子都笑了。“你能庄严的起誓吗，马克斯·劳厄？”施特恩咧嘴一笑，然后纠正了一下，“马克斯·冯·劳厄（劳厄的父亲就在那一年被授予世袭贵族的身份，因此他家在姓氏中加了“冯”），你敢发誓，如果事实证明玻尔是对的，你就放弃物理学吗？”

劳厄开口大笑：“完全没问题。我不可能容忍这种情况发生。你呢？奥托·施特恩，你敢这样发誓吗？”

施特恩问：“‘吕特立誓言’是怎么说的？有一段是：‘不可剥夺、坚不可摧的星辰……’”

“不，不。”劳厄一边说，一边伸出手来——他们毕竟是在于特利贝格峰上。他笑起来说：“我们有必要来点新词。”

施特恩一下就明白了：“于特利贝格誓言！”

劳厄说：“我们以原子的名义起誓。”

---

① 威廉·退尔是传说中的瑞士民族英雄，据说在13世纪或14世纪，退尔因蔑视奥地利当局被怀恨在心的奥地利总督报复，总督命令他向相距80步、放在自己儿子头上的苹果射箭。——译者注

② 1291年，乌里、施维茨和尼瓦尔登“老三州”的代表在吕特立宣誓结盟，这一誓言是成立瑞士联邦的基石。——译者注

③ 席勒，德国戏剧家、诗人，著有名剧《威廉·退尔》。——译者注

自从希腊哲学家在公元前 5 世纪首次对原子提出假设以来，原子一直是众多大奥秘当中的一个。你、你坐着的椅子和呼吸的空气，所有物质最终都是由相同的结构单元所组成的吗？这样一种基本的结构单元是什么样子的呢？人们通过哲学进行摸索，试图找到答案。在 18 世纪中叶，一位喜欢盘根问底的苏格兰人托马斯·梅尔维尔燃烧精制食盐，并透过棱镜察看火光产生的现象，就像艾萨克·牛顿曾经透过棱镜观察白光，而看到了彩虹光谱。梅尔维尔没有看到彩虹光谱：在黑暗包围之中，他只看见一对橙色的条纹。

又过了 62 年（1814 年），约瑟夫·冯·夫琅和费在为一家军用物品公司校准测量透镜时，透过棱镜观察太阳，第一次注意到在牛顿的彩虹光谱中有若干条暗线。事实上，他在彩虹中看不到两块暖黄色——食盐的光谱仿佛被翻了过来。

此后近半个世纪里，无人进一步探索这种巧合的原因，直到古斯塔夫·基尔霍夫的发现。他是一位个子矮小、灵活敏捷的物理学家，经常拄着拐杖在海德堡大学的中世纪大厅里来回走动。他对消失的黄色区域做出了推断：是围绕在太阳周围的钠气体（食盐就是氯化钠）吸收了黄色光。基尔霍夫最亲密的朋友——文雅而伟大的罗伯特·本生帮助了他。在 20 年前，一个培养皿发生爆炸，飞出的一小块玻璃碎片弄瞎了本生的一只眼睛。“眼下，基尔霍夫和我正忙着做一件让我们没有时间睡觉的事。”1859 年，本生向一位朋友解释说，“在找出太阳光谱中暗线的成因方面，基尔霍夫已经有了一个完全出人意料的发现。”[8]

基尔霍夫的发现意味着，即使距离遥远，气体也可以借助它们的特征光谱加以鉴别。突然之间，恒星的成分变得一目了然了。在足够热的火焰中燃烧并不会产生其自身的光谱，但地球上的元素（即使量极小）依然能表明自己的身份。本生设计了一个必不可少的燃烧装置——“本生灯”；而基尔霍夫则草草制作了一个精确的“分光镜”——他只不过把一块棱镜用一个黑乎乎的雪茄盒子装了起来，再在盒子末端连上一个废旧的望远镜用于观察。“各种迄今尚不为人知的元素”开始出现。[9]本生写道：“很幸运，我找到了一种新金属……因为它有着漂亮的蓝色光谱线，我给它起名叫作铯①。我预计在下周日能有时间对它的原子量进行首次测定。”[10]

人们以这种方式发现了氦②,随后又接连不断地发现了一系列新元素。一小群志同道合的科学家们狂热地痴迷于光谱学。1900 年出版了一部光谱线名录《光谱手册》[11]，单单第一卷就长达 800 页。没人知道光谱背后的机理。玻尔用他那颇具个人特色的语言回忆说，光谱看起来“妙不可言，但要从光谱上面取得进展根本没可能。这就好比说，假如你有一对蝴蝶的翅膀，毫无疑问，正常情况下，翅膀上会带着各种颜色，但没有人会认为，从蝴蝶翅膀的颜色中就能弄清产生颜色所需的生物基础。”[12]

玻尔出生在丹麦哥本哈根的一座豪宅里。深夜，家中常常充满了欢声笑语。玻尔的父亲是一位生理学家，数次被提名诺贝尔生理学或医学奖的提名，经常和自己最好的三位朋友，一位语言学家、一位哲学家和一位物理学家在家里聊天到深夜，他们都是丹麦著名的知识分子。玻尔在这样的环境中度过了欢乐的童年。玻尔是一个性格冲动的野孩子，强壮但不知轻重，经常在打斗中把小朋友们的身上弄得青一块紫一块的。但他也是一个面带灿烂笑容，对人几乎完全没有恶意的男孩。[13] 在他的一生中，玻尔的善良和谦逊与他自己往往意识不到的力量（当他不再是个孩子时，这种力量开始被他理智地利用起来）结合在一起，引人瞩目。

1911 年，26 岁的玻尔抵达英国，他将在这片土地上探索原子的内部结构。玻尔师从约瑟夫·约翰·汤姆森。汤姆森在大约 10 年前发现了电子，并在英国剑桥大学知名的卡文迪许实验室——有着哥特式门厅、蛛网密布、天花板漏水的环境里，领导一批年轻聪慧的实验人员开展研究。在这些年轻的实验人员中，有一位出生于新西兰的科学家名叫欧内斯特·卢瑟福，当时他正处于神秘放射性现象的研究最前沿。玻尔在卢瑟福新担任教授职位的曼彻斯特找到了他，那一年，卢瑟福刚刚发现了原子核。

---

① 在两人的论文《关于一种新的碱金属》（*On a New Alkali Metal*）中，本生和基尔霍夫解释说，“铯”的名字源自拉丁语“caesius”，古代人用这个词来形容苍穹之上的蓝色。[14]

② 在 1868 年的一次日食观测中，法国人皮埃尔·让森首次在太阳的光谱中钠谱线的附近发现了这种发出黄色谱线的物质。当时，约瑟夫·诺曼·洛克耶和爱德华·弗兰克兰认为，这种物质在地球上还没有发现，因此定名为“氦”（helium），该词源自希腊语 hëios，意为“太阳”。——译者注

那时，刚刚丧父的玻尔立刻就和年长他 14 岁的卢瑟福成了朋友。他俩都是喜欢交际的天生领导者。卢瑟福经常荒腔走板地高唱赞美诗《信徒如同精兵》（*Onward, Christian Soldiers*）来鼓舞他的研究人员，因此他深受大家喜爱；[15] 两人都是户外运动爱好者和足球运动员（玻尔的弟弟哈拉德还是一位获得过银牌的奥运会选手）。[16]

1912 年夏天，玻尔在英国的一年访学快要结束时，向卢瑟福描述了自己对原子的假设。它"是我们选取的似乎唯一可以解释整个实验结果的假设，这些结果集中并似乎证实了普朗克和爱因斯坦对辐射机制提出的各种构想"。[17] 卢瑟福认为这一理论尚不完备，"除非你能对着一名酒吧女服务员把它给解释明白"。[18] 他认为玻尔需要再对其进行一些修订。

玻尔对修订工作丝毫没有兴趣。相反，回到哥本哈根以后，他无意中发现了在他出生那年，也就是 1885 年，曾有人发表过一个光谱公式。已故的约翰·雅各布·巴尔默在得出这一公式时已经 60 岁了，当时是瑞士巴塞尔一所女子学校的教师。巴尔默公式预测了还没被人们观察到的光谱线所在的位置。在此后的 30 年里，该公式被证实异常地精确。这个描述了"蝴蝶翅膀"的公式在玻尔手中成了透视原子内在的工具。夫琅和费的部分缺失的彩虹谱线是吸收光谱：缺失的颜色就是能被原子吸收的某些频率的光；原子中的电子在吸收光谱后向外跃迁到更高能级的轨道上。梅尔维尔燃烧食盐所产生的光谱则恰恰相反——它是发射光谱，伴随着电子向内跃迁到更低能级轨道上（"基态"），原子以发射光谱的形式释放能量。

在 1913 年的那个秋天，玻尔发表了他的论文，而冯·劳厄和施特恩发誓，假如玻尔是正确的，他们就放弃物理学。然而就在这时，爱因斯坦正在维也纳进行访问。在那里，他碰巧遇上了玻尔的一位好朋友、匈牙利实验师格奥尔格·冯·赫维西。

赫维西用他那独特而古怪的英语写信给玻尔说："我向他询问了对你理论的看法。他告诉我，假如它是正确的话，那会是一个非常有趣的理论，等等。"[19]（爱因斯坦的朋友和传记作者亚伯拉罕·派斯曾说："敷衍的表扬而已。这个我很清楚，我听过他在其他很多场合做出过这样的评价。"[20]）

接着，赫维西告诉爱因斯坦，说玻尔已经能像解释氦光谱一样解释星光中的一系列神秘谱线。玻尔的理论产生了一种“与实验数据完全一致”[21] 的效果——这在光谱学领域是前所未有的功绩。赫维西向卢瑟福报告说：“爱因斯坦的大眼睛看上去变得更大了，[22] 他极为惊讶。”因为兴奋，赫维西的拼写错误也变得越来越离谱，错字连篇①，“然后他对我说：‘哪么，光的频率完全不衣赖于电子频率……这是一个巨大的成旧。这么说来，玻尔的理论一定是整确的。’”[23]

他向卢瑟福吐露说：“听到爱因斯坦那样说，我非常高兴。”[24]

然而，冯·劳厄和施特恩的反应与爱因斯坦大相径庭。“玻尔在量子理论上的成果（发表在《哲学杂志》上）……令我绝望，”埃伦费斯特写信给洛伦兹说，“如果这个方法能实现目标，那么我一定会放弃物理学。”[25] 埃伦费斯特喜欢用这样的话来祝贺学生：“现在你把整只老鼠都从汤里捞出来了！”[26] 他认为，玻尔又放了很多老鼠在汤里。他继续无视被他斥之为“完全是骇人听闻的”玻尔模型。[27]

在大多数物理学家能够理解玻尔的原子概念中的抽象含义之前，也是在第一次世界大战期间贫乏、困苦的环境中，爱因斯坦于 1915 年提出了科学领域最伟大的艺术作品之一——广义相对论。地球绕着太阳转，但根据广义相对论，太阳也同样绕着地球转。不存在一个可以对宇宙间所有天体运转进行观察的适当的参照系，不存在“恒星”，也不存在静止不动的观察者。不仅对于沿各自轨道运行的星系，而且对于从天空飞驰而下的最微小的亚原子粒子，广义相对论的解释都必不可少。众所周知，广义相对论与量子论不相容，而如果非要爱因斯坦在二者之间选择一个的话，他会选择相对论。

埃伦费斯特在 1917 年写道，他不过是希望“大体上有一种观点能在‘经典领域’（涵盖非量子化的物理学，包括相对论）和‘量子领域’之间划清界限”。[28] 这也是玻尔在随后的岁月里非常希望满足的愿望。而另一方面，爱因斯坦却想要一种统一的物理学，他对这样的“停战和解”并不满意。

1919 年，玻尔来到埃伦费斯特任职的莱顿大学。玻尔诚恳地讲授了自己的原

① 作者在原文中直接引用了赫维西在兴奋、随意的状态下犯下的拼写错误：“Than the frequency of the light does not depand at all on the frequency of the electron ... and this is an enormous achiewment. The theory of Bohr must be then wright.”结合上下文，我们用中文的错别字展现了错误。——译者注

子模型。约瑟夫·约翰·汤姆森的儿子乔治·佩吉特·汤姆森用传统的英式保守风格这样形容道，他以“温柔的声音、模糊的发音和复杂难懂的句子，小心翼翼地对发言进行修饰和限定，仿佛是为了排除人们曾经思考过的、往往设想得过于美好的各种可能性”。[29]

玻尔晦涩的解释构成了令人着迷的复杂图景，电子轨道纵横交错在一个中心点——“玻尔原子”的周围。[30]这些图景就是最初和最终的量子形象，直到它们破灭在一大堆的抽象概念中。玻尔解释说，不能完全按照字面的意思来理解这些轨道；然而当每个人都可以想象出如行星一样的美丽画面时，几乎没有人会听他的。每个人都目睹了玻尔理论取得的成功，虽然他们并不能理解它。

玻尔的理论和他的个人魅力把埃伦费斯特争取到了自己这一边。爱因斯坦在1921年给他的终生好友也是他曾经的同事马克斯·玻恩（爱因斯坦是在萨尔茨堡的那次演讲中认识玻恩的）的信中这样写道：“埃伦费斯特满腔热情地记述了玻尔的原子理论，并经常造访玻尔。如果这个理论能让埃伦费斯特信服，其中必定有什么道理，因为他是一个多疑的人。”[31]

04

难以描绘的量子世界

1921 年夏天

维尔纳·海森堡（1901—1976）

夏末的一个午后，维尔纳·海森堡坐在他自行车旁的草坪上，问："你真的相信，原子内部确实有像电子轨道一样的东西存在吗？"[1] 他咬了一口奶酪，看了一眼躺在草地上一动不动的沃尔夫冈·泡利。奥托·拉波特非常口渴，把水壶举过头顶，美美地喝了几大口。

"把奶酪递给我。"泡利说，身子一动不动。

海森堡那年 19 岁。泡利只比他大一岁半，但在阿诺尔德·索末菲的指导下，他刚刚在慕尼黑取得了博士学位。[2] 索末菲是马克斯·冯·劳厄的朋友和前同事，海森堡也正跟随他学习。拉波特就快满 19 岁了 [3]，他在一个学期以前才来到慕尼黑。拉波特来自美因河畔的法兰克福，在德国军队接管他家的房子之前，他全家一直住在那里。

拉波特和泡利是在声名显赫的诺贝尔奖得主威廉·维恩的"8 小时老式实验物

理学课”上认识的，他们彼此是“难兄难弟”。[4] 三个大男孩从课堂上逃了出来，在热情高涨的欢呼声中进行了一次自行车之旅。“这大概是泡利唯一一次胆敢闯入我的世界。”关于他生长在大城市的朋友，喜爱户外活动的海森堡这样写道。[5]

海森堡把奶酪递过去，眯着眼睛看了看尘土飞扬的公路，这条路通往凯斯勒堡山顶。这时，一个声音从草地上传来。

泡利振奋了一下精神，但还是躺着，说：“我知道，整件事看上去就像一个神话。”[6] 他费了很大的劲儿才坐起来。在正午的阳光下，他那双眼睑下垂的眼睛几乎就要闭上了——“他有一张深藏不露的脸。”一年前，海森堡第一次见到他时就这么想。[7] 初次见面时，泡利和海森堡几乎没有太多不同。海森堡有一头金发，人瘦瘦的，依照他的老师马克斯·玻恩第一次见到他时的印象，他“像一个朴实的农家男孩。”[8] 泡利则是一头黑发，已经有点发胖，时常犹豫和不安，业余时间都泡在咖啡馆和夜总会里。

物理学让他们走到了一起。二人都已经成为其专业领域中冉冉升起的新星。泡利在 1920 年就完成了一篇 200 多页的了不起的论著，全面地解释了广义相对论（即使对于这方面的专家来说，这篇论著在数学上也是令人生畏的），给爱因斯坦本人也留下了深刻印象。[9] 而在尚处于初创阶段的混乱的量子理论领域中，在索末菲富有启发性（其实是异乎寻常的放任其自由）的指导下，两个人都开始提出一些新颖的观点。

拉波特设法做到毫不畏惧。海森堡喜欢拉波特的直率[10]，喜欢他那副巨大的、厚重的黑框眼镜后露出的实事求是的表情和从容的微笑，还有他对任何事情都表现出来的兴趣①。

海森堡后来回忆道：“我们的讨论始于旅行期间，在回到慕尼黑后又继续。这些讨论对我们几个人都产生了持久的影响。”[11] 困难在于，如果把量子世界想象成不是由波就是由粒子构成的，那么海森堡和泡利就会完全否定努力构建图像的有效性，而玻尔则主张在头脑中同时容纳这两幅相互矛盾的图像。图像往往比人们的描

① 10 年以后，当拉波特在东京大学任客座讲师时，他学会了说一口流利的日语，还写了一首俳句拿了奖，而作为研究物理学的副业，他还专攻了有关仙人掌的植物学。

述更简单易懂，但过于简单可能导致误导。然而，完全否定图像也是不可靠的，没什么比语言更容易给真相蒙上一层复杂而模糊的面纱了。结果证明，被无图像的量子力学描述（或玻尔兼容“矛盾图像”的立体化描述）搞得难以理解的，就是“纠缠”。

“你知道，”泡利继续说，“玻尔已经成功地把原子奇怪的稳定性与普朗克的量子假说联系到一起了——虽然这个假说也还没有得到恰当的解释。可是，既然他不能把这些矛盾的东西去除掉，那我就怎么也不可能明白，他是如何做到的。”[12]

拉波特说：“嗯，我们只应该在感知上能直接理解时，才使用这样一些词汇和概念。”[13]

泡利的眼睛几乎全闭上了。“啊，马赫……他就像魔鬼一样，说起话来总是听着貌似很有道理。”[14] 恩斯特·马赫是对 19 世纪德国物理学有着重要影响的人物之一，他以信仰实证主义著称。按照实证主义的观点，只有能观察到的才是有意义的。泡利睁开眼说：“其实，他是我的教父。”

“真的 ?!”海森堡问。

“他是我的教父，”泡利边说边有节奏地点了点头，“他显然比一个神父更有个性，而结果貌似是……我接受了反形而上学的洗礼，而不是天主教的洗礼。他的公寓里塞满了棱镜、分光镜、频闪仪和各种电气化仪器。我去拜访他时，他总会做一个精密的实验给我看……目的是对思考过程进行纠正。这些思考过程往往不值得信任，还会引起错觉和失误。”泡利笑了笑说：“他一直认定自己的这种心理是普遍有效的，可他的实证主义学说就是在浪费时间。”[15]

拉波特有点不耐烦，说：“爱因斯坦不就是坚持了马赫的学说，才得出相对论的吗？”

海森堡点点头。

“我认为，”泡利拿着一角奶酪，打着手势说，“这个说法不够成熟，过于简单。”[16]

“可以观察到的才是有意义的，坚持这种观点有什么不对吗？”拉波特问。

“马赫不相信有原子，因为他看不到它们，”泡利从侧面坚定地看着拉波特说，

“正是你为之辩护的信条把他引入了歧途。而在我看来，这不是偶然的。”[17]

海森堡眉头紧锁。

拉波特说：“错就错在，没有理由把事情搞得比它们本身更复杂。”[18]

“嗯，这个你说对了。在我看来，第一件事就应该把这些原子轨道给废除。可是索末菲喜欢它们，他信赖实验结果和原子神秘主义。”[19] 泡利继续说道，有那么一会儿，他扬了扬眉毛。

“原子神秘主义？”拉波特问。

泡利笑了起来，身子也跟着微微地晃动。这个词是索末菲的学生们创造出来的，用来形容 1921 年以前被称为“玻尔－索末菲原子模型”的原子理论，借此承认索末菲对该模型所做的全部改进。伴随每一项改进，结果变得越来越精确，然而，整个理论要求人们必须毫不怀疑地接受它。“你会发现，索末菲谈论着‘原子奏出的天体音乐’[20]，同时又深深相信其中的数字联系。”

海森堡以挑衅的口气对泡利说：“方法因成功而得到认可。”[21]

泡利撇了撇嘴，觉得有点好笑。他咬了一口意大利香肠，又躺在了草地上，接着说：“有时候，我以为我就是将找出下一步的那个人。”他的眼睛又快要闭上了，看上去像一尊佛像。“不过，”他的眼睛猛地睁开，“假如一个人对宏伟壮丽的经典物理学整体不是很熟悉，可能会更容易找到前进的路：在这点上，你们俩明显有优势。”他恶毒地咧嘴笑了一下，又加了一句：“不过，缺少知识可没法保证会成功。”[22]

海森堡没有对这段精心设计的嘲弄进行任何反击，而是采取了拐弯抹角的巧妙回答：“好了，我想是时候接着上路了。”他用他那青年领袖般的声音说：“走不走，奥托？”

“当然。”拉波特笑嘻嘻地说。

泡利抬头看看前方树木繁茂的陡峭山冈，咕哝道：“我真不知道，我怎么会被一位圣让－雅克·卢梭的信徒给拽着‘回归自然’了。”[23] 他又顺便问拉波特：“你知道他会睡在帐篷里吗？”[24]

不，拉波特不知道。

“他睡在帐篷里，起床的时间我甚至连想都不愿意去想——”

“沃尔夫冈通常都中午前后才起床。”海森堡插嘴说。

“还在满天星斗的时候，他就起床了，”泡利接着说，“然后步行一个小时。可是，他能就这么走到课堂上吗?”拉波特笑嘻嘻地听着，泡利越说越起劲：“不，不能。之后，他必须登上一列火车，乘车奔向文明。最后，我们的‘漂鸟运动者’① 将抵达索末菲的课堂——你知道，早上 9 点开始上课。”

“或许他会相信这个传言，”海森堡说，“他从来没有通过实验验证，那就是索末菲开始讲课的时间。”

“我是一个理论家，”泡利说，“我把那些事留给别人做。”

海森堡边笑边把一条腿跨上自行车，重新朝山上骑去，世界一如既往地从他身边滑过。他幼年时是一个多病、感情脆弱、性格孤僻的孩子。他哥哥埃文得到了更多的宠爱。小维尔纳的父亲（在维尔纳·海森堡 8 岁之前，父亲是慕尼黑大学的一名希腊语教授）培养两个孩子在智力上不断地相互竞争。[25] 小维尔纳既学会了逼迫自己在那些天生并不擅长的事情上胜出，又学会了当努力的结果变得不理想时，就该逃到树林里去。这位曾经险些死于肺部感染的孤独的小男孩，最终成了一名登山者、滑雪运动员，并悉心维护着一个童子军朋友圈子，成为大家值得信赖的知心朋友。

相比之下，泡利的童年倒是无忧无虑，却“总是让人感到乏味”。[26] 所有激动人心的事情都发生在他出生的两年以前。当时，他的祖父去世，而他的父亲（和玻尔的父亲一样也是一名医学家）彻底地进行了自我再造：从信奉犹太教转为信奉天主教，把姓氏从“巴斯噶”改为“泡利”，举家从布拉格迁往维也纳。泡利的母亲是一位女权主义和社会主义作家，头脑活跃、为人坦率，最终却陷入绝望。泡利从她那里延续了对正愈演愈烈的第一次世界大战的憎恶（他从来没有拿起报纸，看过一眼战事报道）。泡利就读的小小的高中班级产生了两位诺贝尔奖获得者、两位著名演员和一大群教授。泡利是班上的开心果，经常带头搞一些精心策划的恶作剧，还能极为逼真地模仿老师们。大学时代的泡利变得越发机智，一到晚上就去外面的

---

① 漂鸟运动（Wandervogel）是由德国青年于 1901 年 11 月 4 日在柏林发起的运动，目的是学习候鸟精神，在漫步于自然的过程中追寻生活的真理、历练生活的能力、创造属于青年的文化。——编者注

镇上玩，临近深夜才回到课桌前，竭尽全力完成作业。

对于海森堡来说，远足和漫步的时候是最佳的思考时机。现在，沿着盘旋的山路向凯斯勒堡山辛苦跋涉的途中，他正反复思索着从法兰克福传来的消息——关于一个令人着迷的实验，拉波特在离开法兰克福前往慕尼黑时，这个实验就已经在进行中了。8 年前，施特恩和劳厄一起发誓，假如玻尔正确的话，他们就放弃物理学——施特恩没有履行他的誓言，反而对玻尔原子进行了实验。

每个原子周围都有环绕其运行的电子所产生的磁场。索末菲已经指出，磁场的北极只会指向若干量子化数量的方向。有人告诉施特恩，不要仅从字面上理解这些概念，但他对人们的意见置若罔闻。施特恩决定研究索末菲的这一预测。他非常幸运，得到了他所在法兰克福大学相关院系的负责人——马克斯・玻恩的支持。

玻恩是一位有自我牺牲精神的团队合作者、一位正派的革命者。[27] 和施特恩一样，他也来自西里西亚地区。玻恩从小就失去了母亲，与伤心、冷漠的父亲（和玻尔与泡利的父亲一样，玻恩的父亲也从事医学研究）和专横、富有的外祖父母生活在一起。他有一张神经质、孩子气的面孔，眼睛总以一种防御的姿态，愤世嫉俗地斜瞅着这个世界。玻恩毕生都在和不安全感抗争着（有时会矫枉过正）。他与一位情绪反复无常的剧作家海蒂结了婚，这种小心经营的婚姻仅能勉强维持。然而，当玻恩夫妇在第一次世界大战初期搬到柏林时，一个极度自信又无拘无束的人走进了他们的生活，这个人就是爱因斯坦。爱因斯坦成了他们“最亲密的朋友”。[28] 他独自住在附近，逐渐习惯了顺道拜访玻恩夫妇，聊聊天、听听音乐。玻恩后来把那段“充斥着太多饥饿和忧患的……黑暗、沉闷的时光”描述为“因为有爱因斯坦在身边，这是我们一生中最快乐的时期之一”。[29] 1920 年，玻恩正在犹豫要不要搬到法兰克福时，爱因斯坦预言性地断言：“无论你随心想去什么地方，那里的理论物理学研究都会变得繁荣昌盛——在今天的德国，再也找不到另一位玻恩。”[30]

在玻恩生机勃勃的尖端理论院系里，有一位非正式成员——年轻的实验师瓦尔特・革拉赫，他设计了一块刀状磁铁。[31] 在那段极度缺钱的严峻时期里，研究院从一位美国慈善家那里，以及从玻恩关于相对论的有偿讲座中筹到了资金。利用这块磁铁和这些资金，施特恩对他那标志性分子束中的一束进行了观测。这是一束气态的高温银原子，它穿过由革拉赫的磁铁所产生的磁场，撞击到另一边的屏幕上。

根据（前量子时代的）经典物理学预测，结果应该是在屏幕上形成一个单一区域的影像（一团模糊的银斑）。飞行中的每个原子以略微不同的倾斜角度接近磁场，这影响了原子对磁场原本的反应；因此，每个原子将落在屏幕上的一个稍微有所不同的位置上，并且不会距离屏幕中心太远。然而，索末菲对自己的量子化计算结果确信无疑。他说，这些原子将整整齐齐地分成三束，打到收集屏幕上，并且，他能预测它们之间分隔的距离。

然而，没有人能预测到施特恩和革拉赫发现的结果。银原子没有终结在中心点上。原子束整齐地分成了离散的两束（可是，两个原子束间的距离却与索末菲的预测完全相符）。原子对于磁场的反应比玻尔和索末菲曾经期望的更量子化、更非经典。原子只能对磁场做出在“是或否”“上或下”之中二选一的响应。

“施特恩 - 革拉赫实验”的结果在1922年发表时，在物理学家中间引起了轰动。结果如此极端，以至于许多本来质疑量子构想的人受其影响，转变了立场。玻尔看到，“量子理论中固有的显而易见的矛盾”更强有力地显现出来。[32] 爱因斯坦和埃伦费斯特发表了一篇论文，试图理解施特恩的银原子在穿过两半革拉赫磁铁时的行为，这篇论文为玻尔敲响了警钟。正如他们“清楚揭示的那样，施特恩 - 革拉赫实验显示出，对于任何构建原子在磁场中行为的图像的尝试，都存在不可克服的困难”。

从为原子行为建立图像的困难中，爱因斯坦和玻尔将吸取不同的教训。玻尔不久后就认为，这是不可能完成的。原子的行为，以及它们的内部结构，都是不能简化、不可目测检验的。

爱因斯坦则认为，是物理学内部某些地方出了问题，才导致这样的结论。

有一件事情是肯定的：量子化出现了。尽管索末菲冥思苦想，想用关于原子协调一致来掩饰，但确实没什么解释能够超越这一事实。就像海森堡后来回忆的那样：“这种由令人费解的胡言乱语和经验主义的成功混合而成的罕见情况，非常自然地让我们这些年轻学生深深为之着迷。”[33]

一个答案要再过三年才会出现。这群年轻人一回到慕尼黑，海森堡的脑子里就冒出了神秘的灵感，然后泡利进一步澄清、修正，并将之与事实结合——这对友人还将多次重复这种合作模式。海森堡在索末菲的方程中引入 1/2 量子，做了数学运算。这震惊了他有着神秘主义倾向的教授：“这绝对不可能！关于量子理论，我们唯一确定的事实是有整数的量子数存在，而不是 1/2 的量子数。”[34] 泡利对此反应冷淡，他建议他的朋友接着引入 1/4 量子，然后是 1/8 量子——很快“整个量子理论将在你灵巧的手中化为尘土”[35]。

然而泡利最终发现，1/2 量子描述了电子的一些真实情况。真实，却不可能看见：电子似乎在自旋，但这是一种任何人都不曾看见过的自旋；这本来应该是一次完整旋转的过程，但对于电子来说，却仅仅转了半圈，它必须“自旋”满两次才能重新回到起始点。没有人知道这意味着什么。朝某一方向“自旋”的电子受到施特恩 - 革拉赫磁铁某一磁极的吸引，而朝相反方向“自旋”的电子则被拉向另一个方向——分成两堆①。由于 360 度仅是电子旋转的半圈，人们用一个“不像样”的名字称之为“自旋 1/2 的粒子”。

当海森堡骑自行车沿着陡峭山路抵达山脊时，这些深刻的奥秘还只是未来的事情。从此处往下，道路即将急转直下，骤降至瓦尔兴湖——群山间的一汪碧水。[36] 路上的劳累和沿途的风景让他感到眩晕。伴随着一阵车轮在泥土上刹车的声音，拉波特默默地来到他身旁。

“这是歌德初次看到阿尔卑斯山的地方。”海森堡终于说道。

过了一会儿，泡利独自一人、嘴里咕哝着出现了。随后，微风拂面，如同一条小溪在寂静中奔流。泡利看着风景，身体微微晃动，用他那双神秘的眼睛望向远

① 一个技术性解释：索末菲之所以错了，仅仅是因为他和其他任何人都还不了解自旋。这个特性与电子的角动量一起，影响着原子在磁场中的运动状态。在不了解自旋的情况下，索末菲仅基于角动量进行了计算。和自旋一样，角动量也是量子化的。但与自旋（正好有两个允许值：“上或下”）不同的是，角动量有奇数个允许值，其中一个往往是 0。银原子对于磁场产生两部分反应，这是由原子最外层能级上的单个不成对电子的自旋（上或下）引起的。然而，如果施特恩和革拉赫使用了不同的原子，即一种内部自旋累计为 0（上下相互抵消）而角动量不为 0 的原子，那么索末菲或许就能正确预测出一束原子分成了奇数个原子堆。

处，注视着瓦尔兴湖的上方。

最终，还是泡利打破了长时间的沉默："现在，我打算教你们俩一点儿物理。今天上课的内容是动量，即速度乘以质量。"随即，他沿着山路飞驰而下。

拉波特和海森堡一边大笑一边跳上自行车，想要追上他，可是自行车轮子转得比他们脚蹬的还要快。Z 形山路突然转向，他们的脸上乐开了花。轮子转动的呼呼声，空气掠过臂上毛发的风鸣，眼中流下的泪水，阳光下湖面船帆的闪闪发亮——一切都朦胧而让人心醉神迷。沉浸在模糊幻想中的男孩们随着自己的心跳在微微颤抖。

泡利的质量更大，因此动量也就更大，这让他比另外两个一起飙车的男孩跑得更远——令人兴奋的下坡急降结束后，他仍在毫不费力地向前滑行，而后面两人要想赶上他，就得接着蹬脚踏板。疙疙瘩瘩的山毛榉树斜伸到了水面上方，树干的灰色外皮在阿尔卑斯山下的湖滨上留下了道道条纹。

海森堡依然振奋不已。他热爱这座中世纪的城镇，热爱一只只来回蹦蹦跳跳、向着山崖上方行进的小鹿，热爱这些溪谷、湖泊，还有亘古长存的群山：怎么会有人肯在巴伐利亚以外的地方生活？

他看看两个同伴，知道他们的想法不会和自己一样。泡利不会这样想，他是在维也纳的咖啡店里、鹅卵石街道上、明亮的电灯下长大的孩子；做着美国梦的拉波特也不会这样想。

但对于海森堡来说，在第一次世界大战（在只有芜菁充饥的冬天，人们几乎饿死，随后是突如其来的灾难性的战败）和后来的国内斗争期间，美丽的风景已成为让他坚持下去的唯一动力。[37] 如同遍及德国的众多人一样，海森堡放过牛、扛过枪，为了给家里弄点吃的，他曾在黑暗中偷偷穿过敌人的阵地。令人恐惧的是，他的长辈们一再证明，他们一点儿也不明白怎么维持或治理这个国家，五年时光里充斥着恐怖和动乱。受过良好教育的德国青少年一代决定跟政治划清界限，连带着对与政治有共性的东西和军国主义等一概不予理会，他们想要去发现一种更高层次的秩序和规则——海森堡就是他们当中的一员。等到希特勒夺取政权的时候，这群人中的许多人在行动和言论上都没有任何表示。

在未来的十年间，这三个男孩的人生将彻底改变。在美国密歇根大学安娜堡分校，拉波特将成为一位美国公民；有一半犹太血统的泡利因种族法将逃离德国，他会先到瑞士苏黎世，然后最终到美国普林斯顿；但海森堡将会留下来，设法从“野蛮人”手中拯救德国的科研事业，并让自己渡过难关。

1930 年，在形势每况愈下的几个月里，海森堡在写给母亲的信里这样说：“我想起一句格言，它的结尾是这样的：若它在辉煌中下沉，历经漫长路程，它仍会重现光彩。我相信，只要我们还活在这世上，终有一天会感受到光明重现……”他还告诉母亲：“大约十年前，那是我生命中最美好的时光。”[38]

05

在有轨电车上

1923 年夏天

尼尔斯·玻尔坐着有轨电车前往哥本哈根港口，他要去迎接正在周游世界的爱因斯坦。[1] 在 1919 年 11 月，广义相对论得到了天文学上的证实以后，爱因斯坦一夜成名。[2] 和玻尔一起去的，是从慕尼黑来访的阿诺尔德·索末菲。爱因斯坦刚刚在瑞士做了一次演讲，以弥补他缺席 1922 年 12 月诺贝尔奖颁奖典礼的遗憾。

在诺贝尔奖确定授予爱因斯坦之前的 1922 年 9 月，冯·劳厄听说爱因斯坦正计划于年底去亚洲旅行，于是他给爱因斯坦写了一封信，几乎毫不掩饰地说："据我昨天听到的可靠消息，在 11 月或将发生的事也许会让你在 12 月心满意足地出现在欧洲。请考虑一下，你是否还要去日本。"[3]

在冯·劳厄和施特恩在于特利贝格峰顶立下誓约后的一年，由于冯·劳厄出色地用干涉实验证明了 X 射线的波动性，他本人也获得了诺贝尔奖。七年后，诺贝尔奖委员会对爱因斯坦提出的光的粒子性也给予了奖励①。

但爱因斯坦的名誉受到了一些损害。1922 年 6 月 24 日，他的朋友、德国时任外交部部长沃尔特·拉特瑙遭暗杀身亡——在大搜捕中，已经有超过 300 位杰出的犹太裔人士被当成"替罪羔羊"遭到暗杀。[4] 爱因斯坦知道，他很有可能就是下一个。爱因斯坦在为拉特瑙写的一篇悼词中这样写道："假如一个人置身于幻境之中，那么他成为理想主义者并不稀奇。即使他（拉特瑙）活在这世上，并且比几乎其他任何人都更了解这里的恶臭，他仍是一个理想主义者。"[5]

爱因斯坦自己也是勉强维生，但这足以让他看出来，是时候该消失一段时间

① 指爱因斯坦对光电效应提出的光量子假说。——译者注

了。他忠实的朋友冯·劳厄代替他参加了一次演讲，现场全是反相对论和反犹示威者（斯塔克也在示威人群中，他在 1919 年 12 月获得了属于自己的诺贝尔奖，但几乎没什么人意识到这件事，因为那时所有人的目光都集中在爱因斯坦身上）。1922 年 12 月，冯·劳厄得知爱因斯坦不顾即将到手的诺贝尔奖，乘上船，尽可能远离了欧洲。

爱因斯坦从小就很独立，他在 16 岁那年声明放弃德国国籍。爱因斯坦的父亲是一位始终充满希望，却一直不太成功的小商贩（由于大学学费高得令人望而却步，他很早就放弃了自己在数学上发展的意愿）。他穿过巴伐利亚把家从乌尔姆搬到慕尼黑，又迁到意大利米兰附近的帕维亚，之后干脆搬到了米兰。不管生意失败带来多少失望和沮丧，父亲自始至终保持着亲切、和蔼的态度。爱因斯坦一家小而温暖，爱因斯坦和妹妹玛雅终其一生都保持着亲密的关系，也延续着这个家庭漂泊不定的命运。爱因斯坦的妈妈是一位钢琴演奏家，她鼓励孩子们弹钢琴。妈妈演奏的音乐在爱因斯坦一家的各个房间中流淌。但在迁往意大利之际，父母却让爱因斯坦一个人留在慕尼黑，孤零零地完成他那"无趣"的学业。自然科学与学业全然无关——爱因斯坦 4 岁时在父亲那里看到一枚神奇的指南针[6]，12 岁时又收到一本"神圣的几何学书"[7]。

1923 年夏天，爱因斯坦向诺贝尔奖委员会表达了迟来的歉意，之后他返回了柏林，回到了他曾宣布全部放弃的核心所在——那里也是他过去十年的家。但在返回柏林之前，爱因斯坦将在哥本哈根稍作停留。

爱因斯坦和玻尔，这二人命中注定要耗尽一生，共同与量子理论的灵魂做斗争。他们第一次见面是在此前 3 年。那时，玻尔在柏林和普朗克在一起。当天，一场罢工造成了电车停运，爱因斯坦步行了约 14.5 公里去位于达勒姆郊区的普朗克家，把玻尔接到自己家里共进晚餐。[8] 正值第一次世界大战后食品短缺时期，玻尔从"还流淌着牛奶和蜂蜜的（丹麦）纽崔利亚"给爱因斯坦和他的家人带来了食物。[9] 此时，爱因斯坦与他的第二任妻子艾尔莎及其两个女儿同住。爱因斯坦特别写信表达感激，他在 1920 年给玻尔的第一封信中这样写道：

> 在我的一生中，很少有人能像你一样仅出现一下就能给我带来这么多的快乐。我现在明白了，为什么埃伦费斯特会那么热爱你。我正在研究你的重要论文，每当这时，特别是当我在什么地方卡住时，我仿佛能看到你那年轻的面容出现在我面前，微笑着给我解释。我从你那里学到了很多，尤其是你看待科学问题的态度。（爱因斯坦在不久之后写道："作为一位科学思想家，玻尔能拥有如此非凡的魅力，原因在于他把大胆和谨慎完美地集于一身。很少有人能同时拥有这样一种凭直觉抓住潜在问题的能力和如此强烈的批判意识。"[10]）

带着些许敬畏，玻尔回信说：

> 对我来说，能见到你并与你交谈，是我拥有的最重要的经历之一……你不会知道，我经过漫长的期待，能在自己专注的问题上有机会聆听你的意见，这对我是一种多么大的激励。我永远不会忘记在从达勒姆前往你家路上，我们二人之间的谈话。[11]

1920年，玻尔在柏林之行期间做的演讲，其实是他第一次在公开场合一本正经地提出对爱因斯坦的"光量子"这一观点的质疑。望着坐在听众中的这位新朋友，玻尔采取了最恰当、最礼貌的方式，简略地提出了自己的看法："我不会……讨论当把'光量子'假说和干涉现象联系到一起时，这一假说产生了大家熟知的难点。"[12] 毕竟，波动理论已经证明了它本身"十分适合"用来解释干涉现象。

在这个问题上，爱因斯坦又听到了一个怀疑的声音，但他毫不担忧，还写信给埃伦费斯特说："玻尔也在这里，我跟你一样热爱他。他就像一个极端敏感的孩子，用一种恍恍惚惚的状态在这个世界里走来走去。"[13] 在给洛伦兹的信中，爱因斯坦这样写道："杰出的物理学家大多也是了不起的人物，这对物理学来说是个好兆头。"[14]

这会儿，爱因斯坦正站在哥本哈根轮渡站的站台上——还有玻尔，他嘴歪向一侧，脸上带着大大的轻松的微笑，他有着伐木工般宽广的肩膀和运动员的体态。索末菲在玻尔身边，和蔼地眯着眼，背挺得直直的，小胡子上打了蜡。（“他像不像一个典型的老轻骑兵军官？”泡利曾在课堂上小声地问海森堡。[15]）

索末菲要是不戴帽子，人们就会看到他前额横着一条长长的伤疤，这是他年轻时，在波罗的海边的哥尼斯堡①参加一个酗酒斗殴团体期间留下的。[16]索末菲的母亲精力充沛、善于思考，父亲是一位医生，年龄比母亲大得多。父亲的口袋里总装着准备拿给儿子看的一只甲壳虫、一个贝壳或一块琥珀。在父母亲的培养下，索末菲成了物理学领域最伟大的教师之一，他第一个在教学中讨论了相对论和量子理论的内容（广义相对论还在酝酿期，他就在教学上与爱因斯坦的研究保持一致）。他在10年时间里不受学校重视，把精力浪费在了向矿物学、采矿和工程专业的学生们教授纯数学上。直到1906年，人们才以索末菲为中心，在慕尼黑建成了一个理论物理研究所。马克斯·玻恩多年后回忆道：“他能力突出，能把时间省下留给学生。”[17]索末菲和学生们一起去滑雪，一起去咖啡馆，要是有人没钱了，他还会伸手资助。爱因斯坦在1909年写给索末菲的一封信中说：“这样一种完美的师生关系，想必是独一无二的。”[18]

这三个人的帽子朝不同的角度翘着，三件长大衣垂在各自身后。三人走到阳光下，玻尔和索末菲拿着爱因斯坦的手提箱和沉沉的袋子——里面装着书和论文——而爱因斯坦则拿着自己的小提琴。

“爱因斯坦！见到你真高兴！”当他们在渡口的半木质结构钟楼旁边的电车站坐下时，玻尔说。

索末菲说：“跟我们聊聊日本吧。”

玻尔又说：“无论如何，这很可能比诺贝尔奖的颁奖典礼有趣得多。”

一封跨越半个地球的电报正式通知爱因斯坦，他获得了“迟来”的1921年诺贝尔奖②；而玻尔获得了1922年当年的诺贝尔奖。玻尔在1922年11月11日写信

---

① 今俄罗斯的加里宁格勒。——译者注

② 爱因斯坦被授予诺贝尔奖的决定，其实可能被有意拖延了，至少部分如此：一方面学院派对相对论持怀疑态度；另一方面，理论物理学家们为支持爱因斯坦获奖，不断地施加压力，最终导致了僵持的局面。[19]

给爱因斯坦，描述了他当天的感受："对我来说，这是最大的荣誉和快乐……他们考虑同时给你和我授奖。我知道自己受之有愧，但我还是想说，这是多么幸运的事：在考虑给我这样一项荣誉之前，在我、卢瑟福和普朗克都做出了贡献的特殊领域，你带来的根本性贡献应该率先得到认可。"[20]

一个月后，在瑞典斯德哥尔摩举行的诺贝尔奖颁奖典礼上，玻尔向缺席的爱因斯坦和他所做的"根本性贡献"发起了挑战。玻尔在他的诺贝尔奖获奖致辞中一语双关地说："光量子假说……与光的（电磁）辐射特性格格不入。"[21] 他是动真格的，他打算在下次见到爱因斯坦时，当面和爱因斯坦说这件事。

1923 年 1 月，在乘船前往新加坡的途中，爱因斯坦坐在甲板的折椅上，用船上的信笺回了信。

亲爱的，或者说，心爱的玻尔：

我在快要离开日本的时候收到了你热情洋溢的来信。我可以毫不夸张地说，你的来信和获得诺贝尔奖一样让我高兴。你对于可能在我之前获奖的担忧，让我尤其觉得可爱——这是典型的玻尔特色。你新近对于原子所做的研究一直在旅途中陪伴着我，让我喜爱上了你那日益强大的大脑。[22]

爱因斯坦的大脑还在像谈话一样继续思考："我相信，我最终明白了电学和引力之间的联系。"于是，他的余生都将在失败中追求这种英勇无畏的、多半不可能实现的统一性。而在那一刻，饥饿、嗜血、疯狂的柏林似乎十分遥远。

海上的航行……就像修道院里的生活。暖雨从天空慢吞吞地滴下来，营造出宁静，以及如植物般的半意识状态——这封小小的信证明了这一点……

赞美你的，A. 爱因斯坦

“瞧！电车来了，”站着的爱因斯坦最先看到说，“我们去哪儿？”

玻尔跳上车，一边买了三个人的票，一边回过头说：“去研究所，在布莱达姆斯外大街 15 号！”[23] 布莱丹姆斯外是一条宽阔的林荫大道，距离轮渡码头只有 3 公里，街道延伸到玻尔新建的研究所前长长的绿色草坪。[24] 已经有 5 名来自不同国家的年轻物理学家在此和玻尔一起工作，他们被临时安置在未来的藏书室和实验室里。早在研究所大楼竣工前几个月，玻尔的两名学生因为太过兴奋，急不可耐地发表了第一篇署名为“哥本哈根理论物理研究所”的论文。

电车摇摇晃晃地行驶，轮子在轨道上发出刺耳的声音。三位物理学家沿车厢通道走着，他们是车厢内唯一说德语的人，从玻尔口中脱出的话夹杂着大量英语和丹麦语，很容易分辨。

“那么，我亲爱的玻尔，”爱因斯坦说，“我听说你预测到一种元素。”

“哦，是的，是这样。”玻尔说。

听到这句不太像玻尔的典型风格的简短回答，索末菲耸了耸眉毛——爱因斯坦捕捉到了他带有讽刺意味的眼神。在著名的元素周期表中，有着迄今为止仍无法解释的优美的周期性规律，玻尔的原子模型能够从电子数量的角度来对此加以理解和解释，这是他最新取得的一项重大成就①。玻尔甚至曾描述过某种含 72 个电子的元素的性质（该元素在周期表中空缺，也就是说，还未被发现）。

索末菲提示说：“就是当初在你的新研究所里工作的那个赫维西发现的东西。”赫维西虽然是一位信奉天主教的贵族，但因为他有犹太血统，在第一次世界大战结束时在匈牙利被解雇了。结果，玻尔和赫维西这对老朋友在哥本哈根再次联手。1922 年，在寻找新元素的期间，赫维西用他那迷人而蹩脚的英语给卢瑟福写了一封信，信中说：“玻尔在理解光谱的语言时，就像别人在翻阅杂志时一样容易。”[25]

---

① 19 世纪六七十年代，德米特里·门捷列夫首次排定了元素周期表。他把元素由轻到重粗略地排列成表的形式：每一列包含一组有着类似性质的元素。玻尔的类太阳系原子模型从内部解释了这些特性，比如，通过原子最外层轨道上的电子数来进行解释。举例来说，氖（有 10 个电子）完全是惰性的，而钠（有 11 个电子）却极易发生化学反应。氖的 10 个电子完全填满其 2 个原子轨道，形成了一个“平稳的”原子外表面——其他原子无法从填满的轨道上获取电子。钠则与之截然相反，在钠原子的第 3 层轨道环上，只有钠的第 11 个电子。

玻尔打开了话匣子，开始说这件事："我们陷入了战后可怕的'国家主义'中，可我们根本不想被卷入这场混乱。在寻找新元素的过程中，我们从来不想和任何一个化学家竞争，而只是希望能证明理论的正确性。[26]德布罗意实验室（莫里斯·德布罗意是法国著名实验物理学家，在他巴黎的宅邸里研究X射线）有一个人叫亚历山大·道威利尔，他打算抢先一步，用代表法国的'celtium'一词为新元素命名——德布罗意的弟弟路易·德布罗意也在背后支持他。[27]随后又冒出一个英国人，自称比任何人更早发现了这种新元素，应该用代表英国海军的'oceanum'①一词来命名新元素……但对于元素性质这样的重大科学讨论，却没人关注。"

爱因斯坦忍不住说："你自己也没有完全避开国家主义，不是吗？"

"没错，"玻尔笑起来说，"正当我们拿不定主意，是把它叫作'hafnium'——也就是哥本哈根的拉丁语名字——还是'danium'时，我们收到了《原材料评论》（*Raw Materials Review*）杂志一位编辑的来信，说有论文声称，我们已经发现了两种新元素，所以编辑来问我们这是不是真的？加拿大还有人建议用'jargonium'来命名。"[28]爱因斯坦哈哈大笑，引得车上的人都转身来看，想知道这帮德国人究竟在乐什么。索末菲也开怀大笑，两撇大大的八字胡上下抖动。[29]

"看到你做得这么好，真替你高兴。"爱因斯坦说。

玻尔摇了摇头，微笑着说："从科学研究的角度看，我的人生一直在极乐与绝望的交织中循环流逝……你们想必都能理解这一点……有时感到精力充沛，有时又自觉疲惫不堪；有时自信满满开始写作论文，有时又犹豫再三不让它们发表。"——说时，他的表情非常诚恳——"因为对于量子理论这个大谜团，我的想法总是在变化。"[30]

"我理解，"索末菲说，"我非常理解。"

爱因斯坦几乎一直闭着眼在听，这时他点头说道："这也正是让我止步不前的一道墙。困难重重啊。"——说到这，他睁开了双眼——"相对论不过是我在与量子的艰难斗争中给自己安排的片刻喘息。"[31]

"但是，一切都令人兴奋，"索末菲说，"我有一位年轻的学生海森堡想出了一

---

① celtium 和 oceanum，都是铪（hafnium）在早期未能达成共识的曾用名。——译者注

个疯狂模型……”[32]

玻尔插嘴道：“海森堡的论文非常有意思，不过要想证明他的设想还存在困难。”[33] 海森堡的传记作者如此批注这句话：“这是他（玻尔）在评论中用到过的最激烈的言辞。”

索末菲点点头：“每一件事都在逐渐得到解决，不过，我们还不清楚其中最深层的意义。”他露出一丝苦笑，望着爱因斯坦继续说：“你知道，我只能在量子理论的技术层面出一点力——哲学层面的内容必须由你来建立。”[34]

玻尔眉头深锁，慎重地说：“问题不仅仅是要在实验事实的解释上有所进展，同样重要的是，要能对有缺陷的理论概念进行完善。在这点上，光量子假说实际上对我们没什么帮助。”[35]

“我再也不会怀疑光量子的真实性，”爱因斯坦说，“尽管依然只有我一个人孤独地坚信这一点。”[36]

索末菲说：“玻尔，我也这么想。但我有一些惊人的消息。”就在爱因斯坦访问远东地区时，索末菲正在美国西部旅行。“在美国，我最有意思的一次科研经历是在圣路易斯见到了阿瑟·霍利·康普顿的工作成果。那真是有趣，就算我还不能确定康普顿是否正确，但我还是忍不住到处讲这件事。”康普顿展示了，X 射线和电子会像台球一样发生碰撞。冯·劳厄在慕尼黑与索末菲一起工作时，已经证实 X 射线是波；而现在，康普顿却用实验表明 X 射线是粒子。

索末菲甚至兴奋得暂时忘掉了他的朋友冯·劳厄，他激动地转向爱因斯坦说：“这个实验让 X 射线的波动理论就此失效了！”[37]

然而，爱因斯坦微笑着答道：“唔，这样下结论，恐怕为时过早。”

“我也是这样想！”玻尔脱口而出，声音却显得有点疲惫，“你知道我关心的是什么——对我来说，光的波动理论就是一种信条。[38] 就光的传播而言，光量子理论显然不能被看作一个令人满意的答案。[39]‘频率’是由干涉实验来定义的[40]，这类实验要求光是一种波，如此一来，光量子理论原则上排除了合理定义‘频率’的可能性。”[41]

讲求实际的索末菲说：“所以，我想提醒你注意这样一个事实：最终，或许能从根本上出现一种全新的见解。”[42]

“嗯，是的，”玻尔说，“但我无法想象它会和光量子扯上关系。看着吧，就算爱因斯坦能找到无懈可击的证据，就算他想发电报告知我，电报也仅仅是因为无线电波确实存在，才会真正到我手里。”[43]

爱因斯坦发出了响亮而浑厚的笑声。从专利局到普林斯顿，他的整个职业生涯都花在了不停地对各种想法提出假设，而最初，没有人相信这些想法；物理学界的舆论有时会最终倒向他这边，有时不会。面对玻尔的质疑和索末菲的热情，爱因斯坦表现得同样平静。

玻尔说：“爱因斯坦……”索末菲也望着窗外说：“玻尔……”

“嗯？”爱因斯坦答应道。

“嗯？”玻尔同时答应道。

“我们在哪儿？”索末菲问。

玻尔四处看了看，随即放声大笑——他的嘴咧得老大，露出大大的牙，眼睛全闭上了，笑声极富感染力。他笑个不停，说：“我们坐过站了，哎，大概过去了12站。我们坐过站了。”[44]

索末菲拉了拉绳子①，电车缓缓靠站，他们回到了大街上。这依旧是美好的一天，因此，当三个人在两边种着榆树的林荫大道旁的长椅上坐下时，看上去并没有那么倒霉。

玻尔目不斜视，继续说道：“爱因斯坦，即使你真能或多或少在普遍接受的意义上证明光是粒子，你当真相信，人们投票通过一条法规，就能让衍射光栅的运用变得不合法？”②[45]

爱因斯坦还击道：“反过来说，假如你能证明光只有波特性的话，那么你以为，你就能找个警察来要求停止使用光电管吗？”③[46]

---

① 当年的有轨电车上，如果乘客想下车，就要拉一条拴着铃铛的绳子，示意司机下站停车。——译者注

② 衍射光栅让光发生折射，使光能以典型的波的形式与自身发生干涉。

③ 太阳能板由光电管（Photocell，即 photoelectric cell 的缩写）制成，其工作原理就是光电效应。爱因斯坦通过光量子假说对该效应出色地给出了自己的解释。

“是这样，但是必须我说（这是在玻尔的研究所里流传的一句惯用语，直译自玻尔那很有个性的‘丹麦式德语’），目前我们还完全没有真正理解光和物质之间的相互作用。”[47]

把一个秘密（光有时表现得像粒子）藏到另一个秘密（光和物质之间的相互作用）后面，爱因斯坦对此并不感兴趣。[48] 他说：“现在有两种光的理论，两者都不可或缺。而且，尽管 20 年来，人们付出了巨大努力，但还是没有找到两者之间的任何逻辑联系。[49] 对于这些各自独立的事实——衍射光栅和光电管——我们还得坚持这些徒劳无益的看法，直到原理自行显现出来。可是，但凡人们不知晓能够作为推演起点的原理，那么，个别事实对理论物理学家来说，就是毫无用处的。”[50]

玻尔挑起了谈话，随后又望向运河，陷入了沉思。野鸭游入视野又游走了，身后拖着起伏的倒影——相互干涉的波纹泛出长长的流光。一位受人喜爱的实验物理学家詹姆斯·弗兰克曾这样形容“早年间”陷入沉思时的玻尔：“如果一个人和玻尔交谈过，就应该记得他。有时，他几乎像‘白痴’一样坐在那儿，表情空洞，耷拉着四肢。你不知道这人还有没有知觉……完全感受不到生命的温度。然后，你会突然看见一股激情在他体内升起，灵光闪现，随即他会说：‘我现在知道了。’……我敢肯定，牛顿也是这个样子。”[51]

路上的铁轨再次传来隆隆的声响，吓了玻尔一跳。伴随一阵叮叮当当的声音，一辆电车沿着他们来时路的反方向，开到他们跟前。三个人爬上车，这一次，他们坐在稍微靠前一点的位置上。

“嗯……”玻尔边坐下来边说，“我想，在科学的这个阶段，一切都处于动荡不安之中，要想让每个人对每件事都持相同的观点，是不可能的。”[52]

爱因斯坦对此一笑置之，说：“不，那是因为有些事情还没能达到我们所期望的最佳状态。”

玻尔斜倚着电车的侧壁，回过头看着他的朋友们说：“可是爱因斯坦，我完全不理解，关于量子理论，你想证明的到底是什么？”他身子前倾，胳膊搭在椅背上，打着手势说：“我正在思考你从 1916 年到 1917 年发表的那些著名论文。你在论文中表明，对于原子放射出光的情况，很难预测它何时发生，以及去向何方。你似乎认为这非常疯狂……”[53]

“我对自己选择的道路充满信心，”爱因斯坦答道，“但这样一个基本过程的时间和方向却要听天由命——这确实是这个理论的缺陷。”[54]

玻尔继续道：“在我看来，这恰恰是最耀眼的绝妙之举，几乎可以说是决定性的关键。假如因果性其实并不适用于量子世界，那又会怎么样？”这是一个极端的看法。因果性原则（每件事都有一个起因）是科学建立的基础；而科学的目的就是找出这些起因。然而，玻尔对于原子世界因果性的直觉颇具预见性：神秘莫测的自发性一直都是量子理论中最独特的性质之一。玻尔似笑非笑地说：“在这种情况下，我倾向于能想象得到的最极端、最神秘的观点。”[55]

索末菲困惑地问：“玻尔，你是出于什么样的考虑，才觉得因果性可能不是终极真理呢？”[56]

虽然索末菲比玻尔年长 15 岁，但在这一点上，玻尔还是觉得索末菲应该被告诫：“索末菲……对于仅把物理学当作‘数学化学’（mathematical chemistry）的这种做法，你知道我是怎么想的。[57] 每件事未必都要归结到计算①上去。也许，更简单的情况是，我们讨论的这些事根本用不上数学。”事实上，玻尔大多数了不起的成就都不是通过数学，而是通过直觉取得的。[58] 但除了他，几乎没人能从这种“类推原理”中获得什么成果。这需要从众多特征中建立起一套量子理论，而这些特征在大范围内能平均得出我们所看到的世界。1920 年，玻尔将其重新命名为“对应原理”，但这并没有使其变得更易于操作或理解——“一根魔杖”，索末菲在其编写的最新版教科书中这样形容。[59] 这本教科书对于学习量子理论来说必不可少，索末菲在对之进行修订、升级时总是一丝不苟。

在很多年间，玻尔在大规模量子效应与经典物理学之间所做的对应，一直指引着早期量子理论的发展。然而，他对这一原则精神的忠诚，妨碍了他发现远距离量子纠缠的可能性。对他来说，相互分离的两个粒子之间的量子关联（quantum correlation）这类概念只应存在于亚原子半现实的“幽暗地狱”之中，永远不该出

① 索末菲所说的“考虑”和玻尔所说的“计算”，对应的英语单词都是 calculation。在此，玻尔针对索末菲之前的问话，在回答中巧妙地用了同一个词的两个不同意思。——译者注

现在大尺度、远距离的牛顿理论的“明媚天空”之下。相反，保持怀疑态度的爱因斯坦将成为唯一的引路人，一再带领众人面对各种显而易见的量子效应所产生的奇特美景——它们后来都在世纪之交成为整个物理学领域最具活力的分支。[60]

爱因斯坦说：“玻尔，我非常欣赏引导你开展工作的可靠直觉。之前我就听说了，你的勇气和直觉足以让你尝试别人忽略掉的事情。[61] 但我必须要说，只有在最极端的紧急情况下，才应该允许放弃作为原则存在的因果性。[62]”

索末菲带着一丝笑意说：“爱因斯坦，我也欣赏玻尔在物理学上的可靠直觉。但我不得不说，他在电车上的直觉并不那么可靠。看看，我们都到哪儿了。”

爱因斯坦和玻尔一起朝窗外看，玻尔用手拍着自己的脑门，爱因斯坦一边笑一边拉绳。这次，他们差不多快回到轮渡站了。

玻尔在很久以后追忆：“我们坐着电车来来回回，因为爱因斯坦当时兴致勃勃的。我们不知道他的兴趣中有没有多少带着点怀疑——但不管怎样，我们坐着电车来回了很多趟，至于别人怎么看我们，那是另外一回事。”[63]

下车以后，索末菲郑重其事地给康普顿写了一封信：“你的工作（揭示 X 射线拥有像粒子一样的行为）敲响了波动理论的死亡丧钟。”[64]（如同海森堡在同年 1 月给泡利的回信中写的那样）“与实验的一致性相比，（玻尔）更关心总体的理论原则”，[65] 所以，他开始努力构思一套避免与光量子说发生关系的量子理论。

康普顿的工作的确标志着光量子说开始被人们接受。到了 1926 年，人们更加接受光量子，甚至赋予它属于自己的名字——光子。英语“photon”一词与希腊语中“光的存在”一词意思相近，这是由白胡子“物理化学之父”、美国加州大学伯克利分校的吉尔伯特·路易斯发明的，他还建议把光传播 1 厘米所需的时间称为 1 个“jiffy”。翌年，康普顿获得诺贝尔奖。然而，粒子或波都不能单独描述量子世界。爱因斯坦从 1909 年起就一直在预言的“波粒混合体”打扮成各种令人意想不到的样子，与物理学家们在转角处相遇了。

06

光波与物质波

1923年11月至1924年12月

"你们知道，困难之处在于，我们不知道光是从前被公认的波，还是爱因斯坦先生所认为的粒子……或是别的什么。"[1]23岁的美国人约翰·斯莱特于1923年11月在给家中父母的信里这样写道。当时，他刚刚获得了哈佛大学的博士学位，正在欧洲游历。"嗯，那是没完没了缠绕在我脑海中的问题之一。大约在一个星期以前，关于这个问题，我产生了一个很有希望的想法……

"真的非常简单。波和粒子同时存在，波在某种程度上承载着粒子，因此，粒子的运动轨迹是由波决定的，而不是像别人设想的那样正好沿直线飞出。"

这个构想虽然与爱因斯坦的"幽灵场"（ghost fields）有一定联系，但并不坚持认为每个波单独对应一个粒子，所以，在该想法中容许（当时尚不为人知的）量子纠缠现象存在。这一理论注定要有一段不同寻常的经历。在斯莱特之后，还有人两次完整地提出过这个想法：分别是在四年后的路易·德布罗意，以及第二次世界大战以后的另一位美国人戴维·玻姆。充满戏剧性的是，这个理论每一次都没能引起学术界哪怕一丁点儿的兴趣。它不讨人喜欢的原因是缺乏美感，对物理学家没有吸引力。然而，正是这个在波和粒子问题上三次遭到拒绝的答案，把量子纠缠的秘密清晰地摆在了约翰·贝尔这位感觉超级敏锐的侦探面前。

1923年的圣诞节期间，斯莱特带着他那注定会失败的理论来到玻尔在哥本哈根的研究所，当时，那里是量子理论研究的中心。在研究所里，斯莱特与荷兰人汉斯·克拉默斯进行了交谈。克拉默斯仅比他大6岁，是玻尔的得力助手。他为人亲切，喜欢用一种略带嘲讽的语气说话。斯莱特发现，关于其想法的一些数学阐述，让克拉默斯非常兴奋。更令斯莱特激动的是，克拉默斯认为玻尔也会对此感兴趣，而此时，斯莱特与看上去工作过度、疲惫不堪的玻尔，仅有一面之缘。

当斯莱特有机会与玻尔交谈时，这位大人物看起来“明显很兴奋”。[2] 这间研究所里塞满了各种各样的人和思想，斯莱特花了整个周末，一刻不停地与这两位研究所里最重要的人物聊个没完。正当玻尔、克拉默斯和斯莱特沉浸在他们的讨论之中时，当地报社的一位记者来到研究所，在他笔下，研究所里有“五六个人挤坐在一张桌子旁做着计算”。[3]

不过，即将要发生的事情已经出现了一些征兆。“玻尔教授要我把想法写下来给他看，”斯莱特在给他父母亲的信里写道，“他还吩咐克拉默斯博士，在我写完之前不要和我谈这方面的事情，随后，他始终亲自花时间来和我交谈。”[4] 当斯莱特知道玻尔对光量子的看法时，大吃一惊。克拉默斯如是说：“可以把光量子理论比作一种药，药到病除，同时也药到命无。”[5] 看来不仅是玻尔这样想。

斯莱特向他的父母亲报告说：“当然，他们没有完全同意我的理论，但是他们赞成其中的大部分内容。除了在其他方面，他们有一些先入为主的看法与之抵触以外，我们并没有什么特别的争议。”他天真地认为，他们“似乎准备好了在必须放弃的时候，放弃自己的观点”。[6] 然而，在玻尔的斧斫下——“你瞧，斯莱特，我们赞同你的地方远比你以为的要多得多”[7]——光量子的形象逐渐变得模糊而暗淡。为建立一套把光量子排除在外的量子物理理论，玻尔所做的最后尝试需要一种类似斯莱特“导波”的想法，玻尔给它重新取名为“虚拟场”（virtual field）：电磁场传播能量，而这种虚拟场仅起到导向的作用。[8] 如此一来，将由虚拟场，而不是由光量子的映射路径来支配玻尔原子与普通的光波动理论之间的相互作用。

泡利在听到这件事时，嘲笑说，这引发了一场“物理学的虚拟化”。[9] 没有了光量子，斯莱特的理论就缺失了物理学中相互关联的两大支柱：因果关系和能量守恒。能量守恒定律指出：能量既不会凭空产生，也不会凭空消失，它只不过是从一种形式转化为另一种形式。对玻尔来说，这不过是很小的代价。随着时间的推移，量子理论中的因果性确实显得越来越微不足道，最后演变成仅具有统计学上的意义。尽管相似情况还没有在能量守恒上得到证实，但后来，物理学每经历一次危机，人们还是会想起玻尔的话：这一次，能量未必完全守恒。

玻尔不顾一切地想要证明光量子是多余的，他仅用了三个星期就向克拉默斯口述完成了（这是他最喜欢的论文写作方式）为人熟知的“玻尔－克拉默斯－斯莱特”论文（简称 BKS 论文），这也是玻尔一生中以最快速度写就的论文。[10]“我还没有见过这篇论文。”斯莱特在论文发表前两个星期向他的父母亲汇报说。[11]当他看到论文时非常高兴：对光量子的摒弃使理论获得了一种“简单、朴素”的美，他认为：“由此所获得的，远远大于放弃能量守恒和理性的因果关系所造成的损失。”[12]

在时年 23 岁的年轻人里面，斯莱特并不是唯一一个被这种神奇的简洁性所吸引的人。泡利在 1924 年 4 月造访哥本哈根，随后在很短时间内就陷入了痴迷状态。几个月后，在他的“科学良知”恢复发声之后，他写信告诉玻尔自己对 BKS 论文的感受：“您成功地用您的论点令我的科学良知哑口无言，它本来非常反感这种论点。”[13]

22 岁的海森堡也在这一年春天来到了哥本哈根。他被克拉默斯及围绕在玻尔身边其他众多物理学家的才华深深折服。此后，斯莱特以及另外两位美国人弗兰克·霍伊特和年纪稍长、后来获得诺贝尔化学奖的哈罗德·尤里带着海森堡去丹麦大陆的主要部分——日德兰半岛上旅游，海森堡对此由衷地感激。[14]然而，更棒的经历还是玻尔在那个春天亲自邀请海森堡参加一次徒步旅行。他们背着行囊，从哥本哈根北部沿西兰岛海岸抵达《哈姆雷特》故事的发生地——埃尔西诺，然后沿着北海和波罗的海交会的海滨继续前行。一路上，两人一边往海里投掷石子儿，一边聊个不停。[15]

玻尔不仅以对物理学的直觉著称，在看人方面也有着超常的直觉。在他们旅行归来后，玻尔告诉斯莱特的朋友霍伊特：“对每一件事，海森堡现在都胸有成竹，他将从重重困难中找出一条路来。”[16]

困难当然继续存在。爱因斯坦对 BKS 论文的反应在所有人的意料之中。他在那年 4 月给马克斯·玻恩的信中写道：“玻尔关于辐射的看法非常有意思。但我还是要捍卫因果关系，而且比之前更强烈，在此之前，我不会就此投降，放弃严格的因果关系。当一个电子暴露在射线中时，竟然完全按照它自己的自由意愿选择，不仅选择跳离的时刻，而且选择跳离的方向——我认为这种想法令人无法忍受。”爱因斯坦提到的这种想法是在不涉及光量子的情况下，BKS 论文对康普顿效应做出的描述。接着，爱因斯坦以一种典雅的方式说："要是那样的话，我倒宁愿当一个鞋匠，甚至是赌场里的服务生，也不要再当物理学家了。毫无疑问，我尝试赋予量子一个明确的形式，却一次又一次地失败了。但我一点也没有放弃希望。即使永远行不通，也总有值得安慰的地方，那就是，这个失败是完全属于我自己的。"[17]

全欧洲的报纸[18]都开足马力刊登了爱因斯坦和玻尔之间的这次争执[19]。爱因斯坦的一个朋友在 1924 年写信给他时这样说："我在哥本哈根时与玻尔先生聊了聊。你们二人真是奇怪，在这样一个领域，所有不如你们强大的想象力和判断力在很久以前都走向了衰亡，只有你们留了下来。而此刻，你们却带着深深的敌意，占到了对立的位置。"[20]

1924 年 4 月，有消息称，哥本哈根市打算把研究所周围的一些地皮划拨给人满为患的研究所用作扩建。[21]5 月，一笔从美国寄来的巨额捐款到账。工程于一个月后启动，玻尔在研究所的草坪上举办了一个破土动工的庆祝仪式。

斯莱特发现自己正面对克拉默斯太太，朋友们叫她斯特姆。[22]他们站在草地上，旁边放着一张小桌子，上面摆着一个冰桶，里面放着几瓶嘉士伯啤酒——玻尔的学生们一致认为这是"世界上最好的啤酒"（嘉士伯从一开始就是研究院最大的赞助者）。[23]

"克拉默斯夫人，请原谅我的冒昧，但您看上去很像丹麦人。"斯莱特终于开口说。

克拉默斯太太笑容满面地说："我是丹麦人。他们都说，汉斯开启了一个惯例，所有来跟尼尔斯·玻尔学习的外国学生都必须做一件事：找一个丹麦人结婚。"她看起来有些淘气。"斯莱特先生，你有可能会找一个丹麦人做妻子吗？"[24]

斯莱特的脸一下子红了，看上去像个有些不自在的少年。

"嗯，你还有时间。"她说。

"实际上，夫人，"斯莱特说，"我将在一个星期后离开。"

她说："你最好开始加倍努力地寻找。哎呀，只有一个星期就要走了。你觉得在研究所的这段时间过得怎么样？"

"挺好的。"斯莱特说，脚尖轻轻踢了踢草地。

她从旁看了他一眼，脸上露出一丝笑意，然后眉毛皱到一起，不太相信地问："'挺好的'，真的吗？"

"是的，夫人。"斯莱特答道。

"年轻人，我猜这段时间你过得很辛苦。"她说，"玻尔教授周围的人对他的热爱几乎像宗教般狂热，当你与他有不同想法时，他可能会变得非常难以相处。"她朝玻尔所在的方向看了看，她的丈夫就站在玻尔身旁。她朝那边点点头，又转回来接着对斯莱特说："我讲一个我丈夫的故事给你听。大约在 2 年前——是的，我想应该是在 1921 年，那时我们刚刚结婚没多久。不管怎么说，嗯，汉斯冒出一个想法，关于这些光量子的一个想法。"

斯莱特抬了抬眼，满脸惊讶。

"是的，那时候他相信有光量子，他认为它们有可能真的存在，尽管其他人不那样想——当然，爱因斯坦教授除外。而玻尔教授尤其认为光量子是一种非常糟糕的想法。总之，汉斯想到了一个与你的美国同胞康普顿教授非常相似的主意，虽然他没有做过实验，但想法是一样的。他兴奋得像是疯了一样。他相信自己发现了某些非常重要的事情，然后他把这一切都告诉了玻尔教授。"清爽的春风把她的头发吹得落到了眼睛里，她摇了摇头，抬起手把头发捋到耳朵后面。

"唔，玻尔教授立即就开始和他争论起来，之后的每一天，他们都在争吵。那真是一场漫长而可怕的争论，两人毫无限制，倾尽全力。汉斯回到家时总是非常疲惫和沮丧，甚至吃不下晚饭。他那么困惑、那么失望，在他的想法和他热爱并愿意为之做任何事情的玻尔教授之间，他整个人都被撕裂了。

"最后他终于精疲力竭，我不得不把他送到了医院——这可不是闹着玩的。在那里，汉斯的情况逐渐转好，我想这是因为医院离玻尔教授足够远，而他也不能来医院和汉斯继续争论了。"她微笑地看着斯莱特，眼中却因为回想起往事而泛起一丝疲惫。"汉斯康复以后，他和玻尔教授完全步调一致了。当他和我谈起物理学时，再也没有提到过，玻尔教授也有可能会出错。他把玻尔教授的想法和观点都当作自己的想法和观点，而我也不得不说，从那以后，事情都变得容易多了。”[25]

斯莱特站在草地上，旁边绿色的嘉士伯啤酒瓶子在太阳下闪闪发光。他感到惊讶。在他的脑海里，他似乎能够听到克拉默斯用一种平直而清晰的语调缓缓说道：“光量子理论就像一种药，药到病除的同时也药到命无。”玻尔就站在那边，他是那么的和蔼可亲，和他身边的一小群人聊着天，讲着他的一个老笑话。每个人都在笑。

“你瞧，我亲爱的朋友，”克拉默斯夫人说，“我能理解你正在经历的事情，汉斯也是。他和我谈起你，他非常同情你，他自己也经历过这一切。现在，你应该离开了——你只有一个星期来找一位可爱的丹麦女孩做妻子了……”然后她再一次露出了笑容，说：“虽然我有一种感觉，你不会再找理由继续留在丹麦，但我还是希望在未来的某一天，在你更成熟一些的时候，你还会回来，并在这里度过一段更美好的时光。”说完，她就此离开，重新回到她丈夫的身边，白色的裙摆拍拂过她的小腿，她脚上的高跟鞋扎进草坪里。

斯莱特，这个高大笨拙的美国大男孩，此刻摇晃着脑袋独自站在啤酒旁边。多年以后，在一次访谈中，他这样说：“我相当喜欢克拉默斯……但他在玻尔面前总是唯命是从。”在他周围的每一个人都会爱上这个大人物，但“我与玻尔之间完全不来电……我从来没有对玻尔先生有过一丝一毫的崇拜”。他在结束时说：“我在哥本哈根的那段经历糟透了！”[26]

1924 年春天，就在斯莱特正要离开哥本哈根的时候，两封非比寻常的信件经过长时间的邮寄，最终送到了爱因斯坦在柏林的办公桌上：一封来自巴黎，另一封来自孟加拉的达卡。第一封信是爱因斯坦在巴黎索邦大学的朋友保罗·朗之万寄来的。朗之万留着两撇大胡子，是一位物理学家兼和平主义者。信里夹着朗之万的学生路易·德布罗意的博士学位论文，路易当年 32 岁，是实验物理学家莫里斯·德布罗意公爵的弟弟。很久以前，在 1911 年的第一届索尔维会议上，爱因斯坦关于光量子的报告给当时任会议秘书的哥哥莫里斯留下了深刻印象。[27] 在接下来的 10 年里，虽然战争切断了法国和德国平民之间的联系，但在门上装饰着橡木嵌板、墙上挂着壁毯的德布罗意实验室里（莫里斯和充当技术员的男仆一起，首次把X光设备带到法国），莫里斯给他的弟弟演示了X射线是怎样一会儿表现得像波，一会儿又表现得像粒子。

弟弟路易身体单薄，头发浓密，总是睁大眼睛。如今，这位贵族声称，如果爱因斯坦为光波找到了一种粒子的形态，那么对于构成物质的颗粒也应该存在一种波的形态。他提出，当一束电子穿过一个足够小的孔时，将会出现衍射和干涉现象，就好像电子束是波一样。当德布罗意表达这一看法时，朗之万"或许有点被这个新奇的想法吓着了"[28]，并且想知道对于这件事应该做点什么，于是他给爱因斯坦寄去了路易·德布罗意的论文的一个复本。

爱因斯坦立即把论文交给了马克斯·玻恩，说："读一下这篇论文。虽然它可能看上去很疯狂，但确实很有说服力。"[29] 他回信给朗之万说："他掀开了大幕的一角。"[30]

其他人对此无动于衷。德布罗意在过去几年里写了几篇论文，有力支持了一些不甚成熟的想法，而克拉默斯则会用玻尔式的评论，比如"与目前用量子理论解决原子问题的方式不相符"[31] 这样的话，来巧妙地拒绝采纳这些想法。德布罗意还和亚历山大·道威利尔（他发现了元素"celtium"）一起，在同年1月份的一篇论文里，假惺惺地纡尊降贵对索末菲表示关切，而实验证据已经证明了，那篇论文是错误的。[32] 因此，德布罗意在慕尼黑也几乎没有朋友。在卢瑟福的卡文迪许实验室，明星云集的"卡皮查"（Kapitza）俱乐部的会议记录里，记载了所有人对于此事的一致看法，他们认为德布罗意提出的整个想法毫无价值。[33]

但事实上，这恰恰是迈向新的量子理论的第一步。

萨特延德拉·纳特·玻色在达卡市一所新成立的大学担任讲师，1924年的春天，他也给爱因斯坦寄来一封意义非凡的信件。[34] 玻色比德布罗意小一岁半，教育状况大致相同，但他既没有一位实验学家的哥哥，也缺少一位有名望、人脉广的教授在身边。玻色也是从假定光量子真实存在出发，最后获得了令人惊讶的成果。

就像《福音书》当中的一幕，绝对的信任总会带来引人注目的回报。在印度洋季风开始、气温升高的时节，玻色把他珍贵的4页论文送上了开往柏林的船。这篇论文之前已经遭到《哲学杂志》(*Philosophical Magazine*)的拒绝。玻色在给爱因斯坦的信中这样写道:“假如您认为这篇论文值得发表,且您能帮忙安排在《物理期刊》(*Zeitschrift für Physik*)上发表的话,那我将不胜感激。”[35]——向一个自己完全不认识的人求助,何况这个人还是世界上最有名的人物之一,这样的事确实令人吃惊,然而玻色亲切又镇定自若地继续写道:“我们都是您的学生。”[36]他相信爱因斯坦的智慧和善意,此外,他有十足的理由确信自己的论文有价值。“我急切想要知道您对这篇论文的看法。”他这样告诉爱因斯坦,虽然他知道在9月初雨季结束以前,根本没希望能收到回信。[37]

爱因斯坦对这封信做出的积极回应,令人印象深刻。他亲自把玻色的论文从英文翻译成了德文,又将它强烈推荐给《物理期刊》发表。在随后的6个月里,爱因斯坦紧跟着这篇论文又亲自发表了三篇相关论文。他把玻色和德布罗意的想法结合起来,把玻色在光量子方面获得的成果应用到原子当中,同时,观察这会对德布罗意的物质波特性造成什么影响。

玻色思想的关键之处在于,他提出了光量子的完全不可分辨性(indistinguishability),这使得任何把光量子作为单独个体来进行处理的系统都变得毫无意义。这种不可分辨性引出了一些之前不为人知的量子态情况。任意一个这种完全不可区分的粒子,它在进入某一给定状态的可能性,将受到环绕在其周围的其他粒子的状态影响①。

对上述情况进行的统计被称为“波色或玻色－爱因斯坦统计”。玻色的传记作者讲了这样一个故事:20世纪50年代中期,保罗·狄拉克和他的夫人玛吉特·狄拉克坐在玻色的车的后座上,玻色和司机坐在前排,几人一起游览加尔各答市。波色还邀请了几个学生和他们同游。狄拉克夫妇单独坐在最后面。瘦弱的狄拉克与快乐、肥胖的玻色形成了鲜明对比。狄拉克问学生们挤不挤。“玻色回头看了一眼,用他那缓和的语调说:‘我们相信玻色统计。’”

① 量子态是一种出了名的难以捉摸的概念,对它最好的定义也许是,一个量子对象可能被人们了解的一系列属性。玻色－爱因斯坦统计允许没有发生纠缠的粒子在某一明确的量子态下做出令人惊叹的举动。与此相反,纠缠的粒子处于不确定的状态——既不在这里,也不在那里;既非是,也非否——直到其中一个粒子被测量。

爱因斯坦在1925年写道，玻色统计与所有其他理论之间的差异在于，它“间接地表达了某一种关于粒子间相互影响的假设，这种相互影响目前还非常神秘”。[38]2001年，在诺贝尔奖的获奖演说上，美国科罗拉多大学的实验物理学家埃里克·康奈尔和卡尔·维曼表达了和爱因斯坦相同的惊奇感受：“今天，虽然我们很容易就能观察到由这种相互影响引发的各种奇异的行为，但它依然和从前一样神秘。”[39]

针对这些在逾75年后才能结出“诺贝尔奖果实”的奇异行为，爱因斯坦在1924年11月写给埃伦费斯特的一封信中做了如下描述：“从某一温度开始，粒子会在没有引力的情况下‘凝聚’……这个理论很优美，但它有多大概率是真实的呢？”[40]

从“在没有引力的情况下凝聚”到相同状态，这意味着，粒子呈现出的所有属性完全相同。其结果就是，粒子之间不仅不可分辨，而且运动步调完全一致：它们一起变成了一种肉眼可见的物质波。不久，这一现象被称为“玻色－爱因斯坦凝聚”，它造就了穿透力极强的激光，还能使超导体永久地传输电流，并产生能沿着毛细管壁流动的超流体。

一边是德布罗意的物质波理论，另一边是玻色提出的喜爱凑在一起、拥有不可分辨性的光粒子，爱因斯坦支持这两种理论，并最终将两者合并。在1924年，爱因斯坦把量子理论发展到了超出该理论在当时所能承受的高度。索末菲在其新版教科书里精疲力竭地写下了关于波和粒子的一段话：“此时，现代物理学正面临着两大互不相容的特性，不得不承认，我们在等待‘裁决’（non lignet）。”这里，non lignet是“陪审团裁决”的古体拼写方式。《世纪辞典》（*Century Dictionary*）这样解释这个词：“当存在疑点时，案件延期，择日再审。”[41]

1924年12月，泡利在写给他昔日恩师的信中说：“与玻尔、克拉默斯和斯莱特矫揉造作的伪答案相比，您那坦率的‘non lignet’一词，反而更让我千倍地赞赏……”[42]

他还写道：“人们如今对所有模型都留下了一个深刻印象，那就是，我们当前使用的语言不能充分地适用于量子世界的简单与美。”[43]

07

泡利和海森堡去看电影

1925 年 1 月 8 日 [1]

沃尔夫冈·泡利，1930 年

泡利和海森堡一直开怀大笑，直笑得肚子疼。查理·卓别林的电影《寻子遇仙记》是在战争进口禁令被取缔之后才引入德国的。海森堡已经是第二次看这部电影了，而泡利则是第三次。这一年的春天，海森堡刚满 23 岁，泡利即将 25 岁。两人将这次会面的地点约在了他们母校所在的城市慕尼黑。此前，泡利和家人一起在维也纳共度圣诞节假期，而海森堡的整个假期都待在巴伐利亚的阿尔卑斯山脉。见面之后的第二天，泡利将继续向北，前往汉堡就任新获得的教授职位，他将与已在那里担任实验物理学教授的施特恩在一起；而海森堡将前往哥本哈根，和克拉默斯一起对玻尔 - 克拉默斯 - 斯莱特论文（即 BKS 论文）做进一步深化。

电影情节围绕着一个骗局展开（德语的“骗局”一词是 schwindel，这是海森堡和泡利都喜欢的词汇之一），卓别林扮演的流浪汉是诈骗的主谋——泡利非常喜爱这一人物形象。一个小家伙配合卓别林实施骗术，他是卓别林收养的小男孩，有着一副天真纯洁的面孔。小家伙负责打碎别人家的玻璃，随后，流浪汉就会背着一块新玻璃登场，从街角晃悠出来，给玻璃碎了的人家安装玻璃。

“让人头晕的小丑伎俩。”德国评论家们众口一词地评论道，他们说这部电影“荒唐得令人难以置信”“完全是一场闹剧”。尽管评论家们大声嚷嚷说，这部低级喜剧在“充满诗人和哲学家的国度”上映实在有失身份，但海森堡和泡利就是喜爱这部电影，而其他所有人似乎也喜欢这部电影。[2]

音乐停止，电影放映员打开灯，欢乐的观众一边扯着闲话一边穿上外套。饱受通货膨胀和饥饿威胁的人们开心地成群结队向电影院外散去。海森堡伸手去拿放在他身边过道上的拐杖，这是在一周前发生的一场滑雪事故留下的“纪念品”。[3]遮挡阳光的滑雪护镜在他眼圈周围留下了模糊的灰白色印记，让他看上去像一名受伤的运动员。

在电影院外面，一阵寒流打在他们的脸颊上。拐棍一样的街灯发出黯淡的光，雪花穿过灯光，盘旋落下。滑雪者海森堡仰面朝着雪花微笑。在他们对面是一座中世纪城墙的大门，幽灵般站在一月早至的薄暮中——那是两座砖砌的六角形塔楼，岁月的侵蚀让砖块显得斑驳脆弱，塔楼上爬满了常春藤，藤上挂满了雪的流苏。

海森堡和泡利沿着街道向电车站走去。在他们身后，买票观看下一场电影的人们已经在电影院门前排成了一队。电影院入口处遮檐的灯光太亮，照得人们很难看见遮檐前打出的巨大的字：“查理·卓别林和杰基·库根”——“流浪汉”让小家伙的名字也出现在了海报上，而且位于演员表和自己同等的位置上。

泡利说：“哎，跟我说说，你觉得‘教皇’玻尔大人怎么样？你对他身边赫赫有名的克拉默斯‘主教大人’① 又怎么看？”[4]

“我觉得，我的物理学生涯直到在遇见玻尔之后，才真正开始。”海森堡说。

泡利点点头，说：“我也一样。”[5]

“玻尔比其他所有人都更忧心量子理论中的种种矛盾。”海森堡说。他想尽量

① 泡利用“教皇”一词形容了当时玻尔在量子理论领域不可一世的地位，而“红衣主教”一词则形容了克拉默斯在玻尔身边不可替代的特殊位置。——译者注

描绘出自己在哥本哈根与早期在慕尼黑、哥廷根的经历间之间的差异。他们在慕尼黑度过大学时代，在师从索末菲的这段时期里，导师引领他们在完全不受原子本身意义的干扰下，尝试用神秘、没有关联的数学来深入地描述原子。随后，海森堡于1922年冬天和1923年春天在哥廷根跟随马克斯·玻恩学习。哥廷根是德国数学的研究中心，也是量子理论学家们心中的"三大圣地"之一。当时，这里的理论物理学家们尊马克斯·玻恩为首。海森堡说："当索末菲能够运用精密、复杂的积分运算（也就是在数学中用到了相当复杂的微积分运算）时，他是多么喜不自禁。"泡利微笑地听着海森堡的评论，眼睛闭上了一秒。海森堡接着说："他并不是很在意自己的方法是否前后一致；而玻恩的方式不同，他主要的兴趣在数学问题上。"

"确实如此。"泡利说。

海森堡说："实际上，玻恩和索末菲并没有吃什么苦头，而玻尔除了量子理论几乎不谈其他。[6] 但是克拉默斯……他让我觉得有点奇怪。他喜欢开玩笑，而且总在我一点儿都不想开玩笑的时候。[7]"

泡利想象着这位凡事较真的朋友和喜欢"冷幽默"的克拉默斯在一起工作的样子，不禁在雪中咧嘴大笑。

"不过，我还不知道你的新论文有没有得到'教皇'大人的祝福。"海森堡说。[8]

几乎与爱因斯坦发表关于玻色－爱因斯坦凝聚的论文同时，泡利也完成了两篇论文。泡利在第一篇论文中对1922年的施特恩－革拉赫实验进行了一番"有趣的思考"[9]。在这个实验中，穿过不均匀磁场的一束银原子会自行分成离散的两堆。泡利认识到，这是因为银原子的最外层电子在遇到磁场时，表现出了一种量子化的姿态；而电子在不均匀磁场中仅做出这两种选择——不久后，这两种选择被称为"上旋"和"下旋"。这虽然不是由泡利命名的，但的确是他提出，可以把电子视为"不适宜的"旋转小球来谈论。[10]

第二篇论文成了泡利的成名之作。他的英国朋友保罗·狄拉克把论文的主题称为"泡利不相容原理"[11]，而海森堡和埃伦费斯特则称之为"Pauli Verbot"——"泡利禁令"[12]。不同于玻色和爱因斯坦不约而同对粒子（即光量子和大量原子）做出的描述，泡利表明，电子永远不会扎堆聚集到单一量子态上。电子喜欢以完全相反的状态（上旋和下旋）成对出现，而且不会调和哪怕是一点点。

埃伦费斯特解释道："为什么晶体会呈现某个厚度？因为原子就是那么厚。为什么原子那么厚？因为并不是所有电子都会落入内层轨道上。为什么电子不会这样做？是因为电子之间存在电排斥吗？不是。如果仅仅是这个原因，电子将继续聚集在密度大得多、带高电荷的原子核周围。

不，它们没有这样做，是因为害怕泡利！！因此我们可以说：泡利自己就是那么厚，因为'泡利禁令'持续有效。奇妙啊，高深啊……"[13]

量子理论再次遇上了一种"神秘的相互影响"。再一次，量子理论在缺乏模型、解释和形象的情况下，仅依靠禁令和表面上的规则，以人们不能理解的形态向前发展。泡利告诉玻尔，和与玻尔原子有关的任何其他东西比起来，"我所做的并不是一件更大的荒唐事。我的荒唐想法与您的想法是同根变种[14]……如果哪位物理学家能最终把这两种荒唐想法成功地结合在一起，他就将获知真相！[15]"

玻尔把泡利的论文和信都拿给海森堡看。海森堡看了以后很高兴，立即给泡利寄去一张明信片，上面写道：

> 我今天读到了你最近的工作成果，毫无疑问，我是最为之欢欣鼓舞的人，不仅因为你把这个"骗局"推到了一个令人难以想象、头晕目眩的高度……并由此打破了迄今为止你对我侮慢无礼的所有纪录。而且，我可以稳操胜券地说，你也（你也有份，布鲁图！①）已经垂下头，回到形式主义老学究们的地盘上。但不要难过，你在那里将受到热烈欢迎。
>
> 假如你认为自己针对现有的各种骗局写出了一点抗议之言，那你就想错了，因为骗局与骗局相乘，是不会得出正确结果的，所以两个骗局之间永远不会相互否定。

① 原文为拉丁语名言："Et tu, Brute!" 罗马共和国晚期，执政官恺撒遭刺杀，临死前，他发现自己最宠爱的助手、挚友和养子布鲁图也拿着匕首扑向他，在绝望中，恺撒说出了这句话："你也有份，布鲁图？" 海森堡在此处引用这句话，并稍微改变了语气，借此来调侃泡利。——译者注

为此，恭喜你了！！！！！！！！！

圣诞快乐！！

1924 年 12 月 15 日

于哥本哈根[16]

玻尔做任何事情都会比海森堡多花一些时间。他在一周后才给泡利写了封信，并在信里说，泡利没有按照许诺的那样得出一个“荒唐”的结果，而是搞了一些“完全疯狂的玩意儿”。这样说未必是一件坏事。泡利能从玻尔小心翼翼的言语中——“对于你所揭示的众多美丽景象，我们都充满热情”——分辨出玻尔与真正热情洋溢的海森堡想法不尽相同。

“我有种感觉，”玻尔写道，“我们正处于具有决定性意义的转折关头，整个骗局涉及的内容如今都已被巨细靡遗地描绘出来。”[17]

多年以后，他们依然习惯说相同的玩笑话，其中包括玻尔那句名言：“当你对量子理论进行思考时，如果骗局没有时不时发生在你身上，那说明，你还没有真正地理解量子理论。”[18]

1925 年 1 月的慕尼黑，海森堡和泡利正在努力理解量子理论和这个世界。在泡利身边，海森堡拄着拐杖，在雪里沿着街道晃晃悠悠地往前走。他看上去毫不费力，甚至还有点心急。

“他没有一点儿哲学意识，也不关心对各种基本原理要做清晰的公式化表述。”泡利在一年前就在玻尔面前这样抱怨过海森堡。尽管如此，他继续说：“我认为他——抛开其他不谈，其实他为人特别好——他是个非常有影响力的重要人物，甚至可以说，他是一个天才。我相信，有朝一日他将在科学上取得重大进展……”[19]

回到哥廷根的“数学堡垒”，马克斯·玻恩正在把很多人都在考虑的事情写下来。在物理学中，力学被用来描述运动和令物体发生位移的作用力，但对于原子，力学却无能为力，这里需要一个新的数学结构来进行描述。玻恩提议建立一种“量子力学”（Quantenmechanik）——他还不知道，他将和海森堡一起亲手构建这一体系。[20]

泡利问他拄着拐杖的朋友："你能把你和克拉默斯正在写的那篇论文的样稿给我一份吗？"他咧嘴笑起来，继续说："可是'主教'阁下允许吗？毕竟，我是个异教徒。"[21]

海森堡点点头。他能看出来，自己正在接近真相。"我觉得我们——克拉默斯和我——正走在向全新力学灵魂深处进发的路上，我们现在已经往前迈进一步了。看起来，玻尔也这样认为，只要我们能再往前推进一点点，必然会出现好几种奇妙的新力学。"海森堡激动得面泛红光。[22]

泡利说："我也发现了一点新玩意儿……实际上，施特恩已经把它叫作'泡利效应'。"

"泡利效应？这肯定和你的'禁令'有关系吧？"[23]

"根本一点关系都没有。只是因为我是一位优秀的理论学家。"泡利顿了一下，说，"嗯，我猜就是这个原因。"

"还有呢？"海森堡催促道。

"你知道，理论物理学家操作仪器设备的能力有多差——无论什么时候，我们只要碰一下设备，设备就会坏掉。所以啊，我这么一位优秀的理论学家，只要我一踏进实验室，设备一定会坏掉。"[24]

"只有你才会把一场灾难转变成对自己的称赞。"

"现在，施特恩要是有什么问题，就会隔着实验室紧闭的门大声喊。"

"说得好像你当真相信有这么回事儿一样。"

"告诉你，事实就是这样。"

"我不相信施特恩会——"

"噢，你觉得因为施特恩是一个实验物理学家，他就该很熟练？施特恩告诉我，他有一位朋友，以前每天早上都会带一朵花给实验设备，'为了让设备保持好心情'。"泡利笑嘻嘻地说，"施特恩自己的'招数稍微高明点'。在法兰克福，他会拿一把木槌吓唬一下施特恩－革拉赫实验的设备，好让它们正常运转。"[25]

"你们全都疯了。"

“唔，故事还没完：之后有人拿走了木槌，结果整个设备停止运行了，直到人们把木槌找回来。”泡利耸了耸眉毛，冲海森堡点点头。

“好吧，”海森堡边笑着边说，“我会告诉玻尔，说汉堡这边待你不薄，虽然你没做出什么回报。”

泡利也笑起来，说：“天文学家们特别好相处。每逢满月的晚上，我都会去天文台。这时候光线太亮，没法进行观测。然后，大家就一起喝酒。”[26]

“喝酒？”

泡利严肃地点点头说：“受施特恩的影响，我一到汉堡就直接把矿泉水换成了香槟酒。[27]我觉得，喝酒这事儿非常合我心意。在喝过第二瓶葡萄酒或香槟以后，我通常就会变得像‘好同事’那样彬彬有礼了——你知道，我在清醒状态下从来不会那样。而且，有时我会给周围人留下极其深刻的印象，特别是当她们都是女孩子的时候。”[28]

“目前，物理学再次处于极度混乱之中。”几个月后，泡利在给他的朋友拉尔夫·克罗尼格的信中如此写道。克罗尼格是一位美国物理学家，当时正在哥本哈根学习。泡利还说：“对我来说，这无论如何都太困难了。我倒希望自己是一名电影喜剧演员，或是类似的某种角色，从来都没听说过与物理学有关的任何事情！[29]

“我现在真希望玻尔能有一个新想法，来解救我们所有人。我迫切地请求他这样做。”

08
海森堡在赫尔戈兰

1925年6月

北方，西方，南方，分崩离析，
王座倒塌，王土动荡，
逃吧，奔向纯洁的东方……

——歌德，《西东诗集》(*West-östlicher Divan*)[1]

1925年6月7日，海森堡搭乘夜间列车从哥廷根出发，当时，他在那里给马克斯·玻恩当助手。拂晓时分，海森堡登上一艘渡轮，前往位于北海的小岛“赫尔戈兰”——Helgoland的意思是“圣洁之地”，这座小岛四面被海水包围，却得天独厚地享有一眼清泉，因此得名。小岛有一段时间属于丹麦和英国，之后归属德国。然而，岛上飘扬的却是属于小岛自己的旗帜，色彩赏心悦目——绿色和白色条纹代替了德国国旗上的黑色和黄色，并把红色条纹夹在中间。[2]

海森堡的脸肿得很厉害。他敲开客栈的门，老板娘很快把他带到房间里，说：“噢，你这一夜过得肯定很糟糕。”[3]房间在二楼，从窗户望出去，能看到用石头修建的村庄。房间正对着大海和白色的沙丘。但海森堡的眼皮太沉，几乎什么都没注意到。一块轻薄的白色窗帘挂在敞开的窗户上，朝着房间里面迎风飘动。[4]

海森堡难为情地说：“我其实得了花粉症①。但是，到了这儿的话……”

老板娘体谅地笑了笑，说：“……这儿没有田野，没有鲜花，没有发热。”

---

① 一种季节性反复发作的疾病，表现为打喷嚏、鼻黏膜充血、流泪和眼痒。该病源于对某些植物，尤其是风媒花的花粉过敏。——译者注

他把脸转过去，迎着窗口吹进来的微风，眯着眼睛眺望一览无余的美景。外面刮着风，天气晴朗。他睡过觉，吃了饭，就沿着红色的海边峭壁上的小路散步。他脱掉衣服，猛地扎进寒冷的海水里。他把一天中剩下的时间用来读歌德用波斯语写成的田园诗，透过他那双水汪汪的浅色大眼睛，用心从《西东诗集》里学习诗歌。[5]

谁能听懂这首歌，

就要去寻找这歌曲自己的土地。

看着窗外的风景，他想起玻尔曾在北海另一边的海滩上，试着向他这个登山爱好者说明地势平坦的丹麦的魅力所在："我一直认为，无限之境似乎有一部分就在那些眺望大海的人的掌握之中。"[6]

海森堡独自一人在赫尔戈兰，感到清净而专注。他想以自己的方式来看待量子世界，倾听原子的声音，听听它在告诉自己什么。回到哥本哈根，他和克拉默斯给出了玻尔 - 克拉默斯 - 斯莱特理论的数学一致性。同年的 4 月见证了这个理论的胜利——克拉默斯 - 海森堡论文的诞生——和它崩溃的开端，正如康普顿和其他人更精细的测量表明，能量守恒原理与玻尔的预测相反。但海森堡记得，克拉默斯和他提出的"这个数学方案对我来说有一种神奇的吸引力，我被一种想法吸引：我们也许在这里能看到一个巨大的深层关系网的第一根线"。[7]

克拉默斯原子，这些在未知领域里摇曳的小旗子放射出不同颜色的光，让海森堡沉迷。他这样写道："用几天的时间，就足以将所有的数学压舱物抛弃干净。"[8]一个想法在他脑海中渐渐形成，并清晰地显露出来，而在他动身前往赫尔戈兰岛之前，这个想法还只是模糊地闪现："这引出了一种独特的观点。"他这样告诉自己的朋友拉尔夫·克罗尼格。[9]海森堡的量子力学宣称，在原子的围墙内，不存在时间与空间。

此时，岛上大约已是夜间。就在他辛勤工作、孜孜探求的时候，北海的太阳在黄昏时分开始沉落。海成了红色，大地一片黑暗——海森堡点亮了煤气灯。他的背细瘦而结实，弓着伏在书桌上；双肩耸起，几乎快挨到了耳朵；双脚盘搭着双腿，盘坐在椅子上——他看上去就像一个小男孩，正在为迎接考试而挑灯夜战。星星出来了，风吹着小阳台的门，发出呜咽的声音。很久以后，海森堡这样形容从事物理学研究的心路："对于科学，你只能像钻入一块非常坚硬的木头一样，越过初觉痛苦之处，继续思考。"[10]

钟敲了三下。他看了看自己已经完成的工作："我感到深深的恐慌。"根据马克斯·玻恩的预测，量子力学将与之前物理学中已知的关于力和运动的所有描述完全不同。"我有一种感觉，透过与原子有关的各种现象的表面，我看到的内部有种异乎寻常的美。我一想到现在必须一一探究这些丰富的数学结构，就感到快要晕倒了……我兴奋得无法入睡。"[11]

他放下疯狂的涂涂写写，穿过黎明的街道，向海边的峭壁走去。"我一直渴望爬上向外伸进海里的一块岩石。"[12] 花粉症已经痊愈，他能闻见海水的咸味。红色砂岩的粗糙表面比平时更让人觉得扎手，他颤抖的手指感到了新生。与平常的日子相比，他的眼睛对日出更加敏感，每个波浪都用浪尖带来一抹花瓣状的微光。站在岩石顶上，四周浪花飞溅，他感到获胜后的极大喜悦，感到身体在被完全清空后，充满了光。

在返回哥廷根的路上，海森堡在汉堡停留了几个小时，把他在量子力学上的成果拿给泡利看。通常，泡利都是他最严厉的批评者，但这位准备好要目睹所有为量子世界构建的模型和可形象化描述终将走向失败的人，这次却只对他说了一些鼓励的话。[13]

海森堡在一周后给泡利写信说："关于我自己的工作，几乎没有什么高兴的事可以写，因为一切都还不清楚。"[14] 原子内部的空间和时间都消失了。他在论文中特别提到："在量子理论中，想把电子与一个空间点联系起来，总是不可能的。"[15] 但他不知道什么东西被遗忘了。

玻恩回忆说："他写了一篇很疯狂的论文，他不敢把这样一篇论文公开发表。我读了这篇论文后，为之充满热情……我开始夜以继日地思索。"[16] 虽然海森堡的信心逐渐减退并流失，但有一件事情他依然确信无疑（他在 7 月初这样告诉泡利）：将要出现一个如玻尔原子那样怪异的不存在空间与时间的模型。"我这些微不足道的努力，将彻底毁掉‘轨道’这种无论如何都不可能被实际观测到的概念。”[17] 带着这个想法，海森堡在假期出发前往莱顿、剑桥和哥本哈根，并把自己的论文留给了玻恩。

玻恩回忆说：“1925 年 7 月的一天早上，大约 10 点，我突然灵光一闪。海森堡用符号做的乘法，正是从我在布雷斯劳①的学生时代起就已经熟知的矩阵计算。”[18] 像玻恩这样高超的数学家当然很熟悉矩阵，但大多数对数学缺乏兴趣的物理学家却对此一无所知。矩阵（matrix）一词本来的意思是“子宫”，在数学中，矩阵是由一组数按行和列排列构成的方阵。一个矩阵无论规模有多大，都会被视为一个单独的实体，当作一个数用于算式中。

玻恩开始以矩阵形式重新构造海森堡的理论，“我面前立即出现了一个奇怪的等式”：$\boldsymbol{QP}-\boldsymbol{PQ}=\hbar i$。在等式中，$\hbar$（读作“h-bar”）等于普朗克常数 h 除以 2π（离开普朗克常数 h，量子方程就不完整了）；i 等于 -1 的平方根，它是首个“虚数”，也是常见的数学工具。但正如戴维·威克在他关于量子力学异端观点的书中所写的那样：“在自然科学史上，这是虚数单位第一次貌似必不可少地被用在一个领域中。”[19]

自牛顿时代以来，质量用字母 m 表示。动量就用字母 p 表示（代表 impetus，意思是冲力），这就迫使代表“位置”的字母只能用一个与直觉相反的字母 q 来表示②。当描述一个台球时，用三个数字就足以表示它的位置，这就是“笛卡儿坐标系”。一张台球桌可以像这样设立坐标系：沿台球桌的长边延伸是 x 轴方向，沿短边延伸的是 y 轴方向，从地面开始沿桌脚延伸的是 z 轴方向。同样，动量可以用三个数字表示，即质量分别乘以三个方向上的速度。但是，想从这些角度描述一个原子，需要一个包含无穷多个数的数组——这些数与位置和动量都没有明显的联系。

在玻恩得出的等式中，$\boldsymbol{Q}$ 和 $\boldsymbol{P}$ 都用粗体的大写字母表示，说明它们代表的是

① 玻恩出生在当年的普鲁士布雷斯劳（今天波兰的弗罗茨瓦夫市），并一直生活在那里，中学毕业后，之后前往布雷斯劳大学学习。——译者注

② “位置”一词的英文是 position，按照直觉或习惯应该用字母 p 来表示，但既然 p 已经被动量占用，所以只能选择字母 q 来表示位置。——译者注

无穷大的矩阵，而不是一个普通的数。然而，海森堡从来都不痴迷于矩阵的超级数学风格，他尽力想让事情保持简单。他把这些数组称为“辐射值表格”（radiation-value tables），因为它们实际上就是罗列了一份清单，包含了原子所能发射出的所有特征频率值。[20]

这些矩阵与一颗台球的属性还有另一个不同之处，那就是相乘各项的先后顺序。当你把笛卡儿坐标系的数值相乘时，相乘各项的顺序无关紧要：5 乘以 3 和 3 乘以 5 没有什么不同。但是，玻恩的等式表明，当我们进入量子领域，规则就变了。位置的测量值 $\boldsymbol{Q}$ 乘以动量的测量值 $\boldsymbol{P}$ 不等于 $\boldsymbol{PQ}$。

这是不是意味着，在量子世界中，测量的意义有所不同？长达数月的深刻思考并没有给出答案。海森堡写信给泡利说：“最糟糕的是，对于我来说，量子力学是怎样过渡到经典理论的，这一点并没有任何进展。”[21]

不仅玻恩不清楚，帕斯库尔·约尔当也不清楚。约尔当是一个面色苍白、略显腼腆、说起话来结结巴巴的年轻学生，他的年龄与海森堡相仿。当玻恩与爱因斯坦谈起约尔当时说：“他的思维远比我敏捷，也更为自信。”[22] 一封封信件在哥廷根和海森堡所到的剑桥和莱顿之间飞来飞去。在海森堡的记忆里，工作“在这几个月里压得我们一直喘不过气来”。[23]

这有多么令人激动，就有多么令人不知所措。参与这项工作后不过五天，玻恩稳住呼吸给爱因斯坦写了一封信：“我完全清楚，与你和玻尔的想法相比，我正在做的是非常普通的基础工作。我的思维框架摇摇欲坠，里面没有太多东西。但就是这点东西在框架里咔咔作响，动来动去，它没有明确的形式，而且变得越来越复杂。”[24]

在此期间，海森堡正在剑桥授课——课程内容不是尚未完全成形的量子力学，而是量子力学的基础，即早已为人所熟悉的原子光谱学。在海森堡的听众中，有一位年轻的数学天才，他身材清瘦颀长，头发乌黑，名叫 P. A. M. 狄拉克——之后不久，当这个署名因一系列论文而变得众人皆知时，很多人都想知道，那几个首字母代表什么。人们觉得，简洁写作“狄拉克”能透露出一种神秘的气质，但是，困惑不解的人们很可能从来没有直接问过狄拉克本人这个问题。以狄拉克高度严谨、清晰的标准英语来说，问题的答案本该是“保罗·阿德里安·莫里斯”。虽然狄拉克因为太过腼腆，没能和海森堡本人攀谈，但他最终还是读到了海森堡的论文在出版前的一份预印本。狄拉克着手研究海森堡的论文，但他和海森堡都不知道，他得出的想法与玻恩在欧洲大陆上同时期做出的假设一模一样。

玻恩和约尔当详细地写下了他们得出的结果，二人把海森堡最初的神来之笔转化成了矩阵形式。然而就在几乎快完工的时候，卢瑟福把狄拉克的论文副本寄了一份给玻恩。玻恩写道：“我清楚地记得，在我的科学生涯中，这是最出乎意料的事件之一。因为狄拉克这个名字对我来说是完全陌生的，作者显得很年轻。但从一个中立的立场看，论文的每一部分都完美无缺，值得钦佩。”[25] 在哥廷根，人们开始谈论 Knabenphysik，意思是“年轻人的物理学”：当年，狄拉克和约尔当都是 22 岁，海森堡 23 岁，而泡利也只有 25 岁。[26]

在这些“神童”之中，狄拉克是独一无二的。以他写于 1925 年的论文为开端，在接下来的五年间，大量令人难以置信的论文从他的笔端以一种孩子般一笔一画的手写体，稳稳当当地喷涌而出。仅在 1927 年，他就发表了三篇论文。狄拉克成长在英格兰的布里斯托，在父亲的教育下长大。父亲是一个专横的瑞士人，坚持在餐桌上只能讲法语，逼得他年轻的英国妻子只好默不作声。在这样的生长环境下，小狄拉克只有在能把问题直接摆到父亲面前，或者有什么重要的事情必须要讲时，才会开口说话。然后，他会用尽可能少的音节把话说完。无论使用何种语言，这些特点在他的余生中一直保留了下来。这一习惯催生了上百个关于狄拉克的有趣传闻，在物理学家的国际俱乐部中四处流传。这些故事全都是关于他那“最单纯的灵魂”[27]，就像玻尔形容的那样。作为那个时代最超凡的理论物理学家之一，狄拉克是从一种完全讲求实际的教育环境中脱颖而出的。他先在父亲担任法语教师的商业联营技术学校上学，之后，他试图通过展示实用性来取悦父亲，于是选择了电子工程专业继续进修高等教育。在研究物理学之外，狄拉克唯一的活动是独自远足，身上一成不变地穿着黑色的正式套装。

哥本哈根对于海森堡所取得的重大进展还一无所知。玻尔 – 克拉默斯 – 斯莱特理论死在了康普顿和其他实验学家手中，这在玻尔的研究所里引发了剧烈震动。用泡利的话来说，玻尔和弗兰克已经准备发动一场“哥本哈根抗争”。[28]

1925 年 7 月底，也就是海森堡在赫尔戈兰岛取得突破后的一个月，泡利写信给克拉默斯说：“我将之视为幸运的华丽一击。”他展露了毫不拐弯抹角的个人风格，一开头就说道：“你给出的解释很快就会被这些漂亮的实验驳倒……任何一位没有成见的物理学家，如今都会把光量子看作和电子一样真实（也一样小）的物理实在。”

他向海森堡新取得的成果致敬，并“为之欢呼”：

> 我俩几乎对每一件事都有着相同的看法，像这样的情况在两个独立思考的人之间完全是可能发生的……与我这近半年来的处境相比，我现在稍微觉得没有那么孤立了。当我在慕尼黑（索末菲）的数字神秘主义与保守的“哥本哈根抗争”之间进退维谷时，我感到非常孤独。而你以一个真正的狂热分子所具有的极高热忱，为“哥本哈根抗争”打响了宣传。

对于泡利这样一个永远充满自信的人来说，去做一个像克拉默斯那样改变信仰的人，比成为一个像玻尔那样的传教士要糟糕得多。

> 考虑到玻尔强大的直觉一定会再度出现，我现在希望，你不会再减缓重建一套强健的哥本哈根物理学体系的步伐。
>
> 你真挚的朋友泡利，再次为你献上最美好的祝福。[29]

就在海森堡从赫尔戈兰岛回来时，克拉默斯访问了哥廷根，并知晓了海森堡的理论。

“你太乐观了。”他那时这样告诉海森堡。[30]

返回哥本哈根以后，克拉默斯什么也没有对玻尔说。

在给朋友尤里的一封闲聊的信中（尤里也是斯莱特的朋友，此前一年，他曾带着海森堡游览了日德兰半岛），关于哥廷根之行，他仅提到见到了弗兰克、玻恩和“其他人”。[31]

玻尔－克拉默斯－斯莱特理论灭亡了，一个新的大事件刚刚诞生。而海森堡不过是拓展了一下他与克拉默斯共同完成的工作。在这样的灭亡与诞生之中，克拉默斯看见属于他自己的那颗星陨落了，但另一颗新星正冉冉升起。多年以来，多所大学一直在向他抛出橄榄枝，他全都置之不理，但伴随着心中的沮丧不断加剧，这一年的9月，他接受了祖国荷兰的一个职位。在大约10年的时间里，他一直是玻尔身边的“红衣主教”和科学上的继承人，如今，他永远地离开了哥本哈根。[32]

由于缺乏自信的海森堡和可怜的克拉默斯都在有意隐瞒，还蒙在鼓里的玻尔在1925年6月10日给海森堡的信中仍然说，量子理论“暂时处在一个最不令人满意的阶段”。[33] 这封信在9天后迎接海森堡回到哥廷根，然而要等到8月末，海森堡才做出了回应：“克拉默斯也许已经和您说了……真是罪过，我写了一篇关于量子力学的论文。”[34]

爱因斯坦也对此表示怀疑。“海森堡下了一个巨大的量子蛋，”他在9月给埃伦费斯特的信中写道，“在哥廷根，他们相信他的观点（但我不信）。”[35] 而就在泡利第一千次抱怨海森堡取得的突破正在因“过于博学的哥廷根”而窒息时（这已经对马克斯·玻恩细腻的情感造成了严重伤害）[36]，海森堡做了还击：“你没完没了地奚落哥本哈根和哥廷根，这是明目张胆的恶意中伤。你必须承认，我们并没有心怀恶意地想要毁掉物理学。假如我们是从来都没有创造出任何新理论的蠢驴的话，那你也一样是个大傻瓜，因为你也没搞出过什么东西来。”[37]

在1925年的圣诞节那天，爱因斯坦写信给贝索——他最好的朋友之一：“在近期取得的理论成果中，最有意思的就是海森堡－玻恩－约尔当关于量子状态的理论。那真是方士手中的一张乘法表格，其中的无穷大矩阵替代了笛卡儿坐标系。”他言语中的讽刺可不止一点点：“它极为精巧，同时多亏了它非比寻常的复杂度，才有效地保护了它没有遭人反驳。”[38]

海森堡的理论在应用上极其困难，只有智力超常的泡利才有能力论证出，用它可以对真实世界里最简单的应用对象——氢原子——进行数学上的描述。泡利指出，现在，针对原子的大小和形状专门做出的玻尔－索末菲假设都是多余的。它们不是由命令产生的，而是作为新的量子力学的一个结果出现。1926 年 1 月，泡利针对这一结果提交了一篇论文。一直在尝试进行相同研究的海森堡对此感到十分高兴。[39]而玻尔也告诉卢瑟福，说自己不再感到痛苦了[40]：人们渴望已久的量子力学真正诞生了。

邮件里那些令人忧郁的小路几乎全部交叉到一起，但接下来，从一条条小路中冒出了一篇论文，向人们展现出一种截然不同的量子力学。它看上去与海森堡的理论完全相反，但其结果却完全相同。而且，它完全不需要荆棘般难缠的矩阵，而只使用了任何物理学家都应当运用自如的数学，就做到了这一切。

薛定谔方程来了。

09

薛定谔在阿罗萨

1925 年圣诞节至 1926 年新年

埃尔温 · 薛定谔（1887—1961）

1922 年春天，34 岁的薛定谔患上了结核病。那时，他刚刚开始在瑞士苏黎世大学任教，他告诉泡利说："我确实废了，我再也没法得出一点有创意的想法来。"[1] 薛定谔和结婚两年的妻子安妮带着一名维也纳厨师，前往位于达沃斯附近的阿罗萨，在阿尔卑斯山脉疗养胜地隐居。当地海拔超过 1600 米，稀薄的空气对结核病菌有遏制作用。在好几年以前，爱因斯坦就带着他患有头痛和耳疾的小儿子爱德华来过这里，落脚在同一家旅馆。[2]

当秋天的清新空气飘来时，薛定谔开始阅读赫尔曼 · 外尔的著作。外尔是薛定谔的朋友，第一次世界大战期间，外尔在苏黎世联邦理工学院做了一系列相对论方面的数学讲座。此后，演讲稿被编订成一本令人望而却步的书，在各个物理学院系随处可见，书名是《空间，时间，物质》（*Space-Time-Matter*）。薛定谔注意到外尔提到的一个要点：假如对电子状态跟进到底的话，电子在轨道上会表现得像一列“驻波”（standing wave，波峰及波谷上下振荡，但波形不往前推进）。他坐在门廊上，拿一块毛毯盖住膝盖。他把一个方程和另一个方程联系到一起，用他优雅的斜体小字写写算算，针对物质和波展开了一些模糊的思考。这些计算结果形成了一篇小论文，名为“关于单个电子量子化轨道的一个值得关注的特性”[3]，而薛定谔没有进一步思考这个课题。

三年后，也就是 1925 年，在苏黎世联邦理工学院任职的彼得·德拜叼着一根雪茄，穿过大街前去苏黎世大学找薛定谔。他把路易·德布罗意新近完成的一篇关于物质波的论文拿给薛定谔看。薛定谔被这篇论文迷住了，正如德拜所希望的那样，他还在苏黎世联邦理工学院和苏黎世大学联合举办的学术讨论会上就此发表了一篇演说。[4]

这天是 11 月 23 日，一周以前，海森堡、玻恩和约尔当刚刚向《物理期刊》提交了他们那篇著名的论文“关于量子力学”。物理学家费利克斯·布洛赫当时只有 20 岁，他即将成为海森堡的第一个学生，然后成为泡利首批助手中的一个。他回忆薛定谔演讲后的情景时说：“德拜若无其事地说，他认为这种谈论形式有点幼稚。当他还是索末菲的学生时就已经认识到，一个人要想恰当地处理波的问题，就必须用到波动方程。”[5] 波动方程用以描述波的波动情况。

薛定谔全神贯注地钻到了波的研究当中。几个星期以后，他完成了一篇关于玻色 - 爱因斯坦思想的论文，与爱因斯坦或德布罗意的语言相比，他的言辞更激烈。薛定谔写道，他希望“认真对待德布罗意 - 爱因斯坦关于运动粒子的波动理论，按照这一理论，粒子只不过是构成世界基础的波辐射上泛起的白色泡沫”。[6]

雪一直不停地落在旅馆陡斜的屋顶上，薛定谔绕过路的最后一个转弯，一路欢笑着前行。在他旁边还有一位女士。四年后，他再次回到阿罗萨，不过这次是在冬天，安妮和奥地利厨师都没有来。[7] 没人知道此时在他身边的这位女士是谁。快到圣诞节了，安妮正和她的情人——她丈夫最好的朋友外尔在一起。[8] 上次在阿罗萨时，薛定谔对波的思考灵感就来自外尔的书。而外尔的妻子也成了泡利的朋友、物理学家保罗·谢尔的情妇。

薛定谔在维也纳市中心的一座联排住宅里长大，房子由大理石和粉红色的灰泥外墙构成，雕饰着天使和花环，从家里能看见宏伟的哥特式建筑风格的斯蒂芬大教堂。[9] 他只接受过家庭教育，长期被来自姑姑、婶婶、侍女和保姆永不停息的溺爱和女性关怀包围。他的父亲是一位业余的植物学家和擅长画风景的画家，不大看得起自己继承下来的赖以谋生的油地毡生意。他的母亲是一位从事研究工作的化学家的小女儿，身体虚弱但性格开朗。这位化学家的第二任妻子也跟随当年维也纳的奇特风气，成为音乐家马勒的情妇达十年之久。而薛定谔的外祖母，也就是化学家的第一任妻子，是一位英国人，所以小薛定谔先学习了英语，而后才是德语。他长大后相貌堂堂，很有教养，魅力四射，才华横溢。但在他的意识里，从来不会觉得这个世界不是围着他在转的。

在阿罗萨，薛定谔透过积雪覆盖的松树远眺魏斯峰，思考着德拜的评论："讲求实际的德国人！我们当然需要一个波动方程。"他把珍珠塞到耳朵里，用来减弱外界噪声——门廊那边传来的圣诞颂歌和随他一起来的女人发出的声音——干扰自己的注意力。[10] 在整个圣诞节期间，他一直沉湎于工作，他看到一些东西正开始从书页上渐渐浮现出来。

威廉·维恩是慕尼黑一位"凶猛"的实验物理学家，海森堡上大学时曾被他判过不及格。维恩在滑雪棚里收到了薛定谔的来信，这封信写于圣诞节后的两天："目前，我正在努力建立一种新的原子理论。要是我能多懂点数学就好了！但我对此非常乐观，可以预见，只要我能解决掉这个问题，它将表现得极为优美。"在这种令人感动的热情的驱动下，薛定谔解释说，在得出氢原子光谱线的频率方面，他的理论正开始变得貌似比之前所有人的理论都更有效。"并且，它将以一种相对自然的方式出现，而不需要专门的假设。"[11] 看着四周白雪皑皑、山峦起伏，薛定谔开始相信，这整个世界都是由波构成的。

1 月 8 日，他从山上下来，并直接去找外尔帮他解开了方程。[12] 薛定谔方程的解被称为"波函数"，用来描述某个给定量子实体的状态或情况。波函数用希腊字母 ψ 来表示。当苏黎世联邦理工学院和苏黎世大学再次召开两周一次的学术讨论会时，薛定谔站起来，得意扬扬地宣布："我的同事德拜曾说，假如一个人没有建立起波动方程，那他就不该谈论波的问题。那好，我找到了一个！"[13]

弗里茨·伦敦（10年后，他将成为玻色－爱因斯坦凝聚理论方面的先锋）是薛定谔的助手，他写了一封信打趣薛定谔，提醒他别忘了之前那篇论文。

尊敬的教授先生：

今天我必须和您严肃地谈一下。您认识一位叫薛定谔的先生吗？他在1922年记述了一种"值得注意的量子轨道的特性"。您认识这个人吗？什么，您说您和他相当熟？而且当他写这篇论文的时候，您还和他在一起，并与他的工作有牵连？这真是太让人震惊了。所以四年前您就已经知道了……

伦敦继续列出了薛定谔写于1922年的那篇论文中的内容，对于1926年的薛定谔来说，这些内容似乎以一种极明显的方式指引着他直接得出了薛定谔波动方程。

伦敦问薛定谔："您会立即忏悔吗？就像一个神父那样，坦承您手中一直握有真相，却始终秘而不宣。"[14]

在听说薛定谔出人意料地用一个波动方程复制出矩阵计算的结果后，爱因斯坦随即说："好了，听听这个吧！在此之前，我们没有一个确切的量子理论，而如今突然有了两个。你肯定会同意我说的：这两个理论相互排斥。哪个理论才是正确的呢？也许它们都不对。"[15]

10 你能观测到的

1926年4月28日及当年夏天

爱因斯坦站在自己柏林家中书房的窗边，白发在最后一缕光线中闪着银光。[1]"海森堡，你完全没有提到电子运动的轨迹。但是，当你往云室里面看时，"爱因斯坦眯着眼睛用手一指，好像他正盯着电子喷射出来的尾迹，"你完全可以直接观察到电子径迹（电子穿过一罐潮湿空气时，会留下类似飞机在高层大气中飞过时产生的痕迹）。"他继续问："电子在云室中有运动路径，在原子里却没有。你不觉得这种说法很奇怪吗？"[2]

在半小时前的柏林物理学术讨论会上，海森堡的整场演讲都在针对坐在第二排的白发老人。[3]等所有人离开以后，爱因斯坦说："和我一起走回家吧？这样我们就能更进一步讨论这些事了。"[4]这会儿，他们已经回到爱因斯坦家里。爱因斯坦先讲完了与索末菲和玻恩有关的简单问题，正要转到问题的要点上。海森堡急于说服他。

"但是，我们没办法在原子内观测到电子轨道。我们记录下来的其实是原子辐射的光的频率，而不是真实的轨道。"海森堡又稍微有点夸张地补充道，"理性的做法是，只有那些可以直接观测到的参量，才能被理论采纳。"[5]

爱因斯坦坐进没有点燃的壁炉前的一把大扶手椅里，说："海森堡，每一种理论都包含着不可观测的参量。"海森堡惊奇地抬眼看看爱因斯坦。爱因斯坦说："仅仅简单用到可观测参量的原理，不可能一直都行之有效。"[6]

"可是，你不就是严格地按照可观测性来处理相对论的吗？"[7]

爱因斯坦微微一笑，说："也许早些时候我确实用过这条准则，也许我甚至写下来过，尽管如此，它还是不能成立。”[8]

海森堡的神情就好像被他的神父告知说，自己其实并不信仰上帝一样。

“你知道，人们总是在谈论‘观测’，”爱因斯坦继续说，“但他们知道这样说的意思到底是什么吗？‘观测’的真实概念本身都已经成了问题。”他翻翻衣服口袋，寻找烟草袋。“每一次观测都预先假定，在观察到的现象与最终进入人们意识中的感觉之间……”他找到了烟草袋，开始往烟斗里面填烟草。“……存在着某种明确的前后关系。”[9]他划了一根火柴，用右手的两根手指夹着，把细细的火柴放到烟草上。烟点着了，缓慢地燃烧。爱因斯坦把烟从鼻子里喷出来，整个人向后往椅子里靠了靠。

“但是，即使我们理解决定这种前后关系的自然法则，我们能够确信的也只是这种关系本身而已。”说到这里，他直直地看着海森堡。海森堡的身体前倾，坐在椅子里，浅色的头发在昏暗的房间里发出亮光。“可是，如果像现代原子物理学的情况那样，这些定律都必须受到怀疑的话，那么‘观测’这一概念也就丧失了其清晰的含义。”海森堡敏锐的思维来回跳跃着，爱因斯坦那平静的声音在他大脑中新开了一扇扇门。[10]“既然如此，那么一定是理论最先决定了我们能够观测到的东西。”爱因斯坦说完了他的看法。

海森堡感觉就像有一盏灯的灯泡，灯丝发出了火花，刚刚照亮了他的大脑。*是理论决定了我们能够观测到的东西*。爱因斯坦边抽烟边看着他。*是理论决定了我们能够观测到的东西*。海森堡身体的一部分想立即带着这个闪闪发光的新概念冲出门去，然后仔细思索这一切；而他身体的另一部分又再也不想离开这把椅子，就想在黑暗的房间里，一直听爱因斯坦这样说下去。

爱因斯坦站起身来，打开旁边的一盏读书灯，把两人坐的位置拉近了一些。这时，外面的天已经全黑了，二人的身影被光投射到窗户上。“要有光。”爱因斯坦说。他坐回椅子，随着他身体的移动，空气中留下了一道烟雾。

“那么在你的理论中，我们有这样一个电子：它在绕着原子核的轨道运行，接着突然跳跃到——等一下，不对，实际上并没有那样的电子。”[11]爱因斯坦笑了笑，突然停下来，他发现自己讲错了：没有轨道。“有一个电子，它正在原子里做着什么事，但我们不知道它在搞什么。”他看着海森堡——海森堡突然明白了，为什么经常有人用“顽皮”一词来形容爱因斯坦的表情。“突然，它跳变到一个不同的状态，放射出一颗光量子，”爱因斯坦的一只手猛地从空中扯了一下他想象中的那颗粒子，“它就像这样。”

爱因斯坦眉头紧锁，眼镜滑到鼻子上，这让他看起来有了点老师的样子。“但我们还有一个想法可供选择：当原子改变其状态时，电子就像一台小型无线电广播发射机那样，以持续不断的方式向外发出某种波动。”爱因斯坦一口口抽着烟斗，说，“现在要注意了，在第一套方案中，我们一辈子都不可能对干涉现象做出解释——在我们的观测中这一现象极为常见，而只有波相互叠加时才能产生这一现象；在第二套方案中，我们无法解释对于清晰的光谱线，为何每一条都对应着单独一种频率的光。这下，我们该怎么办？”

海森堡想象了一下玻尔会对此怎么说。“呃，当然，我们正在讨论的这些现象远远超出了日常生活经验涉及的范围，所以，我们不能指望用传统观念来描述这些现象。”[12]

“你真是玻尔的好学生，但我不是。”爱因斯坦说，“那么，你认为在什么量子态下才会产生这些持续不断放射的波？”[13]换个方式问：在原子放射出波时，可能列出哪些特征来描述它？

海森堡颇为震惊，但他的反应永远那么快，他说：“这就像在看一场电影，一般来说，从一个画面切换到另一个画面并不是瞬间发生的。第一个画面慢慢变弱，而第二个画面渐渐清晰。如此一来，当处于某一个中间状态时，我们并不知道将会出现哪幅画面。在原子内部也会出现一种情况，在这种情况下，我们恰好在一段时间内不知道电子处于何种量子态。”[14]

爱因斯坦说：“你正行走在薄冰之上。你现在说的，是我们所了解的原子情况，而不是原子的真实情况。如果你的理论是正确的，那么你迟早都得回答我，当原子从一个稳态变到下一个稳态时，它做了什么。”[15]

海森堡缓缓地说：“我承认，数学体系简明和优美，这深深吸引着我。大自然借助这些数学体系，突然把令人恐惧的简单性和完整的关联性展现在我们面前。我知道你也感觉到这一点了。”[16]

爱因斯坦坐在那儿，一边抽烟一边点头。然后他说：“不过，我应该永远不会声称自己真的明白了自然规律的简单性到底是什么意思。”[17]

“你相信上帝吗，薛定谔教授？”沙滩上，坐在他旁边的金发女孩问。这是1926年的夏天，他们在苏黎世湖的湖滨游泳场。问话的女孩叫伊塔·荣格，时年14岁，她优雅、可爱，还带着一点青涩。她身边坐着自己的孪生姊妹罗斯维塔，也像她一样留着长长的金色发辫。[18]虽然是在夏天的海滩上，但她们还是穿着合身的教会学校校服。她们两人貌似马上就要咯咯地笑出声来，但伊塔的问题却问得郑重其事。

“与其说我什么都不信，倒不如说，我更相信存在留着白胡子的圣父。”[19]薛定谔答道。灿烂的阳光在沙滩上闪闪发光，他穿着游泳裤躺在沙滩上，身旁的一块便携式小黑板呆笨地暴露在阳光下，上面满是粉笔留下的痕迹。几米开外，湖水拍打着潮湿的湖岸。

“我还以为科学家都不信上帝呢。”罗斯维塔说。

薛定谔说：“会那样说的人并不明白，科学世界的图景能变得易于被人们理解和应用，这其中的代价就是，关乎个人的每件事都被排除在外了。那里面没有个人专属的上帝。[20]诚实的科学思想家会说：‘在空间与时间之中，我没有遇见过上帝。’……如果有人因此就责备他，那么这个人一定与那些奉行‘神即灵’教义的是同一帮人。”[21]

薛定谔一直喜欢在沙滩上教学。薛定谔一个已经毕业的学生回忆道：“夏天的时候，当天气变得足够暖和，我们就会到苏黎世湖畔去。我们各自拿着笔记本坐在草地上，看着眼前这个精瘦的男人穿着游泳裤，在一块为我们临时准备的黑板上写写算算。”[22]

伊塔和罗斯维塔的妈妈是薛定谔的太太安妮的好朋友，为了让数学不及格的伊塔能赶上班里同学的水平，安妮说服丈夫，在整个夏季每周给姐妹俩补习一次数学。薛定谔就如何给14岁的孩子补习，还特意向外尔咨询了一下。这位伟大的数学家曾在1月份帮他解开了第一个薛定谔方程，此时又尽心地为他制订了一份教学大纲。[23]

薛定谔是一位好老师，伊塔跟着他学会了必要的数学知识，但除此之外，他们还讨论了其他一些话题，其中就包括薛定谔方程。[24] 他告诉她们，似乎有迹象表明，万事万物都是由波构成的。

伊塔问："这是什么意思？万事万物都是波？但即使是很少的水，也是微小的一滴呀。"[25]

薛定谔边点头边解释说，无论比一滴水小多少，物质都只是他的方程所描述的"物质波"——可能想象的最小水滴，或是比针头还要小的一个物件，都包含着万亿个物质波。[26]

他说："物质就像光，也会发生衍射。"阳光照射着伊塔的头，他眯起眼睛，接着解释什么是衍射："你知道，再小的东西，比如一绺头发、一颗尘埃或一张蜘蛛网，只要有阳光从后面照射，都会放出神秘的光彩。一绺头发好像变成了自己的光源。"[27]

对于量子力学里的一个粒子来说，其体积越大、运动得越慢，其物质波就越小。正如尘埃会衍射出光波，原子核也会衍射出电子。实际上，一个原子不过是由原子的原子核所捕获的电子波所形成的衍射光环。[28]

伊塔出神地想，她自己可能也由很多衍射光环构成。但罗斯维塔已经受够了，她说："我要去游泳。"沙粒跟着伊塔一同飞了起来，在她的校服上轻快地飞舞，扬起一片跟在她身后。两个女孩大声叫着、笑着，穿着制服就跳进了水里。薛定谔跟着她们，一边走，一边注视着她们在湖岸附近的水面上上下浮动。突然，他全速跑了起来，然后以一个流畅的动作扎入水中。

女孩们四处张望，脚不时地蹬着水，手在水中不停划动，手肘以下的裙子部分鼓胀得像个球。

"噢！他在哪儿？"伊塔问。

"我敢打赌，他正在偷偷靠近我们，然后会突然跳出来。"罗斯维塔说。

"呀！"伊塔叫道，她的神经紧张起来。

罗斯维塔期待着，高兴得发抖。

伊塔看上去嘴唇有点儿发青。

接着她发出一声尖叫，她被人拽住脚一把拖到水下，嘴里灌满了水。教授咧开嘴大笑着，和她一起重新浮出水面。他的头发像遮檐一样贴在头上，样子十分滑稽。脱去了圆圆的小眼镜，也没有太太在身边，这让他的脸看上去年轻了好几岁。伊塔一边咳嗽，一边大笑，身子还在不停地发抖。罗斯维塔甩动着发辫，飞溅的水珠形成一个巨大的圆圈，然后她说，“好冷！我要上岸了。”

她开始朝着湖岸游去，但她的孪生姊妹还完全不想跟过去。伊塔问教授：“你在水下待了那么长时间，被那么多波包围着，感觉是不是很好？这和你方程式里的样子像吗？”

他们向岸边游去，薛定谔看着她，慢慢露出了微笑。

伊塔仰坐在罗斯维塔身边的沙滩上，说：“我喜欢你说的，世界由波构成的理论。”

“有趣的是，”薛定谔说，“有一个叫海森堡的德国人，他在我的朋友马克斯·玻恩的协助下，比我早半年提出了另一个理论。在他的理论里，原子内部不存在空间与时间。”他摇摇头，继续说：“我不明白那是什么意思。因为他用到的代数超出了一般人智力所能理解的范围，比我们正在学的这些难得多，对我来说，那是一种难于理解的表现形式；而且，由于理论缺乏直观性（薛定谔用的是德语‘Anschaulichkeit’一词），即使它说的不是让我感到排斥的话，也会让我畏惧不前。”[29]

“直观性”是指某种思想有形的自然状态。借助直观性，人们得以在心目中对思想进行想象和描绘。对于他自己的理论，薛定谔特别喜欢的一点就是直观性。他觉得，自己的理论能超越海森堡的最明显的优势就是这一点。而在海森堡看来，薛定谔的理论确实如此。他在那年 6 月写信给泡利说：“我对薛定谔理论中的物理部分思考得越多，就越觉得憎恶。”他模仿了一句自己和泡利都很熟悉的玻尔温和的惯用语，继续道：“薛定谔所写的关于直观性的内容‘很可能并不完全正确’，换个说法，我认为那就是‘屁话’！”他粗暴地下定论说，薛定谔的理论取得的“最重大的成果”在于，该理论可以在数学很难的时候把它自己发散开来。[30]

薛定谔用胳膊肘支着单薄的身体，斜躺在沙滩上。这一发现给他带来的惊异之情还能从他脸上看出来。“然而，就在我摆弄海森堡和我自己的理论时，我发现它们从数学上来说是等价的。”[31]

海森堡的量子力学和薛定谔的波动力学原来说的是同一件事，只是表现为两种形式而已。

两个决定性的时刻在 6 月下旬已经发生，它们都涉及如何用波动力学来处理多粒子的情况。最先冒出来的是薛定谔发表在《物理学年鉴》(*Annalen der Physik*)上的一篇论文。薛定谔知道，作为其波动方程的解，波函数 ψ 在将一个电子描述成三维空间中的一个波时，表现得非常完美。但是，在将一对电子描述成六维空间中的一个波时，波函数 ψ 就显得非常荒谬。而三维空间中的 2 个波会显得形象、直观且合乎情理。波函数 ψ “不可能也不可以直接从三维空间的角度被诠释——无论单电子问题在这一点上会如何误导我们”。[32] 薛定谔将穷其一生创造一个用波来构建的三维世界。然而就在这时，一个怪异的事实在他脑海中展现：两个在一起的电子以某种方式表现为一个六维的波，这意味着它们被捆绑到了一起。它们在相互纠缠。

与此同时，玻恩也写了一篇论文发表在《物理期刊》上。一直以来，薛定谔的波总带着点儿神秘的朦胧色彩。但在玻恩的注视下，它正越来越快地化为云烟。玻恩仔细研究了薛定谔方程如何描述两个粒子相撞的情况。他发现：“一个人不可能在‘碰撞之后是什么状态？’的问题上得到答案，而只能解答‘从碰撞中得到一个特定结果的可能性有多大？’”[33] 玻恩赋予了波全新的诠释。这成了一个非常有用的工具，与现实之间有着细微而不明确的联系——于是，关在笼子里的数学“女先知”诞生了，在充分乘积和平方的情况下，数学可以预言粒子可能的命运①。

“马克斯·玻恩出卖了我们俩，”薛定谔半笑半不笑地说，“他把我不想要的粒子与海森堡不想要的波结合到一起，于是我和海森堡被大家抛到了脑后。”[34] 他

① 此处指的是玻恩对波函数物理意义的诠释，即波函数模的平方对应微观粒子在某处出现的概率密度(probability density)。也就是说，微观粒子在各处出现的概率密度才具有明显的物理意义。——译者注

讪讪一笑，说："然而，玻恩忽略了一件事。假如当你没在看的时候是波在那里，而当你看的时候却是粒子在那里，那么到底是波还是粒子，就只能依观测者的爱好而定了——看他当时想把哪一个看作真实的存在。"[35]

伊塔问："就像当我们不在动物身边时，它们就会说话那样？"

薛定谔笑起来："你不相信当你不在的时候，动物会说话吗？"

伊塔摇摇头："只有在我小的时候，我才会相信。"

"也许，我的波的真实程度和会说话的动物差不多，"他一边翻过身，让太阳晒沾满沙粒的背部，一边说，"但世界——现实世界的样子，可能比我们愿意相信的要奇妙得多。"

伊塔疑惑地皱了皱鼻子："你的意思是……？"

"嗯，回想战争期间，我花费大量时间待在意大利边界附近的一个瞭望所里，还要……"

"你有枪吗？你杀过人吗？"一直闭着眼睛，仰面躺在一旁的罗斯维塔突然翻身面向薛定谔问。

薛定谔摆出一副半幽默、半惊惧的表情看着她，说："我父亲给了我两支枪，一大一小，幸运的是，我从来没向人或动物开过枪。"[36]

伊塔咄咄逼人地瞪了一眼她的姐妹，说："可是，你本来是要解释世界有多奇妙的。"

罗斯维塔的眼睛打了打转，又翻回她原来的仰姿，痛饮着阳光。

"是啊，"薛定谔对伊塔微笑着说，"世界是多么奇妙啊。"

"你那时在一个瞭望所里。"伊塔努力回到原来的话题。

"对。我们总是醒着，在星空下一直盯着山的隘口。"

"要盯着敌人。"伊塔小声说。

"嗯，一天夜里，我们看见在黑漆漆的阿尔卑斯山坡上，有一个亮光正朝着我们这边移动，而那个地方并没有路。"

伊塔的眼睛瞪得老大，就连闭着眼睛的罗斯维塔也轻微地转了转头。

"那是圣艾尔摩之火。"薛定谔说，声音里还带着一丝惊叹，潜藏着他曾在恐惧解除时感受过的激涌的热情。“铁丝网上的倒钩纠缠在一起，每一个倒钩上都带着火形成的光环，但那并不是火。尖锐的倒钩在空气中持续放电，将空气逐渐变成了等离子体——同样的原理形成了闪电、极光，以及太阳和所有星星的光。”[37]

“所以它甚至不应该出现在这世上。”伊塔说。

“是的，当你看见它时，你就会有那种感觉。事实上，葡萄牙人称其为 corpo santo。”

“圣体。”伊塔翻译过来说。

“圣体。”薛定谔点点头说，“船员们过去常常在桅杆上看到这一现象，他们以为那是超越时空之上的守护者在显灵。而尼尔斯·玻尔——他也是一位量子物理学家——也想以同样的方式来描述原子。解释波或粒子的现实存在，也许要依赖观测，他对此并不觉得惊讶，因为他相信不可能对原子进行时空描述。”他接着告诉她：“但我不赞同，a limine。”

她看着他。

“就是‘从一开头’的意思。”他微笑着向她解释道，“有时候，我觉得连你也非常清楚的事情玻尔都不理解：物理学不仅是研究原子，自然科学不只有物理学，而生活也不只有自然科学。”[38] 她笑出声来，被人当作成年人来交谈，她觉得很高兴。

“我们在时空范围内都无法理解的东西，就根本没有理解的可能了。”他凄然一笑说，“这样的东西确实存在，但我不相信原子结构是其中之一。”[39]

他即将第一次见到玻尔本人，而他并不清楚，自己将会陷入何种境地。

11

该死的量子跃迁

1926 年 10 月

在哥本哈根，玻尔的家中，薛定谔躺在客房的床上，不停咳嗽。他发烧了，面红耳赤，满头大汗。玻尔夫妇来来回回围着他转，言语中带着关切。玛格丽特为他端上热茶和清汤，尼尔斯对他说："可是，薛定谔，你必须承认发生了量子跃迁……"[1]

从玻尔在车站接到薛定谔的那天算起，他们已经争论了三天。海森堡还住在研究所的顶层，他和玛格丽特整天一遇到这两块"顽石"都要绕着走。每回交谈、每顿用餐、每次散步，都吞没在玻尔对薛定谔接连不断的狂轰滥炸之中。[2]

海森堡写道："尽管玻尔在正常情况下对人极为亲切、体贴，但他现在给我的印象简直就是一个冷酷无情的狂热分子。他不打算做出一丁点儿让步，或者承认自己可能犯了错。他们的讨论那么情绪激昂，而每个人对自己的信念又是那么坚定不移。我想把这样的情景表达出来，几乎是不可能的——他俩的非凡口才倒是显而易见。"[3]

薛定谔在床上艰难地翻了个身。他声音嘶哑，感觉就像第一千次提起这个事情，他说："玻尔，你必须意识到，关于量子跃迁的整个构想，最终会成为无稽之谈。"他几乎坐了起来，接着详细地说："从一个能级往另一个能级上跃迁，这个过程要么是逐渐完成的，要么是突然发生的——假如是渐变的，那我们怎么解释持续出现的清晰谱线？假如是突变的，我们又说不清楚，跃迁期间电子到底在做什么。"

让我们回顾一下，定义普朗克常数的基本量子方程把光的颜色及其频率紧密联系在了一起：$E = h\nu$，即能量等于普朗克常数乘以频率。当原子内处于高能级的一个电子落到较低能级时，会放射出额外的能量，并以相应频率的光的形式，将这种变化展现出来——呈现出一根狭窄的色带，即一条“谱线”。如果电子以一种容易解释的方式（即跃迁为渐变过程，而非突变过程）离开某个能级，其结果将会产生一系列色彩斑斓的光谱。这好比一辆车从静止不动到获得 90 千米每小时的加速度，在这一过程中，发动机会发出嗡嗡声。

然而，对于实际情况中出现的纯净、清晰、单一频率的光，唯一的解释看上去却是令人费解的量子跃迁，就好像车在这一刻还停着不动，下一刻就变成超速行驶，而在两个时刻之间却什么都没发生。

薛定谔的脸显得很憔悴，也没有戴眼镜，这让他看上去就像另一个人。他倒在枕头上说：“量子跃迁的整个想法必然走向荒谬。”

玻尔坐在床尾，一个膝盖放在毯子上。他貌似很平静，眼神却非常认真。他说：“你说的一点都没错。”

薛定谔警惕地看着他，头枕在枕头上一动不动。

“不过，”玻尔说，“这并不能证明量子跃迁不存在。这只能证明，我们无法想象这一过程。那些用来描述日常生活事件和经典物理学实验结果的代表性概念，在被拿来描述量子跃迁时就显得力不从心了。”坐在角落里的海森堡点了点头。玻尔继续说：“既然我们知道无法直接感受这类过程所涉及的对象，那么发现量子跃迁会是这种状态，也就没什么可惊讶的了。”玻尔皱着眉头，努力掩饰每一丝细微的表情差异。

海森堡用祈求的眼神看着薛定谔：*你还不能理解吗？别再管那些图景了。*

薛定谔用病人特有的微弱声音，近乎耳语般地低声说：“我不想开启关于概念形成的漫长争论。我宁愿把这件事留给哲学家去做。”他的一只手露在盖在身上的毯子上，握成拳头，颤动着。“我只想知道在原子内部发生了什么。”他突然直直地看着玻尔，理智地说，“我真的不在意你选择用哪一种语言来讨论这件事。如果原子内部有电子存在，如果这些电子都是粒子——就像我们所有人一直相信的那样——那么它们一定在以某种方式运动，并且在原则上，我们应该能确定它们是怎样运动的。”

玻尔面无表情。

薛定谔继续说："但是，仅从波动力学或量子力学的数学形式来看，很显然，我们无法保证能为这些问题找到合理的答案。"他端起玛格丽特送来的鸡汤，喝了一口。"无论如何，此刻是我们改变说法，宣布不存在离散电子的时候了——"

玻尔换了个坐姿，看起来很忧虑。

薛定谔的声音变得有力起来："我们一旦表明不存在点状的电子，而只存在电子波或物质波，那一切看上去就完全不一样了。要解释光的放射，就像解释通过发射器天线发送无线电波一样容易；而那些似乎无法解决的矛盾，也将一下子消失得无影无踪。"

玻尔说："恕我不敢苟同。"他坐直了。"矛盾并没有消失，它们只被简单地放到了一边。"他提醒薛定谔，正是光与物质之间的相互作用在26年前启发了普朗克引入不连续的量子化的概念。

薛定谔说："我无法相信，在描述原子的相互作用时，最后展现这一生动、壮观景象的词语，会是某些单独的分子吞下或再次吐出整个能量包。"[4]

玻尔说："不要去反对，只要去理解。[5]薛定谔，我认为你太过固执，以致无法用形象化的方式进行思考。"

"可是到目前为止，你也没能为量子力学找到一种令人满意的物理解释。"薛定谔说。

"'物理解释，'"玻尔说，"照我说，你太过于强调这一类东西了。"

薛定谔坚决地说，没有理由断定，他最终无法解释光与物质之间的量子化相互作用——"一种看上去绝对与之前所有解释多少有点不同的解释。"

玻尔说："不，那毫无希望。25年了，我们都明白普朗克公式的含义。"他像教皇般泰然自若地说："除此之外，我们观察了闪烁屏上发出的闪光或急速穿过云室的一颗电子，能非常直接地察觉到前后矛盾——原子现象中突然出现的跃迁。你不能忽视这些观测。"

薛定谔重新平躺在床上。他眼睛闭着，疲倦地说："假如该死的量子跃迁真的存在，那我将为自己曾与量子理论扯到一起而感到悲哀。"

海森堡看着他，相当震惊。

结果，玻尔感觉很糟。这是他的客人，病倒在自己面前："但是，我们其他人对你所做的一切都非常感激。"薛定谔没有睁开眼。玻尔继续说："你的波动理论在数学上更明确、更简单，贡献巨大，代表了超越以往所有量子力学形式的巨大进步。"

卡尔·弗里德里希·冯·魏茨泽克是海森堡的学生，也是他最好的朋友。魏茨泽克在描述20世纪30年代有关玻尔的美好回忆时，提到了如果你坚持己见与玻尔展开争论，可能会发生什么。玻尔曾要求他（那时他20岁）针对一个艰涩主题写一篇论文。当时，玻尔正为了设法帮助德国的犹太裔物理学家们从希特勒的迫害下逃往丹麦（或其他地方）而忙得筋疲力尽。

冯·魏茨泽克回忆，当他们见面时，玻尔"迟到了，看上去无比劳累"。[6]

> 他把论文从一大堆文档中拽出来，说："啊，非常好，非常好。这是一篇相当不错的论文，眼下一切都清楚了……我希望你很快可以把它发表出来！"
>
> 我心想，可怜的人！也许他还没时间来读这篇论文吧。
>
> 他继续说："只是还有些地方还需要澄清一下。第17页的那个公式是什么意思？"
>
> 于是我解释给他听。
>
> 他接着说："好，这个我明白了。另外，第14页的脚注肯定指的是……"
>
> "对，我就是这个意思。"
>
> "此外还有……"问题就这么一个接着一个来了。他看过所有内容。
>
> 接下来的一小时，他变得越来越有活力，而我却在紧要关头被一个解释给难住了。两小时以后，他显得精神焕发，满载着自然而天真的热情，完全控制了局面。但我感觉越来越累，被一步步逼到了墙角。
>
> 到了第三小时，他貌似没有丝毫恶意却又得意扬扬地说："这下我明白了……关键在于，每一件事都正好位于你所说的对立面——这才是

重点！”

我对“每一件事”的说法保留意见，但我承认，事实就是他说的那样。

在家养病期间，薛定谔写信给他的朋友、脾气暴躁而年迈的实验学家威廉·维恩。关于玻尔，他在信中这样写道：“几乎不会再有人能获得如此巨大的成功，能够在其研究领域内受到近乎神一般的尊敬……同时还能——我不会说他还保持着谦逊或毫不自负的态度——但他多少还有些许腼腆和羞怯，就像神学院的学生一样。我这么说不一定是对他赞美有加，他并不是我心目中为人处世的理想典范。尽管如此，与我们同行中那些经常见到的二流‘明星’相比，他这种态度能获得强有力的支持。”[7] 无论如何，“他们二人对我表现出的友善令人感动，在我与玻尔，特别是与海森堡之间，有着毫不掩饰的亲切与诚恳。”

他描述，玻尔在谈话时“经常连续好几分钟，以一种梦幻般的、富于远见的方式畅谈，但有时表达确实有点含糊，部分原因是，他考虑得很充分并一直抱有疑虑，担心有人会利用自己观点中的某段陈述（比如称这是‘玻尔自己说的’），断章取义地为别人的观点（在这种情况下，特别是针对我自己的工作）进行佐证”。

在处理原子问题的方法上，玻尔“深信，想以通常的字面意思来理解，都是不可能的。因此，谈话几乎能立刻转到哲学领域。很快，你就不再清楚别人抨击的是否真的是自己所持的观点，或者，你是否必须要抨击别人所捍卫的立场”。[8]

海森堡就像福音派信徒一样回应了讨论，他回忆说：“薛定谔的来访接近尾声的时候，我们哥本哈根一派的几个人都相信自己正行进在正确的轨道上。然而我们完全清楚，想说服物理学界的领军人物们放弃尝试建立原子变化过程的可感知模型，是何等困难。”[9] 他还当即撤掉了一份明显带有“说教”意图的论文，并向泡利解释说，这篇论文是用来“反对连续性理论巨头们”的。[10]

玻尔也付出了行动，他在给朋友的信中说：“我们非常高兴薛定谔能来访。和他讨论以后，我很想写一篇论文，处理量子理论的一般特性。”[11] 这可不容易。几个星期以后，玻尔向克拉默斯哀叹道：“适合解释以观察和实验为依据的事实的词汇，实在少得可怜——除非针对相关理论的特点，以适度的方式表达。”[12]

然而，像“玻色 – 爱因斯坦凝聚”这样的表达，即使没有在字面意义上违背对应的原理，也严重违背了该原理的精神。[13] 但说来奇怪，薛定谔对电荷和物质波的解释，最初彻底遭到人们的怀疑，最后却因玻色 – 爱因斯坦凝聚而重获生机。[14] 成千上万个原子或电子对被超低温冷冻后，会以极其一致的神秘状态流动，这时，物质确实是由波构成的——粒子逐渐消散不见了。只有在温度较高时，粒子和概率才居于统治地位。

此时，人们认识到这一点还太早了点。同时，马克斯·玻恩向薛定谔承认：“假如你是对的，情况应该会很好。美妙的事会发生，但遗憾的是，很少会发生在这个世界里。”[15] 泡利几乎在对薛定谔的想法高唱哀歌了，他说那是“苏黎世当地的迷信”[16]。这让薛定谔在 1926 年 11 月愤怒地予以了回击。

泡利的回应态度友善且相当老练。他说，“虽然在客观上可以确信”，在描述量子世界时必然要用到不连续性，“但不要以为这种确信不会给我带来麻烦。我已为之备受折磨，而且折磨还要继续加重”。[17]

薛定谔欣赏这种坦率，他回复道：“我们为人都很善良，都仅对事实感兴趣，而不在乎当最终真相大白时，是自己还是别人的设想正确……这样的变幻无常比大统一更适合自然科学。”[18]

然而，“统一”是量子物理的前进方向。即便是好友玻恩，也忽略了薛定谔为集思广益而发出的请求。事实上，薛定谔有一封信中的内容让玻恩感到十分荒谬，甚至暗藏危机。玻恩甚至为了揭示信中的背理悖行，居然像“召集军队的总司令”那样，在某次散步时给他的学生读了这封信。[19]

在那次“军事步行”的队伍中，就有 P. A. M. 狄拉克和他通晓多种语言的美国室友罗伯特·奥本海默。奥本海默曾向说话结巴的量子力学家帕斯库尔·约尔当描述了当时的情景。他觉得，玻恩“太过相信他自己的方法是正确的，这让一些美国人很不喜欢”。[20] 在那年的 11 月，奥本海默以极具个人风格的行文，用连续的形容词对哥廷根的物理学研究现状做出了明确描述：“他们就像墙纸制造商一样干劲十足，有着志在必得的习性。在这里，他们全在非常努力地工作，同时表现出空想、坚不可摧的、形而上学却毫无诚意的态度。结果就是，这里的工作成果都近乎疯狂地缺乏可信度，却又极其成功。”[21]

当然，在奥本海默写这封信的时候，确有如魔鬼般悖于情理的成功想法像墙纸一样粉饰着哥廷根，但它不再是矩阵，而是玻恩的概率波。还是在那年的 11 月，玻恩在给爱因斯坦的信中这样写道：“按照你赋予‘幽灵场’一词的意义，我不妨把薛定谔的波动场（wave-field）当作一个幽灵场来看待。既然这种想法一直被证明更有效，那么人们在说起我时用到的‘在物理学上很明智’（physics-wise）一词，也让我非常满意。”[22] 虽然爱因斯坦从没有公开发表过“幽灵场”的概念，但很多物理学家都记得其中的一些细节，其中也包括玻尔。他在描写此前 6 年首次与爱因斯坦会面时说：“他喜欢使用‘引导光量子运动的幽灵场’这种生动的词组。毫无疑问，这并不意味着他有神秘主义的倾向，而是展现了在他敏锐的评论背后，一种深深的幽默感。”[23]

不管爱因斯坦所说的“幽灵场”到底是什么意思，它都不是玻恩在诠释薛定谔方程时所描述的那种“赌金揭示牌”①，能展现任何给定量子事件的发生概率。[24] 当年的 12 月初，爱因斯坦给玻恩等人写了一封信，说：“量子力学确实盛大堂皇。但内心的声音告诉我，它还不是正解。该理论谈到了很多，但并没有让我们真正离‘老爷子’的秘密更近一点。无论如何我都确信，‘他’不掷骰子。②”[25] 玻恩后来写道，爱因斯坦的这封信“对我来说是一个沉重打击”。[26]

几个星期以后，爱因斯坦在 1927 年 1 月给埃伦费斯特的一封信中谈到了另一点：“我心中对‘薛定谔那一套’没有好感——没有因果关系，而且总体上过于简陋。”[27] 而且，即使是爱因斯坦最寄予厚望的场理论，也正在弃他而去——这类理论中的基本思想不是波或粒子，而是像引力场或电磁场那样的平滑力场。他在 1927 年头几天的一篇论文中写道：“近年来，借助连续场对自然界中基本粒子进行解释的所有尝试，都已经宣告失败。”[28]

几天以后，玻恩的妻子海蒂给爱因斯坦写了封信，感谢他对自己新近完成的一个游戏做出的评论，信中还夹着一幅图画：“应孩子们的特别请求，我把我们昨天

① 在赛马场的赛道上，通常会有一个展示牌来显示当下的赌金。——译者注

② “老爷子”（the old one）和“他”指的都是上帝。——译者注

玩的涂鸦游戏的结果放到了信封里。这幅画是这样完成的：第一个人画头，第二个人画躯干，第三个人画身体的下半部分，所有人都不知道在他之前的人到底画了什么。最后，我们随机选了一个名字写在下面。你会非常高兴看到你的肖像。”[29]

爱因斯坦回信说：“我想，适合玩笑的东西也适合图画和游戏。从一个旁观者的角度来看，我想孩子们应该还没意识到逻辑调配，而是感受到了生活中的一个美妙片段，迸发着五光十色的火花。

“假如有人想要从这种含糊不清的状况中逃脱出来，他必须着手研究数学。但即便如此，他也只能在‘清晰度’这把手术刀下，让自己完全脱离现实，才能达成目标。活生生的物质与清晰度是对立的——它们相互逃离。在物理学中，我们正在体验这一无比悲惨的过程。”[30]

12

不确定性

1926 年冬天至 1927 年冬天

1926 年的平安夜，哥本哈根布莱达姆斯外大街的路面上落着一层几乎透明的雪。这会儿，玻尔研究所的土红色陶瓦屋檐边缘都挂了霜。屋檐底下的研究所里，还亮着一盏灯。如果有人从研究所旁路过，就会看到在阁楼的一个房间里，相隔很远地站着两个人。[1] 但是，人行道和大街路面上的雪就像一张没被写过的白纸。大家在几天以前就已经离开研究所，都回家了。

“任何人都不清楚，波或粒子这样的名词是什么意思——用于量子世界的经典词汇实在是太多了，”[2] 海森堡一直在固执地发表自己的意见，“但另一方面，数学上已经完备：狄拉克已经使量子力学变得像相对论一样的完整。”[3] 海森堡仍过分拘于“矩阵”一词而不信任波，“量子力学”成了矩阵力学——狄拉克和约尔当在 12 月初对量子力学进行了大规模扩展。海森堡的声音听上去有些疲惫：“我只想知道它将通向何处。”他站在天窗旁边，身体几乎一直在颤抖，而玻尔则在屋子里走来走去。

玻尔说：“海森堡，世界上最严密的数学方案也解不开我们正面临的悖论。像波和粒子这样的经典词汇，就是我们拥有的一切。这个悖论才是问题的中心。我最想搞明白的是，大自然在现实中是怎样防止矛盾发生的。就像你或薛定谔的数学方案，那些都只是工具而已，你不应该把自己局限在某种工具里。我们必须寻找深层次的真相。”[4]

海森堡打断了他的话。“我不想对薛定谔那边做出任何让步，量子力学还没有包含他那边的内容！”

玻尔紧锁的眉头慢慢地耸了起来，他停在自己来回走的路线上。

海森堡意识到自己正在大喊大叫，他承认说："也许，这只是因为我从心理上自以为出身于量子力学。" 他抬眼看了看，眼中依旧是燃烧的光。"与此同时，我能感觉到，薛定谔的支持者不论何时往他的理论中添加东西，我都觉得他们很可能是错的。"[5]

他试图赔个笑，但玻尔满脸严肃。玻尔说："海森堡，你必须理解，我为了习惯大自然的神秘，正在饱受折磨。"[6] 玻尔继续一边慢慢地踱步，一边缓慢地解释。他想把两条途径放在一起来看，并超越它们[7]，看到它们在 "认识论上的经验教训"[8]。他用平静的声音坚定地往下说，直到海森堡再也无法忍受。海森堡感觉，他们曾经取得的所有进展，都正在自己大脑里变作杂乱无序的一团热能。

海森堡回忆说："我试着说：'嗯，这就是答案。' 于是玻尔举出矛盾，并说：'不，这不可能……' 最终，在圣诞节后不久，我们两人都陷入绝望之中……我们不能达成一致，而且可能都有点生气。"[9] 在度过了紧张而筋疲力尽的一个月后，玻尔去了挪威滑雪，把海森堡留在了他的阁楼里。[10]

"于是，我就独自一人待在哥本哈根。"[11]

冬季的午夜时分。海森堡站起身来，椅子被他带动擦过地面。他很疲惫，手指从桌面上拖过，正好碰到铅笔——铅笔被撞得穿过四散的纸张，然后按照一条必然的轨迹，进入具有完全确定性的自由落体运动状态，以 9.8 米 / 秒 ^{2} 的加速度下落，直至轻轻掉落在地板上，然后滚到阴影里。

他把脸贴近窗玻璃。透过自己幽灵般的朦胧映像，他能看到研究所后面的法艾拉德公园入口处，几棵弯垂的树。光很暗，对颜色敏感的视锥细胞几乎起不了什么作用，他能看见的只有灰暗的光影。他的呼吸给窗玻璃蒙上了一层雾，一大堆错误的开端躺在他身后的书桌上：电子轨道成了一纸空谈，希腊字母毫无意义，数学陈述都是一派胡言。

几个星期以来，研究所第一次在午夜时分重新归于沉寂。海森堡站在窗边，久久思考。

在陷入僵局以前，当他和玻尔还在构建被爱因斯坦称为 "思想厨房"[12] 的思想实验时，他们还算取得了一丁点儿的进展。海森堡回想着当时的情况："随着离真实情况越来越近，悖论也更加明显地摆在眼前，因此，我们仅看到这些状况……变得越来越严重——这很激动人心。[13] 就像一位试着浓缩某种溶液，借此获得越来越多的毒药的药剂师，我们也尝试从悖论中浓缩出毒药……[14]”

电子迅速而安静地穿过云室的整个过程，在他脑海里一遍又一遍地重放。这个过程如此简单，却没人能够解释它，也没人能从数学上描述它。海森堡在这方面所做的诸多尝试都放在他的书桌上，草草地写在皱巴巴的纸上。

海森堡记得：“不久后，当我清楚地认识到面前的障碍完全不可逾越时，我开始问自己：我们有没有可能自始至终都提出了错误的问题。但我们是在什么地方出了错呢？电子穿过云室的路径显然是存在的，每个人都能轻易地观测到它。量子力学的数学框架也被构建了出来，并且如此令人心悦诚服，以至于不容许做出任何改动。”[15]

他陷入了困境。他想知道爱因斯坦是不是也尝过这种脑力枯竭的苦头。他的挫败感十分明显，就像是房间里另一个触摸得到的存在。

海森堡，难道你还不明白吗？是理论最先决定了我们能够观测到的东西。[16]

爱因斯坦的话在他被紧紧束缚住的脑海中响起。之后，伴随着令人难以置信的解脱感，约束他思维的坚壁开始消失。*难道你还不明白吗？*

海森堡几乎是跑着冲出了阁楼。他跑下研究所的楼梯，来到空荡荡的公园里，暴露在清新而寒冷的空气中，研究所的门在他身后发出“砰”的一声，猛然关上。他走在公园大门和光秃秃的树木之间，脚上的靴子踩下去，融掉了草叶上结着的霜冻，留下深深的脚印。*是理论，是理论，是理论最先决定了我们能够观测到的东西。*

“我们总说能观测到电子在云室中的运动路径，这么说太轻巧了。”海森堡诉说着挫败感，或许他是对着树木说的，抑或对着玻尔，抑或对着爱因斯坦。他转身看着留在霜冻上的脚印，想起穿过云室的电子在身后留下露珠般的脚印，那是一朵朵凝结成的小小的云。他继续慢慢地说道：“或许，我们实际观测到的，根本谈不上是什么具体的东西。”——他这会儿加快了步伐，他的呼吸像电子一样在他身后留下了团团云雾——“或许，我们看到的只不过是电子曾经穿过的一连串离散而不明确的点。事实上，我们在云室中所看到的一切，仅是一些单独的小水滴。毫无疑问，它们肯定比电子大得多。”他再次停下来。“因此，正确的问题应该是：量子力学能否表现这样一种事实，那就是电子发现其自身近似地处于某一给定位置，并近似地按照某一给定速率移动，而我们能否使这种近似程度高到不会给实验造成麻烦?”[17]

泡利在10月份给海森堡写过一封信，海森堡在收到这封信的一周后给泡利回复了一封热情洋溢的信。与此同时，泡利的这封信“在哥本哈根不断被四处传阅”，海森堡、玻尔和狄拉克为之“展开了混战”。[18] 此刻，泡利信中的一段说法在海森堡脑海中回响。

> 第一个问题……为什么不能任意给定 p 和 q 的精确度……一个人可以用 p 的眼光看这个世界，也可以用 q 的眼光看这个世界。但是，当一个人想同时用这两种眼光观察时，他将变得困惑不已（泡利再次用到了德语 schwindlig 一词）。[19]

我们为什么不能同时知道动量 p 和位置 q 呢？新力学的这一结果严重地背离了旧的牛顿体系。在牛顿体系中，知道 p 和 q 的值是一切答案的出发点。一旦你知道了绿色毡布台面上一颗撞球的位置和动量，你就能确切地说出这颗球下一步的动向。知道了台球桌上所有撞球的位置和动量，以及球杆的位置和动量，你就能说出整个球局将如何发展。拉普拉斯假设的“恶魔”[20] 能以无穷无尽的智慧（确定宇宙间每一个粒子的位置和动量），通过这种方式预知整个未来。

在18世纪后期的欧洲，随着科学的兴起与王权的没落，这种观念变得极为受人欢迎。它被称为“决定论”，在当时被人们视为科学上的全新时髦想法：有一位伟大的钟表匠，已经给宇宙这座巨大的钟上紧了弦，一切事物都在精确地按照预先的构想进行和发展。在经历了近乎一样动荡的一个半世纪以后，潮流已转而背离因果性，自从1918年德国突然战败以来，魏玛共和国的知识分子[21]、社会名流和“回归自然”童子军组织更是与海森堡一样，都渴望一种能够超越机械因果关系链条的“非理性”[22] 与“整体论”。海森堡的量子力学符合时代精神，没有确定的终点——它对“钟表匠”的存在表示怀疑，并对“恶魔”做出了公然反抗。

海森堡穿过严寒往回走，进到研究所的门内，走上楼梯。他坐到书桌前，把所有错误的开端都从自己面前清理干净，然后几乎马上写下了一个公式[23]：

$$\Delta p \Delta q \geqslant h$$

……一个人可以用 p 的眼光看这个世界，也可以用 q 的眼光看这个世界。但是，当一个人想同时用这两种眼光观察时，他将变得困惑不已……

这就是著名的海森堡不确定性原理。它说明，一个粒子的动量的不确定性与其位置的不确定性之间的乘积，必然要大于或等于一个极小数，也就是普朗克常数（这个神秘的常数将出现在每一个量子方程式当中）。与此类似的还有一个相同形式的公式，将能量和时间联系到了一起。

此后经过多年的改进，今天的公式右边是 h 除以 4π。关键在于，位于公式右边的这个数虽然小却不为零，且永远不会为零。在这个公式的限制下，如果在一个粒子动量的测量结果中完全确定，那么在粒子位置的测量结果中，不确定性就必然是无穷大——粒子将无所不在。在这里，“测量”这一概念成了物理学上的一种原则，一种怪异的、不受欢迎且似乎是不可逆的侵扰，就像船上的老鼠在某一时刻十分倒霉地逃到了南太平洋的一座小岛上，而岛上迄今为止完全被有袋鼠类所占领。

当我们确定粒子在某一位置时，其动量已经模糊不清，变得无法确定，以致没有人知道动量是什么，因为它什么都不是——即使是拉普拉斯的“恶魔”或上帝也不知道。与海森堡的意愿相违背的是，在不确定性这一点上，量子的实验对象的波动特性压倒了其具有的粒子特性。波没有明确的位置和动量，在这两点特性上正好与海森堡的定理所描述的情况相符。一个极小盒子里的波（位置是确定的）在盒子的内壁间来回碰击反弹，变得杂乱失控；波从盒子发出后，在广大世界里传播（位置模糊不清），但有充足的空间来获得明确的动量。

当没有人看时，这个世界表现出波动特性和因果性；当有人看时，它却让量子跳变到一种精确的状态：这种让量子力学进退维谷的困境，直接导致了纠缠。然而，海森堡根本不想考虑波，关于粒子，他在论文中写道："在因果律强大的方程式中，'如果我们知道当前的确切状况，就能预测未来'并不是结论，而是一个错误的前提。"[24]

在2月底以前，海森堡把整件事详细地写成一封长达14页的信[25]，寄给了泡利："现在我相信，答案可以用这样一段意味深长的陈述表达出来：只有经由我们的观察，路径才得以存在。"[26]但他又问泡利，这一切是否只是"陈年积雪"[27]呢？时间与频率之间的关系是玻尔－克拉默斯－斯莱特论文的核心，斯莱特在针对这一问题的讨论中，早于海森堡三年引入了时间－能量公式。海森堡需要泡利"不留情面地提出批评"[28]，他对泡利说："为了把每件事都搞得更清楚，我必须写信告诉你情况。"

在给玻尔的一张便条中，他多少有点小心翼翼地写道："我相信，当p和q都有给定的精确度时，我已经能够成功处理了。我写完了关于这些问题的论文草稿。"玻尔看到这里，会不会期待他接着写"我正准备把草稿寄给你"？但海森堡却说："我昨天把它寄给了泡利。"[29]

玻尔在那一个月里都围着围巾，戴着滑雪镜，沿着挪威白雪皑皑的山坡从上往下缓慢地做着犁式转弯。[30]玻尔新的得力助手奥斯卡·克莱因同情地描述道："他那时很累。我想，新出现的量子力学既让他感到非常高兴，也让他的精神极度紧张。当时，他很可能并没有料到这一切会来得如此突然，他或许本以为自己能起到更大的作用。与此同时，他几乎将海森堡夸赞成了'救世主'，而我认为就连海森堡自己也明白，这有点过誉了。"[31]

玻尔希望泡利当时能在海森堡身边。要是那样，泡利就会对海森堡说："别闹了，你这个白痴。"并会对玻尔说："闭上嘴！"[32]他浑圆的身躯会开始抖动，像神的化身一样，猛烈地抨击周围的一切；他会用自己的才智，尖刻地刺穿每一分希望与渴求，直到除了统一性以外再没有其他东西留存下来——这才是玻尔乐于见到的。

玻尔把滑雪杖贴在身侧，平稳地下滑。雪屑从滑雪板下飞起，闪闪发光，打到他的脸上，一阵刺痛。他开始觉得，过去的这三个月就像雪板下的灰蓝色痕迹一样，就这么从他身后溜走了。刮风了，连他留下的痕迹都被湮灭，而玻尔的大脑好像被雪天的空气吹透，感到一阵空明。山坡更陡了，他加快了回转的速度，笑容冻结在他的脸上。

长期以来，一个被人们不屑一顾的想法逐渐占据了他的内心深处：粒子和波都是存在的。[33] 玻尔抬起头，眉毛蹙在一起。他觉得这个想法正以一种与以往不同的方式显现出来。随着滑行，那个想法再一次冒出来：波和粒子一起存在着。

一个回转。既存在粒子，也存在波，它们都必然存在，但不会出现在同一时刻。

另一个回转。我们有什么理由以为，能在不干扰其状态的情况下观测它们？[34] 当我们寻求粒子时，出现的就是粒子性；当我们寻求波时，出现的就是波动性。

又一个回转。平常所有的言语表达，都带有人们惯常感知形式的印记——粒子、波、空间与时间、因果关系……而对于这些惯常的感知形式来说，量子化是一种非理性的存在。[35]

再一个回转。假如这是一种根本性的限制，那会如何？如果正是量子理论的本性迫使我们把波和粒子这一对构想描述为互补但又互斥的两个特征，那会怎样？[36] **玻尔感到一种压倒一切的平静和认同感**。波和粒子都是存在的，它们以一种互补的方式存在。[37]

他从山上慢慢滑下，围巾在颈后飘动——一个人裹得严严实实，身体发热，戴着黑色的护目墨镜，鼻子冻得红红的；一个有序的能量点穿过一大片无序的白茫茫雪地。

玻尔像摩西一样容光焕发，带着他全新的“戒律”从山上下来。正当海森堡就要寄出他的论文时，玻尔回来了。他看了看论文的内容，判断说，这只不过是他新提出的关于互补性的重要概念的一种特殊情况。除此以外，玻尔指出海森堡过于想要避开波动特性，而实验物理学又从来不是他的长项，以致在他举的一个例子中，没能对显微镜的工作原理做出正确解释。海森堡不应该发表这篇论文。[38]

海森堡被彻底地激怒了，他无论如何也要把论文寄出去。而玻尔则在助手克莱因的支持下，缓慢而严肃地对海森堡展开了穷追猛打（和其他所有助手一样，克莱因对玻尔的观点怀有一种可以牺牲自我的忠诚，而对海森堡又怀有少许嫉妒）。玻尔告诉泡利，如果泡利能来哥本哈根一趟，他将为其路费买单。（泡利当然不可能来。）海森堡觉得自己快要被失望的情绪给逼疯了："我真的无法忍受来自玻尔的这种压力，这弄得我不禁大哭起来。"[39]

海森堡的论文最后终于在 5 月得以公开发表，文中采用了正确的显微镜例证（并对玻尔在这一点上给予的帮助表示感谢）。同时，他在注释中说明："玻尔近期的研究得出了一些看法，使得本文中对量子力学关系所做的分析能够从本质上得以深化和改善。"[40]

玻尔开始动手写自己的论文，他把论文的标题定为《关于量子……力学的直观内容》，在薛定谔的领域内与其展开了交锋。[41] 海森堡写信给泡利说："玻尔想要从'波和粒子都存在'的角度出发，写一篇关于量子理论'概念基础'的总括性论文——假如像这样着手考虑问题的话，当然能让每件事都前后一致。"[42] 海森堡更喜欢狄拉克和约尔当的方式——"不那么直观（原话是德语 unanschaulicher，Anschaulich 在德语中意为'形象、直观的'），却更具普适性。"[43] 不管怎么样，"在对 Anschaulich 一词的喜好上，玻尔和我有着本质上的差异"。[44]

这一年的 3 月末，就在纪念牛顿逝世 200 周年的前几天，海森堡关于不确定性的论文的初稿被送到了《物理期刊》。这一巧合对海森堡并没有多大意义，却激发了爱因斯坦一举创作了两篇纪念颂词——一篇给说德语的国家，一篇给说英语的国家。[45] 在德语文章的末尾，他以张扬和不确定的笔调写道："谁会在今天冒昧地判定，因果律是否……注定将遭到抛弃？"[46]

按照海森堡的请求，玻尔在两周后的 4 月 13 日给爱因斯坦寄去了一份海森堡不确定性论文的副本。在附带的信中，玻尔着重指出互补性如何深化了海森堡"意义重大的……极为杰出的……贡献"。[47] 玻尔解释说，"由于问题的不同方面从来没有同时出现过"[48]，因此海森堡如今已经把粒子和波统一起来——玻尔的话等于发起了一个让爱因斯坦无法抗拒的挑战。

尽管“互补性”还只是发出轻微的动静，玻尔却想要表明，他正在谈论的是与传统理论的决裂。我们“只能在斯库拉和卡律布狄斯之间做出选择”——在能把船撞成粉末的巨石与吞没一切的旋涡之间选择，在粒子现象与波动现象之间选择——“这取决于我们把注意力放在描述中连续的（平滑的）还是不连续的（量子化的）特征上面。”[49]

然而，海森堡仍然对形势抱有不同的看法。就在爱因斯坦第一次坐下来读不确定性论文时，这位 25 岁的论文作者正坐在柏林的一辆出租车后座上，对着德国驻丹麦大使那表情严肃的 15 岁的儿子说：“我想我已经驳倒了因果律。”[50]

爱因斯坦迅速回应了这个双重挑战。他深入研究了薛定谔方程，想弄清楚马克斯·玻恩的统计诠释结合海森堡不确定性原理，是否真能掌握最终的决定权。他将在一个月后猛地甩出一张明信片给多疑的玻恩，在上面释然地写道：“我向学院提交了一篇简短的论文，我在文中表明，不需要任何统计诠释，就可以从薛定谔波动力学中得出非常精确的运动状态。这不久将以会议纪要的形式发表出来。致以最真诚的问候。”[51]

这篇短论文的标题是《薛定谔波动力学可以完全确定一个系统的运动吗，抑或只有从统计学意义上才能这么说？》（*Does Schrödinger's Wave Mechanics Determine the Motion of a System Completely, or Only in the Sense of Statistics?*）[52]。他在篇首写道：“众所周知，当前盛行一种看法，认为从量子力学的意义上说，针对一个力学系统运动的完整时空描述是不存在的。”爱因斯坦相信，他通过这篇论文证实了事实恰恰相反，由此驳斥了海森堡不确定性。

经过两个月的斗争，当玻恩把这新一轮攻击的消息传来时，海森堡刚刚勉强同意玻尔对他的不确定性论文指手画脚。在寄出不确定性论文的最终版本几天后，海森堡忧心忡忡地给爱因斯坦写信：“你在这篇论文中……主张，以比我希望的程度还要高的精确度来认识粒子轨道，终究还是有可能的。”[53] 他确信肯定有什么地方搞错了。一个月后，他以一种典型的两个人之间交换意见的文风继续给爱因斯坦写信。他先用爱因斯坦偏爱的惯用语，然后用自己偏爱的惯用语写道：“也许我们可以安慰自己说，亲爱的主能够超越不确定性来维持因果性。可我真的不觉得，超越物理学来描述实验的前后关系，这种做法能有多美好。”[54]

这并非是海森堡在公开自己的信念，而是已制止爱因斯坦发表新论文的实验物理学家瓦尔特·博特提出的一个问题。[55] 博特做事一丝不苟，是一位很敏锐的物理学家。他曾作为德国的骑兵军官被俘，以战俘的身份在西伯利亚度过了大部分的青年时代。在被放逐的岁月里，他一边学习俄语，一边在脑中继续研究物理学，与此同时，他还追求并迎娶了一位俄国妻子。回到德国以后，博特的“运气异常好，时常能够和爱因斯坦一起讨论问题”[56]。在 1925 年和 1926 年，他用两个不同的实验证明了玻尔 – 克拉默斯 – 斯莱特理论是错误的，而因果关系是正确的。其中一个实验是他与导师、卢瑟福的助手汉斯·盖格尔一起完成的。

1927 年，爱因斯坦正在给他的论文写后记。此时，博特提醒爱因斯坦注意他的理论中耦合系统奇怪的运行状态：它们的总体运动状况与每个组件系统的运动状况之间似乎没有任何关系。而爱因斯坦坚信，“站在物理学的立场上”[57]，决不能让这种情况发生。爱因斯坦本以为，只要对他的理论进行一些优化，就可以避免这一厄运的降临。

然而，就在普鲁士学院正要印制会议纪要时，爱因斯坦打来了电话。应他的要求，他的论文从纪要中删掉了。

13
索尔维
1927 年

1927 年 10 月，在海森堡发表不确定性原理后还不到 6 个月，30 位量子物理学家齐聚布鲁塞尔，这次会议将成为有史以来最著名的会议之一。在创造历史的日子里，胶片捕捉到了珍贵的几分钟。南希·格林斯潘是玻恩的传记作者，她如此描述这些抖动的黑白影像："在这儿，玻恩正从一扇装饰华丽的格栅门离开；尼尔斯·玻尔和穿着时髦的埃尔文·薛定谔在热烈交谈；维尔纳·海森堡脸上闪现出年轻而自负的笑容；保罗·埃伦费斯特做着鬼脸；头发凌乱的爱因斯坦对着不知名的摄影师点头致意；路易·德布罗意一脸孩子气，一直在东张西望。这就是 1927 年布鲁塞尔的索尔维会议。在会议的头几天，似乎所有人脸上都带着笑意，无论是决定论者还是非决定论者。"但几天以后，气氛就变了。"最后的镜头里，同样是这些人正离开会场走下台阶，个别人还能勉强挤出一丝微笑，而多数人则是一脸怒色。"[1]

海森堡永远不会忘记，这是玻尔、泡利和他自己取得的一次重大胜利，也是 der Kopenhagener Geist——"哥本哈根精神"广为传播的起始：经典思想要互为补充。但是，从"纠缠"的历史发展角度来看，会议的"失败者"将表现得远比"胜利者"重要。德布罗意和爱因斯坦在布鲁塞尔的"异端"言论将在 40 年后直接成为约翰·贝尔那令人惊异的定理的思想之源。

德布罗意率先在会上做了发言。他描述了一种理论，认为有一种波在引导着粒子，或者用他自己的话来说，波在为粒子"领航"，正如约翰·斯莱特在 4 年前曾提出的那样。这意味着，他为粒子在波中添加了"位置"，后来，那些位置被称为"隐变量"（对量子力学来说是隐藏的）。德布罗意回忆道："非决定论学派的拥趸主要是那些毫不妥协的年轻人，他们对我的理论表现冷淡，不以为然。”在另一个阵营，“薛定谔无视粒子的存在，对我的想法丝毫不予理睬”。[2]

随后，爱因斯坦走上前台，衣服的硬领整齐地立着，领角向下折，一副绝佳得过了时的老式派头。他说：“我必须为自己尚未足够深入地理解量子力学而表示歉意。[3] 尽管如此，在此，我还是想做一些概括性说明。[4]”

“设想，有一个电子正朝着屏幕方向移动。”[5] 他拿起一支粉笔，转向黑板。粉笔划过，粉笔灰簌簌落下，他在黑板上画出了电子轨迹（“---”的样子）和屏幕（一条斜线）。他半转过身来，继续说：“屏幕上有一道裂缝。”他转过身，用手指把斜线的中间部分抹去一点：“这会使电子散射出去。”他画了一连串的半圆，从刚才手指在屏幕上抹开的孔穿过去——薛定谔波动理论表明，电子会从小开孔穿过，扩散传播。爱因斯坦用粉笔画了第二条斜线：“在缝的那边是另一块屏幕，电子会打到这块屏幕上。”

爱因斯坦就像一位要从帽子里拽出兔子来的魔术师，同时又像一位并不相信魔法的看客。“如果我看到这个电子打到这儿，”他对着第二条斜线顶部的一个点轻轻敲了一下，“那它就不可能同时打到那儿。”他手里的粉笔沿着屏幕画到另一个点上。

他眯起眼睛。“但是，波——薛定谔的波被解释为‘这个’粒子位于某一位置的可能性——波会布满整个屏幕，而不仅仅是一个点。”爱因斯坦边说边打手势，比画着半圆形波从缝隙中穿过，滚滚向前的样子。

他平静的声音穿透了房间：“为了防止波作用于屏幕上的多个位置，这种解释预先假定了一种非常特别的机制，一种瞬间发生的超距作用。”[6] 回想一下，相对论否认任何意义上的同时性，断言任何信息的传播速度都不可能超过光速。爱因斯坦接着说：“在我看来，除非能对粒子所在位置加以详细说明，并借此对薛定谔波动理论的过程进行补充描述，否则，这永远是一个无法克服的难题。”[7]

他向德布罗意坐的地方望去，用诚挚的目光凝视着他的英雄。爱因斯坦点点头说：“我认为，德布罗意先生正在探索的这个方向是正确的。”此前，德布罗意没有得到任何人的支持，这时，他融化在了满心的感激之情中。爱因斯坦重复说：“要是仅仅运用薛定谔波动理论进行研究，那么得出的解释会与相对论原理相矛盾。”他坐回原位。

每个人都沉默不语，随后又突然涌向爱因斯坦，都有话要说。洛伦兹试着维持秩序，但爱因斯坦已经触到了大家的敏感神经。在一片七嘴八舌的争吵声中，埃伦费斯特想起了巴别塔，他在被涂得乌七八糟的黑板上写道："上帝确实想让整个世界讲不同的语言。"[8]

玻尔最终赢得了发言权。"我发觉自己处于一种非常困难的境地，"他说，"因为我不明白爱因斯坦的观点想阐明的确切意思是什么。毫无疑问，这个责任在我。"

克拉默斯紧挨着玻尔，一字不落地把"主人"的话用笔记下来。玻尔接着说："我会用另一种方式谈一下这个问题。我并不确定量子力学究竟在讲什么，我认为，我们正在讨论的是一些适合用来描述实验的数学方法。我们正在运用一种严格的波动理论，寻求该理论所无法给予的东西。"换句话说，量子力学的数学部分虽然只是一个波动方程，但在对量子世界的描述上，可能远比类似薛定谔或德布罗意提出的涉及真实波的任何理论都要更贴切。玻尔缓缓地说："我们必须意识到自己正在远离一种状态——我们本希望的，可以用经典理论来描述事物的状态。"[9]

"情况不太妙，"安德鲁·惠特克是约翰·贝尔的传记作者，他曾这样描述这场争论，"爱因斯坦和玻尔都已经超出了对方的底线。"[10] 几乎任何物理学家都不会把"适于描述实验的数学方法"当作自己的动机，即使玻尔也一样——玻尔更愿意相信，互补性解决了人类智力上遇到的困难。

玻尔打开了一场关于互补性的讨论，但是，几乎没人能从他错综复杂的话语和想法中真正领会他的意思。"不用说，令人敬畏的玻尔再一次抛出了符咒般的术语，"埃伦费斯特给学生们写信时说，"任何人都不可能概括出玻尔的话。（每天凌晨 1 点，玻尔都会到我房间里来，他每次只说一个词①，就能和我一直聊到凌晨 3 点。）"[11]

虽然玻尔很少采用精巧的措辞，也从不会截断冗长句子，但他依然能凭借纯粹的信念和超凡的个人魅力，多少控制住局面。当埃伦费斯特形容这次会议给自己留下

① 在原文中，这几个字是大写字母拼写的："ONE SINGLE WORD"。——译者注

的总体印象时，他的口吻截然不同（并心血来潮地用了大写字母）：“玻尔彻底胜过了每一个人。起先，大家丝毫不理解他……然后一步一步地，他击败了所有人。”[12]

然而，玻尔没能驳倒爱因斯坦那简单的反对意见，那就是“波函数坍缩”或更为普通的“测量问题”。任何一个粒子所对应的波都会扩散到整个世界，但粒子本身却只能在一个非常微小的离散位置被发现，且在其他任何地方都不存在。巨大的波坍缩成单个粒子的大小。量子力学没有描述发现粒子的这一瞬间，而只给出了坍缩发生时可能发现粒子的位置的概率分布。粒子在没被观察到时在做什么？还有一种选择，关于坍缩的起因，会不会是测量行为以某种方式在之前只有波存在的地方产生了粒子？量子力学没有给出解释。

从一种广泛分布、不含物质的概率波化身为某一具体的存在——这种不能由直觉得到的假设听上去倒像是一种宗教的教义。爱因斯坦也不相信个人的神性，觉得这不可思议。这就好像一个神秘主义者刚产生了寻找上帝的想法，然后“嗖”的一下，上帝就不再是那个脱离了现实的、巨大的、无所不在的智慧神灵，而仅仅是待在某一特定的小村庄里，一座空荡荡的大房子中的小机灵鬼。

预示量子体系中存在不可分离性的一个征兆是测量问题，而另一个征兆则是不确定性原理——讨论话题必然转向它——当你试图把不可分的事物看作可分的时，得到的结果就是不确定性。

爱因斯坦不禁发问：在电子飞向屏幕的途中，我们难道就不能跟着它吗？[13]假如对电子状态重复测量，结果又会告诉我们什么？为了得到答案，玻尔建议在最初那块裂开的屏幕与电子最终汇集的屏幕之间，插入另外一块屏幕，上面开两道裂缝；然后，应该就能测到电子在射向最终屏幕的途中穿过了两条裂缝中的哪一条。在详细阐释这个思想实验的过程中，玻尔最终表明，正如互补性和不确定性原理所指出的那样，或许，恰恰是确定电子在飞行过程中的位置的测量装置自身存在不确定性，造成了电子位置模糊不清。

“这就像在下一盘棋，爱因斯坦始终能拿出新的例证。”埃伦费斯特这样向他的学生们描述随后发生在玻尔和爱因斯坦之间的争论——这场争论占据了会议以外的所有时间。难懂的对话、烟斗里冒出的臭烘烘的烟，都让埃伦费斯特感到厌恶。想到这些，埃伦费斯特信手拈来几个恰当的隐喻："玻尔不断从哲学的烟雾中寻找工具，来粉碎对方一个接一个的例证；而爱因斯坦就像玩偶盒里的弹簧小人，每天早上都会精神饱满地从盒子里蹦出来。啊，这场激战真是千金难买！"[14]

爱因斯坦已经问过玻尔无数次，问他是否真的相信上帝会掷骰子来决定未来。一天，当他再一次提出这个问题时，玻尔脸上浮现出一丝笑意，他说："爱因斯坦，别再告诉上帝该怎么运转世界了。"[15]

在同样的游戏持续了好几天以后，海森堡记得，埃伦费斯特半是茫然、半是恼怒地望着爱因斯坦，说："爱因斯坦，我真为你脸红。你正在对新的量子理论发难，简直和那些围着相对论争吵不休的对手们表现得一模一样。"[16] 海森堡使了个眼色给泡利：终于有人说出来了。

爱因斯坦扬起眉毛，微微笑着，看了看埃伦费斯特。

埃伦费斯特突然严肃起来，说："在与你达成一致以前，我的思想永远得不到解脱。"

回到荷兰以后，埃伦费斯特告诉他过去的学生塞缪尔·古德斯密特："我必须在玻尔和爱因斯坦的立场之间做出选择。"古德斯密特惊奇地发觉，埃伦费斯特正在哭泣。埃伦费斯特把脸转了过去，然后再一次看着古德斯密特说："……而我无法不站在玻尔那一边。"[17]

14

自旋的世界

1927 年至 1929 年

马克斯·玻恩（1882—1970）

爱因斯坦总是像候鸟一样，直接从布鲁塞尔前往巴黎。德布罗意也要去巴黎，他和“青年时代的偶像”[1] 一起，在同一列火车上多待了几个小时。在巴黎北站的到达站台上，他们乘坐的列车气喘吁吁地停在旁边。在人群中的爱因斯坦说：“量子物理正在转变成一种言过其实的形式主义，这让我很担心。”他看着德布罗意，继续说，“抛开数学不谈，我确实认为所有的物理理论都应该有其恰当而简单的描述形式，简单到连小孩都可以理解。”[2]

德布罗意出于礼貌地笑了一下，但怀疑的神色却从他扬起的眉间露了出来。[3] 爱因斯坦看在眼里，却并不理会，只是被这神情逗得莞尔一笑。

两个人一起朝着出口走去，爱因斯坦似笑非笑地自己点着头，说：“差不多在 20 年前，普朗克问我那时正在做什么。我向他描述了刚开始在我脑中形成的广义相对论的梗概。他对我说：‘作为一个比你年长的朋友，我必须劝你放弃这个想法。’”爱因斯坦模仿普朗克的样子，一脸严肃地挥了挥食指，“‘这是因为，首先，你不会成功；其次，即使你成功了，也没人会相信你。'"[4]

然后，爱因斯坦眨了眨眼继续说："我也必须劝你放弃你已经开始研究的课题。"他对德布罗意微微一笑，"首先，你不会成功；其次，即使你成功了……"

德布罗意笑呵呵地把爱因斯坦的话接着说完："……也没人会相信我。"

他们走出车站，正要分道扬镳之际，爱因斯坦忽然大声喊道："坚持下去！你走的路，没错！"[5]

德布罗意看着爱因斯坦转身离开，消失在巴黎街道的茫茫人海之中。德布罗意咧开嘴笑了，古怪的脸上洋溢着喜悦之情，像个天真无邪的孩子般兴高采烈，甚至从他身边匆忙而过的人也不免停下来多看他一眼。他没注意到这些人——你走的路，没错！爱因斯坦的声音在他脑海中萦绕。坚持下去！

然而在几个月后，德布罗意却精疲力竭、灰心丧气，转而信仰势不可挡的哥本哈根精神。[6] 这样一来，在摧枯拉朽的哥本哈根精神面前，只剩下爱因斯坦和薛定谔两个人仍在坚持。1928 年 5 月下旬，薛定谔怀着失意和惶惑写信给爱因斯坦，讲述他与玻尔通过信件对不确定性原理进行的讨论。此时，薛定谔仍抱着一种怀疑的态度。此外，他一直想知道，"位置"和"动量"这两个概念会不会不仅仅不适用于量子世界。[7]

之前，玻尔已经对此做过回应，告诉薛定谔任何新的理解都没有必要；互补原理消除了所有的难题。玻尔要求薛定谔将他的答复传达给爱因斯坦，但他并没有意识到，自己的想法对于他们来说是多么难以理解。

多年以后，玻尔说了这段著名的话："我们人类依赖的东西是什么？我们依赖的，是我们所说的话。我们悬浮在语言之中，而我们的任务（这是他的坚决主张）是交流思想。"[8] 他的老朋友阿格·彼得森解释道："关于概念怎样与现实联系这类问题……玻尔不会感到困惑。这类问题对他似乎没有什么实际价值。"[9] 对于玻尔来说，盘旋在量子的无底深渊之上，超越经典词语杜撰出来的如网一样的语言，是没有意义的。

此时，爱因斯坦被诊断出患了心脏扩张而卧病在床，但他入院第二天就给薛定谔写了回信。[10]

亲爱的薛定谔，

我认为你已经击中要害……你主张，假如 p 和 q 仅有这么点儿“站不住脚的”含义的话，那么这两个概念必将遭到遗弃。在我看来，你的这种观点似乎已经被彻底证实。海森堡和玻尔那套有着镇定作用的哲学（或者是宗教？）设计得如此精妙，暂时为其忠实信徒准备好了一个柔软的睡枕，让他们能舒服地躺在那儿，轻易不会醒来。

但这种宗教于我效果甚微，无论如何，我都要说，

不是：E 和 ν

而是：E 或 ν。

实际情况是：不是 ν，而是 E（它才真实存在）。

然而，我无法从数学上搞清楚这件事。这会儿我已经脑力枯竭。希望有一天，你能再度拨冗来访，对我来说，这再好不过了。

致以最诚挚的祝福。

A. 爱因斯坦

关系式 $E=h\nu$ 是量子力学的基本法则，这一关系式定义了普朗克常数 h。当一个电子在量子跃迁过程中从一个能级到达另一个能级时，它失去的能量将立即被整体释放出来，辐射出的光量子的能量（E）和与之相对应的光波的频率（ν）成正比。

爱因斯坦在此前一年就写信告诉过薛定谔的朋友外尔：“在我的灵魂深处，我不能接受这种回避现实的做法，不能接受这种半因果关系、半几何性质的概念。我仍然相信能把量子和波的概念结合到一起，我觉得，那才是能够带来确定答案的唯一解决办法。”[11] 这种结合并不是玻尔的二象性（E 和 ν）。爱因斯坦一直在尽全力寻找一种统一方法来理解这个世界，而不是用各种“互补”方式对世界做出描述。

他写信给外尔说：“弄清场方程到底有没有……被量子事实驳倒，这一点很重要。确实有人自然地倾向于相信这一点，而大多数人已经确信不疑。”[12] 但是，假如爱

因斯坦能找到一个场，并把波和粒子同时纳入其中的话，那么量子理论将成为广义相对论——最完美的场理论的一部分。

在4个月以前，也就是1928年1月，量子理论已经与狭义相对论在惊人的狄拉克方程式中达成了暂时的“停战协议”（狭义相对论是相对论的一部分，阐释了恒定速度下的参考系问题）。事实上，早在4年前，当泡利以及随后海森堡对自旋电子的想法尽情发出冷嘲热讽时，通向狄拉克方程的小径就已经打开了。泡利在给克拉默斯的信中抱怨说：“说到底，这和量子力学、政治、宗教一点关系都没有——这只不过是经典物理学而已。我恳请您以一位重要科学家的身份……摧毁这种异端邪说。”[13] 他在信上署名“Geissel Gottes”，即“上帝之鞭”——“又及，这个头衔是埃伦费斯特赐予我的，我为它感到非常骄傲！”[14]

问题在于，电子如此之小，当它绕轴自旋时，其赤道线的转速将远远超过光速。同样让人摸不着头脑的是，电子要完整地自旋两圈才能回到起始位置。1925年，泡利在《有趣的思考》（*Komische reflection*）一文中曾把同样的现象描述为一种“奇怪的、无法用经典方式描述的、让人产生联想的双值性（two-valuedness）”[15]——这种表达方式没能风靡世界。

相反，所有人都在谈论“自旋电子”或“电子磁铁”。因为无论在何种情况下，运动中的电荷都会产生磁场。用玻尔曾跟埃伦费斯特开玩笑说，他变成了“传播电子磁铁福音的先知”。[16] 他说自己好像身处一场火车旅行中，每到一站都会有两个物理学家在迎接，坚决地想让他相信相反的结论——从泡利和斯特恩在汉堡“车站”发表的严正声明，到爱因斯坦和埃伦费斯特在莱顿“车站”做出的果断推论。爱因斯坦能够清楚说明，自旋电子如何与相对论同时存在，而这一共存收益良多。[17]

海森堡和狄拉克打赌，他认为对自旋电子的阐释需要花费三年时间；而狄拉克打赌说，这只需要三个月时间。结果，泡利在三个月内拿出了三个矩阵，用来描述这种名称仍令他感到痛惜的“自旋”现象：对于笛卡儿坐标系相互垂直的三个方向，每一个方向上的自旋现象都要用一个矩阵来描述。

然而，狄拉克还是一分钱也没赢到：泡利的矩阵与相对论互不相容。并且事实上，泡利已经开始相信，相对论性质的自旋理论不止在未来三年不会出现，而是根本就不可能存在。这引发了另一场赌局，打赌的双方是泡利和克拉默斯。[18] 克拉默斯随即积极地投身为自旋电子建立相对论性质方程的工作之中。

然而，或许是命中注定，或许是被掷骰子的上帝玩弄了一把，“不幸”贯穿了克拉默斯整个漫长的学术生涯。他总是一再地被某位惊世骇俗、才华横溢的天才超越，眼看别人捷足先登。这一次，正当他那极为复杂的相对论性自旋电子理论进入完成阶段时，狄拉克冒了出来。1926 年到 1927 年，埃伦费斯特就一直在告诫狄拉克，说他的论文简直是“纵横填字游戏”[19]；而爱因斯坦则对埃伦费斯特抱怨说：“狄拉克让我伤透了脑筋。像他那样在天才与疯狂之间保持着平衡，真是让人头晕眼花，实在可怕。”[20]1928 年 1 月，狄拉克方程建立，进一步把天才与疯狂的程度提升到了更令人眼花缭乱的高度。针对所谓的自旋电子，狄拉克将泡利矩阵一举转化成一个相对论性质的方程，人们几乎认不出它原来的样子。狄拉克方程轻而易举地解决了之前存在的所有问题。

但方程还有第二个解，这是一种反物质——正电子。在此之前，没人听说过这种东西，这显然是一种科学幻想。海森堡在这年夏天写信给泡利说：“狄拉克的理论，无论是现在还是未来，都将是现代物理学中最让人无法接受的部分。自旋电子已经把约尔当变成了忧郁症患者。”[21] 泡利则如同他曾告诉玻尔的那样离开了物理学。他在等待“一种根本上的新想法”到来时[22]，动笔写一部乌托邦小说。泡利将自己的小说定名为《格列佛游乌拉尼亚记》(*Gulliver's Journey to Urania*)，并确立了故事大纲。[23] 而就在这时，海森堡把所有形式的磁学都扔到一边，转而寻求泡利的帮助，来建立一个统一的场理论。在随后的数年中，他们二人始终避开狄拉克方程。

这一年的秋天，爱因斯坦提名德布罗意、薛定谔和海森堡参选诺贝尔奖。“做选择很困难，”他写道，“虽然他们的理论在现实内容上大致相同，但就他们取得的成就而言，这些研究者中的每一位都完全有资格获得一次诺贝尔奖。不过在我看来，德布罗意更应该优先得到肯定，这主要是因为其想法的正确性毋庸置疑，而在我提名的另外两位那宏伟构思的理论之中，最终能有多少东西留存下来，还很成问题。”[24]

翌年，德布罗意获得了诺贝尔奖，理由是“他发现了电子的波动性”。

马克斯·玻恩脚踩长长的木制滑雪板，缓慢地穿行在黑森林的蓝色阴影之中。他正一点点地濒临崩溃。三年前，他以矩阵的方式对海森堡的发现做出了解释；两年前，他又用概率阐明了薛定谔取得的突破。可如今，他只能任由神秘莫测的外部世界扰乱自己对于物理学的专注。玻恩觉得，最近一个月以来，他如同一直在通过耳朵服食毒药。

这是喧闹的20世纪20年代的最后一个冬天，也是人们记忆里最冷的一个冬天。你可以步行5公里，穿过康斯坦茨湖①从德国走到瑞士。湖面都结了冰，玻恩曾前往位于湖边的疗养院，治疗他那高度紧张的神经。从病友们喋喋不休的谈话中，不时发出令人反感的刺耳的笑声——与他们一起待在疗养院里，只会让他的神经变得更加紧张。人们谈论着陷入泥淖、惨遭践踏的贫穷的祖国，并把这一切归咎于犹太人。他们谈起阿道夫·希特勒，认为他能带领德国重归伟大。

就这样，玻恩离开了这家疗养院。在一座名叫柯尼希斯费尔德（Königsfeld）的小镇，在位于黑森林中央的这个地方，他停了下来。侏罗纪时代的古老树皮被积雪覆盖，树枝被压得弯弯的；一串串雪花落到他的脖子上，令他的后背感到冰凉。在那一边，越过这仅有的一点宁静，一切都在土崩瓦解，核心支柱无法伫立，文明渐渐消失。过去的优雅外表爆裂开，层层剥落，藏在下面的丑陋的野兽露了出来。

夕阳伴随着无尽的渴望，早早地落到了树冠里——太阳虽然是徐徐落下，但又像瞬间跌落——天地间的色彩由白色变成了红紫色。他累了。也许他本来就只能滑这么远。但在此之前，在那些与今天相比更混乱但也更洁净、清白得多的日子里，他还从来没有滑行过这么长的距离。那时，"混乱"指的仅仅是"量子力学是什么意思?"，而不是"未来会变得有多糟糕?"

在小路的尽头，他把滑雪板从靴子上解开，将戴着连指手套的双手从滑雪杖的佩带中抽出，把滑雪板和滑雪杖全都收成一摞，背在背上。然后，他朝镇子走去。从暮色中望去，房屋似乎连成了一片。

在他前方矗立着一座高大而宽敞的白色教堂。教堂的窗户全都黑着灯，但里面

---

① 康斯坦茨湖（Lake Constance），又名"博登湖"，欧洲最大的边境湖之一，位于瑞士东北、奥地利西北和德国西南之间。——译者注

却有人在演奏管风琴。玻恩把滑雪板往墙上一靠，顺着教堂外面的阶梯爬上去，打开一道绿色的门。他发现自己直接进入了一种令人愉悦的声音里：管风琴的乐声从唱诗班的走廊中流淌下来，像是要把他笼罩其中。他坐下来，身子向后靠，双腿向前伸展。管风琴旁边的墙上有一盏球形的灯，灯光照着螺旋形的巴洛克镀金装饰，落在风琴楼廊里那弹琴之人低垂的头和头顶的白发上。

他有时会一遍又一遍地重复演奏乐谱中连续的几个小节，就好像他正拿着光滑而滚烫的熨斗，一下接一下地熨烫起皱的音乐——那人接着往下演奏，音乐的结构冷静而动人，如同一片挂在绳上的织物，在微风中摇摆。玻恩闭上双眼，起伏的声波在他脚底盘旋，钻进他那结构错综复杂的耳朵里，似乎从下往上让教堂变得温暖起来。

当风琴师停止演奏时，玻恩在音乐的海洋中已经漂得太远，他几乎不知道发生了什么。在反复回荡的厚重的沉寂之中，他能听见用手把几张纸收拢的声音，以及为了记录演奏的某些细节，用铅笔小心翼翼地在纸上涂写时发出的沙沙声。接着，从风琴楼廊的黑暗中走下来一个人，他长着两撇浓密的八字胡，留着一头肆意蓬松的乱发。玻恩还没有完全清醒过来，他想：*啊，是爱因斯坦！*

“这么说，我还有一位听众呢。”这人一边说着，一边朝玻恩走过来。

玻恩站起来和风琴师握手：“我很高兴碰巧路过这儿。”

风琴师面带微笑，那并不是爱因斯坦的脸，却是一张同样有名、同样受人爱戴的面孔。

玻恩说：“见到您真是太高兴了……您是史怀哲博士吧？我是马克斯·玻恩。”

阿尔伯特·史怀哲笑着说，“马克斯·玻恩。是啊，见到您我也感到很荣幸……我猜是利文斯通博士①吧？”他轻轻地笑了一下，发出风琴般深沉的笑声，“我要回家了。也许我们可以一起走？”[25]

在接下来的一段日子里，玻恩和史怀哲经常见面，在雪地里长途跋涉。他们谈论物理学，谈论史怀哲的医院——它位于赤道上的西非地区，史怀哲常年住在那里。在过去的六个月里，史怀哲的足迹遍布整个欧洲，通过演奏巴赫来为他的医院

---

① 英国著名探险家。——译者注

募集经费。玻恩终于开始恢复健康。

1929 年 3 月，爱因斯坦也是孤零零一个人。沿着哈弗尔河，靠近柏林的地方，有一座名叫卡普特（Caputh）的村庄，村里的房子都有着红色的屋顶。爱因斯坦刚刚在村里一小片松树繁茂的土地上建了一座半木质结构的小屋。这里不通电话，要来此地，只能先乘火车再换公共汽车，最后还得走上一段路。爱因斯坦花了一年时间，从心脏扩张造成的虚弱中慢慢恢复，现在，他渐渐觉得自己康复了。

在这个月，朋友们送了一艘名为“海豚号”（Tümmler）的漂亮帆船给他，作为他 50 岁的生日礼物。哈弗尔湖区盘绕着柏林市，爱因斯坦在湖上航行时，包围着他的是甲板发出的吱吱嘎嘎声、湿漉漉的拉帆绳和金属环撞击船桅的声响、湖水拍击船体的啪啪声，以及湖面被船头弄皱而泛起的道道涟漪。他的第二任妻子艾尔莎发现，拥有这块土地，在这段艰难岁月中是一种安慰。但爱因斯坦知道，他在德国的时光正在一点一滴地流失殆尽。是什么带来了慰藉？真实的精彩又是什么？答案就是正从他脚底的船架下匆匆流过的这条蜿蜒的河——哈弗尔河迂回前进，穿过如项链般的湖区，继而与撒克逊诸河汇合，注入易北河，最终汇入北海。

1929 年 3 月 23 日，爱因斯坦在《自然》杂志中评论道：“疾病，也有它的优点，它能让一个人学会思考。我只是刚刚才开始思考。”[26]

到 1929 年为止，玻尔的研究所大获全胜。德布罗意和薛定谔都倒向玻尔一边，新一代有天赋的物理学家齐聚哥本哈根，把这里当成了物理世界的中心。在利昂·罗森菲尔德对这一年的哥本哈根会议所进行的描述中，最主要的内容是关于会上发生的趣事和大家相互开的玩笑。就在泡利批判某些人的观点时，一把椅子的椅子腿突然诡异地自行折断。年轻的物理学家乔治·伽莫夫平时就爱搞恶作剧，他此时大声喊起来：“泡利效应！”[27]

“啊，泡利效应！”埃伦费斯特说，“泡利效应不过是‘祸不单行’这一普遍现象中的一个特例。”[28]

埃伦费斯特在大会上光彩照人，他一边和玻尔寻开心，一边用洞见性的问题和批判性的思考让众人保持坦诚。没人猜得到，对于玻尔和爱因斯坦在思维上的分歧，埃伦费斯特仍旧耿耿于怀；也没人猜得到，他正在为不断侵蚀、日益蔓延的纳粹运动感到忧心忡忡——那时，大多数人认为纳粹运动不会有什么结果。罗森菲尔德后来回忆道："这种内心的紧张与不安，从表面上一点儿都看不出来。直到最后，我们看到他仍然表现得和往常一样兴高采烈、机智诙谐、满怀热心。"[29]

没有人知道，就在刚过去的 8 月份，埃伦费斯特曾写信给从前的学生克拉默斯，恳求克拉默斯："请帮帮我……几乎所有新的理论物理学都如同一道完全无法理解的墙，竖立在我面前，我全然不知该如何是好。我再也不能理解符号和语言的含义了，再也搞不清楚问题是什么了。"[30]

就在这里，在 1929 年的哥本哈根会议上，罗森菲尔德——"一位身材矮胖的年轻人，长着一张表情严肃的圆脸……喜欢沉溺于哲学式的理性思考之中"（一个朋友回忆他在那个时候大约就是这个样子）[31]——第一次见到了尼尔斯·玻尔。玻尔向他解释了区分经典测量装置与处于被观测状态下量子对象之间的差异的重要性。罗森菲尔德后来这样写道："这是生活中为数不多的庄严时刻。他向我揭示了一个世界，而构成这个世界的思想令人眼花缭乱。对我来说，这确实是一次启蒙。"[32]不久，他就成了玻尔的新助手和誊写员。

另一位年轻物理学家约翰·惠勒此时正走在成为 20 世纪量子理论领域最有影响力的教师之一的道路上。关于这些日子，他这样写道："与尼尔斯·玻尔一起在卡拉姆堡森林的山毛榉树下边走边谈，再没什么事能更让我确信：像孔子与佛陀、耶稣与伯里克利、伊拉斯谟与林肯那样富有智慧的人类朋友，确实曾在这个世界上存在过。"[33]

15

索尔维

1930 年

这一年秋天，索尔维会议的正式主题是磁力。然而在各场演讲的间歇，爱因斯坦和玻尔都会友善地并排坐在一起，抽着烟斗，回到他们之前的讨论上去。

爱因斯坦说：“玻尔，我为你设计了一个新的思想实验。”

这两个人都从没有熟练地在实验室里做过实验，但他们都喜爱这种完全能在脑袋里完成的思想实验。玻尔充满期待地扬了扬眉毛。

“假设有一个箱子，里面装满了一定数量的放射性微粒，箱子上装有一道快门。”爱因斯坦动手比画了一下，“快门的打开和关闭可以通过箱子内部的一个钟表装置来控制。”[1] 他把身子朝前靠了靠，迟暮的阳光从旁边的一扇窗户射进来，裤腿上从膝盖到脚踝的笔直裤线在光线里显得有些模糊。爱因斯坦背靠着长沙发的椅背，静电让他的头发变成了一副遭受电击后的样子。烟雾从早已被他遗忘的烟斗中升起，随着他偶尔做出的一个手势来回翻滚。

爱因斯坦难掩内心的激动，望着玻尔说：“当时钟走到某一时刻，快门就会打开；然后快门又会迅速地再次关上，以便每次只有一个光量子被从箱子里放出来。而另一方面，我们可以称出箱子的重量，进而由公式 $E=mc^2$ 得出箱子的能量——”

玻尔的神情像是遭到了沉重的打击。“一个带快门的箱子……”他的眉毛紧紧皱成一团，身子使劲地朝前探着，两道眉毛仿佛随时可能从他的脸上掉下来，“快门由一个钟表装置进行控制。”爱因斯坦点着头，一口一口地吸着烟斗。玻尔拿起自己的烟斗，把烟斗柄凑到嘴边。和以前经常发生的情况一样，他发现烟斗已经灭了。[2]“爱因斯坦，你有火柴吗？”他轻轻地拍了拍自己的口袋，漫不经心地问。

爱因斯坦在口袋里翻了一下，把自己的火柴掏了出来。玻尔慢慢地重新点上烟斗。“我们分别称出一个光子从箱内射出之前和射出之后箱子的重量。”他继续说，就好像从来没有被打断过一样，同时，他心不在焉地把爱因斯坦的火柴放进了自己的口袋里，“可这下就违背了不确定性原理，我们既测出了光子放射的能量，又知道了具体射出的时间。”

“我承认你一贯坚持的不确定性原理。”[3] 爱因斯坦轻轻一笑说，“玻尔，我还没说完这个实验。我们可以让这个光量子一直飞到足够远的一面镜子上，譬如说，在半光年以外——”爱因斯坦伸出了拿着烟斗的手，“确保当我们决定通过称量箱子重量或查看时钟来了解光量子状况时的类空分离。”[4]

如果一种影响即使以光速传播也无法使两个事件产生联系，那么这两个事件就是“类空分离的”——这是相对论允许的与“同时发生”最为接近的一个概念。

玻尔还想着不确定性原理的问题，他点点头，一脸心事重重的样子。“这是一次严峻的挑战，”他平静地说，“我得彻底把整个问题检查一遍。”[5]

“等一下，玻尔，”爱因斯坦说，“问题还没完。假如，当光量子处于半光年以外时，我们立即查看时钟，那我们就能精确地预测出光量子会在什么时候返回到我们身边，这就让我们清楚明确地测定了光量子的位置。而如果我们改称量箱子重量的话，那我们就能精确地预测光量子的能量，以及由此产生的颜色。”

玻尔此时面无表情，深陷在自己的思路中，他缓慢地说：“如果把相对论的苛求考虑在内，即使这些要求起到了定义现象的时空框架的作用，我们就能借此对测量对象和测量仪器之间的能量交换进行控制吗？”[6]

“玻尔！让我说完。现在来看，根据不确定性原理，对于一个光量子的状态既不可能精确测定其位置，也不可能精确测定其能量。然而，通过对这个箱子进行某种测量，我们却可以知道这两个特征值中的任意一个。”

“我的问题就在这里，”爱因斯坦继续说，“我们是不是应该假设，我们对盒子进行的实体测量影响到了今天在半光年以外的逃逸光量子呢？那将会是一种超光速（意为比光速还快的）的超距作用。[7] 当然，这在逻辑上是有可能的。但以我对物理学的直觉，我极其反感这种假设，因此我也不可能拿它当真。

“这样的话，无论我们对箱子做了什么，都与光量子的真实状态无关。”爱因斯坦想起他的烟斗，抽了一口，然后下出了狠着，“但从这个思想实验中可以知道：光量子的每一个特征，也就是我们可能从对箱子的某种测量中得到的每个特征，都是存在的，即使我们不进行这种测量。因此，光量子有明确的位置和明确的色彩[8]，量子力学的描述是不完备的[9]。”

“这令玻尔大为震惊。”玻尔的新任助手罗森菲尔德写道，“我永远不会忘记这两位对手离开会场时的情景：爱因斯坦的身影高大威严，他平静地走着，面露带着一丝讽刺的微笑；而玻尔则跟在他旁边一路小跑，激动不已。”[10]

那天晚上，当所有人都坐下来吃晚餐时，玻尔先告诉一个人，然后又告诉另一个人，从埃伦费斯特、泡利到海森堡，一个接一个地告诉他们爱因斯坦新提出的思想实验，又毫无例外地在让他感兴趣的点上停下来——就停在通过看时钟测量光子射出时间和通过称箱子重量测量光子能量的可能性上。

玻尔几乎没有注意到，爱因斯坦的思想实验并不需要这种可能性。9 个月后，当埃伦费斯特直截了当地把这一点告诉玻尔时，玻尔同样毫不在意。埃伦费斯特在给玻尔的信中写道：“他（爱因斯坦）对我说，他已经有很长一段时间完全不再怀疑不确定性关系……（也）根本无法发明一个‘可称重的光子箱’……来反对不确定性关系。”[11] 也就是说，爱因斯坦的箱子不应当是用来反对不确定性原理的武器。

对玻尔来说，讨论没有观测到的事实毫无意义，他的评价集中在实验“如何做”这一方面。但是，此时及此后，玻尔对于“放弃形象化和因果性”，对于“把这种放弃视作本质上的进步”[12] 的热切渴望，以及他在仅相信“需要避免逻辑上的前后矛盾”时表现出来的谦逊，都让他忽视了也许是最重要的东西。[13] 从 20 世纪 20 年代的“非理性”[14] 到 60 年代的“整体性”[15]，玻尔乐于在物理学中表现时代精神。这些模糊的思想把纠缠的精确性遮蔽在它们宽大的羽翼之下，这让玻尔就像已经购得一块土地，却从没有真正踏上那块土地一样，永远不能识别出纠缠本身。

就在此前一年，玻尔曾再次重申：“任何观测都必定会对现象本身造成某种干扰。”“这不应当被视为一种妨害，”他解释说，“我们习惯性地要求直接对大自然进行形象化描述，这必然导致抽象概念持续扩展，而我们必须要做的，仅仅是对此有所准备。”[16]

爱因斯坦毅然决然地把二十年来他对可分离性的担忧都清晰地转化成一幅横跨半光年之远的纠缠图像，却没有留意玻尔发出的声明和警告。如果光量子像玻尔坚决认为的那样会受到观测行为的干扰，那么这种干扰一定是非定域的，幽灵般地作用于实际上是无穷远的距离以外。 但是，在爱因斯坦说服玻尔关注真正困扰他的问题之前，这场争论还会以其他两种方式再次出现：一次由埃伦费斯特在下一年发起，一次出现在 1935 年那篇爱因斯坦 - 波多尔斯基 - 罗森联名发表的著名的 EPR 论文当中。

玻尔将逐渐认识到，正如他在三年后针对与爱因斯坦的一次谈话所写的那样：“我们在处理和表达方式上的不同之处，仍在妨碍彼此间的相互理解。”[17] 在新的思想实验中，分别困扰着玻尔和爱因斯坦的那些地方，充分说明了两个人在处理和表达方式上的众多不同。

“埃伦费斯特，这不可能是真的。”玻尔已经是第五次这样说了，“如果爱因斯坦是对的，物理学就完蛋了。”[18] 他的表情前所未见的严肃与沉重，显得更加痛苦。

“玻尔会搞定这件事的。”海森堡对泡利和埃伦费斯特说。他斜眼看了看玻尔。玻尔此时正全神贯注地和玻恩进行讨论。玻尔脸上已经流露出喜悦的神情，但玻恩却摇了摇头，他那双古灵精怪的小眼睛眯成了一条缝，一开口就仿佛给了别人一记重拳。玻尔感到有些受挫，随后很快又从另一个角度着手讨论。玻恩似乎若有所思，接着提出一条不同的意见。玻尔会搞定的，海森堡已经说过了。

“我说得对吧?”他又加了一句。

为了掩盖自己几近恐慌的心情，埃伦费斯特带着一丝幽默地耸了耸肩。

他们在餐桌上都待到很晚。而当他们离开时，又是所有人一起行动。一群物理学家乱糟糟地走进娱乐室。[19] 在那里，在团团烟雾的笼罩下，他们聚集在爱因斯坦和玻尔周围。埃伦费斯特尽力在两人之间斡旋，他觉得自己的脑袋正在裂开。

“明早，玻尔将大获全胜。”罗森菲尔德说。[20]

会议大厅内的壁柱和镜子在晨曦的照耀下闪着微光，玻尔大步走了进来，径直走向黑板，开始在黑板上详细绘制一套复杂的装置。每一个围拢过来的人都开始意识到，他画的正是爱因斯坦的光箱，但现在，这套装置已经被详细而精确地描绘到了可以照着图纸造出来的程度（事实上，爱搞恶作剧的俄国物理学家乔治·伽莫夫当真仿照这张图，做出了一套模型[21]）。这是玻尔希望用书写来表达的所有具体化内容，而这种具体化通常需要付出高昂的代价——牺牲清晰度。当他弯腰贴近黑板，聚精会神地绘图时，他已经预先考虑到了所有可能发生的意外情况和每一种物理效应。现在，箱子由一根弹簧吊着悬挂在一种金属支架上（玻尔画了一个箭头指向弹簧，旁边用粉笔写着难以识别的花体字“弹簧”）；箱子上有一根指针，指向安装在架子立柱上的一把小刻度尺；箱子底下是一个钩子，用来挂砝码。

爱因斯坦也来到黑板前，两个人一起找出困扰着玻尔的问题的解决办法。[22]按照爱因斯坦自己对相对论的解释，在称量箱子重量时，箱子所发生的运动即使只是非常微小的位移，也会造成时钟变慢，这就让快门打开释放出光子的时间变得不确定。接着，玻尔在黑板上一步步写下推导过程，证明在某一步可以回到似乎已经被爱因斯坦驳倒了的“时间 - 能量”不确定性关系。

爱因斯坦看上去很疑惑，他拿出烟斗，一如既往地找不到火柴。玻尔注意到了——就这么一次，他找到了自己的火柴（其实那本来是爱因斯坦的火柴）。他帮爱因斯坦把烟斗点上，爱因斯坦点了点头，就好像正在向某人致敬似的。玻尔的脸上慢慢露出了微笑。

再一次，玻尔再一次在布鲁塞尔证明了，测量是一个纠葛不清的过程，是一种物理上的干扰——这是测量对象或测量仪器，或二者共同造成的干扰。但他并没有触及爱因斯坦的光量子，光量子毫发无损地待在距离混乱的测量现场半光年以外的地方。

当玻尔最终把注意转向尚未受到影响的纠缠量子上时，辩论将进入下一回合。事实上，随着战争渐渐逼近，物理学家们的命运也变得漂浮不定，他们将像被风抛撒的种子一样。而这次辩论也将成为发生在量子理论的黄金年代里的最后一场辩论。

插曲

支离破碎

1931 年至 1933 年

（自旋光子，身着印度服饰，在飘忽不定的音乐中，滑过舞台。）

请再次注意！这就是自旋的光子，披着印度莎丽和外套。

（显然，毫不羞涩、风头正盛的玻色子将一丝不挂地横穿舞台！）

戏剧《布莱达姆斯外大街的浮士德》中的 P. A. M. 狄拉克，1932 年

爱德华·爱因斯坦曾在高中校报上写了这样一条格言："最坏的命运是没有宿命所归，也永无他人眷顾……"[1]1931 年，中学毕业两年后，他的个人格言精选发表在了一本名为《新瑞士评论》的文学杂志上。那时候，可爱又有才气的"泰特尔"① 已经从苏黎世医学院退学[2]，放弃了想成为一名精神病医师的梦想。他很少走

① 爱德华的昵称。——译者注

出昏暗的出租屋，也走不出自己的思想禁锢。

1914 年，当爱因斯坦与第一任妻子及两个儿子分开的时候，泰特尔只有 4 岁。他仿佛是来自另一个世界的孩子，长着一双明亮的眼睛，外加一头未经休剪的乱发。他怪异地预想自己的父亲将变成神坛上的偶像。8 岁那年，他已是惊人地早熟，开始研究席勒和莎士比亚，他的父亲甚至警告他说："在你成年之前，不要太累着自己。"[3] 爱因斯坦曾对自己的知心朋友贝索说，他眼看着"泰特尔从小时候就无法避免地慢慢患上了"精神分裂症。[4] 十几岁的爱德华在全心演奏钢琴时，打动了每一个人。他的朋友们看到了一个卸下了讽刺的外衣和不再有"缺失感"[5] 的爱德华。他的父亲听到这"狂乱"而又僵硬的演奏，却有一种不祥之感。[6]

1930 年初夏，爱德华寄出了许多自以为"字里行间充满兴奋与痴迷的信件"[7]，其中满是文学与哲学的尝试，想要引起他深深崇拜的身在远方的父亲的关注与怜爱。后来，由于爱因斯坦经常忘记回信，这些文字就像爱德华本人的情绪一样变得歇斯底里，心怀怨恨和绝望。这最终引起了他父亲的注意。爱因斯坦来到苏黎世，发现他对儿子的所有担心都成了现实。他千方百计地说服泰特尔，让他相信这种崩溃会帮助他成为"一名真正优秀的精神病医师"，但爱因斯坦真正感到的只有束手无策的恐惧。[8]

离开了留在苏黎世接受精神病治疗的儿子，爱因斯坦回到了自己在卡普特的住处。在爱因斯坦的一位朋友面前，第二任妻子艾尔莎·爱因斯坦努力为自己的丈夫辩解，她说："他永远都想表现得坚不可摧，哪怕内心确实很担忧，也不让自己被击倒。他真是这样的，比我认识的任何一个男人都要坚强。但这件事对他的打击真的很大。"[9] 他一下子老了很多。那个夏天，当爱因斯坦被要求概括一下他的哲学思想时，他（为自己）写下了令人吃惊的表述："从日常生活中可知，我们是为他人而存在的——首先就是为了那些我们把自己的幸福全部建立在他们的微笑与健康之上的人。"[10] 但是，这个未尽到做父亲责任的物理学家没有想过要改变自己的生活轨迹。1930 年末，艾尔莎说："这里的冬天带来的只有悲伤。我们打算离开很长一段时间。"[11]

几个月后，爱因斯坦在距离苏黎世和柏林1000多公里的一处“伊甸园”里写道：“众所周知，量子力学法则限制了某些准确预测的可能性，比如预测粒子的未来路径。”[12] 但是，一个粒子过去的路径呢？海森堡相信自己的定理只与尚未到达的粒子有关。早在1926年，他就曾经批评爱因斯坦不把粒子当作一个粒子来处理。但是，爱因斯坦开始怀疑，海森堡粒子的过去像它们的未来一样，全然模糊。在1931年一个温暖的冬日，爱因斯坦在帕萨迪纳思考着这个问题。当时，他在校园里四处漫步，烟斗冒出的烟在他身后漾开。跟随在他身旁的是身材瘦高、衣着整洁的理查德·蔡斯·托尔曼，托尔曼的身后也飘曳着自己吐出来的芬芳烟云。

托尔曼是美国新加州理工学院的第一批教授，这所学院是由三位物理学家在10年前建立起来的，他们是物理化学家亚瑟·诺伊斯、电子电荷的测量者罗伯特·密立根和威尔逊天文台的第一任台长乔治·埃勒里·海耳。顺理成章地，托尔曼也是一名物理化学家，他曾经测量了电子的质量，目前则专注于天文学。针对爱因斯坦的两大最爱——统计力学和相对论，他刚刚完成了两部著作。

在冬季仍然青翠的草坪上，与他们走在一起的是一名新来的博士生。这是一个憨态可掬的俄裔美国人，名叫鲍里斯·波多尔斯基。他之前在莱比锡大学跟随海森堡度过了研究生阶段的学习。一个月前，当一直怀念俄罗斯时光的保罗·埃伦费斯特突然访问加州理工学院的时候，他和波多尔斯基以及托尔曼合作了一篇论文，题目为“论光的引力场”。现在，托尔曼和波多尔斯基将他们的注意力与爱因斯坦一起，转向了“量子力学过去及未来的知识”。[13]

波多尔斯基在俄罗斯的一座小村庄里长大，这座小村庄靠近亚速海的顿河入海口。波多尔斯基一直在姑妈家的食品杂货店干活，由于经常要用很粗的绳索打包货物，他研究出了徒手断绳索的方法。第一次世界大战爆发前，17岁的波多尔斯基乘坐三等舱来到埃利斯岛，然后，乘坐“灰狗长途汽车”① 穿越整个美国，到达住在洛杉矶的另一个姑妈家。和他在同一时期抵达洛杉矶的还有导水管系统和电影产业，而这两个产业将共同打造这座城市的未来。为了支付大学学费，波多尔斯基为一个水

① “灰狗长途汽车”是美国最主要的长途汽车公司，几乎能让乘客到达全美各个大小城镇和郊区。——译者注

管工干活。水管工担心这名聪敏的助手懂得太多之后会去另起炉灶，所以拒绝向他透露如何密封马桶与地面结合部的边缘。但波多尔斯基并没有经营自己的水管工事业，而是先后攻读了了电机工程学士、数学硕士和物理学博士学位。他在美国的第二份工作是设计将动力从顽石坝①引入洛杉矶的铜管道——这是一个大规模的管道系统和电机工程项目。在为电气公司工作期间，他经常从与众不同的角度处理问题。例如，他指出要想掌握积雪在春天融化的节奏（这对他们的工程项目至关重要），公司目前所用的指标（大坝上方高山中的积雪深度）并不是最好的依据，最好的指标应该是东京的高温。[14]

爱因斯坦、波多尔斯基和托尔曼已经发现了光子箱的一种新用途，他们解释说："当前这些注释的目的，是讨论一个简单的思想实验。这个实验表明，描述一个粒子过去路径，借此预测第二个同类粒子在将来的行为，这在量子力学中是不被允许的。"[15] 爱因斯坦的思想实验即将成形。

爱因斯坦与托尔曼及波多尔斯基的论文刚发表后不久，正在苏黎世访问的马克斯·玻恩写信给在帕萨迪纳的爱因斯坦，他在信中写道："在当地的一个小店里，我见到了你的儿子。我非常喜欢他。他是一个健康、聪明的小家伙，笑起来和你一样迷人。嗯，我还能告诉你点儿什么呢？无论是政治还是经济，欧洲的事态看起来很难令人开心……尽管有希特勒和他的追随者们，但相信事情总会好起来的。我了解加利福尼亚的各种事情，因为我刚读了埃伦费斯特写给海蒂（玻恩的夫人）的信。他万分生动、形象地描述了自己的旅行。这位老兄对自己的亲身经历观察得细致入微，描述得也相当精彩。"[16]

海蒂在这封信中附上了对爱因斯坦的生日祝福，她写道："我喜欢在每周一次的新闻短片中收看有关你的消息。我看见你在圣地亚哥，乘着鲜花彩车出现，车上还有可爱的水上女神②，以及其他诸如此类的事情。毕竟，世界还有令人高兴的一面。我总有种感觉，从外表上看，无论这些事情有多么狂热，但上帝相当清楚自己

① 顽石坝，又名胡佛大坝，美国科罗拉多河上的大坝，高 221 米，坝顶长约 360 米。——译者注

② 希腊神话中居于山林水泽中的女神。——译者注

要干什么。就像格蕾琴①在浮士德身上感觉到了魔鬼的存在一样，上帝让人们在你身上也产生了同样的感觉——对，这就是爱因斯坦。因为无论他们怎样深入地研究相对论，都不会真正地了解你。”[17]

同样是在美国，泡利（1931 年夏天，他一直和索末菲活跃在安娜堡）忍受着索末菲称为“逆向泡利效应”所带来的痛苦[18]。当时，他在密歇根州的自行车友奥托·拉波特的家中，他“稍微有些醉了”（这一点是他自己也承认）[19]，在一阶楼梯上失足跌倒，结果肩部骨折。在给助手派尔斯的信中，泡利解释道：“尽管现在是适合游泳的大好时光，可我在这里却忍受着难耐的酷暑。但在‘干燥’之中，我一点儿都不痛苦，因为拉波特和乌伦贝克储存了大量的酒（有人提到过这是在加拿大边界附近②）。”[20] 而“索末菲非常想抽雪茄”。[21]

索末菲陪着泡利去美国，是因为他的老弟子非常需要他——他是唯一一个让泡利曾致以“是的，教授先生”和“不，教授先生”[22] 的人③。泡利给他写信说：“为什么只有您能让我渐生敬畏，这是个深奥的秘密。但有一点毫无疑问，那就是很多人都愿意向您学习，特别是我后来那些‘老板’，包括玻尔。”[23]。在 30 岁之前的几年里，泡利的生活急转直下。首先，他父亲勾引了一个与泡利年龄差不多大的女孩，并与之结婚，这导致了他那容易激动的理想主义的母亲最终自杀。而后在 1930 年末，泡利的妻子——一个酒店的舞女——在与他结婚一年后和一名化学家私奔了。泡利毫不遮掩地运用了自己那标志性的“双刃侮辱法”讲述这件事：“如果他是一名斗牛士，那也就算了，那种人我可比不了——但是，他是一个那么普通的化学家！”[24] 他整晚喝酒。在这种情况下，泡利觉得自己需要“愉快的学生时代”那位稳健、可信赖的领路人。[25]

1931 年是粒子与光子箱之年，爱因斯坦带着他的思想实验到处展示——从布

① 歌德《浮士德》中爱情悲剧的女主角，浮士德追求的一个善良美丽的女子。——译者注

② 泡利一生最大的嗜好是喝酒，此处是密歇根州盛产葡萄酒的地方。——译者注

③ 泡利以尖锐地批评他人见长，他极少对别人毕恭毕敬，索末菲是他的导师兼伯乐，也是泡利最为尊敬的人之一。——译者注

鲁塞尔登场亮相，到帕萨迪纳、柏林[26]，再到莱顿[27]，然后又回到布鲁塞尔[28]。每到一个地方，每当研究装置略图的时候，他就稍微做一下调整，使之进一步改善，继而朝着 EPR 理论更进一步。

爱因斯坦写道："如此一来，在不以任何方式干扰光子的情况下，我们就能精确预测光子抵达的时刻，或者由于光子的吸收而使系统释放出的能量值。"[29]

是理论最先决定了，什么能被观测到。1931 年，海森堡让他的学生冯·魏茨泽克分析光子箱思想实验的一个变形。[30] 爱因斯坦对同一问题的冥思苦想，催生了 EPR 佯谬，这为贝尔理论以及所有远程纠缠实验铺平了道路。但冯·魏茨泽克和海森堡看到的，只是一个修正的且毫无结果的"量子场论的演习"[31]。他们很快将之束之高阁，任其被埋藏的财富又被继续埋藏了下去。

埃伦费斯特和爱因斯坦一样，他认为这不仅仅是一个演习，但他不知如何应对这种曲解。1931 年 7 月 9 日，埃伦费斯特写信给玻尔（换作任何人都会这么做），告诉玻尔爱因斯坦将在当年 10 月底去莱顿，并询问玻尔是否也能来，以便大家一起"平和地"（他在信中全部用大写字母写这个词）交换意见。埃伦费斯特又把爱因斯坦写信告知他的实验细节小心翼翼地详述给了玻尔，例如，"在最初的 500 小时内，秤箱子的重量，并把它固定在基本坐标系中"。[32] 埃伦费斯特对玻尔解释说："把如下事实搞清楚很有意思：在发射光子孤立地绕自身旋转的过程中，它并不知道实验者将做出哪种预测和哪种检测（量子力学否认这种预测的同时性），那么它必须为满足各种不同的非对易预测情况做好准备。"[33]

埃伦费斯特没有把这封信直接寄给尼尔斯·玻尔，而是寄给了他的妻子玛格丽特，并在附言中恳求她，只在她的丈夫比较清闲的时候，再把这封信交给他，而且"绝对不需要回信"。[34] 玛格丽特是否把这封信交给了玻尔，这不得而知——玻尔一直在误解爱因斯坦的观点。就在那年 10 月，他在英国的布里斯托尔做了一次演讲，在那次演讲中，他再次表示自己全然不理解光子箱的核心原理是（用薛定谔在四年后创造的一个词来说）"纠缠"。[35]

在此期间，在马萨诸塞州剑桥大学，斯莱特的一名研究生纳森·罗森正在研究氢分子结构，并提出了首个对束缚在一起的两个氢原子的可靠计算。这是一个奇怪的研究对象，只有当分子作为一个整体时才具有量子态；而且，构成分子的两个原子是纠缠的。这些原子没有自己的量子态，并且就量子理论而言，对一个原子的测量会瞬间影响另一个原子。[36] 当波多尔斯基的合理分析将爱因斯坦的光子箱与罗森的纠缠氢原子结合在一起时，EPR 佯谬马上就要诞生了。

1931 年 9 月，爱因斯坦再次推荐将诺贝尔奖授予海森堡或薛定谔，他写道："就个人而言，我估计薛定谔的成绩更大一些，因为我感觉，他创造的概念比海森堡创造的概念会更有生命力。" 他又解释道："然而，这只是我的个人观点，有可能并不正确。"[37] 他的推荐与其他所有人的主张相悖，这使诺贝尔奖委员会陷入了混乱，以致在 1931 年没颁发诺贝尔物理学奖。

尽管埃伦费斯特恳切请求，这一年 10 月，玻尔还是没有在莱顿露面。当爱因斯坦再次介绍光子箱时，埃伦费斯特出乎意料地沉默了，正如埃伦费斯特的助手亨德里克·卡西米尔回忆的那样，爱因斯坦强调："光量子跑出去之后，我们依然能够选择是要去读取时间，还是去测定箱子的重量。于是，在不以任何方式接触光量子的情况下，我们要么测定它的能量，要么测定它从远处的镜子反射回来的时间。"[38] 离开很远的光子的状态有可能依赖于作用在箱子上的行为吗？

埃伦费斯特没有亲自回答爱因斯坦，也没有提出他那众所周知的尖锐而明了的问题，而是委托他 25 岁的助手 "展开讨论，极尽所能地用哥本哈根观点对此给出解释"，卡西米尔如是回忆："爱因斯坦听了后，可能有点不耐烦了。当时，他说（我能保证这些都是原话）：'我知道，这种观点能自圆其说。然而在我看来，它有些硬邦邦的（Härte）。'" ——派斯后来将这个词写成 "生硬" 或 "无理性"。卡西米尔想起了这位坚决的怀疑论者的讥讽神情，写道："我认为，将之解释为 '有些不合口味'，更接近爱因斯坦当时脑袋里的真实想法。"[39]

1931 年 12 月，在驶往帕萨迪纳的轮船上，爱因斯坦盯着飞翔的海鸥。他在旅行日记中写道："今天，我做了一个重要决定，放弃我在柏林的职位，从此浪迹余生，海鸥伴轮船而飞，它们就是我的新同事。"[40]

1932 年，随着欧洲文化的支柱都发生了动摇，量子力学的数学基础变得安全了。时年 29 岁的固执的匈牙利天才约翰·冯·诺依曼指出，量子力学的数学结构（无论是波还是矩阵）被归纳为一个纯粹严格的基本数学描述的抽象群，数学家们称之为公理。凭借数学分析的才能，冯·诺依曼最终能够证明，量子理论的非因果性（爱因斯坦口中的“讨厌鬼”）是不可避免的。量子力学的数学结构不可能存在更完备的版本了。冯·诺依曼的著作是优美而又令人生畏的数学精品力作，这类作品大多数物理学家根本不读，但它的存在和引发的结局令人得到很大慰藉。“冯·诺依曼已经证明了……”这句话成了在辩论结束时，物理学家们使用的专用词语。

比泡利、海森堡和狄拉克都要年轻的冯·诺依曼已经对一个著名的数学诡辩分支（集合论）做了同样的处理，还颇有见地的提出要建立数学与经济为一体的新学科（博弈论）。一年内，在新建起来的普林斯顿高等研究院，他将成为爱因斯坦为数不多的同事之一。他常常搞些恶作剧让自己开心，比如哄骗这位比自己年长的心不在焉的人上错火车。

40 年后，海森堡写道：“索尔维会议（1927 年 10 月的那一届）之后的 5 年是如此美好，我们经常称之为物理学的黄金时期。”[41] 泡利和狄拉克（这个时期的狄拉克始终犹豫不决，几乎陷于绝望之中）每个人预言了一种粒子，泡利先提出来的是一种他称为“中子”的没有质量的不带电粒子，这种粒子是唯一能解释某种放射性辐射的东西，这种放射性辐射使整个科学界一团迷惑。在此期间，狄拉克正为自己的理论所苦恼，该理论预言电子电荷既有正也有负，与组成普通物质的带负电的电子一样，似乎存在一种带正电的反电子。正如他的朋友奥本海默指出的那样，它不可能是质子。如果它是质子，那么在大爆炸后仅 10^{-10} 秒内，所有物质早已在一片火光中自己湮灭了。[42]

在随后几年里，理论物理学家随意预言粒子，但在这一点上，唯一被成功预言的粒子是爱因斯坦的光子，它是仅有的被全面了解的三个粒子中的一个。另外两个粒子，即电子和质子的存在，已经被实验证实。那时候，如果需要某种粒子来描述一个方程，而该粒子尚且无人利用云室或盖格计数器找到过，这看起来有些不明智。

卡文迪许实验室的精英实验学家、总有奇怪想法的 P. M. S. 布莱克特说："没人拿狄拉克的理论当回事儿。"[43] 这位卢瑟福的弟子 ① 对有关带正电的反电子的空想理论，听得太多了。20 世纪 20 年代末，卢瑟福无意中听到这件事，他说："关于物理学只有一件事要说，那就是理论家们勃然而起，现在我们要让他们再次坐下来。"[44] 但此时，美国的实验学家卡尔·安德森似乎在云室中发现了这种反物质。

玻尔从加利福尼亚带了一张安德森的实验照片回到丹麦。玻尔带着他 16 岁的儿子克里斯汀、海森堡和海森堡当时的两个学生费利克斯·布洛赫以及冯·魏茨泽克，在巴伐利亚南部的奥博多夫火车站相聚。从那儿，他们滑着雪抵达了海森堡的小木屋——途中，海森堡差点儿被一次小雪崩卷走。第二天，他们疲惫地躺在屋顶上，阳光洒在每个人身上，四周围绕着一望无际的皑皑白雪，不远处就是阿尔卑斯山。他们一边陶醉于大自然的美景，一边争论着弯曲的液滴痕迹是否是由所谓的正电子引起的。[45]

回到英格兰后，布莱克特得到了同样的实验结果，这令他很震惊。卢瑟福"遗憾地"发现，狄拉克的正电子理论已经领先于有关正电子的实验。卢瑟福自豪地说："布莱克特竭尽全力避开该理论的影响，但是……"它依然在那儿。"如果实验事实确定后才出现这个理论，我会更喜欢它。"[46]

整个寒冷的夜晚，玻尔和海森堡的滑雪团队都在小木屋中度过，他们打了一夜的扑克。第三天晚上，玻尔提议玩盲牌 [47]，他下了赌注，认为布洛赫或他儿子克里斯汀会赢，因为这两人是让人心悦诚服的蒙人高手。海森堡记得，为了暖和一点，他们"喝了一些烈酒"。

稍后，当这个游戏渐渐变得荒唐起来，玻尔承认："我的建议大概基于对语言的重要性估计过高，语言不得不依赖与现实有关的某些环节。"当其他人嘲笑他时，火光在他和蔼而发呆的脸上闪烁着。"在真实的纸牌中，我们尽可能鼓起更多的乐观态度与信念，利用语言'改善'手中的牌，"他羞怯地笑了一下，"但是，如果我们没有任何现实的依据，即使克里斯汀也不能让我相信他有一个同花顺。"[48]

---

① 布莱克特在剑桥大学的卡文迪许实验室师从卢瑟福学习物理学。——编者注

卢瑟福自己曾在1920年预言过“中子”，即一种电中性的质子的“双胞胎兄弟”（质子带正电），这就可以合理解释很多神秘现象，比如原子，尤其是大质量原子是如何聚在一起的。12年后的1932年2月，卡文迪许实验室副主任詹姆斯·查德威克发现了中子。

但这不是泡利预言的中子。他没放弃希望。埃伦费斯特的学生恩里科·费米也没有放弃希望。那一年，费米根据他所谓的泡利的“小中子”——微中子，发表了伟大的β衰变（原子核的另一种神秘变化）理论。将近四分之一个世纪之后，在半个地球以外的美国新墨西哥州的洛斯阿拉莫斯，微中子被找到了。它的发现者给泡利发了一封电报[49]，告诉他这个好消息。

回到1932年，在卡文迪什实验室，卢瑟福团队中有两个人最为有名：一个是言简意赅的约翰·考克饶夫，他以在卡文迪什实验室同时担任两个半的专职工作而闻名[50]；另外一个是欧内斯特·瓦耳顿，一个会修理手表的聪敏的实验学家[51]。以上人员正在实验室前面的书库里为一个自制的“加速器”添加润滑油，以便做一些更引人注目的事情。1928年，25岁的伽莫夫已经意识到：质子由于波动性可能贯穿原子核，并将其撕裂——然而，在将质子当作一个粒子的观点中，就没有这种可能性。

考克饶夫和瓦耳顿隔壁的实验学家饶有兴趣地回忆道：卢瑟福笑骂着进进出出、跑来跑去，时而发号施令，时而鼓励赞赏，时而欣喜若狂，偶尔还将自己的湿衣服挂在带电的接线柱上，电自己一下，或者点燃干透的烟草，然后扔上半空，“好似一个喷烟吐雾，带灰冒火的火山”。[52] 在4月13日或14日（考克饶夫和瓦耳顿在笔记本中记录的日期不同[53]），他观察到锂原子的两个碎片打到了荧光屏上。*我们分裂了原子！*这声喜极而泣的欢呼马上就登上了报纸——原子，不可分裂的原子，已经分裂了。*万物支离破碎，核心地位不保。*

到了1932年9月为诺贝尔奖提名的时候，爱因斯坦对于理想粒子的波动方程以及理想粒子箱的波动方程之间显现的神秘关联经过了一年的苦思冥想，他不再说那些无意义的话，而是信心百倍地只提名薛定谔：“他与德布罗意的工作在很大程度上促进了我们对量子现象的理解。”[54] 在1932年那个不祥的秋天，埃伦费斯特在他人生最后一篇论文的脚注里提醒每一个人这意味着什么：“如果我们回忆一下，由薛定谔波动力学描绘的这个离奇的超距作用是什么，我们将合理地怀念起一个四维近距作用理论……由爱因斯坦设计，却从没发表过的某些思想实验，尤其适合超距作用这个论题。”[55]

埃伦费斯特将这篇论文题名为“关于量子力学的一些探究性问题”。他在探索量子理论坚实的基础，并想知道，这个基础是否确实存在，或者量子理论是否是“无意识的”[56]。许多同样的问题也出现在泡利那里，对泡利来说，这篇论文“纯粹是制造娱乐。”[57] 他以相同的题目做了回应，试图根据“接触作用”表述量子理论，可是不太成功。但是埃伦费斯特稍微安心了，因为他不再孤单。埃伦费斯特告诉泡利说：“由于敬畏玻尔和你，我已经斗争了一年，直到自己已经绝望了，才下定决心发表这几行文字。”[58]

1932 年夏天，薛定谔一直在柏林，与伊塔·荣格保持着长久的情谊。[59] 笑靥如花的伊塔在 14 岁时曾经是他的学生，现如今她已经 21 岁了，出落得秀美清丽，在四年前就一心一意地成了薛定谔的情人。随着天气开始变冷，她怀孕的事情变得越来越明显。同样明显的是，薛定谔认为是时候该结束这件事了，他希望移情于自己助手的妻子。尽管如此，他还是渴望生个儿子，他天真地认为伊塔会把孩子交给自己和妻子安妮。

但是，伊塔流产了，并离开了柏林，远离了这座伴她成长并与薛定谔度过美好时光的城市，最终嫁给了一个英国人。但这并不是故事的结局。有一连串情妇的薛定谔将会有三个女儿——第一个女儿就是他在接下来不到两年时间里和他助手的妻子生的。然而，这个事件的结局留下的伤痛令伊塔在多次流产之后，终身没能有自己的子女。

在此期间，薛定谔未出版的 1932 年和 1933 年的笔记显示，他开始从数学上研究自己的方程中令埃伦费斯特和爱因斯坦都很苦恼的超距作用。[60] 在两个粒子失去了所有物理联系很长一段时间之后，它们一旦接触，就仅由一个共享波函数描述。和以前波动力学的情况一样（在创立波动力学时，薛定谔已经预见了德布罗意观点的模糊概念，但在德布罗意独立将其弄清楚之前，薛定谔再没有从事相关研究），直到别人将其表述得更加清晰了，薛定谔也没有再对这种思想紧追不舍。

而这项工作将是在三年后，爱因斯坦、波多尔斯基和罗森要做的事。

1932 年末，在哥本哈根布莱达姆斯外大街 15 号这座褐色的小研究所里，人们聚集到主报告厅，观看伽莫夫称为“独门绝技”[61] 的表演。然而伽莫夫自己没有到场。[62]

前两排椅子空着。玻尔和埃伦费斯特坐在第三排，胳膊肘拄在报告厅的桌子上笑着聊天。现场有莉泽·迈特纳——她很快将成为第一个理解恐怖的铀裂变的人——此外还有狄拉克和海森堡。灯光黯淡，走上讲台的是马克斯·德尔布吕克。在那年早些时候的一次演讲中，玻尔勉励生物学家去探寻互补性，德尔布吕克受到玻尔这次演讲的鼓舞，将成为分子生物学领域的开创者之一（虽然他未能维护玻尔的哲学体系）。[63] 他头上戴着大礼帽，看起来相当年轻而英俊，但有点顽皮。[64] “最尊贵的客人们，请欣赏《布莱达姆斯外大街的浮士德》。”[65] 大家鼓起掌来，接下来走出三位仙长，戴着精心手绘的著名天体物理学家们的脸模面具。

当仙长们用精心模仿歌德式的押韵德语开始争论时，每个人都笑了起来——大多数观众在学校时都读过歌德的这部作品。正在这时，突然砰的一声，戴着泡利面具（他代表梅菲斯特①）的利昂·罗森菲尔德出现了。在实验室工作台上有一把凳子，凳子上坐着的人被幕布盖住扮演上帝，只显示出轮廓来。梅菲斯特跳跃着坐在了上帝的脚上。

当梅菲斯特向上帝进言时，幕布被撤走了，露出了带着尼尔斯·玻尔面具的费利克斯·布洛赫。布洛赫爬下凳子，开始吟诵，笑声四起。坐在观众席上的玻尔晃动着脑袋咧嘴大笑。

> 但是，你一定要破坏欢乐吗？
> 你，魔鬼之王，只有抱怨吗？
> 现代物理学从未真正打动你吗？

① 梅菲斯特，《浮士德》中的恶魔，引诱人类堕落，分别与上帝和浮士德订立赌约。——译者注

梅菲斯特 - 泡利回答：

不，主啊！我只是对物理学的困境深表同情。
在我消沉的日子里，它让我痛苦和忧伤。
我的抱怨发自内心——但有谁相信我？

上帝把手指放到自己的下巴上说："你知道埃伦费斯特吗？"

梅菲斯特猛地举起手："一个吹毛求疵的人 ?!" 这时，有人戴着埃伦费斯特的漫画面具跑进场，灯光围绕着他，他的头发比平时要蓬乱三倍，漫画的下方写着"浮士德的幻象"。当上帝宣称浮士德 - 埃伦费斯特为自己的骑士时，梅菲斯特急切地声称，自己能将他带入歧途。在黑暗处的观众席上，埃伦费斯特手托下巴，脸上挂着若有所思的微笑。他想，我是浮士德，多奇怪的一件事。

上帝叹了口气。在玻尔的面具背后的布洛赫模仿着"主人"那特有的半德语、半丹麦语的措辞说：

噢，这真是太可怕了！我必须说……
是的，我必须说……
经典概念宛如一片沼泽，
存在本质的缺陷。
有人注意到了——却保守了秘密。
如今，你打算怎么处理质量问题呢？

梅菲斯特大笑起来，面具后面的罗森菲尔德说道："质量？那有什么？直接忽略它！"

上帝结结巴巴地说："但……但是这……非常有……有……有趣的，仍要去试试……"

梅菲斯特打断他的话说："啊，闭嘴吧！你今天真是胡说八道，安静！"这时，人们哄堂大笑起来。他们全都见过在玻尔和泡利之间很多次类似的场景，大家背地里甚至经常谈论这些故事。

上帝慢慢摇了摇头，就像一个大人对孩子说话一般，说道："可是泡利，泡利呀泡利，我们实际上同意……" 观众席上传来更大的笑声，大家非常明白，这是当发现别人完全错误时，玻尔的说话方式，就像冯·魏茨泽克描述的那样："他那无用的和蔼话语，全是华而不实的东西。"[66]

"不存在误解——我保证，" 上帝继续说，"但如果质量与电荷都不存在，你大体上怎么看？"

罗森菲尔德以泡利式的激动语气，在实验室工作台的边缘上摇晃着说：

可爱的人啊，那是基础知识！
你问我留下了什么？
我的天啊，微中子！
快醒过来，动动脑子！

上帝和梅菲斯特在工作台上前前后后地踱着步，两人都沉默了。然后，上帝停下来，面朝着观众说："我这样说并非责备。"[67] 玻尔坐在台下的椅子中，面带笑容，点点头，赞赏着这第二句他最喜欢的措辞。"而仅仅是获悉……但现在，我必须离开你了。再见！我会回来的！" 上帝从实验室工作台上跳了下去。

梅菲斯特高兴地说：

有时，看见这位和蔼的老人很愉快，
我愿好好待他——尽可能地好好待他。
他很威严却又迷人，对他刻薄你会觉得羞愧：
他魅力无限！——甚至在责备泡利时也是关爱有加！

说罢，他也跳下实验室工作台，一溜烟地跑了。

德尔布吕克又出现了，他朝实验室工作台方向招了招手，开始报幕："第一部分。场景：浮士德的研究。"这时"埃伦费斯特"又上场了，抱着一大摞书，堆在自己面前。他坐在所有这些搜集来的"知识"后面的凳子上，先是长叹一声，然后开始朗读《浮士德》的介绍性台词（演员临时对台词做了改变）——

> 唉——我曾经学过价态化学，
> 电场中的群论，
> 以及索菲斯·李在 1893 年
> 建立的变换论。
> 然而我站在这儿，没有因自己拥有的知识
> 而变得更有智慧。
> 前前后后，人们都称我"硕士""博士"。
> 四下的子弟们
> 已被可怜的浮士德……

埃伦费斯特本人张着长满大胡子的嘴笑起来。

> ……以及无知的跳梁小丑
> 领入歧途。
> 在物理上，他们绞尽脑汁，就像我一样……
> 疑问困扰着我……
> 泡利本人就像魔鬼，令我畏惧。

接着，梅菲斯特突然出现，打扮得像个旅行推销员。在这段剧情中，他要把泡利的微中子推销给埃伦费斯特。微中子装扮得与演唱《纺车之歌》的著名歌唱家格蕾琴一样容光焕发，她用改编过的歌词说：

我的质量为零，
我的电荷为零，
你是我的英雄，
微中子是我的名字。

戏剧继续进行，随后上演了一个经典物理的和一个量子力学的“瓦尔普吉斯之夜”[①]，影射了爱因斯坦被统一场论骚扰，重塑了国王和跳蚤的故事，嘲笑了狄拉克的正电子理论，在“安娜堡夫人的地下酒吧”（加拿大边境附近，密歇根大学的安娜堡暑期补习班）重现了“奥比”（奥本海默）、克拉默斯、索末菲和托尔曼。在那里，他们为梅菲斯特的微中子－格蕾琴着迷。戏剧以不太协调的方式、戏谑的口吻覆盖了 1932 年大部分的物理学事件，最后，结束于浮士德半喜剧化的死亡。

梅菲斯特说：“他追求的这种变化形式从未令自己满意……现在，一切都结束了。他的学问是如何帮助他的呢？”埃伦费斯特的脸在观众席上的众多笑脸中凸显出来——虽然也在笑，但目光黯淡。

最后，“查德威克”手指上顶着一个黑色纸板球状物来了，他吟唱着：

中子来了。
他有质量。
永不带电。
泡利，你认同吗？

梅菲斯特－泡利承认说：

虽然理论尚未跟进
实验已经发现的事物，

① 在德国，“瓦尔普吉斯之夜”也称“魔女之夜”，传说魔女们会在这一晚举行盛大仪式，迎接春天的到来。《古典的瓦尔普吉斯之夜》是《浮士德》第二部第二幕第三场。

但总比仅存在于思想中的理论
更令人心神向往。

他对查德威克的黑色球状物点了点头，说道：

祝你好运，重量级的模仿品——
我们愉快地欢迎你。
但激情延续着我们的故事，
格蕾琴是我的珍宝！

鼓掌声和欢呼声充满整个屋子，“人神交融合唱队”（这里指的是“现场每一个能唱歌的人”）占据了正在结束的会场。

关于这台戏剧，冯·魏茨泽克后来写道：“我们对玻尔的嘲笑是一种善意的消遣，我们要表达的是：虽然我们经常不理解他，但还是毫无保留地尊敬他，毫无限度地爱戴他。”[68] 环顾着四周的笑脸，演员们都把面具摘了下来。每个人都在笑着，能看得出，这是善意的笑。那年，卢瑟福卡文迪许实验室辐射出的那种兴奋，就像一个不稳定的同位素一样是和善的。已有的发现以及对更多发现的期望是美好的。对物理学来说，这是自提出相对论以来最令人兴奋的一年了。这就是知识，这就是伟大，这就是进步，这就是文明。

第二年，即 1933 年的 1 月 30 日，希特勒篡取了德国政权。

两个月后，在卡普特周围，当春天开始爬上枝头的时候，身着褐色衬衫的“希特勒冲锋队”闯入了爱因斯坦的家。他们发现，爱因斯坦在逃跑时留下的“海豚号”小船还在平静的哈弗尔河的停泊处摇摆。他们将其查抄，并在报告中称之为“爱因斯坦教授的高速摩托艇”。[69] 纵有“不能让人民公敌再次购买”[70] 的命令，这艘小帆船最终还是被卖掉了。尽管爱因斯坦费尽心思地寻找它，它却从当地的记录和当地人的记忆中消失了，再也找不回来。爱因斯坦在帕萨迪纳写信寄往柏林[71]，正式从大学辞职。他永远没有再踏上德国的土地。

马克斯·普朗克回到柏林后[72]，作为德国物理学界的代表，他承担起向希特勒进言的责任。他想让希特勒相信，德国全国正在驱逐的犹太裔物理学家们对德国来说很重要。当这个冷酷又心胸狭窄的独裁者听到这些话后，大发狂怒。希特勒语无伦次地向这位已经75岁的伟大绅士叫嚣，而普朗克几乎一句话也说不出。正如爱因斯坦听说的那样，希特勒用关进集中营来恐吓普朗克。或许普朗克没有真正陷入危险，但在10年后，普朗克的儿子因被牵连进事关元首性命的一场阴谋，被当局秘密谋杀了。

在此期间，海森堡发现自己像普朗克以及其他留下来的“雅利安人”教授们一样[73]，作为第三帝国的一名文职人员，被要求接受详细审查——递交父母的出生及结婚证明，参加教化训练营，并在所有讲稿前都写上“希特勒万岁”。这一年的4月，帕斯库尔·约尔当（海森堡和玻恩在矩阵力学方面的合创者，人有点口吃）加入了纳粹组织。[74]5月，在这所大学的围墙外，在他们钟爱的城市——哥廷根、慕尼黑和柏林的广场上，千百本书籍燃烧着，冒起滚滚浓烟。

周围的一切变得越来越不稳定，人们颠沛流离、居无定所。一切都支离破碎，核心地位不保。[75]马克斯·玻恩被午夜的电话铃声惊醒。在电话的另一头，一个刺耳的声音叫嚷着威胁的口号，但玻恩还困得迷迷糊糊。接着，玻恩被要求演唱纳粹歌曲《霍斯特·威塞尔之歌》。1933年5月初，玻恩、海蒂和他们的儿子古斯塔夫离开了德国，前往刚刚跨过意大利边境的塞尔瓦小镇。透过火车的窗子向外望去，一座小镇的广场上正焚烧着书籍。[76]塞尔瓦很幽静、很隐蔽，在令人眩晕的盘山路上驱车几个小时才能到达。在这条路旁矗立着积雪覆盖的流血耶稣的圣祠，几座洋葱型屋顶的教堂紧邻着峭壁，仿佛高耸入云。这座小镇隐藏在提洛尔人聚居的多洛米蒂山脉中一个美丽的山谷里，粗犷的山峰巨大得令人毛骨悚然，像天堂的壁垒一般围绕着山谷。

当玻恩一家人在五月份到达时，这里仍是隆冬。他们从一个农夫手里租了几间屋子。玻恩写道：“于是我们定居下来，过上了僻静的生活。”[77]

但很快，春天走进了多洛米蒂山脉，黄色小佗罗花让人无限欣喜。它们是那么繁盛，山坡变成了春光荡漾的黄色海洋，参差不齐的山顶映衬着春天的碧空。玻恩回忆，自己沉醉在了这美景中：“海蒂说，她想给希特勒或他的教育部部长鲁斯特发一封电报，谢谢他们送给我们这片阿尔卑斯山的春天。”[78]

当春天过去，夏天到来，高山火绒草①开始开花，外尔和玻恩的女儿们也一起来了。她们与外尔及其妻子一起，已经完成了一个学期的学业。女孩子们还带来了玻恩家养的艾尔谷梗犬，名叫特里希。[79]安妮·薛定谔因为深爱着外尔，也随之出现在塞尔瓦——她和薛定谔也已经逃离了柏林的疯狂，来到了蒂罗尔地区，并且住得不远。[80]泡利带着他妹妹也来了，他妹妹曾是马斯·莱哈特剧团的舞台女演员，纳粹的统治让她失了业。玻恩的两个学生先后发现了玻恩藏身的地方，都跑来投奔他。玻恩在自传中写道：“就这样，‘塞尔瓦大学’建立起来了，由森林中的一把长椅子、一名教授、两名大学生组成。我不记得我曾试着教过他们什么，但对我们的圈子来说，他们很受欢迎，常常陪着女孩子们散步，攀登探险。”[81]

泡利曾试图劝说海森堡与他们一起“攀登小山”[82]，但海森堡没有答应，反而请求玻恩回去，与他共同拯救德国的物理学。他没考虑到，像他导师那样有声望的人可能会受到反犹太法的迫害。只要玻恩能回来就行，海森堡相信“政治上的变革会独立发生，丝毫不会破坏哥廷根的物理学”。他认为，“他们”能够认可这种二重性，就像量子物理里的二象性一样。并且，“随着时间的推移，丑恶将从美丽中自行分离”，政治将不再压迫物理学。“因此，我想请您暂时不要做进一步决定，先等等，看看我们的国家到了秋天会怎样。”[83]玻恩读到这里，不知道是该笑还是该哭。海森堡的“卧倒并掩护”策略甚至不能确保自己和他寥寥几个挚爱的犹太裔朋友和学生安然无恙[84]，更何况德国的物理学了。玻恩把海森堡寄给他的这封信打出来一份，寄给了埃伦费斯特：这就是“我们善意的德国同事们”[85]所理解的世界。

瑞士奇迹般地避开了整个德国混乱状态的影响。泡利已经成为苏黎世工学院的一名教授，他有一个由一群令人叹为观止的学生构成的社交圈，他们挤出所有时间追随着他——白天研究物理学，黄昏之后研究苏黎世的夜生活。[86]这其中的许多人，包括泡利自己，将在不久后逃往美国，寻求安全。

但在1933年初，他们更想征服恐惧，就如同那次大家坐在一辆汽车里，驾驶位上坐的是刚刚获得驾照的泡利。埃伦费斯特的学生亨德里克·卡西米尔讲述了泡

① 火绒草，又名雪绒花，薄雪草，为菊科火绒草属，多年生草本高山植物。——编者注

利那“时不时地说‘我开得相当好’的习惯，实在有些令人不安——‘我开得相当好。’他转身对他的乘客们这样强调说，然后就松开了抓住方向盘的手”。[87] 如果他喝醉了，结果将更吓人。一次，泡利在讨论会上喝醉了酒，当他兴高采烈地开车回家时，走了一条根本不存在的捷径。他的车还超载了，坐了五个（有人坐在座位上，有人坐在底盘上）胆战心惊的年轻物理学家。

15 年后，卡西米尔偶然又遇到了那天晚上坐在副驾驶位置上的物理学家。“当我问他：‘戴维，你还记得从卢塞恩去苏黎世的那次坐车经历吗？’他迅速回答说：‘我能忘得了吗？’”[88]

玻尔的助手罗森菲尔德刚刚做了一场报告，是关于他和玻尔新写的一篇论文的。在那篇论文中，他们证明了还存在另一个量子力学外延，能与不确定性原理保持一致。罗森菲尔德很高兴地留意到，那张著名的脸上露出了关注的神情，那张顶着白发、留着黑胡子的脸庞密切关注着他的发言。但是，当爱因斯坦表示支持这种论述的时候，他用到了“不安”一词。[89] 然后他问：“对于下面的情形，你该怎么说呢？

“设想两个相向运动的粒子，它们的动量很大，量值相同，并且在通过已知位置时，二者在极短时间内相互影响。现在，考虑一名观察者在距离相互作用的区域很远的地方找到了其中一个粒子，并测量它的动量。显然，在这种实验条件下，他能推测另一个粒子的动量——”因为两个粒子的动量是完全相反的。“而且，如果他选择去测量第一个粒子的位置，他将能够知道另一个粒子在哪里——”这是根据基于波动方程的一种快速计算，但准确的动量和准确的位置当然是两个无法共存的量子态。

接着，爱因斯坦带着一脸无辜的表情问道：“这是从量子力学原理中得出的一个完全正确且简单的推论，但这不是很矛盾吗？在两者之间的所有物理相互作用都终止后，实施在第一个粒子上的测量行为怎么能影响第二个粒子的终态呢？”[90]

粒子脱离了箱子——爱因斯坦更接近于两年后最终引起玻尔注意（并影响了罗森菲尔德）的那个论证版本。但此时，罗森菲尔德认为爱因斯坦只是给出了“量子力学奇异特征的一个例子”。[91]

“哦，你已经满头白发，却还是孩子气。对一个苦苦寻求慰藉的孩子，你对他做了什么？”[92] 爱因斯坦最好的朋友贝索已经在 9 月之前从苏黎世写信给他，请他关注自己的儿子——或许，“在你的一次长途旅行中”可以带上爱德华。[93] 爱因斯坦回信说将在“明年”，即 1933 年，再带上爱德华。[94] 但到了第二年，一切已经太迟了。到了那时，爱德华在不断接受精神病治疗法、电击疗法和胰岛素休克疗法之后，最终被送进专门机构治疗，这些折磨已经使那个曾经活泼的孩子丧失了非凡的心智。[95]

1933 年 5 月，爱因斯坦在前往牛津大学的途中，在苏黎世停留几天去看望儿子。结果，这成了他们最后一次见面。[96]

此次见面留下了这样一张照片：在一间整洁的屋子里，父亲和儿子并肩坐在一张雕花的床上。爱因斯坦衣着正式——这很少在其他场合见到，即使在他面见国王或参加典礼时。英俊的泰特尔也身着崭新的灰色外套和马甲，戴着领带。他看起来不止 23 岁。他板着脸看着在膝盖上打开着的一本大大的书，手里拿着琴弓，小提琴则在肘边随意地放着。而他的父亲则悲切地凝视着正前方。

住在多洛米蒂山脉的马克斯·玻恩给爱因斯坦写了封信，由埃伦费斯特转交，信中告诉他发生的一切。1933 年 5 月 30 日，爱因斯坦从牛津大学回信说：“埃伦费斯特把你的信转给了我。很高兴你和弗兰克已经辞职了，感谢上帝，你们俩都没遇到危险。但一想到这些年轻人，我就很心痛……”他指的不是玻恩的孩子们，而是玻恩的学生们。他写到了自己和尼尔斯·玻尔努力为这些流放者筹集一些钱，或者找一些工作。

他歪斜着写了一句附言做结尾：“在德国，我已经被升格为一个‘邪恶的妖怪’，我所有的财产都被夺走了。但无论如何，这些财产终究不会永远属于我，我只能用这种想法来安慰自己了。”[97]

爱因斯坦在牛津大学做了一次演讲，关于玻恩对薛定谔方程的统计解释：“我不得不承认，我只能为这种解释贴上短期价值的标签。我仍然相信可能存在实在模式——也就是说，存在一个描述事物本身，而不仅是它们出现的概率的理论。”

“另一方面，我明确地认为在理论模型中，我们必须放弃粒子的完全定域性观点。在我看来，这是海森堡不确定性原理的永久结果。”这种认识的转变没有让他对自己坚持的观点感到绝望。“但是，一个真正意义上的原子论（不仅是建立在一种解释的基础上），一个不包括数学模型中的粒子定域性的原子论，是完全可以想象的。”他解释了场论如何调和这一点，并在结尾说：“只有以这样一种方式成功地描述原子结构时，解开量子之谜的时刻才真正到来了。”[98]

玻恩回信道：“非常感谢你真诚的来信，我真希望能够帮助你照顾那些被流放的年轻物理学家以及有类似经历的人，但是（这时，他的目光从那张小小的粗糙的桌子上抬起来，看了看外面守护着这里的阿尔卑斯山），我自己也被放逐了……”

他说，就物理学而言，“不管怎样，我没有放弃。但我与埃伦费斯特的看法一致，年轻一代有更多机会去完成这些事业”。[99]

1933 年 9 月初，新一届哥本哈根研讨会即将圆满结束。狄拉克在玻尔家门口遇见了正打算离开的埃伦费斯特。

狄拉克用那清晰、高调的大不列颠口音真诚而热切地说：“我觉得你在这次会议中发挥了举足轻重的作用。”[100]

埃伦费斯特瞪大了眼睛，转身匆匆进入房门，留下了瘦高的狄拉克一个人站在台阶上。

门再次打开了。埃伦费斯特走下台阶，来到狄拉克跟前，抓住了他的胳膊。他哭了，无声的泪水从几天未刮过胡子的脸上流了下来。不擅于处理情感事件的狄拉克感到，埃伦费斯特的眼睛后面隐藏着一种令人恐惧的东西。

埃伦费斯特深深地吸了一口气说：“狄拉克，刚才这番话从像你这样的年轻人口中说出来……”在浅黑色眉毛下方，他充血的双眼深陷下去，满含了泪水，他热切地望着这个年轻人。对埃伦费斯特而言，狄拉克代表了他自认不可能跟得上的灿烂纷繁的新物理学。“你刚才所说的话对我而言意味颇多，因为，或许（又是一个深呼吸，这是剧烈的挣扎）一个像我这样的人，不再觉得自己有活下去的力量了。”[101]

他就这样站在台阶上，抓着狄拉克的手臂。狄拉克望着他的双眼，无比惊骇，一时说不出话来。埃伦费斯特似乎想尽力寻找更多的话来说，却突然转身走了，没有再说一个字。

几周后，埃伦费斯特走进阿姆斯特丹教授水疗所的等候室，他 15 岁的儿子瓦斯欧基患有唐氏综合征，正在那里接受治疗。[102] 希特勒刚刚通过了一个法律，“为了防止遗传疾病削弱后代”，当局开始组织对那些不可能生出“优等民族”的人进行绝育。希特勒下令针对伤残儿童的所谓“人道灭绝”计划也马上要开始了，这个工作将由医生们在办公室里进行。

埃伦费斯特走向服务台，用荷兰语说：“我叫保罗·埃伦费斯特，我来看我的儿子瓦斯科。”他总是习惯叫儿子的乳名。当埃伦费斯特在一把椅子上静静地坐下来的时候，接待员打了个电话。

一名护士领着瓦斯科来到了等候室。看见父亲时，瓦斯科顿时变得神采飞扬。他们走出教授水疗所，去了附近的一个公园，走进了深秋的九月天。

然后，埃伦费斯特，这个受人爱戴的“有道义和良知的物理学家”，掏出手枪，先射杀了自己的儿子，然后开枪自杀了。

后来，人们在埃伦费斯特的书桌里发现了一封没有寄出的信，落款日期是他死前一个月多一点，即 1933 年的 8 月 14 日。信是写给“我亲爱的朋友们”的，包括玻尔、爱因斯坦、詹姆斯·弗兰克和理查德·蔡斯·托尔曼。

> 我完全不知道，在接下来的几个月里我该如何去承受更多，我觉得自己的生命已经不堪重负……几乎可以肯定，我要自杀。如果这在将来的某个时刻发生了，那时，我要知道我已经为你们平静而有条不紊地写下了一些东西，你们的友谊在我生命中扮演了如此重要的角色……
>
> 最近几年，跟上并理解这些（物理学的）发展对我来说愈加困难。一番努力之后，我却更加萎靡与崩溃，最终在**绝望**中放弃了……这令我完全“厌倦生命”……我真的觉得，为了在经济上要照顾孩子们而“继续活

下去有负罪感”……我尝试过其他事情……但那些帮助只是暂时的……因此，我越来越专注地思考更清晰的自杀细节……除了自杀，我没有其他“合乎实际”的可能。在自杀之前，我首先要杀死瓦斯科……

原谅我吧……

愿你们和你们的亲朋好友好好地活着。[103]

马克斯·玻恩坐在火车的车厢里，当这列火车驶出他们位于意大利的避难所塞尔瓦时，已是寒冷的凌晨三点钟。玻恩望着窗外的繁星，他的儿子古斯塔夫蜷缩在一个座位上睡着了，特里希那毛茸茸的黑褐色脑袋靠在玻恩的膝盖上。随着糟糕的1933年一步一步地接近尾声，他感觉自己像是周围唯一清醒的灵魂。他的脑海中浮现出黄色佗罗花绽放的幻影。“我们现在才知道，在塞尔瓦附近散步和爬山是多么令人愉快，我们非常喜欢。”[104] 如今，他们正离开这里——海蒂和女儿们已经提前走了——他们要去“一个陌生的地方，奔向一个不确定的未来”。[105] 这个陌生的地方就是苏格兰，在接下来的30年里，玻恩将在那里生活。那只狗在睡梦中呜咽着，玻恩将一只手放在了它细瘦而结实的脊背上。

12月，海森堡、薛定谔和狄拉克，以及安妮·薛定谔、狄拉克的母亲和海森堡的母亲，一起在斯德哥尔摩的中央火车站下了车。[106] 海森堡是从莱比锡来的，狄拉克来自剑桥，而薛定谔则在不久前刚刚在牛津大学落脚。海森堡来领延期颁发的1932年的诺贝尔奖，薛定谔和狄拉克来领1933年的诺贝尔奖。

前一个月，海森堡想方设法劝他的“老对手”留在德国，“因为他既不是犹太人，也不会有其他危险”。[107] 所以，海森堡对薛定谔的背信很生气，并拒绝认为薛定谔可能是出于道义才决定离开德国。在薛定谔辞职的同时，他的老朋友外尔由于妻子是犹太人，也从德国辞职了，外尔一家去了美国普林斯顿。

在颁奖典礼之后的宴会上，薛定谔这样结束了他的祝酒词：“我希望不久以后能再次回来……不是来到一个彩旗飘飘的庆典大厅。在我的行李箱里，也不会有这么多正装，而是肩上扛着两个长长的滑雪板，背上背着帆布包。”[108] 狄拉克说了一些毫无条理的祝酒词，关于为什么“任何与数字有关的事物都应该具有‘理论解’”。[109] 他甚至说起经济衰退，以及宗教只能妨碍学术的发展等话。这让海森堡想起在六年前的索尔维会议上，当时泡利宣称“这里没有上帝，狄拉克就是他的先知”。[110] 而海森堡简单地感谢了一下大家的盛情款待。[111]

那一年，诺贝尔奖委员会没有颁发和平奖。[112]

一个月后，海森堡从苏黎世给玻尔写信，苏黎世的邮政系统没有被纳粹控制。他在信中说：“关于诺贝尔奖，我良心上愧对薛定谔、狄拉克和玻恩。至少薛定谔和狄拉克都和我做得差不多，他们都应该分别得诺贝尔奖，而我应该乐于与玻恩一起分享这一奖项。”[113]

就这样，在整个世界（也包括微小的物理学世界）被第二次世界大战以及两颗原子弹的爆炸不可挽回地改变之前，量子物理最后的庆典结束了。

希特勒的权势熏天。欧洲由于尚不可知的暴戾而紧张不安。从德国逃出的难民们到了哥本哈根[114]，包括和蔼可亲的实验学家詹姆斯·弗兰克，以及匈牙利生物学家格奥尔格·冯·赫维西——在接下来的 10 年里，冯·赫维西将成为理论物理研究所倍受喜爱的固定成员，他用放射性示踪方法和其他非想象、非物理的放射生物学实验，让这个研究所震惊不已。[115] 在此期间，玻尔仍然处于埃伦费斯特自杀的阴影下，而在 1934 年夏天，他又一次遭受了可怕的打击。在一次海上航行时，他眼睁睁地看着自己 17 岁的长子——英俊的克里斯汀淹没在波涛汹涌的海水中。[116]

1938 年，在英国和法国令人绝望的默许之下，希特勒占领了奥地利和捷克斯洛伐克的一个关键地区。接下来，一切以更快的速度瓦解了。1938 年初，希特勒的法规分开了物理学家莉泽·迈特纳和化学家奥托·哈恩这两位昔日志同道合的朋友①。在那年的年末，迈特纳在寒冷而安全的斯德哥尔摩指导回到柏林的哈恩分裂了铀原子——这是通向核弹的第一步。

那年 9 月，冯·诺依曼刚刚加入美国国籍，他在哥本哈根登门拜访了玻尔和玻尔的弟弟哈若德。冯·诺依曼写信给他的未婚妻说：“我与玻尔兄弟以及玻尔夫人进

① 迈特纳和哈恩曾共同致力于放射性化学的研究，但由于迈特纳是犹太人，为了躲避纳粹的疯狂迫害，她只得逃离柏林到瑞典斯德哥尔摩避难。——译者注

行了多次谈话，当然，大部分是关于政治的。但我们还是努力讨论了一个半小时的‘量子力学解释’。我确信，我们是在炫耀。我们两个人都在表现自己：看，在1938年9月，我们居然还能关心物理学……

“一切都像一场梦，一个狂热的梦：在一间巨大的房子里，摆放着雅各布先生（房子建造者）布置的所有东西：一个了不起的冬季温室花园，一个多利安式柱廊——上面全是新古典主义雕刻。玻尔兄弟争论着捷克斯洛伐克是否应该投降，以及在量子理论里是否还有存在因果关系的希望……”[117]

16

量子力学的实在性描述

1934年至1935年

格蕾特·赫尔曼和卡尔·荣格

在莱比锡物理学院的一间小地下室里[1]，海森堡和卡尔·弗里德里希·冯·魏茨泽克[2]正在一块写满方程式的黑板旁边打乒乓球。在冯·魏茨泽克15岁的时候，他的偶像跟他说，自己刚刚驳倒了因果论。“就在那一刻，”冯·魏茨泽克回忆，“为了弄明白这件事，我决定研究物理学。”[3]如今，21岁的他已经成为一个既聪明又富有哲学思维的小伙子，留着一头精心修剪的黑发，脸上折射出符合大使公子身份的外交式表情。

事实上，他父亲冯·魏茨泽克大使精明而老道，在政府由共和制变为独裁制的过程中，他依然能设法保住自己的职位。在莱比锡生活的最后四年对卡尔·弗里德里希·冯·魏茨泽克有着决定意义，他已经成为海森堡团队的核心成员，而且可能是海森堡最亲密的朋友。从零开始学习量子物理学虽然一如既往地令人激动，但这种体会已经蕴含了一种感受：对核心内容的幻想的破灭。开始的时候，冯·魏茨泽克发现他的导师“不关心物理学中的哲学问题，这种情况吸引了我去研究这个课题。”[4]

海森堡总是理性地说：“物理学是一场公平交易，只有曾经学习过它，你才有权利将之哲学化。”[5]这样直率而现实地表述，说明海森堡在哲学问题上完全信赖这个比他小10岁的晚辈——不仅是在物理学范畴内的哲学，在政治范畴内也一样。[6]

外面的春天烦躁不安，而在这间与世隔绝的地下室里，没有纳粹，没有道德危机，只有方程式和乒乓球陪伴他们。两个年轻人情绪高涨，仅仅是因为球打得很激烈。他们的外套挂在门边的挂钩上。整个屋里只有他们的鞋底与地板的摩擦声、乒乒乓乓的击球声，偶尔还会传出一两声惊呼。

地面入口处的一扇门打开了，楼梯上出现了一双女鞋，踩着陌生的步伐走了下来。接着，一个纤瘦的女人进入了他们的视线，她窄小的脸上带着猎犬般警觉的神色，深褐色的头发向后梳理得光滑整洁，神情略显稚气和内向。冯·魏茨泽克的父亲当然不会支持这位女士那激进的政治观点（她如今领导着一个社会主义政党，积极反抗纳粹组织），但在学院的高墙之内，这样的话题不会有太大问题。

她问道："请问您是海森堡教授吗？我是来这里指出您的错误的。"

海森堡手里握着乒乓球拍，惊讶地看着她。

"我认为，作为您那著名原理的一个结论，您已经宣称因果论'内容空洞'[7]。"前不久，海森堡曾在《柏林日报》（*Berliner Tageblatt*）上有意发表了一些煽风点火的文字。她继续说道："您说'当前哲学的任务是与新形势妥协和解'。"[8] 她眉毛一扬。

她名叫格蕾特·赫尔曼，与海森堡同岁，她不想"妥协和解"。[9] 她是一个常被称作"诺特的男孩子们"（Noethe's boys）的团队中为数不多的女性，她曾在哥廷根大学的著名女数学家艾米·诺特手下做研究。在学位论文中，格蕾特对后来蓬勃发展的计算机代数的基础做了独创性研究——这也是冯·诺伊曼的研究领域（此外还有博弈论等）。冯·诺伊曼的成果丰富，处于支配地位，但她几乎在每一个研究方向上都与冯·诺伊曼完全相反。博士毕业后，格蕾特留在了哥根廷，做了哲学家伦纳德·尼尔森的一名私人助理。伦纳德·尼尔森是一个充满激情的人，自愿担负起整合哲学、数学和伦理学的研究任务。在尼尔森周围，聚集了一群致力于雅各布·弗里斯的新康德主义研究的人员。作为这个学术圈子的衍生物，他建立了自己的政党——国际社会主义联盟。

如今，两位导师都离开了她。尼尔森是个工作狂，患上了失眠症，并于1927年英年早逝；诺特则被纳粹不分青红皂白地排挤，最终由于她的"雅利安"血统不够纯正而失业，当时，诺特已经在美国教书（但在下一年，她由于身为女性而再次失业）。精力旺盛的尼尔森在大家最需要他的时候去世了，于是，格蕾特留下来领导国际社会主义联盟，积极反抗纳粹组织。她创办了社会主义日刊《星火》（*The Spark*），并组织地下反纳粹论坛。格蕾特发现，当与危险相伴的时候，哲学更令人兴奋。

海森堡和冯·魏茨泽克拿着乒乓球拍站在那里，如果他们知道这一切，肯定会感到惊讶：发表在报纸上的那点儿挑衅性文字，竟能让她在这种是非时刻登门造访。但是，海森堡的废除康德主义的说法，对于一个将道德与政治体系作为根基的人来说——这是她生命的全部——这就不仅仅是学术问题了。她的偶像实际上就是为了康德哲学而把自己钉在了十字架上。

她不会轻易妥协的。

她问道："是什么阻止我们去想象，随着物理学知识的增长，量子力学中也可以加入新的规则和标准？[10]又是什么阻止我们去相信，这些规则和标准可能会再次提供准确的预测？"她紧盯着海森堡的眼睛，沉着而冷静。"一切都取决于这个问题的答案。"

冯·魏茨泽克神情兴奋地盯着这场哲学辩论，他轻易见不到有人正式辩论这类问题。[11]他把屋里两把椅子中的一把递给她。

海森堡侧坐在乒乓球桌上，开始郑重解释："实际上，自然界告诉我们，不存在新的决定性，没有它们，我们的知识也是完善的。"[12]格蕾特背靠椅子而坐，双腿交叠，两臂交叉抱胸，听完海森堡的话她扬了扬眉毛。

海森堡开始像玻尔那样，沿着一个椭圆形的曲线绕着乒乓球桌走动。他解释道，在微观粒子实验中，两个世界相遇了——一个是量子世界，一个是经典世界，它们的行为方式完全不同。当这两者相遇时，某些至关紧要的东西缺失了。这一年（1934 年），玻尔刚刚出版了名为《原子理论与自然界的描述》（*Atomic Theory and the Description of Nature*）的论文集。他在文章中反复强调，测量行为会干扰被测量的物理量，这种干扰"是一种自然属性，使我们丧失了描述因果模式的基础"。[13]他在索尔维会议上击败爱因斯坦时所采用的就是这个概念。它对海森堡的不确定性原理和神秘的波函数坍缩提出了一种直观的理解，但爱因斯坦（和他的同事波多尔斯基以及罗森）马上警告玻尔这是错的，至少在直觉上，远不是他们想象的那样。

“量子力学决定论完备性是可能的吗？”[14] 海森堡问道。隔着乒乓球桌，他转过脸，直视着格蕾特·赫尔曼，好像两个裁判员正在争辩球是否触网了。接着，他自问自答道：“以下是不可能的原因。”

“无论在与实验对象相关的量子力学一边，还是在与观测仪器相关的经典理论一边，”他放下双手，身体在球网上方朝前倾着，面向他的两个听众，“各自的理论都确切有效。这里要用到统计学。”他抓住球网，突然做了一个优雅的手势，继续说：“在分界处，你无法测量粒子，却不干扰它的因果进程。”

他晃了晃球网，说：“现在，如果你希望像你说的那样，在量子理论中引入‘新的规则和标准’，并在其中恢复因果论，那它们必须沿着分界面进入。但是，分界面一直都在动——那些从前以经典理论来描述的事物，你总能用量子力学来描述；只要局部仪器保留经典特性，你总能在量子力学系统中多加入一点仪器。”他绕着球桌走回来，然后面对着格蕾特和卡尔·弗里德里希坐在了上面，摆动着双腿。“但是，当分界面移动的时候，一些新的隐性性质的定律式推论与量子理论中更加不固定的各种关联之间的矛盾，将不可避免。[15]

“因此，量子力学决定论的完备性是不可能的。冯·诺伊曼刚刚写过一本书，其中有一章更严格地指出了这个问题。”

“我读过这本书。”格蕾特说。

海森堡说：“太好了，那么，你看到这一点了吧。”

“我想，如果你再从头至尾看一遍诺依曼那本书的重点章节的话，”她清晰地说道（她称呼冯·诺伊曼都没带“冯”字！），“你就会注意到，证明那些显著特征不存在的必要步骤[16]，本身就暗暗假设了它们不存在。”

海森堡和冯·魏茨泽克瞪着她问：“你说什么？”

“运动过程实际所依赖的其他特征的可能性[17]（这里指隐变量的可能性），没有被诺依曼的结论甚至他的假设排除。”格蕾特说。

海森堡默默地站起来，拿起一块黑板擦，并从黑板的粉笔槽中顺次放着的许多粉笔里拿出一根，一起递给了她。

她在椅子上转了个身，在黑板上擦出一小块空地，然后写下了一个短小的方程。白色粉末勾勒的公式无知无识地印落在那片空地上：$<P+Q>=<P>+<Q>$。[18]这个公式代表同一时刻测量的位置与动量之和的期望值，等于对位置测量的期望值与对动量测量的期望值之和。

她说："就是这个假设（对于量子力学来说这足够准确），诺依曼的证明成也于此，败也于此。[19]他试图从你的不确定性原理中解读出，深化我们的认知是不可能的。"[20]她扫了一眼海森堡。"如果粒子的位置和动量不能同时被准确地测量，那么，怎样才能获得对未来轨迹的可靠认识呢？它恰恰取决于物体当前的位置和动量。"[21]

冯·魏茨泽克蹙眉冥思，海森堡则眉头紧锁。

"但是，这个看法是基于对不确定性原理的主观认识。把电子仅看作一个粒子，然后说，由于我们永远不能知道它的精确位置和动量，而它未来的轨迹又取决于此，因此原因永远无法被观察到。[22]

"但这忽视了一个事实，那就是，电子不仅是一个经典粒子，它还是一个波。基于这个事实，不确定性原理不仅是对我们认知的限制，同时也是对整个自然世界的限制。"这得到了海森堡点头认可。

格蕾特继续说："如果按照这个推理，电子不能同时具有准确的位置和准确的动量，那么对于将来的运动，准确位置和准确动量就并非决定性因素。而如果放弃这个假设，在运动轨迹实际上依赖于因果关系这个问题上，能否发现其他特性就不得而知了。不能仅仅因为量子力学的形式不承认这些特性，就有理由宣称它们不存在。"[23]

两个男人瞪大眼睛看着她，好像她是一个来自外星球的生物。

格蕾特一边说，一边微笑着站了起来："我能说的，这只是个例子。我们都知道这个事实，只有一个理由可以让我们放弃探索影响'被观测过程'的因素，那就是有人已经知道了这些因素——如果已经知道了这些因素，探索就没有任何意义了。[24]我来这里就是寻找这些因素的。[25]"

海森堡扬了扬眉毛，但他还是被感动了。他看了冯·魏茨泽克一眼，说："我们本学期就仔细探讨这个问题。欢迎来到莱比锡，赫尔曼·格蕾特小姐，在此期间，你来和我们一起讨论，怎么样？”

“好的，我会来的。”她说。

当格蕾特走上楼梯的时候，打乒乓球的声音又重新响起来。

1934年大约同一时间，泡利的生命又开始变得有意义起来。此前三年，他母亲自杀，父亲迅速再婚，自己也离了婚——他的新婚妻子和一名“普普通通的化学家”跑了。这一系列打击使他终日意志消沉，沉醉不醒。通过“了解心理问题”和“精神的特有作用”，他终于康复了。正如在1934年10月，泡利在写信给他的朋友兼助手拉尔夫·克罗尼格告知这件事的时候，他写下了“你喜获新生的故友：泡利”这样的签名。[26]

泡利在瑞士联邦工学院的新同事卡尔·荣格在两年前就介绍他去研究“心理问题”。在苏黎世精神分析学领域，荣格是西格蒙德·弗洛伊德的主要对手，他创立了由本原的“原型”构成的“集体无意识”理论。人们认为该理论与量子理论有着奇特的共鸣，因此，理论一出现就引起了学者的关注。当泡利遇到荣格时，他把这位精神分析学家视作自己摆脱酒精与颓废的救命稻草。但是，当这位曾经很活跃的物理学家跑来寻求指导时，荣格对泡利的回应却含有更多的投机因素。1935年，在著名的达维斯托克演讲中，他这样形容泡利（没有指出他的名字）：“那次会面，我从他那儿得到印象很明确：我看得出，他满是原型素材，我告诉自己：‘现在，我要做一个有意思的实验，让那个“原材料”变得绝对纯粹，丝毫不带有我自己的影响……’所以，我把他交给了一位刚入门的女医生，她对原型素材了解不多。”[27]（他没有提到这位“新手”医生是他的一名信徒，她一直汲取着直接来自源头的有关原型素材的信条。[28]）

尽管泡利还处在沮丧的情绪中，但他依然能在某种程度上进行反抗。1932年2月，他给这位“女医生”写信说：“我出于某些神经过敏症状而向荣格先生请教，我接受他的治疗比接受女士的治疗更容易取得理论上的成功。从来都是荣格先生而不是别人在处理这个病例，对我来说，他才是为我治疗的合适人选。”[29]

泡利经过半年的“实验”后，改由荣格为他治疗。在两年的友谊中，经过荣格的亲自剖析，泡利摆脱了消沉状态。1934 年，泡利找到了自己的终生同事与伴侣弗兰卡·伯特伦。最终让泡利重获新生的人无论是荣格还是善解人意的弗兰卡，这位“医生”都在曾经的“上帝的鞭子”身上留下了深深的烙印——泡利表现出模糊思维和轻信他人的一面，玻尔和海森堡对此都不赞赏。当荣格将在讲演中使用这件“素材”的时候，泡利非常激动[30]。而且，泡利被荣格的象征主义中那种巴洛克的富丽堂皇，尤其是模糊的梦境完全吸引。

但在 1934 年秋，在泡利与弗兰卡结婚半年后，他写信给荣格说：“我感到，我确实需要摆脱梦的解释和梦的分析。我想弄明白，生命从外部世界带给了我什么。”[31] 他随信附上了约尔当在近期写的一篇不是关于物理的，而是关于心灵感应的文章，并表示自己不会永远离开荣格。泡利觉得可怜的约尔当（他由于长期被严重的口吃所困扰，变得性格内向）已经接近于荣格那种“集体无意识”的观点了。

在此期间，荣格迷上了杜克大学植物学家 J. B. 莱恩的一系列心灵感应实验。莱恩刚刚在 1934 年出版了专论《超感觉的知觉》（*Extra-Sensory Perception*）（他自己创造的这个术语常被简称为“ESP”）。莱恩受到阿瑟·柯南道尔爵士演讲的启发，开始研究超自然现象。他的研究很早就显示了在科学上的严谨度，早在 1927 年（这一年出现了海森堡的不确定性原理、泡利矩阵以及玻尔和爱因斯坦之间的论战），他就郑重地宣称一匹名叫“旺夫人”的马有心灵感应。但是，有位魔术师在同一年调查发现，实际上，这匹马是从驯马者的姿势和表情中领会了一些细微的暗示。

莱恩没有被这次失败击倒，继续研究人的心灵感应。他在 1934 年完成了一个最著名的实验。在心理实验室的顶楼——超心理学研究室里，莱恩的研究生翻开一副共 25 张的“ESP 卡片”，每分钟翻一张；穿过杜克大学的院子，在图书馆众多房间中的一间小卧室里，一位“千里眼”异人试着猜出每张卡片上是 5 种简单符号中的哪一种；然后，将所有的测试结果放到一起进行比对。经过每次 25 张卡片的 74 轮测试之后，莱恩宣称结果具有重要的统计意义，被试能正确猜出比仅靠随机猜测多 10% 的卡片。荣格觉得这个结论太奇妙了，而最初泡利认为这没什么。

在他最后的日子里，荣格逐渐认识到，莱恩虽然真诚，但在科学方法的细节上掌握得还不够，但他还是认为，莱恩的实验为 ESP 提供了“科学证据”。[32] 荣格解释说："这些实验证明了，精神有时会在时空因果律的外部起作用。这表明，我们对时间与空间定义的概念，以及对因与果的概念都是不完善的。"[33]

假如荣格的轻信没有奇怪之处，那么他对泡利的说服力就让人大跌眼镜了。泡利在 20 多岁的时候就敢让玻尔"闭嘴"，敢讥讽爱因斯坦的想法"实际上并不十分愚蠢"。畏于埃伦费斯特和马克斯·玻恩等人的声望，泡利最兴奋的事就是手里攥着海森堡的来信，他的第一任妻子回忆说："他像困兽一样，在房间里不停地走来走去，以极尽尖刻与诙谐的方式叙述着他的回信。"[34] 但是，用弗兰卡·泡利对丈夫的形容却是："这位十分理性的思想者任由自己完全依赖于荣格的人格魅力。"[35]

1950 年，泡利给荣格写信说："在过去的时间里，除因果律之外，我们基本认同了一个用于解释自然的更深刻的原理的可能性、有效性和（莱恩实验的观点）必要性。"[36] 他们讨论了因果关系和"同时性"（荣格用来形容重要巧合的语言）之间的互补性。三年后，这个题目再次被提起，泡利谈到了量子力学中的"观测者"和"测量方式"，泡利给荣格写信道："今天我确实相信，同一原型可能明显地既处于观察者实验装置的选择中，又处于测量结果之中——就类似于莱恩实验中的猜牌游戏。"[37]

1934 年，泡利停止去荣格那里接受治疗之后不久，他在出现下弦月的时候做了一个梦，这个梦始终萦绕在他脑海中："一个似乎是爱因斯坦的人在黑板上画着曲线图。"在梦里，爱因斯坦画了一条简单的斜向上的线，线上标有"量子力学"，这条线平分了一块象征"真正实在"的阴影面积。"我看到，量子力学（和通常所谓的正统物理）被视为一个更有意义的二维世界的一维截线，"泡利继续道，"这个第二维，只能是潜意识和原型。"[38]

格蕾特·赫尔曼跟随海森堡学习了一个学期后，带着她学会的全部内容以及与冯·魏茨泽克的"哲学友谊"返回了哥廷根。她已经深深融入互补学派之中，显现出她独有的在康德和量子论之间的个性化调和——对她来说，这比找到冯·诺依曼非隐变量不存在定理中任何不完善的证据都重要得多。量子物理不断动摇的支柱（对应原理和"测量会干扰系统"的观点）依然屹立在莱比锡。在海森堡和冯·魏茨泽克的印象里，格蕾特从中构建了关于哥本哈根诠释（指玻尔、海森堡和泡利再加上经常被遗忘的玻恩等人的量子力学观点的总和）完备性的巧妙辩护。

她甚至囊括了爱因斯坦光子箱的冯·魏茨泽克版本，这让她得出一个重要结论（很快就会被玻尔强调）："可以说'就其本身而言'，量子力学的特征描述像经典理论一样，不能归结于物理体系。"[39] 她解释说，粒子的状态不能独立于"人们可从中得到粒子信息的观测"：测量不仅干扰而且创造了被测量的特性。但与海森堡和冯·魏茨泽克一样，她似乎没意识到，如果事实如此，这就是超距作用。哥本哈根诠释没有提供一种表达方式，能让物理学家去留意那些貌似幽灵般的超距作用，更不用说承认量子纠缠是确切的、可被测量的现象了。格蕾特像很多人一样，默默地忽略了这个问题。

以此为结果的论文最终发表于旨在促进自然学科各分支之间交流的《自然科学》（*Die Naturwissenschaften*）杂志上，被最大限度地广泛阅读。在这场对话中，数学公式被认为太过拘泥，格蕾特关于"诺依曼"的精辟段落被遗漏了。尼尔森的新康德主义杂志刊登了这篇论文的全文，但是，吹捧冯·诺依曼那有缺陷的证明的人，恐怕很难看到发表在此处的这篇文章。

1936 年，格蕾特的文章发表后，她被迫把有关量子力学基础的深入思考搁在一边。她的反纳粹态度严重地危及她的生命安全，她逃到了丹麦，之后是英国，并在那里加入了国际社会主义联盟伦敦分部。

这样一来，没人能越过海森堡、冯·魏茨泽克和格蕾特的防卫圈，了解她如何摒弃了冯·诺依曼的不存在隐变量的论证。出于他们自身的某些神秘原因，三人就此再也没说过什么。

爱因斯坦、波多尔斯基和罗森

1934 年，纳森·罗森正在普林斯顿大学做研究[1]，他已经在斯莱特手下取得了博士学位，并与高中时代的情侣、音乐家、艺术评论家同时也是钢琴演奏家的安娜走进了婚姻的殿堂。一天，他试探着敲了敲法恩大楼 209 号——爱因斯坦的房门。

这所高等研究院①本质上是在1933年10月才创办起来的，当时，举世闻名的爱因斯坦来到了这里。如今，其中原本的一些空房子被普林斯顿大学数学系使用着，冯·诺依曼和爱因斯坦就撑起了半个学院。爱因斯坦费了九牛二虎之力，才让自己的助手沃尔特·迈尔来到身边，帮他远离危险，并给他在学院安排了一份工作。之后，爱因斯坦却发现，在向统一场论的高峰再次发起冲击时，迈尔变得保守起来。现在是25岁的罗森——这个来自布鲁克林的温文尔雅而又有些孩子气的热情小伙子，想要讨论爱因斯坦早期的统一场论，这是他在斯莱特手下时的硕士论文题目。

第二天，当罗森经过草坪的时候，爱因斯坦走近他，用他那浓重的德国口音问道："年轻人，来和我一起工作好不好？"[2] 听到这话，罗森心潮澎湃。

当爱因斯坦和罗森在209房间会面的时候，并没有探讨下面话题：如果构成（罗森正在研究的）一个氢分子的两个共存原子分离了，就如爱因斯坦的思想实验中，光子离开了光子箱，这将意味着什么。相反，两人凝视着浩瀚而广博的爱因斯坦场方程，从那些方程里，浮现出一番迷人的景象。一个黑洞（可能是一颗恒星，它在自身引力的作用下坍缩，当半径缩小到一定程度后，巨大的引力使光都无法从中逃逸）会在其中心处产生一个极小的时空"奇点"，就像飓风的风眼。如果两个奇点连成一线，存在一定间隔的两部分时空就可能以某种神秘的捷径连接在一起——不久后，人们称之为"爱因斯坦－罗森桥"（后来被称为"虫洞"）。

1935年初，鲍里斯·波多尔斯基也在这所高等研究院。他已经对爱因斯坦及其系列光子箱实验非常熟悉，也了解了罗森的氢分子分析。看起来，似乎是波多尔斯基根据推理，认识到罗森那纠缠在一起的一对氢原子构成了一个既有案例，它能证明爱因斯坦曾经提到但未公开发表的观点。

爱因斯坦、波多尔斯基与罗森之间的探讨形成了一篇题为《量子力学对物理实在的描述可否被视为完备的？》（*Can Quantum-Mechanical Description of Physical Reality Be Considered Complete?*）的论文。[3] 爱因斯坦向薛定谔提到："由于语言上的困难，

---

① 指普林斯顿高等研究院，1930年成立于美国新泽西州的普林斯顿，以在各个领域的尖端研究而著称。研究院不属于普林斯顿大学，但二者有很深的渊源，研究院的许多教授也兼职普林斯顿大学的教授。——编者注

在多次讨论之后，这篇文章是由波多尔斯基执笔的。”[4] 当时爱因斯坦只会 500 个左右的英文单词[5]；而文章标题中少了一个“the”，这是由于执笔者的母语是俄语，英语也有些生涩。真不知道这三位作者之间是怎么合作的。罗森对这件事记不太清了。波多尔斯基曾告诉他儿子，“当认为自己有了点想法的时候”[6]，他和罗森就去找爱因斯坦谈一谈。在他生命的晚期，波多尔斯基仍对此念念不忘，开玩笑地告诉他的物理系同事约翰·哈特：“我们没有征求爱因斯坦的意见，就署上了他的名字。”[7]

尽管 EPR 佯谬提出了更彻底、更复杂的逻辑和量子力学分析，但无论如何，它还是沿着爱因斯坦光子箱系列思想实验的思路前进的。两个“系统”（可能是粒子或箱子）相互作用，然后分离。在测量一个系统的动量时，实验者不接触远处的系统，就能得到它的动量。同理，如果实验者想测量位置，能够通过附近系统的量子力学波函数，估算远处系统的位置。

所以，在论证过程中的这一阶段存在一种选择：要么，测量这里的动量来得到那里的动量；要么，测量这里的位置来得到那里的位置。

但是，这篇著名的（且意义深远的）文章定义了一个“实在元”：“在不以任何方式干扰系统的情况下，如果能够准确预测物理量的值，就会存在一个与该物理量相关联的物理实在元。”[8] 在这种情况下，远处系统的两个特征（位置和动量）不都应该被当作实在元吗？如果是这样的话，量子力学在其他方面的描述不也是不完备的吗？

文章最后两段有同样重要的意义。EPR 承认：“如果一个人坚持认为，只有两个可以同时被测定的物理量才能被看作同时的实在元，那么，他就不会得到我们的结论。在此观点上，由于 P（动量）的值和 Q（位置）的值中的一个（不是两者同时）能被测定，它们不是同时真实的。”但他们对此表示怀疑。“这使得 P 和 Q 的实在性依赖于实施在第一个系统上，而对第二个系统不会产生任何干扰的测量过程。估计，没有任何实在性的合理定义允许这种情况。

“当我们就此说明，波函数没有为物理实在给出一个完备的描述的时候，我们又将面对这样一个完备的描述到底存不存在的问题。不管怎样，我们相信，这种理论有可能存在。”[9]

在论文提交的那段时间，波多尔斯基不得不动身去了加利福尼亚[10]。1935 年 5 月 4 日，《物理评论》(*Physical Review*) 刊登 EPR 论文后的 11 天内，爱因斯坦突然看到《纽约时报》周六版第 11 页的一篇文章，题目叫作《爱因斯坦抨击量子论》(*EINSTEIN ATTACKS QUANTUM THEORY*)。[11] 文章带有一篇百余字的注释，报纸说它来自波多尔斯基。

然而，不管历史淹没了什么，也不管与一位处处具有新闻价值的人一起工作，种种错杂纷扰又会掩盖什么。波多尔斯基将 EPR 佯谬提交出版，总归为物理学历史做出了重大贡献。(通观全局的爱因斯坦有时会疏于这样做。冯·诺伊曼对隐变量不可能性的证明就是一个例子。在 1938 年前后的某一天，爱因斯坦和他的助手彼得·贝格曼及瓦伦丁·巴格曼坐在高等研究院的办公室里，说起了有关冯·诺伊曼的证明的话题。接着，爱因斯坦翻开了冯·诺伊曼的著作，指着那条几年前恰恰也被格蕾特·赫尔曼批判过的假设——当时，爱因斯坦并不知道那件事——问道："我们为什么要相信这些呢？"[12] 谈话还在继续。爱因斯坦无意之中的一句话没有引起旁人的警觉，而贝格曼和巴格曼更是心不在焉。这代表着冯·诺伊曼的证明第二次逃脱了他人对其失误的认识。)

当波多尔斯基刚向他后来执教了 25 年的辛辛那提大学求职的时候，爱因斯坦为他写了推荐信："波多尔斯基总是能够直奔问题的本质。"[13]

玻尔和泡利

爱因斯坦认为，玻尔的物理就像古老传说中七个盲人与大象的故事。第一个人在大热天摸到了大象呼扇着的耳朵，说："大象像一把扇子。""不，不，不，根本不对，"第二个人曾经被大象抽打苍蝇的尾巴挡住去路，所以说"大象像一根绳子。"第三个人曾被一条粗壮的腿绊倒过，认为"它像一棵树"。第四个人摸到过温润的象牙，声称它像一根矛。第五个人在大象洗澡的时候恰巧从旁边走过，被大象的鼻子喷湿了，他觉得大象更像一根管子。第六个盲人思索着：我们应当始终用"经典"语言来描述这个不可名状的生物，"管子""大树"等概念必须通过"互补"的方式使用，这依赖于我们所测量的事物——从感官角度说，大象不能同时感觉起来既像一把扇子，又像一根绳子，但这两者对完整描述大象都是必需的。于是他说："一般而言，我们必须准备接受这样的事实，即对一个事物或同一物体的完整描述可能需要多样化的视点，这就否定了唯一的描述。"

第七个盲人是一个赶象人，他笑着走开了。

爱因斯坦不是"赶象人"，但他能听到"赶象人"的笑声，他说："上帝不可捉摸，但他没有恶意。"[1]

1935年5月中旬，发行量1000册的第47卷《物理评论》开始流向全世界。冥冥之中，位于杂志777页的内容对量子物理提出了质疑——量子力学对物理实在的描述是否完备？

这篇文章马上引起了三个紧密相关之人——玻尔、泡利和薛定谔——三种截然不同的反应。

在哥本哈根的玻尔研究所，玻尔的助手罗森菲尔德回忆说："这篇文章的冲击好似在我们头顶打了个晴天霹雳。"爱因斯坦终于真正引起了玻尔的注意："它对玻尔的影响相当大，此时出现这种新的困扰真是再糟糕不过了。然而，玻尔一听到我做的关于爱因斯坦论证的汇报，立即放下其他所有工作，说：'我们必须马上澄清这种误解。'"[2]

玻尔满怀信心地开始研究爱因斯坦的思想实验，并想阐明"解释它的正确方法"。[3]但很快，他就疑虑重重、愁眉不展并支支吾吾道："不……它不会……我们必须把它彻底搞清楚。"他一边"越来越惊异于这个论证不可想象的巧妙"，一边反复尝试。

玻尔突然转向他的助手，打破长时间的沉默，说："他们是什么意思呢？你明白吗？"[4]

玻尔后来告诉一位来访者说，当狄拉克听说EPR后，也有类似的反应："现在，我们不得不全部从头再来，因为爱因斯坦证明它行不通。"[5]

夜已经很深了，玻尔被难住了。他说："好吧，我必须先把它放一放。"[6]

与此同时，泡利正在位于苏黎世的公寓里踱来踱去，并以极其刻薄的言辞给海森堡写了一封信："就在5月15日出版的《物理评论》杂志上，爱因斯坦又一次在量子力学方面公开表现自己（顺便说一句，波多尔斯基和罗森也不是什么好搭档）。众所周知，每次发生这种事，都是一场灾难。”

泡利在结尾处夸张地写道：

> 他合上剃刀，
> 不能发生的，就不该发生。[7]

这是仿照可爱的呓语派诗人克里斯蒂安·摩根斯特恩的《不可能的事实》（*The Impossible Fact*）中的最后两行诗，其中有“帕尔姆斯特吕姆 / 老态龙钟 / 身如黄叶无所凭 / 阡陌纵横繁华处 / 迷途路上 / 人老命已终”的诗句。[8] 帕尔姆斯特吕姆并不在意自己的逝去，所以诗的最后一节如下。

> 像空气一样清新：
> 那里没有甚嚣尘上！
> 他终于顿悟：
> 灾难只是一种幻想，
> 他断然指出：
> 不能存在的就不该存在。

泡利继续嘲讽地写道：“如果在学期伊始，有研究者向我提出这样的异议，我会认同他，认为他非常聪明并且很有前途。因为舆论的混乱会产生某种可能性——说的就是在美国——这种行为有助于在《物理评论》上发表文章。我想劝你也那样做。”[9] 泡利长篇大论地深入讨论了这个他认为微不足道的论证，并努力引导海森堡，让他也以这种正确的方式考虑这篇论文。他想让海森堡明白，这完全是小题大做：“或许，只是由于最近我接到了明年冬季学期去普林斯顿大学的邀请，才和这些事搅到一起。对我们来说，这些琐事无关紧要。不过，到普林斯顿大学会很有意思：不管怎样，我很喜欢摩根斯特恩那句流行的座右铭……[10]

“像冯·劳厄和爱因斯坦这样的老先生们（当时泡利和海森堡都是 35 岁，而这两位已经 56 岁了）都为量子力学那正确却不完善的观点所困扰。他们认为，不改变属于量子力学部分的描述，同时来用不属于量子力学的描述，通过这种方式，量子力学才能被完善……或许你能够（在回应爱因斯坦的时候）凭借自己的权威说明：不改变其内容，量子力学的完备化是不可能的。”[11]

实际上，这种“不可能的”隐变量完备化已经存在了，它是德布罗意在 1927 年索尔维会议上为了打破僵局而提出来的。它将在 1952 年带来自主意识的复苏（即使没几个人支持），并引出约翰·贝尔的发现——但这与泡利无关。

泡利继续写道：“爱因斯坦太有主见了。在我看来，要想为量子力学提供一个体系基础，一个人应该更多地从体系的分解与合成入手，而不是变成现在（如狄拉克所做的）这样。这是一个真正的基本点，而爱因斯坦抓住了这一点。”[12]

在牛津大学的薛定谔也收到了《物理评论》杂志，他正在那里为躲避纳粹而隐居。但他发现，这所大学里全是男性学者的晚餐有点沉闷。[13] 像玻尔一样，EPR 论文同样使他震惊，好似晴天一道霹雳。但对薛定谔而言，这道晴天利闪是一种鼓舞。他写信给爱因斯坦说：“我很高兴，在刚刚发表于《物理评论》的那篇文章中，你用我们过去在柏林讨论过很多次的内容，明显抓住了教条量子力学的小辫子。”[14] 但与玻尔不同，薛定谔准确地分析了形势，已经完全专注于他在两个月内即将命名为“纠缠”的东西。[15]

在哥本哈根，玻尔读到这篇文章的第二天早上，他兴致勃勃地跨进研究室的大门，他边用一只手挥舞着边哼道：“波多尔斯基！ O 波多尔斯基，Io 波多尔斯基，Sio 波多尔斯基，Asio 波多尔斯基，Basio 波多尔斯基！”[16]

罗森菲尔德惊奇至极。

玻尔脸上笑开了花：“这多像霍尔伯格①的诗句中描绘的情景，仆人现身并胡乱吟唱着《伊萨卡的尤利西斯》（*Ulysses of Ithaca*）。”

---

① 卢德维格·霍尔伯格是哥本哈根 18 世纪初期的诗人、思想家及多产的剧作家，凭一人之力使丹麦语成了被认可的文学语言。

罗森菲尔德依然迷惑不解，但玻尔极其兴奋："好……我们来写那篇文章。"

"……那篇文章？"罗森菲尔德重复道。

"我们对爱因斯坦、波多尔斯基和罗森的回应。"

罗森菲尔德开始点着头说："哦，当然，对，对。"

玻尔说："我看他们论证的方向，并不完全符合我们在原子物理中所面临的实际境况。"[17]

对此罗森菲尔德也是这么想的，他迅速地点头，急切地等着听解决方案。

玻尔说："我们将会指出，他们那个物理实在的标准在应用于量子现象时，包含了本质上的模糊性。[18]因此，我将乐于（当时他看上去的确很高兴）利用这个机会更详细地解释一个普遍的观点（他朝罗森菲尔德笑了笑），顺便提出'互补性'——这是我以前在多个场合曾经提到过的……在这个原理中，量子力学在它的范畴内将成为对物理现象的完全合理的描述。"[19]

罗森菲尔德沉思道："其实，互补性与爱因斯坦本人在解决这些问题时用的方法如此相似，他如果对此不予赏识，那就太奇怪了。"

玻尔继续说道："的确，我也想强调一下——或许在文章的结尾处——互补性，这一自然哲学的新特性，意味着我们对物理实在观念的彻底转变。正如通常所说的（他对罗森菲尔德开玩笑一般点点头），广义相对论带来了观念上的根本改变，这与之有着惊人的相似之处。[20]一旦一个人能够在观念上做出这种转变，其余的一切都将变得有条不紊。"

罗森菲尔德释然地笑了。"你今天早晨对这件事的态度倒是比较温和。"[21]

"这是我们开始理解这个问题的标志。"[22]玻尔说，"当我开始思考粒子穿过挡板上一条狭缝这个简单例子的时候，一切都变得非常清晰了。"他开始来回踱着步，说："所以，让我们从那儿开始。"[23]罗森菲尔德拿起铅笔和便笺。"即使粒子的动量是完全可知的——"玻尔停下来，开始解释，"我之所以想再次描述这些简单、实际上又很知名的例子，主要目的是要强调，在有关现象中，我们与一个不完备的描述无关……"他停了一下，然后开始详细描述，"我们与不完备的描述无关，这表现在，随意选出的不同的物理实在元都要以牺牲掉其他实在元为代价——除非能理性地识别本质不同的实验装置与实验过程。[24] 任何量子力学与一般统计力学之间的对比（尽管对理论的表达形式可能是有用的），本质上都是不相干的。”[25]

罗森菲尔德停止记录，抬起头来说：“它不一定与不可知有关。实际上，不可能知道更多。”

玻尔回答道：“说对了，加上下面这些话：当然（他又踱起步来），在每一个实验装置里，我们不只与某些物理量的值的不可知有关……（他停下来后往回走）在每一个适用于研究纯粹量子力学的实验装置里，我们不只对某些物理量的值不可知，以准确的方式定义这些物理量，也是不可能的。[26]

“例如在这个简单的例子里，在爱因斯坦、波多尔斯基和罗森精心设计的这个特别的问题里，我们仅仅关心那些允许使用互补经典概念的不同实验过程之间的区别——罗森菲尔德，你在这儿画上下划线——我们关心那些允许准确使用互补经典概念的不同实验过程之间的区别。”[27] 罗森菲尔德点点头，画上了下划线。玻尔停下来，转向他。

“嗯，罗森菲尔德，你能想象得出，当我开始明白所有问题的时候，我感到多么轻松……昨天晚上，我几乎都绝望了。”他哈哈一笑，“但是如今！”他继续踱着步并开始叙述。

“我们现在明白，上述爱因斯坦、波多尔斯基和罗森提出的关于物理实在标准的措辞，作为‘不以任何方式干扰的系统’这一表述的含义是很含糊的。当然，在一个类似于刚刚考虑的例子中，毫无疑问，在测量过程的最后关键阶段，存在一个对所研究系统的力学干扰。”（他没有采用逐条的力学分析去指出一次测量是如何从物理上干扰另一次测量的：玻尔已经提升或说退守到一种更高的抽象观念的层次。）“但是，即使在这一阶段，本质上还存在一个问题，即对这些条件的影响限定了预测的可能方式——”

罗森菲尔德以最快的速度记录着，他头也不抬地问道：“你能重复一下最后那句话吗？”

玻尔重复了一次。“本质上就存在这个问题——这里也要画上下划线——对这些条件的影响，限定了对体系未来行为预测的可能方式。”

“对任何能够准确贴上‘物理实在’标签的现象的描述，由于这些条件构成了它的一个内在因素，我们认为，上述作者的论证不能证明他们这个结论：关于量子力学描述本质上是不完备的。”[28] 玻尔原地转了一下身。

爱因斯坦、波多尔斯基和罗森当然已经预料到这种答复。（“如果一个人坚持认为，只有两个可以同时被测定的物理量才能被看作同时的实在元，那么，他就不会得到我们的结论。”）正如爱因斯坦自1930年以来反复重申的那样，这会导致事物的实在性依赖作用于另一事物的测量行为。但玻尔有更大的计划，他想在互补性这一点上赢过爱因斯坦。

玻尔继续说：“实际上，任何两个为新的物理规律提供空间的实验过程总是相互排斥的，开始的时候，它们的共存可能表现为与科学基本法则的不协调。互补概念恰恰旨在刻画这种全新的形式。”[29] 玻尔稍微沉默了一会儿，又继续说下去。

“在每一个实验装置中，对于被看作测量手段的物理系统的各部分与被认为是构成了观测目标的各部分之间存在差别的必然性，我们理解透了。[30]（他停下来）确实，这种选择是为方便起见……[31]（他又开始走动）但这是个首要问题，因为，我们必须用经典概念去解释所有的量子力学测量。”[32]

罗森菲尔德抬起头来补充道：“有必要提一下海森堡所说的分界面。”这个介于观测下的量子现象和经典测量仪器之间的分界面是可移动的——30年后，约翰·贝尔称之为“可变的”。说到底，它也是由量子力学中的原子构成的。

玻尔点了点头，说：“深入分析粒子与测量手段之间的相互作用是不可能的。在这里，我们必须解决与经典物理完全无关的特性。”[33] 这可能是玻尔最接近“纠缠”的阐述——建议停止对测量的复杂相互作用进行深入分析。

玻尔解释道：“量子的真实存在，必须最终放弃因果律的经典观念，必须根本改变对物理实在问题的看法。”[34] 他再次停下来，看上去很高兴，“这是迄今为止我所想到的，但我相信我的思路是正确的。”

尽管世人能对这个结论明白几分尚未可知，但罗森菲尔德满怀敬意：“他们的论点完全破碎了——只不过是一只纸老虎。”[35]

“他们干得很漂亮，”玻尔说，“但有意义的是要做得正确。”[36]

罗森菲尔德沉思着。“如果我没理解错的话，”他说，“在这次实实在在的事件中，几位作者太过关注自己对实在性的先验观念，而没有从大自然本身教会我们的事情中谦虚地接受指引——就像您一直劝诫我们的那样。”[37]

玻尔又开始来回踱步，说：“嗯，好吧，我们不要脱离正轨。我们必须确信是否已经真的把它解释清楚了，我们还要回去再研究一遍他们的论点吗？我想解决的是，时间观念在这种现象描述中扮演了什么角色……”[38]

薛定谔和爱因斯坦

1935 年 6 月 17 日，当爱因斯坦就玻尔的观点给薛定谔写信的时候，他尚未收到薛定谔的来信。爱因斯坦在信中写道：“我认为，对于真实事件，抛弃时空背景过于理想主义，甚至是唯心的。这种疯狂的认识论应该自行消亡。”他不确定薛定谔站在哪一边，于是说：“然而，毫无疑问，你微笑地看着我，心中在想：毕竟所有的风流女郎都会变成老修女，年轻的革命者也会变成老顽固。”[1]

第二天，爱因斯坦收到了薛定谔的信，对此他深怀感激。爱因斯坦解释说，那篇论文不是自己亲手所写，并遗憾地表示，它的“结果不如我当初想要的那样好，可以说，其实质内容深受形式主义困扰”。[2] 他解释道，比如，无论涉及的可观测量（玻尔喜欢的题目）是否相互矛盾，“我都不在乎”。[3]

这一切都归结于薛定谔方程与现实实在之间的关系。事件的精确描述与事件本身之间的关系是什么？薛定谔波函数 Ψ 是以什么方式反映一个粒子所处的真实态的？在这些讨论中，人们用“态”或“状态”描述现实实在或粒子的真实位置。波函数 Ψ 必须以某种方式描述这种真实状态。但是，人们甚至很难说清楚“与现实实在联系”到底意味着什么，或者“现实实在”与“态”的意义究竟是什么。

在给薛定谔的信中，爱因斯坦通过一个比喻摆脱了语言上的艰涩。他想阐明在 EPR 那篇论文中没说清楚的要点：“在我面前放着两个能打开盖子的盒子，在打开盖子之后，我可以看到盒子的里面。这个‘看’的动作就是所谓的‘进行了一次观测’。此外，在观测的时候可以发现，在一个或另一个盒子里面，有一个球。现在，我这样描述一个状态：球出现在第一个盒子里的概率是二分之一。”这是薛定谔方程能告诉你的全部信息。爱因斯坦问："这是一个完备的描述吗？" 接着，他给出了两个不同的答案。

"不是：一个完备的描述是球在（或不在）第一个盒子里……

"是：在我打开盒子前，球不在两个盒子中的任何一个盒子里。只有当我掀开盒子盖儿的时候，球才出现在某个确定的盒子里……"[4]

爱因斯坦继续巧妙地说："显然，第二个'唯心论者'或薛定谔式的解释是荒谬的，一般人只会郑重地接受第一个——玻恩式的解释。"[5] 玻恩可能还没弄清楚自己的解释，而爱因斯坦似乎已在描述中运用自如了。但是，想必玻尔可能已经意识到了这一点，虽然没有明确地指定："犹太哲学家们像嘲笑天真的精灵一样嘲笑'实在性'，并宣称两者的唯一区别只是表达方式有所不同……"[6]

爱因斯坦解释道："如果一个人不利用一个附加的法则——分离原理，他就不能说服教条主义者。[7] 第二个盒子里的情况与是否观察第一个盒子无关。如果一个人坚持分离原理，那就只有玻恩的解释能说得通，但它现在是不完善的。"[8]

整整一个夏天，在爱因斯坦与薛定谔之间、薛定谔与泡利之间、泡利与海森堡之间、海森堡与玻尔之间，关于 EPR 主题的往来信件数不胜数，有时一天甚至多达三封。[9]

薛定谔在给泡利的关于 EPR 的信中说道："我确实想知道，你是否真的认为'爱因斯坦案例'（让我们暂且这样称呼它）没有提出任何值得思考的东西。它是十分清晰、简单和不证自明的。（这是我和每个人第一次提起它时，大家都会说的一句话，因为他们已然牢记心中的唯一圣地——哥本哈根信条。三天后，人们却又常常表示：'我早些时候的说法是错误的，实在太复杂了……'[10] 但我从没有得到一次清楚的解释，为什么每件事都是那么清晰、简单……）

亲爱的朋友，你的老朋友薛定谔向你致以衷心的问候。"[11]

薛定谔向泡利抱怨大家含糊地使用"态"这个词。他写道，"一个单词，人人都在用，即使圣保罗·阿德里·莫里斯"（指狄拉克）也在用，"但那并不增加它的内涵"。[12] 泡利立即给予了回应。

针对 EPR，泡利回复说："在我看来，根本不存在什么问题，即使没有爱因斯坦案例，我们也明白这种状态。”[13] 正如泡利后来写的那样，他相信，“由于一名观察者无法确定的影响，他创生了一个新境况”。[14] 这种由观察者创生的新境况是一种量子“态”；观察者通过观察，创造了实在本身。泡利认为，“测量”过程必然是一个无法言说的、难以形容的、无规律的事件，它的结果“像一个没有任何原因的最终事实”。[15] 但是，不管是爱因斯坦还是薛定谔都会发现，热心于探测一位无法分析的、无中生有的、创造世界的上帝的状态，是没有意义的。

薛定谔写信给爱因斯坦说：“看到你在 6 月 17 日和 19 日写给我的那两封可爱的来信，我非常高兴。其中一封十分详细地讨论了私人问题，另一封则讨论了公开的内容。我非常感激。但最令我高兴的是《物理评论》中的那篇文章本身，它就像金鱼池塘里的一条梭子鱼一样，让所有人不安……

“我现在觉得很开心。我正根据您的注释探根寻源，挑战几位最独特、最聪明的人：伦敦、特勒、玻恩、泡利、西拉德和外尔。迄今为止，最好的回应来自泡利，他至少承认对于 Ψ 函数而言，使用‘态’一词是十分不恰当的。”不加批判地说，用波函数描述一个粒子的真实状态，相当于在谜团上又蒙上了一层面纱，根本看不出这是什么意思。

薛定谔继续给爱因斯坦写道：“迄今为止，我从大家发表的公开反响中看不到什么机智的东西……这就像故事中（这个故事讲的是两个流亡在英国牛津的奥地利人，试图想象最陌生、最遥远的地方）的一人说：‘最远的地方是寒冷的芝加哥。’而另一个人回答：‘错，是炎热的佛罗里达。’……

“我最大的困难是，不能理解关于这个问题的正统解释，这促使我在很长一段时间里，从头开始努力分析当前的解释情况。我还不知道我能否就这个问题发表点儿什么，但对我来说，这永远是我把问题真正搞明白的最好方式。此外，当前量子力学基础上的几个问题也使我深感诧异。”[16]

只用经典术语谈论整个观点，这使薛定谔觉得“将新理论的最重要描述恰到好处地强行塞入‘西班牙靴子’①，真是太困难了”。[17] 当像波一样绵延数公里的物体

① 西班牙靴子是一种酷刑工具，无论是否安上钉子，可以用带曲柄的木板夹着受刑人的脚，并可以夹得越来越紧。

由于测量而突然变成粒子时，就发生了超距作用。爱因斯坦对这种超距作用的说明也让他感到很古怪。第三件困扰他的东西是一种感觉，我们“用精巧的措辞规定测量是唯一真实的，凡是超越这些的都是形而上学。所以，我们对模型的要求非常夸张，而实际上，这根本没有给我们造成麻烦”。[18]

爱因斯坦回复说：“你是唯一一个我真正愿意与之达成和解的人，别人几乎都不是通过事实看理论，而是依据理论看事实；[19] 他们不能跳出那些既定概念的框框，相反，只能在框框里滑稽地扭动几下而已。”[20]

接着，爱因斯坦继续描述他称之为“佯谬”的解答[21]：薛定谔的波函数 Ψ 根本不能描述个体行为，只能用统计方式描述集体行为。“但是，你注意到了某些引起其内在困境的完全不同的东西。你在 Ψ 中找到了实在性的描述方法，并希望改变它与普通力学概念之间的关系（比如，动量和位置的概念对波而言没有太大意义），或者，干脆将它们全都扔掉。只有这样，这个理论才能够真正站得住脚。[22] 这个观点当然是前后一致的，但我相信，它无法避免眼前的困难。我想通过一个宏观的例子大致说明一下。”[23]

接着，爱因斯坦描述了枪中的火药，“依靠内部能量，它会自然地消耗”，这种消耗平均要持续一年。“原则上，这用量子力学来描述十分容易……但根据你的方程，经过这一年的自耗之后……Ψ 函数（波函数）描述了一种尚未衰败和已经衰败的体系的混合。”[24]

这种混合对那些研究波的人来说就是一种叠加。包括声波、水波和光波在内的经典叠加的例子比比皆是：例如，男声四重唱中四个不同的声音叠加成了一个谐波。两个波叠加之后就成了另一个波。如果两个波恰好完全相反，就会相互抵消，波就不存在了。

当被描述的对象是粒子而不是波时，这个概念很令人费解。假如它被应用于量子世界中，比如电子通常处于两个不同地点的叠加态，其行为就好像它们同时存在于两个不同的地方。当将这种观点用于像火药这类事物时，结果肯定会变得非常可笑。爱因斯坦写道：“完全不用解释的艺术，Ψ 函数（火药处于既蛰伏又衰败的状态）能构成对真实状态的全部描述，事实上，衰败和未衰败之间没有中间状态。”[25]

薛定谔首先回应爱因斯坦对波函数的个人解释。他有点不太自信而又恰当地（就如约翰·贝尔以后将证明的）解释说，宣称波动方程只描述了一组原子的平均态，这无助于解决“矛盾或佯谬”。他友善地半开玩笑式地引用爱因斯坦自己的话反击他说：这样解释波函数将“改变它与普通力学概念之间的关系”[26]——此时，薛定谔在5天前，也就是1935年8月14日这天，已经在向剑桥哲学学会提交的一份论文中定义了这一概念。

在一篇题为《分离体系之间联系的可能性探讨》[27]的文章中，薛定谔用英语描述了两个原子相互作用然后再次分开的EPR情形。前期所有的探讨都结束后，他几乎无法让自己再用“态”或“波函数”这样的词，而代之以他口中的量子力学形式下原子的“表征”。在这种形式体系中，两个原子无论分开得有多远，一旦相互作用，它们便不再是独立的个体了。

薛定谔写道：“我不会称之为量子力学的‘一个’而是‘这个’显著特性，‘这个’加剧了与经典思维方式彻底背离的特征。通过相互作用，这两种表征已经纠缠在一起了。”[28] 于是，“纠缠”这个词及其概念进入了物理学领域。

1935年8月，纳粹流祸闯入了阿诺尔德·柏林纳的家门，他是《自然科学》杂志的创始人兼编辑。柏林纳曾经邀请薛定谔写一些讨论EPR佯谬的文字。此时，薛定谔关于这个主题（奇妙量子力学的精彩大探索）的“总忏悔文”[29]已然放在柏林纳的办公桌上。但是，正如薛定谔8月19日告诉爱因斯坦的那样，“就在二十四小时前，他已不再是编辑了”。[30]这种随意的、不公正的人才废退给了柏林纳沉重的打击。这位编辑在整个物理学家团队中一贯以善良和智慧而著称，特别是，他在鼓励年轻不自信的[31]马克斯·玻恩的过程中，起到了很大作用。薛定谔想撤回文章以此支持柏林纳，抗议他在纳粹手中遭到的不公正待遇。

但柏林纳把他的杂志看得比自己还重要，他要求薛定谔无论如何要在《自然科学》上发表这篇论文。在1935年最后3个月，文章终于分三个部分发表了。而此时，爱因斯坦正在想方设法要从纳粹手中营救这位老者。后来，柏林纳为了尽量避免佩戴纳粹要求的大卫之星，他几乎从不外出，就打算在屋子里度过整个战争时期。他生活中的唯一亮点就是冯·劳厄每周一次的探望，只有在那个时候，两个人才有机会坐在奥古斯特·罗丹的雕塑作品马勒（马勒是柏林纳的朋友）的半身塑像旁，一起聊天；只有在那个时候，两个人才有几个小时，重回美好而有修养的世界中的时光。但在 1942 年 3 月，纳粹通知柏林纳说，他必须在月底前离开他的公寓。柏林纳绝望了，他做了一个致命的决定。冯·劳厄收到了一封措辞婉转的来信，信中闪烁其词地描述柏林纳如何坐在他的扶椅里“睡去了”[32]。柏林纳挚爱的《自然科学》杂志甚至不承认他的死亡。纳粹下令不准给这位自杀的犹太老人举行葬礼，当他入土的时候不准任何人去祭奠。冯·劳厄没有理会纳粹的命令，当他朋友的棺木下葬时，他就站在墓穴旁边。

薛定谔那篇柏林纳坚持要发表的论文，可能是他一生中（继 1926 年他的波动方程之后）最重要的论文，当然也是最有意思的、将来最出名的论文。文章中，除了许多别的东西，他还用德语 Verschränkung[33] 引入了“纠缠”这个概念。（实际上，这个单词与他半年前提到的那个英语单词 entanglement 有所不同，玻尔可能会说，两者含义是互补的。通俗地说，英语单词 entanglement 有“混乱”的意思，德语单词 Verschränkung 则表达了一种次序：一个讲德语的人在描绘这个词时可能会在胸前交叉双臂，表示相互交叉、连接的意思。）

为了回应爱因斯坦的来信，薛定谔讨论了玻恩把波动方程作为一系列概率事件的解释，这直接导致了物理学中最著名的思想实验：“你难道不觉得，为了寻找这样或那样的经典测量结果，而将所谈论的实质内容强行塞入概率预测这只‘西班牙靴子’，是很困难的吗？”[34] 波函数没有表现出一系列事件中的任何一个：相反，全部所谓的选项都叠加在了一起，似乎它们是同时存在的。这种叠加是波的特征。但是，如果进行某种测量，叠加的量子力学波函数消失了，成为完全精确的答案。这时候，它（只会成功，却难以解释）就像是赌神手里的赌牌。

但是，如果没有这个解释（以及它那不可思议的“波函数坍缩”）的帮助，薛定谔方程就失去了与外面世界的所有关系。他在思考着爱因斯坦的火药消耗与那个盒子里的球的问题。

薛定谔写道：“我们甚至可以设想一个十分荒诞的例子：把猫关在一个装有凶残

仪器的钢制容器内（一定保证不能让猫直接碰到仪器）。”[35] 该装置里有一个能被锤子打破的毒气瓶，锤子由一个放射性原子的衰变所触发。如果原子衰变了，猫就会吸进毒气；反之，猫就是安全的。放射性物质非常少，以至于“在一小时内，或许只有一个原子会衰变，但也有同等的概率，甚至一个原子都没衰变……

“将这套系统放置 1 小时，如果这段时间内没有原子衰变，就可以说，猫还活着。第一个原子的衰变就会将猫毒死。整个系统的 Ψ 函数表示了活猫和死猫的混合或模糊不清（请原谅这种表述吧）的情况。”[36] 利用这套归谬法（猫处于一种即死又活的叠加），薛定谔证明了这个需要测量才能起作用的理论所处的绝境。

薛定谔变得越来越大胆，越来越自信。量子理论确实比任何一个它的发明者所认识到的更令人着魔。10 月里，在写作这篇论文期间，薛定谔给玻尔写了一封信，取笑他并希望他“对躲避爱因斯坦佯谬……必须给出非常明确和清楚的借口”。薛定谔写道：“为什么你再三声称，一个人必须经典地解释观测行为……这肯定源于你最坚定的信念——我不明白你的理由是什么。”薛定谔还写道：“我很想再次见到你，并与你讨论这个问题，但现在这种时期，不适合愉快地出行。”[37]

此时的海森堡也是深居简出。大约就是在这段时间，他给母亲写信：“在这个科学的小领域里，有着对未来意义重大的价值，我对此非常满足了。这是在这个完全混乱的世界里，我唯一清楚该去做的事情。外面的世界真的丑陋不堪，而这个工作是如此美妙。”[38]

1935 年圣诞节前夕，薛定谔发表了他的“总忏悔文”（现在普遍称为“猫佯谬论文”）的最后一部分。1936 年初，他偶然得到了与玻尔讨论所有问题的一个机会，诚如他给爱因斯坦的信中提到的那样：“最近，我在伦敦和尼尔斯·玻尔一起度过了几个小时。他非常和善而有礼貌地反复强调，像我和冯·劳厄——尤其是像你这样的人，企图利用那些明显荒谬的情况来反对量子力学，他觉得真是‘骇人听闻’，甚至是‘极其反叛’的。这些谬论如果被实验支持，必然阻碍事物的进展。似乎，我们是在强迫大自然接受我们臆想的‘实在’概念。他是一个非常聪明的人，并且，他说的话有着深刻的内在信念，让人很难固守自己原来的立场。

“他们以这种友好的方式争取让大家认同玻尔和海森堡的观点……我觉得这很好。

我告诉玻尔，如果他能使我确信一切都是正常有序的，我会很快乐，也会平静得多。"[39]

1935 年，既经历了针对量子理论内涵的论战高潮，也是开始休战的一年。在接下来的几年里，不再有关于量子理论内核的公开争论，爱因斯坦、薛定谔和冯·劳厄大多时候都安静地在质疑中得过且过。

爱因斯坦在 1942 年说："看来，很难看透上帝手里的牌。但我片刻也不能相信，他会掷骰子，会玩'心灵感应'的把戏（而当前的量子论宣称他就是这样做的）。"[40]

几年后，薛定谔给爱因斯坦写信说："上帝知道我不是概率论的朋友，从我们可爱的朋友马克斯·玻恩让它诞生的那一刻起，我就憎恨上它了。虽然可以看出，它使一切都变得容易和简单，但这只是在原则上——一切都被消除了，真正的问题却被掩盖了。每个人都踏上了这波潮流。在还不到一年的时间里，概率就成了正统的解释，现在依然还是。"[41]

第二次世界大战结束后，爱因斯坦给薛定谔写信说："人不能回避对现实的假设，除了冯·劳厄，你是当今唯一一个（如果只有一个人是真的）懂得这个道理的物理学家。他们中的大多数人，根本不明白自己正在与实在之间玩一场多么冒险的游戏——实在，是不依赖于实验测定结果的。不管怎样，你用由放射性原子 + 放大装置 + 火药 + 盒子里的猫构成的系统，精彩地驳倒了他们的解释。其中，体系的 Ψ 函数包含活猫和一片狼藉。"他还说："实际上，没有人怀疑，猫的存活与否是独立于观察行为之外的事。"[42]

薛定谔认同这种说法。"恺撒是否真的在卢比肯河用骰子掷出了 5 个点？凡是明事理的人都不会对此进行推测。"当恺撒越过那条隔在自己治下的高卢省和意大利之间的卢比肯河时——大家知道，他跨过河是在挑起一场战争——他留下了一句名言："Iacta alea est !"（骰子已然掷下！）薛定谔说："但当人们面对量子力学时，就好像概率描述只适用于那些事实不清的事件。"[43]

玻尔对此也保持关注。在 1948 年的一天，亚伯拉罕·派斯走进普林斯顿高等研究院的一间招待室。爱因斯坦不喜欢这间大屋子，便很高兴地把它让给了玻尔用，而他自己用的是对面一间助手用的小办公室。派斯看见玻尔坐在办公桌旁，双手抱着头。“派斯”，他松开手说，“哦，派斯，我为我自己感到厌烦。”[44] 他又用手抱住了头。原来，他刚刚与爱因斯坦讨论量子力学。“我讨厌我自己。我不明白，为什么我就说服不了他。”

派斯对此也不明白。正如他后来写的那样：“爱因斯坦是如此聪明，却又如此令人难以理解地不屈不挠。玻尔也说过同样的话：‘爱因斯坦是一个伟大的人，我喜欢他，但在量子物理方面，他真是疯了，随他去吧。’”[45]

派斯是来找爱因斯坦讨论问题的。此时，玻尔正在为爱因斯坦 70 寿辰写一篇致贺词，他打算在这个致辞中，回顾他们两人之间长达 10 年的著名论战。在这个计划中，派斯是他的记录员。

玻尔深深吸了一口气，站起身来。“请坐，”他说，然后笑了笑，“我总得需要一个坐标原点。”[46]

派斯坐了下来，掏出了笔和纸。

玻尔开始口述：“与爱因斯坦的辩论是本文的主题。这场辩论历时多年，这些年见证了原子物理学领域的重大进展。有时，我们没有太多时间——有些会面——我们的会面……”他陷入了沉思，声音也越来越低，偶尔重复着“我们的会面——”他在桌子周围踱来踱去，派斯（以自己为坐标中心）将其运动路径描述为“一个偏心椭圆”。

玻尔停了下来，转过身。他想到了一句话：“不论我们的实际会面是长还是短，但都在我脑海里留下了不可磨灭的印象。”

派斯飞速地书写着。

“……即使话题明显脱离了我们会议讨论的内容，可以说，我也一直在与爱因斯坦辩论。”[47]

派斯有点被感染了，他仰起脸看着玻尔，玻尔依然绕圈儿踱着步，声音在慢慢地变小。“我一直在与爱因斯坦辩论……我一直在与爱因斯坦辩论……”他倒背着双手，步子越来越慢，嘴里嘟囔着，“爱因斯坦……爱因斯坦……”最后，他停了下来，凝视着窗外，但又视而不见。

他身后那间助手的房门悄然打开了，爱因斯坦蹑手蹑脚地走了进来。他“脸上带着孩子般调皮的笑容”，对派斯打了个手势，让他别出声。“我一时不知该怎么办，”派斯回忆道，“特别是因为，那一刻，我一点都不知道他要做什么。”[48] 悄悄地，爱因斯坦揭开了玻尔的烟草盒的盖子，并开始装自己的烟斗。

此时，玻尔找到了思路并且转过身来。“爱因斯坦是——”他非常吃惊地停在那里。“他们就在那里，面对着面，好像是玻尔将他召唤到面前，”派斯写道，“保守地说，玻尔目瞪口呆。”[49]

随后，玻尔大笑起来，爱因斯坦说：“对不起，玻尔，但是你知道，我的医生不准我买烟抽……”[50]

1960 年 10 月——这是薛定谔逝世的前一年，也是爱因斯坦逝世后的第五年——薛定谔回到维也纳，写信给同样回到德国的马克斯·玻恩：“马克斯，你知道，我爱你，没有任何东西可以改变这一点。

“但我确实需要给你彻底洗一次大脑。请你洗耳恭听，你一次又一次地轻率断言，声称哥本哈根诠释实际是普遍适用的，甚至在一个外行听众面前，你也毫无顾忌地这样断言——他会完全任由你摆布——这真是可敬到了极点……

“你不担心历史的判决吗？”薛定谔问道，“你就这么确信，人类不久后会屈服于你的愚蠢吗？”[51]

薛定谔去世后，玻恩——两个人常年丰富多彩的生活中方方面面的陪衬人——写下了他最动人的悼词：“虽然在我们这些因循守旧的人看来，他的私人生活是有些奇怪，但这并不重要。他是一个相当可爱的人，是一个独立、有趣、敏感、和蔼、雅致的人，他有着完美而高效的头脑。”[52]

1962 年，尼尔斯·玻尔去世了。他在黑板上留下了两幅草图，记录着去世前一天的晚上思考的问题。第一幅图看上去像一个螺旋楼梯——黎曼曲面——那是玻尔最喜欢的语言模糊性的隐喻。相对于第一次考虑一个单词而言，你在思想中再次遇到同一个单词时，它可能有了一个全新层面上的含义。他过去常问：但你怎样才能把这意思表达给别人呢？

第二幅草图，几乎还在粉笔线条中振荡着，那是爱因斯坦光子箱。[53]

调查与控告

1940 年至 1954 年

戴维 · 玻姆（1917—1992）

17

普林斯顿

1949年4月至6月10日

4月底。夜幕降临。在新泽西普林斯顿大学，两个年轻人走在校园操场附近，低声交谈着。

其中，年龄较大的名叫戴维·玻姆，这位32岁的普林斯顿大学助理教授说："爱因斯坦告诫我，不要听从他们的安排。"当他提到这位仅有过短暂接触的伟人时，脸上不经意间露出了自豪的神色。"他认为，一旦在委员会面前露面，就会让听证会生效。但接下来，"他带着飘忽不定的神色叙述道，"他说：'你可能不得不去坐一坐。'"[1]

几天前，一张传票送到了玻姆的办公桌上，要求他去作证，证明在战争前——他还是奥本海默的学生的时候，在那座拥有众多才华四溢的物理学家的伯克利校园里，至少有一个人向苏联泄露了原子弹计划。战争结束了，冷战开始了。在过去的10年里，物理学家的处境一直在不断变化。

玻姆说话从不让朋友插嘴，这是出了名的了。但今晚，他的同伴、以前的学生、23岁的尤金·格罗斯却非常庆幸。他也不知道该怎么帮忙。现在，格罗斯是哈佛大学的研究生，但玻姆还和他保持着亲密的朋友关系，他们已经在一起写了一篇关于等离子体（构成恒星的一种物质形态）的论文。另外，玻姆还计划撰写一本关于量子理论的书，这是他为一个夜大研究生班讲授的课程。在一次类似的散步中，他告诉另一位年轻的教授默里·盖尔曼："作为一名马克思主义者，我很难相信量子力学。"[2] 但他仍在坚持不懈地解读着玻尔，希望从中得到启迪。[3]

玻姆的话说得越来越快："然后，奥本海默——我告诉过你罗西也在那儿，并且我们见到奥本海默了吗?”乔瓦尼·罗西·洛马尼茨是玻姆的室友和伙伴，也是奥本海默的弟子。他当时21岁，是一个聪明而坦率的博士研究生，这次随奥本海默回到伯克利。曾经，全美国都在传扬，他的一位叔叔由于从事极端的工会活动而受到审判。在那段时间里，他从俄克拉荷马州去了加利福尼亚州。

“我们在拿梭街上一家理发店的外面碰到了奥本海默，告诉了他发生的一切，他说:‘噢，天哪！全完了。’”[4]

玻姆用奥本海默式抑扬顿挫的语调说完最后这段话时，眼中带着困惑的目光。他像所有“奥比”① 的学生一样，曾努力争取返回伯克利的机会。如今，在战后的普林斯顿大学，玻姆处在奥本海默和爱因斯坦这两个鲜活的传奇人物的影子里。事实上，爱因斯坦曾收到过一封信，信上说:“如果你和奥本海默竞选美国1952年的总统和副总统，我会投你一票。”[5] 然而，当几个8岁大的女孩儿为了让爱因斯坦帮她们做作业而试图用奶糖贿赂他的时候[6]，奥本海默则因为在第一次原子弹试验时引用了《薄伽梵歌》(*Bhagavad Gita*)而名扬天下:“我化身为死神，成为生命的毁灭者。”[7] 刚从洛斯阿拉莫斯回来的时候，奥本海默那高大的身躯只剩下了约45公斤，他像幽灵一样在普林斯顿高等研究院里飘荡，用那双令人触目难忘的蓝眼睛盯着这里的人们。

从这所红色砖墙的新学院出发，有一段几公里的蜿蜒道路通向普林斯顿大学。这里不但有白色的屋顶，也有白发苍苍的老一辈天才。普里斯顿的年轻教授和研究生们研究、仿效甚至努力要接替他们的工作。在玻姆身后，是拔地而起的哥特式普林斯顿市——看上去像是游牧在齐根草地上的模糊教堂群。散步的时候，玻姆才真正是得其所哉。他最喜欢的思考物理问题的方式就是这样漫步。在校园里散步的时候，某个想法也在他的大脑里回旋着。呼吸新鲜空气、喝咖啡以及夜间交谈，这些都能被他利用起来培育和激发一些想法。然后，当他回到黑板或记录本前的时候，数学运算就有条不紊地涌现，好像在专门取悦他。

但今晚，他们在谈论很难解决的问题。

---

① 奥本海默的昵称。——译者注

“他说，他们对待整个事件相当严肃，在委员会里，还有一个联邦调查局的人。[8] 奥比看着我们说：‘答应我，你们要说实话。’[9] 罗西说的是，奥比是个偏执狂。[10]” 玻姆打连珠炮似地说完这些话。

当天深夜，在物理系的人都回家之后，玻姆坐在他办公室的一张空桌子前，一次又一次地把硬币抛向空中，然后再抓住。[11]

格罗斯后来这么描述玻姆：“他与世无争，对别人从来都是推心置腹，很容易被人利用。当然，他的学生和朋友大多数都比他年纪小，有强烈的愿望要保护这位有价值的人。”[12]

美国众议院非美活动调查委员会的高级调查员问道：“玻姆先生，你曾经是共产主义青年团的一名成员吗？”[13]

那是在 1949 年的 5 月 25 日，玻姆坐在华盛顿老议会大楼一间寒冷的房间里，面对出庭的六位代表，他不断重复着律师教给他的那句简洁的表述，让人感到他的紧张不安和不自在。“我不能回答这个问题，理由是它可能连累我，并使我有获罪的倾向。还有，我认为它侵犯了我第一修正案所保护的权利。”

委员会主席表示怀疑，问道：“你可以重复一下你的回答吗？”

玻姆重复了一遍。

这位主席说：“我有点好奇，通过他对这个问题的回答，我想知道，他在宪法第一修正案下的权利是如何被侵犯的。”听讼继续进行着。

“玻姆先生，你目前是——还是曾经是一名共产党员？”

“和刚才所说的原因一样，我拒绝回答这个问题。”

“在曼哈顿工程特区工作期间，你参加过共产党的会议吗？”

“我拒绝回答这个问题，原因已经说过了。”[14]

在这间安静的房子里，所有人的面部表情僵化，手和臂膀的肌肉紧绷着，同时大家屏住了呼吸，一场突袭蓄势待发。

长达几页毫不留情的问题。同一个紧张、礼貌而茫然的回答。

当问及“你属于任何政党或组织，或者，你是任何政党或组织的成员吗？”这个问题的时候，他们才稍稍松了一口气。

对此，玻姆回答说：“是的，我是，我对这个问题回答‘是’。”

那人立刻问道：“那是什么政党或组织？”

所有人都竖起了耳朵，等着他的招认。

玻姆弯下身子和他的律师交换了一下意见。

“我可以肯定地说，我投民主党的票。”

那个来自密苏里州的提问题的代表肯定很懊恼，他说：“你没正面回答我的问题，我问的是：你是否是某个政党或组织的成员。”

玻姆一脸让人厌倦的无辜，问道：“一个人怎么样才能成为民主党的成员呢？”[15]

普林斯顿大学很快宣称，玻姆“被普林斯顿大学的同事们视为纯粹的美国人，在任何时候，绝没有任何理由质疑他的忠诚”。[16]

但是，他的忠诚在6月10日的另一轮问讯中受到了挑战。玻姆被告知要为“捍卫我们的国家”[17]服务。对此，他用他特有的类推方式回答说：“我相信，在有些情况下，很多人感到的安全感就是如此——”他知道自己如履薄冰，于是重新组织语言，尽可能让它达到最好的表达效果，“人们过于关注安全感，甚至都不能做手头的工作。”他环视了一下周围怀疑的目光，继续道：“换句话说，我指的是，由此类推，对于一个连过马路都非常害怕的人来说，他绝对不可能做任何事。对此，你该采取某种折中的态度。”

玻姆说完这番让人满意而又可疑的解释之后，委员会的两名成员立即抢着开口，其中一个最终占了先机：“你不认为，一个必须将信息分类的人，宁可失之过于谨小慎微，而不是相反吗？”

现在，玻姆陷入了辩论之中，他说道：“在某种程度上是这样，但总有一个限度，你必须在某处画一条界线。”

委员会成员们发怒了，开始步步紧逼，对他进行围剿，最终一名委员说：“我说宁可失之过于公正。”

对此，玻姆冷淡地回答说：“那我说，最好不要出现丝毫偏差。”[18]

问讯被迫休庭。

“他常常拿此事开玩笑，”他的学生根·福特回忆，“现实扼杀了幽默。在一个面对全系的关于不可解决悖论（比如，如果理发师为镇上所有不给自己理发的人理发，那么谁为理发师理发呢？）的讲座中，戴维说：‘国会应该指定一个委员会，调查所有不自纠的委员会。’”[19]

18

伯克利

1941 年至 1945 年

首先从奥本海默开始。

玻姆说："我爱奥本海默。"[1] 在这一点上，很多人和他一样。

每个春季学期（在伯克利的学期结束之后），奥本海默在加州理工学院教学，他犹如一只长腿鹳猛地冲下加利福尼亚海岸的峭壁。在 1941 年的一个学期，他发现加州理工学院愤世嫉俗而又死气沉沉，便带玻姆一起返回了伯克利。

罗伯特·奥本海默在一所俯瞰哈德逊河的 11 层公寓内长大，他幼年的大部分时光与母亲一起度过。父亲朱利叶斯爱好社交，喜欢凡·高与野兽派的画作，而奥本海默也自幼受此熏陶。[2] 母亲埃勒端庄淑雅，曾在欧洲学习艺术。为了掩饰自己的假肢，她总是带着一只手套。科学走进罗伯特·奥本海默的生活是从他收集矿石开始的，这得益于他那住在德国的贫穷却自学成材的祖父。当时罗伯特 12 岁，他正在为纽约矿物学俱乐部研读论文。但在结束高中学业后，罗伯特在前往参观波西米亚矿场的途中染上了痢疾。父母让他最喜欢的老师陪他一起去了新墨西哥疗养。在那里，他喜欢上了骑马，还有那里松涛般的高原，以及广阔的空间。从哈佛大学毕业后，他四处追寻量子理论的中心。他去了卢瑟福的剑桥——在那里，他由于在实验和社交方面的失败而差点自杀；他去了玻恩的哥廷根——在那里，他的张扬、聪慧以及学生们后来所说的"蓝色的怒目"让敏锐的玻恩都相形见绌。还有两个地方让他感觉像回到了家一样：埃伦费斯特的莱顿——在那里，他与狄拉克结为好友，被称为"奥波芝诶"（后来美语化为"奥比"）；最好的地方是泡利的苏黎世——在那里，他什么都不用做，泡利能轻松地处理一切。

1929年股市大崩盘前的一个月，奥本海默来到伯克利的加州大学，成为一名25岁的教授。20世纪三四十年代最伟大的理论家之一汉斯·贝特回忆说："除了华丽的文采，他还在一定程度上把以前美国人不知道的物理学领域内的诡辩思想带进了他的授课中。他深入理解量子物理的所有奥妙，并指出，量子力学中最重要的问题仍未解决。"[3] 而且他学识渊博。他的朋友、伟大的实验学家伊西多·艾萨克·拉比回忆说："他成了近乎神话般的人物，尤其对那些实验学家来说，他能在他们的领域内展示丰富的才华，同时，又能在深奥理论的天空中翱翔，令人无法企及。"[4]

奥本海默后来回忆："最初，我并没打算要成就一所学校。开始时，我真的只想做一名我所喜爱的理论（量子论）的传播者，并继续深入学习。这门学科已经发展得相当丰富了，但还没有被很好地理解。"[5] 他对自己曾宣称"无法指望"的那些学生的影响是非常显著的。

奥本海默的学生们观察他、学习他，就连走路和说话的样子也尽可能地和他一样，甚至连他思考时发出的"尼姆尼姆尼姆"的声音也跟着模仿。他带学生们去餐馆，去听音乐会，用希腊语给他们讲柏拉图，他教他们吃他家的爆辣红辣椒，品尝上等的葡萄酒，教他们如何为别人点烟。拉比声称，自己能在人群拥挤的场所里认出奥本海默的学生。[6]

1934年，奥本海默在一封写给弟弟的信中（信中带去了"所有加利福尼亚人和许多物理学家的"问候）写道："我认为……物理学以及它带来的明显的生活进步，已经深入你的灵魂。"[7] 这也是奥本海默给予他学生的。不知有意还是无意，他沿着卢瑟福在剑桥的卡文迪许实验室和玻尔的哥本哈根研究所的思路，在伯克利加州大学建立了理论研究部——一种前沿物理机构与个人崇拜的结合物。当有人对泡利说，20世纪30年代没有出色的美国物理学家时，他回答道："哦？难道，你没听说过奥比和他那些尼姆尼姆尼姆的学生吗？"[8]

戴维·波姆只在一段很短的时间内做过奥本海默的学生，期间，奥本海默传授了他两个理论。一个理论是奥本海默的全部精神生活，而另一个理论则几乎将他的生命夺走。

第一个理论是由玻尔和他的弟子们提出的量子论。玻姆在1941年离开了加州理工学院，这位“虔诚的经典主义者”[9]强烈地质疑量子理论。他和他的朋友——伯克利的校友乔·温伯格总是争论到深夜。温伯格坚持量子论，玻姆称温伯格过分注重数学，其实是“神秘的毕达哥拉斯主义”。[10]玻姆说：“当物理试图解释事物并给出某些物理图像时，它已经从早期的形式发生了变化。如今，其本质被认为是数学，感觉真理就在公式之中。”[11]玻姆最喜欢的类推法让他感到，自己永远不能和这样的理论共存。

但是，奥本海默是如此令人着迷。玻姆慢慢接受而后又拒绝量子理论的过程，是他生命中一次具有决定性的斗争，这次衍变将影响物理学的历史，又在不经意间为约翰·贝尔打下了基础。

1936年，天真、倦于世俗的玻姆变得有点消沉。很快，他吸收了第二个理论——由尚未接触政治的奥本海默开始传授给学生的理论。1942年11月，玻姆来到伯克利一年后，在他的物理系新朋友们的鼓励下，加入了共产党。可是，玻姆觉得会议枯燥乏味，几个月后，就渐渐懈怠了。[12]他只对一些新颖的观念兴趣十足。奥本海默承认自己曾经是一位“同路人”（这是对共产主义支持者的委婉称呼），但人们听见他做报告时曾得意扬扬地说：“我想说，在1939年之后，我就不怎么走这条路了。”[13]1939年是《苏德互不侵犯条约》签订的一年。假使这样的话，对他那些虔诚的学生来说，这种改变并不明显。

接着，奥本海默消失了，他在为美国政府做机密的事——“曼哈顿计划”。而他的学生们被留在了战时的伯克利。毕业的学生也开始失踪，仿佛他们已经死去，与先祖同眠在了天国。相反，有些人此时却是相当快乐：他们正在与世隔绝的新墨西哥红土高原上，在奥本海默的麾下做一些秘密而重大的事。那些留在伯克利的学生只知道，那是一项由奥比负责的机密的工作。尽管玻姆后来声称：“我们知道那些人正在研究铀，所以，我们能猜到那可能是一个炸弹。”[14]但是，玻姆的大部分朋友都没被叫去。

1943年3月，当奥本海默要求把玻姆调来洛斯阿拉莫斯的时候，负责曼哈顿计划的莱斯利·格罗夫斯将军告诉他，不能让玻姆来。[15]奥本海默回忆道，对这种信息，“有一些二次字母代码”[16]。官方给的理由是站不住脚的借口，他们说玻姆在纳粹德国有亲戚。但其中还有很多奥本海默和他的学生们都不知道的原因。

伯克利加州大学理论与实验物理系的领导者奥本海默和欧内斯特·奥兰多·劳伦斯，在 1942 年初参加了早期的原子弹计划。与此同时，美国军方在校园内进行了一次安全调查。[17] 一年后，当奥本海默要求把玻姆调来洛斯阿拉莫斯的时候，军方眼线获知，此时有个身份不明的人（“X 科学家”）在奥本海默的房子里拜访了当地的共产党领袖史蒂夫·尼尔森，这个人也是奥本海默妻子凯蒂的朋友。奥本海默告诉了尼尔森一个公式，显然收了钱。

在旧金山美丽的普西迪军事基地，负责领导反间谍活动的鲍里斯·帕什上校回忆说：“我们几乎没有任何情报，唯一可以确定的是那个人叫‘乔’，并且，他有个姐妹住在纽约。”[18] 他们开始详细审查伯克利放射实验室，活跃的乔瓦尼·罗西·洛马尼茨由于有一位来自俄克拉荷马州、众人皆知的工会会员叔叔，成为他们怀疑是“X 科学家”的首要对象。

反间谍活动人员很快注意到，洛马尼茨大多数时间都是和玻姆、乔·温伯格还有马克斯·弗里德曼在一起。玻姆和他的朋友们很快就被四处跟踪，上课时也一样。

1943 年 6 月，反间谍组织报告的调查结果显示，“X 科学家”应该是伯克利放射实验室的乔·温伯格。[19] 到了 7 月，不顾欧内斯特·劳伦斯的愤怒抗议，罗西·洛马尼茨被征兵去了新兵训练营，从此远离了铀分离的研究。

那年 9 月，奥本海默偶然向洛斯阿拉莫斯的安保人员提到，“已经知道在物理学家中”——在伯克利的某些人，正由于间谍问题被调查。一周以后，他得知自己被传唤去华盛顿。接待他的就是领导伯克利校园调查的约翰·兰斯代尔上校。尽管他那看上去令人愉快而又精神饱满的脸使他更像一个孩子的父亲，而不是美国军方的鹰犬，但他当下的身份是整个原子弹计划的安全主管。兰斯代尔马上发现，奥本海默并没有泄露谁在被“调查”而谁又是调查者的动机。奥本海默的理由是：“我把它看作一个唬人的卑劣小伎俩，我敢肯定（他没做错任何事情）。”

兰斯代尔在一次冗长而又毫无结果的审问会议中说：“到现在，我们知道消息每天从这个地方泄露出去……我们该怎么办？难道我们袖手旁观，然后说：‘哦，上帝，让这家伙停止活动吧……’”

奥本海默皱着眉点了点头，他对思考这个问题很感兴趣，于是说："出于我的个人倾向，我真的很难说什么。" 然后，他用那双出了名的蓝眼睛瞥了兰斯代尔一眼，似乎是说："当然，你明白的，老弟。"

兰斯代尔说："好吧，你觉得还有其他对我们有帮助的事要告诉我们的吗？"

奥本海默说："让我在屋子里四处走一走，想一想。"

他站起来开始踱步，然后，他突然说道："我能告诉你，我深深地怀疑是否——嗯，我对玻姆不太了解，但我非常怀疑，温伯格是否会牵扯到我们刚谈论的情况。"他继续说了一些有关自己一名年长的德国学生伯纳德·彼得斯的事情。对此，暗处的录音机没有记录下来。奥本海默第一次见到彼得斯的时候，他正在旧金山的"渔人码头"做码头装卸工。奥本海默把他带到了物理系。奥本海默后来描述说，就是在这段时间内，由于"彼得斯谈论问题的方式"，他开始认为，彼得斯就是"秘密战争计划的危险人物"。除了这些见解，会谈继续艰难地进行，但没有什么结果。

奥本海默说："上校，我希望能按照你的想法去做，不可否认，我愿意提供给你那些信息。我真希望我能做到。"

"好吧，就我个人而言，我想说，我很喜欢你。"兰斯代尔腼腆地张嘴笑了笑，"我希望你不要这么正式地叫我上校，因为我做上校还没多长时间，有点不习惯。"

"我想我记得最初你是一名上尉。"奥本海默抬起头，把烟斗塞进张开了一半的嘴里。

"我当陆军中尉时间并不长，"兰斯代尔说，"我希望能离开部队，回去从事法律工作。在那里，我不会有这些麻烦。"

出于礼貌，奥本海默同情地点了点头："你拥有一份很有意义的工作。"[20]

50 多年以后，关于奥本海默到底为苏联做了多少事的争论依然很激烈，也更加扑朔迷离。2002 年，杰罗尔德和莱昂娜·谢克特夫妇合作出版了一本书，名叫《苏联的情报工作如何改变了美国历史》(*How Soviet Intelligence Operations Changed American History*)。这本书在物理学家中引发了丑闻，立即受到很多人的谴责。对于这一点，这本书的作者觉得他们的书其实是被"保持缄默的密约"[21] 所害。举个例子，《纽约时报》也许太过敏感，于是在对这本书的评论中提到了"错误"一词。两位作者关于奥本海默的信息来自一个名叫苏多柏拉托夫的前克格勃特工，此人被证实，在其他供词中曾经讲过假话。

然而，在所有混乱且相互矛盾的说法中，谢克特夫妇在附录中附上了一篇某位特工呈给克格勃首脑的报告（内容很可能被夸大了），上面的日期是 1944 年 10 月 4 日，报告中提到："1942 年，美国有关铀的科研带头人之一罗伯特·奥本海默教授，那时是'布劳德同志组织'中的一名秘密成员。他告知我们这项工作开始启动……为我们的几个测试源的研究过程提供了合作。"

1944 年 1 月，奥本海默坐在开往圣达菲的火车上，和他同一车厢的是来自洛斯阿拉莫斯的保卫人员皮尔·德·西尔瓦少校。后者有意识地敦促奥本海默谈谈他以前的学生，谈谈玻姆及其朋友们中的某些人，以及奥本海默认为的"真正危险"[22] 的人。德·西尔瓦报告说：

> 他指认戴维·约瑟夫·玻姆和伯纳德·彼得斯就是那样的人。奥本海默说明，不知为什么，他终究不相信以玻姆的性情和个性会是一个危险人物，并且，他暗示玻姆的危险性在于他有受其他人影响的可能性。另一方面，他把彼得斯描述为一个"疯狂的人"和一个行为不可捉摸的人。奥本海默把彼得斯描述为"完全的赤色分子"，并说"在他的背景中满是事件"（他在德国参与了与纳粹的巷战，然后逃离了达豪），这表明，他的性情就是直接采取行动。[23]

1944 年 3 月，奥本海默回到伯克利进行访问，玻姆来看望他。可以想见，玻姆和乔·温伯格正处于艰难时期。在奥本海默不在的时候，二人一直为大家讲授奥比的著名课程。玻姆想知道事情是否有所改观，是否有被调入 Y 计划（曼哈顿计划）的可能，因为在当前的处境下，他有"一种奇怪的不安全感"。[24] 玻姆虔诚地站在奥本海默面前，无意间在措辞上露出了反讽的意味，但这也是玻姆的个性。

奥本海默说，他会让玻姆知道的。后来，他问德·西尔瓦少校（就是两个月前声称奥本海默将玻姆向他描述为“真正危险”的人），是否对玻姆去洛斯阿拉莫斯有异议。

德·西尔瓦写道：“下面的签名给出了肯定回答。”[25] 并适时地报告了这个事件。

尽管如此，玻姆还是在某种程度上参与了战争工作。军方想了解等离子体——恒星、北极光、闪电、圣艾尔摩之火甚至是比萨店霓虹灯招牌发出的光的组成物质。等离子体是继固态、液态和气态之后的第四种物质形态，这与古希腊由水、火、土、气构成物质的宇宙学说相类似。当高温气体中的大部分原子被离解成相互间自由流动的正离子和电子时，高温气体就变成了等离子体。玻姆发现金属中的电子（它们在原子核间流动，属于整个金属，但不属于任何部分）也构成了等离子体。

玻姆被等离子体中电子的集体行为深深吸引。等离子体长期以来带有一定的寓意：对玻姆来说，它们象征着完美的马克思主义形态。[26] 他成了美国等离子体理论家中的权威，在诸如“等离子体振荡”和如今依然被称为“玻姆扩散”的理论等神秘课题方面，他是专家。

战后，在奥本海默推荐下，玻姆在普林斯顿成了一名教授，在远处有一片小树林和一片开阔牧场的高等研究院工作。当时，奥本海默的重大秘密已经在广岛和长崎的上空炸开。玻姆对奥本海默的其他秘密仍一无所知，而这些正当或不正当的秘密，使得他们两个人，还有他们的朋友们，那么与众不同。

玻姆向系里要求，能否向一个研究生班讲授他的“老冤家”——量子力学。在备课过程中，他重新找出了由他的朋友伯纳德·彼得斯在几年前记下的奥本海默的课堂笔记。伯纳德·彼得斯，这个逃离集中营的幸存者和码头的装卸工，当年是受了奥本海默的感召，才进入伯克利“象牙塔”的。

19

普林斯顿的量子论

1946 年至 1948 年

“当我还是个小男孩的时候，我们每天用希伯来语说着固定的祈祷词，其中有几句是：‘要用你全部的真心、你全部的灵魂、你全部的思想去爱上帝。’对这个概念的整体理解——不一定直接针对上帝，而仅作为一种生存之道——对我有着巨大的影响。”在 1987 年的一次访谈中，玻姆如此回忆。

仔细研究了彼得斯记下的奥本海默的课堂笔记后，玻姆在量子理论中终于找到了以前的全部感觉。在一遍又一遍的阅读过程中，一种深深的物理感知开始从玻尔在战前写的那些半哲学论文的迷雾中慢慢浮现出来。而且，玻姆开始动手写一本叫作《量子理论》（*Quantum Theory*）的教科书。

教授量子理论，通常是由经典观念逐步向量子论推进，但是，玻姆找到了吃透理论中最异类、最难捉摸（包含经典最少）部分的方法。他回忆道：“自旋的概念尤其使我着迷，这个观点是当某个物体在一个确定的方向上旋转时，它也能在其他方向上旋转；但在某种方式下，这两个方向可以合成为第三个旋转方向。我觉得，这在某种意义上描述了思维过程的经历。”他能够“在我的（自旋）状态中，自我产生一个类推。我不能把它真正说清楚，它和身体内的一种张力感有关……”

在量子力学（玻姆分三部分分析，即量子化运动、统计因果性和不可分割的整体性）里：“我和我的本性直觉靠得更近了。”[1]

他记得：“在孩提时代，我就被一些谜题和实实在在的神秘事物吸引，那就是运动的本性。”[2] 他让学生们思考感觉的真正运作方式：“如果我们考虑一个物体的位置，那么在同一时刻根本不能考虑它的速度 [3]……一幅带有拖尾的高速运动汽车的照片，能告诉我们这辆汽车正在运动……反之，用相机快速拍摄的运动汽车的清晰照片却不能反映出这个信息。”[4] 不确定性原理是如此奇妙，而且与直观感觉相悖，玻姆告诉他的学生：“其实，它和普通照片十分相符。”[5]

玻姆告诉他们，对行星与大炮的研究催生了微分方程。我们现在考虑的连续运动的观点，在 18 世纪随着弹道学与天文学的发展很自然地出现。“很多古希腊人无法理解连续运动的观点，”他提醒学生们说，“研究过芝诺悖论的人都知道，其中最著名的悖论之一是关于飞矢的：既然飞矢在每一瞬间都占据一个明确的位置，那么在同一时刻，它就不可能是运动的。”[6]

对于因果关系而言，正像连续不断的轨道，“在一个不太成熟的观点发展成普遍经验的过程中，量子论是这个方向上的又一个阶段”。玻姆宣称，在一般经验里，“一个人很难得到因果之间的准确关系，而通常代之以思考在给定方向上产生趋势的原因”。[7] 他又说了一些打消学生们疑虑（或震惊他们）的话：“与一般观念相反，以哲学为基础的量子论相对于经典理论而言不够精确，就像我们看到的，它假定我们的世界不是按照明确规定好的精确的设计来运转的。”[8]

将量子化运动与统计因果性轻松相结合，玻姆得出了他感觉最深刻的概念——不可分割的整体性。玻姆指出：“即使在经典物理范畴，我们认为，物体和环境的分离也是一个不切实际的观点。”[9] 例如一个细菌，“几个小时内，最初在细菌中的大多数物质可能已被排出并被周围介质中的物质取代，在此期间，细菌可能已经变成了一个孢子”。

“我们认为，这是最初看到的那个生命系统的延续。如何证明这是正确的呢？”[10] 尽管显微镜下观察到的物体和环境模糊不清，但根据因果律和连续性，我们可以这样认为。玻姆解释说：“然而，如果一个系统的行为主要依赖于几个量子的转移，那么在这个系统中，将世界分割成几个部分是不允许的，也是不现实的，因为各部分的本性（比如波或粒子）所依赖的要素不能仅仅归于任何一部分，它、它们甚至不完全受控制，无法预测。”[11]

1949 年春天，肯·福特参加了玻姆的夜间量子理论讨论会。（福特表示，讨论会的时间安排不能和玻姆每周三个晚上看电影的时间相冲突。）福特回忆道：“他是一个非常棒的老师，不仅教我们规范地解决问题，还努力让我们明白这些方程背后的含义。”

福特笑着说：“当他在办公室的时候，他从来不主动请人离开，所以每个人都喜欢他。”玻姆的学生尤金·格罗斯写道：“我们在一起共度了很长时间，对于导师来说，这有利于带学生。”[12] 福特说：“他不修边幅，不贪图个人享受，没有社交活动，他生命的全部就是物理学。”[13]

数年后回想起来，玻姆感到“将实在作为一个连续的整体来理解”，已经成为他从数学到哲学的所有研究目标，并且，他想了解这个整体中的一部分——思维。[14] 他在《量子理论》一书中用了整整三页来论述他热衷的“思维过程与量子过程之间显著的点对点的类似”。[15] 这些对应点极有意思，就像他那些逻辑对于思想、经典物理对于量子力学[16] 之间的对应一样——尽管大概就是此时，狄拉克的妻兄尤金·魏格纳批评这本教科书“废话连篇”。[17] 玻姆解释说，但是鲜明的比喻“有助于给我们一种对量子理论更好的‘直觉’”。[18]

玻姆开始进行他喜欢的类推：“当一个人正在思考一个特殊题目的时候，如果他试图观察自己所考虑的东西，那一般会认为，在随后的思维进程中，他引入了无法预知和无法控制的变化。”他的学生可能没有预料到，这个讨论被引向了一个不同寻常的方向。玻姆继续道：“如果我们对比 (1) 思维的瞬时状态与粒子的位置，以及 (2) 思维的总体变化方向与粒子的动量，我们就有了一个非常鲜明的类比。”[19]

然而，他超出了纯粹的类比。他强调这种可能性的随机本性，同时继承了玻尔认为量子力学的限制可能会在人类思维中扮演某种角色的观点。

玻姆继续对他的学生说：“即使这个假设是错的，甚至即使我们只根据经典理论就能描述大脑的活动，思维与量子过程之间的类比依然有重要意义：我们有大量经典体系的东西为量子理论提供了很好的类比——至少，这是相当有益的，比如，它能提供一种描述效果的手段，就像采用隐变量的量子力学的效果。”[20]

隐变量？还有其他老师和教科书愿意提这个东西吗？其实，早有人谨慎地告诫“无论如何，这不能证明隐变量的存在”，[21] 这严重违背了标准操作。

在 1927 年的索尔维会议上，德布罗意力求用一种潜在隐藏的因果结构解释构成量子力学的一系列概率——他想为那神秘的运动添血加肉，但显然，这只是一个空壳。此后，德布罗意没有再被重视，他的观点与哥本哈根精神不够合拍。在德布罗意的理论被埋藏了六年后，冯·诺伊曼证明了关于隐藏的因果结构不可能存在，再次给出了理由，让人安心地将德布罗意的理论再一次埋藏，这也维持了量子理论那令人讨厌的、超自然的、不可言喻的内核。冯·诺伊曼是20世纪最卓越、最有才智的科学家之一，他丝毫没受到其他人（比如爱因斯坦）的干扰；格蕾特·赫尔曼曾想知道是不是冯·诺伊曼犯了错，而这种质疑也没影响他。德布罗意自己都没有等到冯·诺伊曼的证明，那时，他早已放弃了自己的观点。

在玻姆的教材中，他很早就告诉学生，“每一种迹象”都表明了量子力学会不断成功，它终将实现对原子核及相对论的统治，“除非我们发现出现衰败的真实证据……所以”他总结道，“看上去，完全不用去寻找隐变量”。[22]

贯穿整部教材，他反反复复提及这个观点，最终总是提醒说，他将在稍后详细解释为什么隐变量是无用的。他承诺的解释，在《量子理论》中不是子虚乌有或简单的注脚，而是全书的高潮部分。这已经够不寻常了，但读者惊奇地发现，玻姆反对隐变量的辩论促使已经被忘记10年的爱因斯坦、波多尔斯基和罗森问题苏醒了。

重要的是，对将来所有关于EPR（玻姆称之为ERP）的讨论来说，他利用自旋的观点再现了这个思想实验，最终把这个观点发扬光大；相比之下，关于该理论最初的论述可以被扔进历史的旧纸堆了。（在每个方向上都有两个选择——向上的自旋和向下的自旋——比起处理位置与动量的近于无穷种类的可能性，这个论证要简单得多。）

玻姆开始用两个原子讨论EPR思想实验，二者曾捆绑在一个分子中。因此，它们具有反向自旋，“在此范围内，完全可以说，自旋具有任何确定的方向”。[23] 分子悠然地“分裂”了，两个原子开始相互远离，我们可以让其中某一个原子通过施特恩-革拉赫磁铁装置，测量它在任意一个方向（x、y或z，“但不多于一个”[24]）的自旋。

接下来的论证就很平常了：通过测量第一个原子（没有干扰第二个原子），我们就肯定能知道它在某一个方向的自旋。原子相互分离，没有任何方法能让它们对施特恩-革拉赫磁铁可能所处的角度提前做出反应。推测起来，无论我们对第一个原子做什么，第二个原子都是不变的；对第一个原子的任何测量，仅仅碰巧揭示了另一个未被测量原子的既有状态的一部分。由于可以在任何方向上测量第一个原子，因此，未被测量的原子必须在三个方向上实实在在地具有自旋。“因为在这些组合中，波函数一次至多能完全确定地指定唯一一个。”玻姆解释道，“所以我们能得到下面的结论：对于第二个原子中的所有实在元，波函数不能给出完备的描述。”[25]

尽管玻姆发现了这个“对已被普遍接受的量子力学解释的重大批判”，[26] 然而他相信，这并不是致命的一击。因为还有一个隐含假设，甚至 EPR 论文都没有提到它，但爱因斯坦自己从 1909 年就开始担心了：我们能用单独存在的清晰“实在元”正确分析世界。

玻姆最不相信的一大问题是可分离性。他解释说，这就是隐变量与量子理论不协调的原因。一个由因果性的、可分离的要素构成的系统，是一种严格的经典结构。这种经典结构在面对他书中所谓的量子理论“交叠势”[27] 的时候，消失了。

玻姆说：“于是我们这样总结：不存在能够导出全部量子理论结果的机械① 决定论的隐变量理论。”[28]

---

① “机械”的意思是“可分离的部分服从因果律”。在书中其他地方有一个特别的脚注提到：“‘量子力学’这个术语很不恰当，或许它应该被称为‘量子非力学’。”[29]

20

普林斯顿

1949 年 6 月 15 日至 12 月

戴维·玻姆在走廊里徘徊着，把口袋里的几枚硬币弄得叮当作响。这是玻姆向美国非美活动调查委员会提供证词之后的第五天。这时，一名研究生走过来想问他一个有关等离子体的问题，结果吓了玻姆一跳。“戴维，我刚刚——”这名研究生注意到了玻姆专注而痛苦的脸色，“戴维？”

戴维依然不停地把硬币弄得叮叮当当。过了两秒，他才问道：“什么事？”

“戴维，你没事儿吧？”在正午时刻的物理楼走廊里，当周围的大学生们都在涌向各自的教室的时候，这名学生感觉问自己教授的这个问题有点怪异。

“你听说过伯纳德·彼得斯吗？”玻姆问。

这名学生想了想，他曾听过一些故事。“是奥本海默发现的那个做码头搬运工的人吗？”

玻姆点点头。“够令人吃惊的，他逃离了达豪，并且让他的妻子在旧金山一所医科学校完成学业。我们在伯克利时是好朋友。”玻姆说得越来越快，“他非常聪明，他的年龄比我们都大，经历过很多事。他和奥本海默曾是朋友，可现在奥本海默——”玻姆的声音低下来，“你听说过奥本海默和众议院的非美活动调查委员会吗？”

整点报时的钟声敲响后，开始上课了，走廊里突然变得空荡荡。

这名研究生摇了摇头。

“我真不明白。”玻姆变得喋喋不休，“但现在罗切斯特市的报纸上貌似都在说[1]，伯纳德如今在那里当教师……他们向奥比询问了乔·温伯格和罗西·洛马尼茨的事——这两个人也是我在伯克利时的朋友。”玻姆解释道，“就像我希望的那样，他保护了他们。”一阵刺耳的声音响起。每个人都习惯了玻姆身上硬币的叮当声，但今天，在这个安静的走廊里，硬币听起来似乎响声更大、更执着。“但显然他早就告诉他们，伯纳德·彼得斯是个大家应该警惕的疯狂分子。”玻姆把手从口袋里拿了出来，握着那些硬币，用力摇晃着，眼睛斜视着，“报纸上到处都在说。”

“呀——”这名学生问，“这些话，他收回了吗？”

“没，没有……没有。是这样，奥比自己再三强调，他说的全是真的。可怜的伯纳德。这么多年，伯纳德一直把奥比当作他遇到过的最好的老师，当他是朋友。这次，奥比已经准备把他交给——交给美国联邦调查局的人了。”

然后，玻姆小声说：“我担心他是否说了些有关我的事情。”

1949 年 9 月 23 日，即在玻姆被带至美国众议院非美活动委员会出庭的 4 个月后，哈里·S. 杜鲁门总统发布通告说，苏联已经测试了“原子装置”。克格勃组织与其在美国旧金山、纽约和华盛顿的特工之间数以千计的电报已被破解，结果显示：伯克利和洛斯阿拉莫斯是苏联间谍的主要目标。现在，飞越西伯利亚的美军飞行员们已经检测到了这些间谍的工作成果，是这些飞行员最先把苏联制造原子弹并成功引爆的消息传回了美国。

由于拒绝回答非美活动调查委员会提出的问题，12 月初的一天晚上，玻姆因涉嫌“蔑视国会”而被捕。执行人员把他带往特伦顿，这样，他可以获得保释。已是年底，光秃秃的树木在黑暗中不断闪过。玻姆看着一块霓虹灯广告若有所思，他在思考着等离子体，数百万个高温个体的行为像一个完美的团体，显示出几个大字：“DRINK COCA-COLA”（请喝可口可乐）。

执行人员请他谈一谈物理问题。他告诉玻姆说，自己来自匈牙利，现在是一个忠诚的美国人。

“我希望你不会不忠。”他对玻姆说。[2]

玻姆从特伦顿回来的那天早上，他发现自己被暂停任教，同时被禁止进入校园。几个研究生找到普林斯顿大学的校长，试图上诉。学生中一个叫西尔万·施威伯的研究生回忆说：“在简短的交涉后，我们被训斥了一顿，并被提醒：‘先生们，现在是战争时期！’然后，我们被轰了出来。”[3]

最后，出于美国众议院非美活动委员会的“好意”，玻姆有了一年半的停职带薪时间，除了去图书馆思考等离子体问题，或是深入研究量子理论，什么都不用做。官方上，他不属于普林斯顿大学。在这段时间，他与普林斯顿的朋友和学生们一起，写了四篇等离子体方面的论文。

21
量子理论
1951 年

一年半之后的一个傍晚，玻姆依然在普林斯顿散着步。这次，陪伴他的是附近普林斯顿高等研究院物理系新来的少年奇才、一名22岁的博士后——默里·盖尔曼。盖尔曼在耶鲁大学提前修完本科之后，刚刚拿下了麻省理工学院的博士学位。

他们在一个小咖啡屋前停了下来。对玻姆来说，现在的情况是喜忧参半。他终于被宣告无罪——美国最高法院于1950年12月决定，《第五修正案》保护像玻姆这样拒绝认罪的人，但他还没有重新获得普林斯顿大学的职位。然而此时此刻，他们没有谈论这件事。玻姆很兴奋。他已经完成了《量子理论》这部教材，并且已经寄给了很多人征求意见。“爱因斯坦约我了。”玻姆说，“他说，想和我谈一谈这本书。玻尔还没有给我回信，但泡利回了，实际上他是很热情的！”玻姆的脸上笑开了花。

在橘黄色的街灯下，他们转身又进入了暮色中。默里·盖尔曼也被玻姆的激情感染了：“你觉得你能说服爱因斯坦？”

玻姆咧嘴笑了笑：“看着吧。”

两天后，他们又来到了这间咖啡屋。玻姆似乎身心疲惫。他不想散步，他不知道自己要去哪儿。

默里·盖尔曼打破了沉默：“你和爱因斯坦的会面怎么样？”

“他劝我放弃。”玻姆把咖啡杯子放在了桌子上，停顿下来。这比默里·盖尔曼预期的要糟糕一些。

玻姆看着自己的杯子：“我又回到了写这本书之前的境地。”[1]

“他说什么了？”盖尔曼问道。

"他告诉我说，我所做的，可能是解释了玻尔的观点，但他依然不相信这种观点。"[2] 玻姆小啜了一口咖啡，想起了那位老人站在研究院办公室的窗前，吸着烟，静静地谈论着。他想起，这位天才的劝诱让自己顿时冷静下来，就像在灯光下打旋的香烟烟雾一样"轻而易举"。"最终结论就是：他觉得这个理论不完善。不是说，宇宙作为一个整体不能成为最终的事实；而是说，如果根基部分缺失的话，那这个观察是不完善的。"[3]

玻姆喝完了他的咖啡，一脸扭曲的表情。他们站了起来，把钱放在了桌子上。

然后玻姆说："爱因斯坦所说的非常接近我以前的直觉——量子论有点问题。[4] 它是一个不能超越表象的理论。[5]" 他耸了耸肩膀，无力地笑了笑，说道："记住，我是一个马克思主义者：我们喜欢决定论的理论。"[6] 当他抬起头来时，朦胧的橙色街灯遮住了星光。

阿尔伯特·爱因斯坦写给英国曼彻斯特大学的帕特里克·布莱克特的一封信：

亲爱的布莱克特教授：

普林斯顿大学的戴维·玻姆博士告诉我，他已经申请了贵校的研究员职位，我对他的科研工作及其本人都相当了解。

玻姆博士思维清晰，在科研工作上积极努力，具有非常独立的科研判别力。对任何科学团队，他的加入都将是一笔财富。我希望最好能在美国境外给玻姆博士提供一个工作机会，原因如下：玻姆先生本身在政治上并不活跃，然而，他曾拒绝回答美国官方有关他同事的问题。这个令人钦佩的态度成了美国官方指控他的理由，并导致他在普林斯顿大学的职位终止（确切地说，是没有续聘）。

如果您能切实考虑玻姆博士的申请，我将不胜感激。

你最真诚的朋友

阿尔伯特·爱因斯坦

1951 年 4 月 17 日 [7]

玻姆写道："我讲授量子理论课程已经三年了。写这本书的目的，主要是努力更好地理解整个学科，尤其是玻尔非常深奥又巧妙的处理方式。然而在工作完成后，回顾自己所做的一切，我仍然觉得有些不满意。"[8]

正如波姆后来解释的，压在他心头的那个最沉重的问题"是波函数只能描述实验或观察的结果，而这些结果必须作为在任何条件下都无法进一步分析和说明的一系列现象来处理。所以，这个理论不可能超越现象"。[9]

于是，玻姆着手独立创造一种能够超越现象的理论。

22
隐变量与隐藏
1951 年至 1952 年

“量子理论的普遍解释是自洽的，但它包含了一个不能被实验证明的假设。”玻姆开始写他那篇“声名狼藉”的论文——“也即，一个独立体系最完备的可能描述，是根据波函数给出的，而波函数只能决定实际测量过程的可能结果。”时值 1951 年，《量子理论》即将面世。但就在这些书被印刷的同时，作者自己在这个领域最权威的杂志《物理评论》上，用一篇分成两部分的长篇文章驳倒了书中的主要观点。

玻姆继续写道：“研究这个假设正确性的唯一方法，是根据（当前）‘隐藏的’变量努力寻找一些其他的量子理论解释。原则上，‘隐藏的’变量决定了独立体系的精确行为。但实际上，它是目前所能使用的各种测量方法的平均值。”

他将身子从书桌前靠回椅子里，待了几秒，看着那张几乎空白的纸，上面只有他那幼稚的笔迹胡乱涂抹的几行文字。他几乎不能相信自己要写的东西。

“本篇以及接下来的一篇文章，就是根据这种‘隐藏的’变量提出一种量子理论的解释。”他解释说，这不是一个新理论，只是一种新的解释：“它表明，只要数学原理保持当前的通用形式，这种解释就会在所有物理过程中得到与普遍解释完全一致的结果。但是，现在提出的这种解释提供了一个比普遍解释更广泛的概念框架，因为它使准确、连续对描述所有过程——即使是在量子层面上的过程——都成为可能。”

在把所有量子力学的观点归入到他的世界观以后，这是一次相当广泛的重新定位，但玻姆却完成得很轻松。“这种更广泛的概念采纳了比普遍解释更一般的理论数学表达式。”他继续解释这种可能性：就如当时看起来的那样，量子力学可能在比一个原子核直径还要小的尺度上失效。

“不管怎样，这样一种纯概率性的解释证明：在一个精确的量子层面上，我们不必放弃对独立体系准确、合理、客观的描述。”[1]

在1951年美国“独立日”的前一天，玻姆把这篇文章投给了《物理评论》杂志，由此开始了他漫长而孤独地对抗哥本哈根精神的历程，[2]并将最终引导约翰·贝尔在研究上获得关键性突破。

在《物理评论》上发表的文章中，首先是四页主要针对不确定性原理的紧凑而有条不紊的讨论。之后，玻姆从一个小标题“薛定谔方程的物理新解”[3]，才开始论述自己的观点。由于从来很少读别人的著作，玻姆直到完成了自己的文章后，才发现自己对波函数的“物理新解”，实际上是一种以更充分的认知形式，复苏了德布罗意引导微观粒子的导波理论。[4]

导波解释把薛定谔方程作为有形的事物来处理，它像一股水流——虽然是一种奇怪的相互交织的无形水流——而不是在测量活动中，神秘“坍缩”为单一选择的一系列可能性。在玻姆和德布罗意的想象中，微观粒子就像这无形水流中的一段枝条：这边水面宽阔，枝条顺流而下；到那边，枝条和夹杂的一些残花败叶一起打旋儿；再往前走，就淹没于水下岩石后的泡沫中。一股普通的水流作用在一段普通枝条上的力，通常可以简化为引力或电磁力。在薛定谔方程“水流”中的微观粒子也是如此。但是，该方程带来的所有效应并非均可以归因于这些力。玻姆暂时称那些其他的效应为“‘量子力学’势”。[5]

与这种势相关联的是“一个客观的真实场”，玻姆将之命名为“Ψ-场”。[6]玻姆在论文的后半部分大胆地写道：这个场给出了“量子力学远程物体相关性来源的简单解释”，比如EPR所设定的场景。他写道：“可以认为，‘量子力学’的作用力，是通过介质Ψ-场瞬间从一个粒子传递到另一个粒子的不可控的扰动。”[7]但无论是否以一个场为中介，这种瞬时效应仍然是“幽灵”般的超距作用。显然，爱因斯坦不可能接受这种解释。

玻姆写道：“当然，没有理由说明，为什么在Ψ-场的作用下，粒子的行为不能与在电磁场、引力场……或是一种尚未发现的场的作用下相同。”[8] 对于觉得它对自己胃口的人，量子理论的所有奇特之处（除去它有害的令人反感的主观性）可能源于无形水流中这种奇异而未知的作用力。

玻姆论文的前半部分（不是以瞬时作用场“简单解释”[9]EPR 理论的那部分）提到了爱因斯坦——这个让玻姆的思想发生戏剧性转变的人，于是让人最终觉得安心可靠一些。波姆在第一页中写道：“爱因斯坦……一直坚信，即使在量子层面上，必定存在可精确定义的元素（例如玻姆自己假设的这些），它们决定了每一个独立体系的实际行为，而不仅是可能的行为。”同样，“爱因斯坦始终认为，现有的量子理论形式是不完备的。”[10] 玻姆以向“爱因斯坦博士几次令人兴趣盎然而又激动的讨论”[11] 致谢，圆满结束了论文的前半部分。

这篇文章以他或爱因斯坦很可能在讨论期间已经给出的结论作为结尾：

> 一个理论的目的，不仅是与我们已知如何去测量的观察结果相关联，也要为新的观察方法提供所需，并预测它们的结果。事实上，一个理论越是能很好地为新的观察方法提供所需，并正确地预测其结果，我们就越能相信这个理论是事物真实特性的良好表述。[12]

文章以一种奇怪的方式结束了，玻姆在开头还向大家保证，说它“在所有物理过程中会得到与普遍解释完全一致的结果”。[13]

“不敢相信，我本该能够更早看清这一点。”[14] 当玻姆描述完了他的新理论后，他舞动着双手，一脸虔诚的样子。玻姆坐在他的老朋友莫特·韦斯位于长岛的家中，背对着窗户。夜幕降临了，一辆黄色敞篷车驶来，映衬在傍晚的余晖中。“这30 年以来，每个人都相信只有一条出路——我要去突破！”

韦斯咧嘴笑了。玻姆的兴奋让他想起了他们在宾夕法尼亚州的那些日子——两人在深夜里读书、辩论，一边吃着韦斯从工作地的餐厅带回来的当天做的甜饼，一边自学近代物理学。[15] 玻姆那时正在努力实现他狂野的大学梦。

“让我猜猜，”韦斯说，“你是在散步中把所有工作完成的。”

玻姆咧嘴笑了：“我不明白，一个人在建筑物里怎么能进行思考。”

大学时，玻姆一直相信散步能获得“滔天氧气”。那时，他每天午饭后都会穿越小山，散步两小时，晚上还会在校园内漫步。[16]波姆还因爱吃甜食而出名。当玻姆狼吞虎咽地吃掉了韦斯为表示庆祝而拿来的冰淇淋时，韦斯发现，他的这两个爱好一个都没变。

他们甚至想起了更久以前，在宾夕法尼亚州外尔克斯－巴里的童年。在一次旅行中，由于童子军不提供好吃的食物，于是小伙伴们带着玻姆的父亲买来的一顶帐篷，独自去野营。[17]他们儿时的一个朋友萨姆·萨维特，如今已经是一名画马的插图画家；另一个发小在放学后也经常和波姆两人一起学习物理，但那个人辍学后进了矿山工作。当年在那个煤矿小镇，玻姆和韦斯父母的中产阶级犹太人的身份，从没给他们带来任何危险，真是太幸运了。

他们也谈起了玻姆的书：“奥本海默对人们说，当他看完这本书后，他能做得最好的事情就是挖个坑把它埋掉。”[18]但奥本海默也为玻姆写了一封推荐信，[19]再加上另一封爱因斯坦的推荐信，玻姆最终在巴西圣保罗谋到了一个职位。

玻姆突然问道：“你看到一辆黄色的敞篷车一直在房子旁边转悠了吗？”[20]

“是的，看到了。”韦斯惊讶地问道，“怎么了？”

“我被跟踪了。”玻姆说。

当晚，玻姆决定趁着夜色的掩护离开这里，去佛罗里达。韦斯和他一起坐上了去宾夕法尼亚州火车站的城际列车。玻姆抓着头顶的横木，肩部的上衣隆起来，他谈论着自己的理论，不时放开横木，挥舞着双手做手势。

坐在韦斯对面的一个男人正在读报纸，对着韦斯的版面上恰好有一张玻姆的照片——那张瘦瘦的精灵似的脸上嵌着一双渴望的眼睛——图片下的说明写着：“他们从他那里得到的，永远只是他的名字。”①

对这超现实的一切，韦斯想笑。“戴维，你看，你不需要等《物理评论》把你

① 指玻姆在被审讯期间拒绝合作，不透露任何信息。——译者注

的名字印出来了!”[21]

玻姆扭头看过去，眼睛睁得大大的，马上又瞅向别处。

“我认为你做了一件勇敢的事。”韦斯平静地说。

“你父亲总认为我在政治上不会有好结果。”玻姆说。

韦斯说:“我知道。当你们两人为共产主义与资本主义一直争论到深夜的时候，我总是先上楼去睡觉，那时候，”谈到这段记忆，韦斯摇了摇头，“你不愿意骑车回家，即使后来回去了，你也总是在夜里步行回去。”[22] 他看着玻姆，眉毛突然皱起来，说:“戴维……你的鼻子……它确实不一样，是吗?”

玻姆疑惑地看着他，然后想起来了。深夜，宾夕法尼亚州立大学明亮的窗外，大雪纷纷扬扬地下着。两个小伙子正散完步往回走，呼出的气体马上凝成白雾。一间宿舍的一扇窗户不知为何还开着，韦斯将几个雪球扔了进去。玻姆当时已经打开前门，立即遭受了埋伏在屋里的一个被雪球打中的人一记暴怒的拳头。

“是的。”玻姆说，抬手摸了摸鼻子断裂的地方，“是不一样。”[23]

韦斯真诚地说:“戴维，我真的很抱歉，我希望这没有影响到那关键的滔天氧气。”

玻姆笑了起来:“不用担心。”

“戴维，你从来都不介意。”韦斯说。[24]

他们在宾夕法尼亚州的火车站下了车，玻姆登上了开往佛罗里达的火车，远离了真实的抑或想象中的盯梢的眼睛。

10 月，玻姆动身前往巴西圣保罗。当他坐到机舱里的时候，大雨打在停机坪上，狂风夹杂着雨点，猛烈地撞击着椭圆形的双层玻璃窗。玻姆坐在一个蓝褐色相间的方格花纹座椅上。他看着外面的大雨，盼望飞机马上起飞。

在办理护照的时候，他感到很烦恼：手续会不会比正常时间要长？爱因斯坦与奥比商量后，向玻姆保证没有人会试图阻止他离开。爱因斯坦安慰道:“也许奥比把事情看得太简单了，但是，我也倾向于认为这件事背后没什么大不了的。”[25] 这两位最伟大的导师的看法让玻姆受到了鼓舞，而且，最终拿到的护照也没有明显的问题。

飞机开始移动了。玻姆盯着窗外，看着外面沉闷的景物闪过。接着，飞机停了下来。响起了引航员的声音："由于一位乘客的护照出了问题，飞机将返回起点。"

玻姆似乎感到突然有一股电流穿过了肺部，打到了胃上。由于某种原因，他紧紧抓着座椅的安全带，指关节变得发白。他努力吞咽着唾沫。

女乘务员朝他走过来了。她看上去想要问他是否需要往橘子汁里加点冰块。他的心跳剧烈、无比惶恐。座椅的安全带刺痛了他的手掌心，但他不能松开。也许是奥本海默把事情看得太简单了……

她从旁边走了过去。

也许是——刚才发生了什么事？

她甚至都没朝他这个方向看一眼，在与玻姆隔着几排座位的地方，她停了下来，对着一名乘客弯下身子。一个看起来不怎么懂英语的小个子印度男人跟她下了飞机。[26]

飞机又开始在跑道上滑行。玻姆虚脱了，他把头放在膝盖上。奇迹般地，飞机离开跑道，飞向下着雨的天空。

他旁边一位富有同情心的女士说："我知道，飞机起飞确实很可怕，但我妹妹说，现在坐飞机比开汽车安全多了。你相信吗？"

玻姆再次坐直了，虚弱地向邻座点点头，他觉得自己的胃好像还没有收到放松的信号。他吞咽了一下，吸了口气，试着让心跳恢复正常。

邻座的女士沉思道："我很纳闷，他们为什么要把那位外国先生带下飞机呢？"

23
巴西
1952 年

从玻姆意识到没有人接机开始，巴西看上去就糟透了。他再一次慌乱起来，连比带划地打听到去一家旅馆的路。等他坐在客房的床上，他开始努力从一本小册子里学习一点葡萄牙语。

第二天，他结结巴巴地用新学的葡萄牙语联系上了一个名叫杰梅·蒂欧姆诺的普林斯顿大学的毕业生。杰梅·蒂欧姆诺把他带到了位于安杰莉卡大道的新住所[1]。然后，他们穿过大学里玛丽亚·安东尼娅大街上的巨大白色柱廊。杰梅·蒂欧姆诺把他介绍给一位带他参观的学生。在一面墙上镶着这所大学的校徽，校徽下面写着："用知识去征服。"（VENCERÁS PELA CIÊNCIA）[2] 这名学生自豪地介绍这座建筑的"历史多么悠久"。

玻姆问道："这是什么意思？ CIÊNCIA 是指科学，是吗？"

"是，是，确实是科学，用你们的话怎么说呢？——知识——这句话意思是'你将——征服'，是吧？'你将通过——知识征服'，对吧？"这名学生向前走去，"让我为您介绍一下物理楼。"

玻姆驻足半晌，看着"用知识去征服"这几个字，想着自己那篇几个月后就要发表在《物理评论》上的论文。

开始教课时，玻姆因为自己能够实现一定的价值而热情高涨。[3] 他感到自己是不可或缺的一分子，他与蒂欧姆诺一起用隐变量研究自旋。以前，他从没认真读过物理期刊，但现在，当这些期刊穿过半个地球到了他手里的时候，却成了他与其他物理学家保持联系的仅有的几种方式之一。他从学校走回自己位于安杰莉卡大道的家中，腐败的食物气味让他感到恶心，寝食难安。他常常呕吐，身体也消瘦了，看上去更憔悴、更羸弱，他的脸上也生出了更多的皱纹。

他躺在床上。在一个潮湿的晚上，他心想：我发现了仅在巴西有效的热力学第六定律，即每个假定运动的东西都是不动的，而每个假定不动的东西都在运动。[4]

他躺在海水中。“我喜欢漂浮着观看海浪拍击的情景，”他写信给朋友汉娜·洛伊说，“一个人感到与温暖的大海合二为一。有时，我希望自己能溶解在海水之中，随之飘散到海角天涯。”[5]

他躺在医院里。胃痛，发烧，烦躁不安。

他的学生兼合作者托德·史岱尔离开巴西去了美国马萨诸塞州，不久，玻姆听说他死于一次滑雪事故。杰梅·蒂欧姆诺搬回了里约热内卢。玻姆没有结识新朋友，没学会做饭，他感到“对自己所做工作的价值的信念有点动摇了”。[6]

抵达巴西三个月后，当年的12月，在一次于贝洛奥里藏特市举行的巴西科学院大会上，玻姆见到了费曼。[7]

理查德·费曼正在休年假。顺便在大西洋沿岸圣保罗北面不远的城市里约热内卢教书。看到老朋友熟悉的面孔和举动，听到那些有趣的事和费曼的笑声，真让人惊奇。玻姆觉得，自己的世界似乎已经恢复了几分秩序——因为费曼在这儿。

讨论会后，费曼说：“来吧，戴维，我们去转转。你知道这里哪儿有好玩的酒吧吗？”

玻姆不知道。费曼说：“好，非常棒！我们走！”丝毫没有讥讽的味道。

费曼招呼了一辆出租车，然后用葡萄牙语问了司机一个问题。玻姆坐在出租车后座的人造革座椅上，大致明白费曼的话：“哪里有桑巴啊，好玩的啊，其他什么的。”司机点着头，专心地看着前方，一边认真回答，一边拨开了计价器。

费曼对司机说：“Bem bom! ①”他倚靠到座位上，“非常棒！他会带我们去萨瓦西区，那就是我们要去的地方。”

---

① 葡萄牙语，意为：太好了！——译者注

玻姆感到自己有点年少轻狂：在这儿，迪克①和他，这两个30刚出头、看上去不那么坏的单身汉，在巴西的这个小镇上闲逛着。很好玩，对不对？对，非常棒！他真希望自己没有打扮得这么整齐。费曼总是穿着旧衣服，可以很方便地先打邦戈鼓，然后去物理研讨会，再去夜总会——在某些情况下，看上去不太得体比看上去得体强多了。他就像爱因斯坦，爱因斯坦就穿着一些玻姆认为确实很古怪的衣服（爱因斯坦喜欢不穿袜子），在普林斯顿四处漫步——但这很好，简直好极了，这是他高深莫测的整体的一部分。费曼正在变成能把自己打造为高深莫测人物的高手。

“对了，戴维，”费曼说，“在圣保罗一切还顺利吧？”

玻姆点点头，扬起双眉说：“嗯……挺好……这有几个不错的学生……”[8]

“戴维，你发现了吗？这里只有死记硬背。里约热内卢的学生记住了所有东西，然而他们从来没能理解其中的含义[9]……在这儿，我们要做的还很多。要教的还很多。”

“我们正在帮助他们在这里建立物理学，”玻姆说，“圣保罗的物理系成立还不到20年。”

“是啊，很令人兴奋。”费曼说，“你知道，我觉得如果不教学，我真是什么也做不了。记得在普林斯顿的时候，我看到在高等研究院那些‘聪明大脑’身上发生的事。他们因为极富才智而被特别挑选出来，他们有机会坐在树林旁边可爱的屋子里，没课可教，也无须承担任何职责。这样，人们好让这些可怜的家伙们能坐下来独立地思考。”[10] 费曼笑起来，“没别的，这会使我窒息。”

玻姆现在也笑了起来：“普林斯顿高等研究院：本世纪最伟大的禁锢智慧的家园。”[11]

“你需要有些人来骚扰骚扰你！而他们恰好没事，没学生，没有与实验家的互动，没有任何可以激发自己思想火花的东西。”费曼打了个响指。

“但在这里……”玻姆缓缓说道，“我担心自己会停滞不前。为不太懂英语的人讲解物理，几乎激发不了多少想象力。一想到由于语言障碍，我将很难和大多数人

① 费曼的昵称。——译者注

建立密切联系，这有点恐怖。”[12]

“你会克服的，戴维，”费曼说，“不会像你想得那么久。”

出租车司机停了下来，用葡萄牙语对费曼说了点什么。费曼说：“非常棒。”当玻姆正在拿钱包的时候，他已经抢先付了车费。“这家酒吧今晚应该有一场精彩的桑巴舞演出。噢，戴维，我已经变得对桑巴很狂热，而且已经加入了一所舞蹈学校。”

他们从两侧是摩天大楼的街道走进密不透风的灯光昏暗的酒吧。

“学校——一种像鱼在水中的自由自在，”费曼解释说，“不是在普林斯顿的感觉。”[13]

“噢……那么——你会打鼓？”

“对了，为了在桑巴学校演出，我正在学习一种叫作弗利吉得拉的很棒的乐器，它像一个玩具炒锅，用一根小金属棒来敲击。”[14] 费曼坐在高脚凳上，挥动着双手模仿这件乐器的形状，“它非常棒，我们正为里约热内卢的狂欢节准备新乐曲，实在让人激动——我们一定要打扮一番，我想我会成为狂魔的。”[15]

玻姆突然被自己遇到费曼以来悄悄升起的嫉妒心完全淹没了。费曼在巴西居然很快乐。他认为这非常棒！但对玻姆来说，这里只有胃病、住院、令人恐惧的交通、饭店和说葡萄牙语的人们，现在又添了一样——担心护照。他很悲惨，对费曼、对他的活跃、对他在任何环境下都能得心应手的嫉妒正在侵蚀着玻姆：为何对他来说，每件事都能解决呢。

“迪克，他们把我的护照拿走了。”

“他们怎么了？谁们？”

“美国领事馆，他们告诉我必须去那儿进行‘护照登记检查’。而在那里，他们又突然告诉我，如果我想回美国的话就能去拿回护照，否则，他们会把护照扣留。”

“天哪……”费曼一脸怒容，“他们这是什么意思？”

“他们想确认我还待在这儿，不会把他们宝贵的秘密传给苏联，就好像我知道什么似的。”

费曼哈哈一笑：“那好，戴维，你就听他们的，不要与赤色分子交往过密。”

“两天前，就是他们拿走我护照后的那天晚上，我的室友看见一辆轿车绕着我们的房子盘桓了一个多小时。”[16]

费曼叫道：“岂有此理……”然后他说，“可能，那恰好是某个迷路的人。你知道，这些南美洲的城市让人很迷糊，尤其到了晚上。”

玻姆耸耸肩，扬起眉毛，简洁地说：“我正在被监视，迪克，即使是来这里也一样。”费曼不能断定这是否是真的，还只是玻姆的妄想。

费曼身子向后一靠，双手抱胸，说：“嗯，我不知道，戴维……”

但玻姆没有停止，继续说：“我意识到，即使是在这里，我也没有真正走出美国。”[17]

“你不打算再回去了，是吗，戴维？确实，我能看出来。你看，这类事情让我感到压抑。关键是你没有告诉我，你已经向《物理评论》投出了让人感兴趣的东西，外面已经传得沸沸扬扬。”

玻姆突然脸色放光，费曼注意到，这个变化非常明显。

费曼在吧台边儿上靠着，双臂交叉着，说道：“和我说说。”

“我已经根据隐变量重新描述了量子力学。”

费曼的眼睛在蓬乱的头发下瞪得大大的。

“你知道，我正在研究薛定谔方程的 WKB 近似[18]（一种很实用的半经典计算方法），并一直思考，为什么粒子居然不能有轨道呢？”费曼眯起眼睛听着，仰起了头。玻姆继续说：“那么，如果它们有轨道，如果它们沿着一条完全确定的路径运动，那么 WKB 近似必须经过怎样的转变才能得出量子力学的结果呢？”

费曼本来有着对玻姆的观点暂不表露怀疑的雅量，但此时，他终于崩溃了：“戴维，你完全疯了。你不可能同时拥有决定论和量子跃迁。你完全彻底地疯了。”

“不，迪克，等等，所有的事情都说得通，让我从头到尾讲给你听。关键是这种从薛定谔方程中自然出现的新势能，我称之为量子势。”

几杯饮料下肚，做了大量的手势之后又在餐巾纸上论证了一番，玻姆觉得已经解释清楚了这个精美的论点，并且已经使费曼相信其在整体上是逻辑一致的。[19]后来，玻姆给他的朋友数学家米利亚姆·耶维克写信说，费曼“对自己的理论印象极其深刻”。[20]

玻姆从费曼的赞许中获得了动力，忙说：“迪克，你还记得一个真正的新理论是多么令人激动吗？你曾经对推测、探寻新观点很感兴趣。我觉得，贝特把你留在康奈尔大学这个令人压抑的地方，你在那里耗费了全部时间去进行无休止的计算。贝特就是一个活计算器。"[21]

费曼看起来很严肃，他说："戴维，汉斯·贝特是最伟大的科学家之一，也是最伟大的人物之一，并且，"他咧嘴笑着嚷道，"是我认识的最好的'活计算器'之一。我最喜欢的事情之一就是和汉斯一起做数学题——我俩比赛，看谁算得更快，谁更有窍门，虽然他总是胜过我，但那相当有意思。"[22]

费曼的开放思想让玻姆产生一种想法，认为自己可以争取让他离开传统的量子理论。正如费曼自己爱说的那句话：为什么聪明人在酒吧里会如此愚蠢呢？[23]

费曼继续说："戴维，你把这些理论融在一起，我真为你高兴，你取得了相当大的成就。但这不是我的事。我不那样工作——你知道我，我喜欢解决问题。[24] 对我来说，我没看到任何问题，量子论挺正常的，为什么要破坏它呢？它挺好的，戴维。"当玻姆准备回答这句话时，费曼却继续说道，"我相信你已经明白了一些什么，这很了不起。[25] 如果那是你想做的，你就应该做下去。"

费曼说："要啤酒吗？我想要一杯。"他对酒吧侍者说，"两杯啤酒。"

玻姆连忙说："不，就要一杯"，接着，他问道："迪克，国内有什么消息吗？"

"我只能说，没什么消息。你呢？"

"不，不，根本没多少消息。我收到过爱因斯坦的一封信，让我非常开心。并且，泡利也写了信。实际上，他承认我的想法是有道理的。[26] 但信件用了很长时间才到这里。"

"别开玩笑了，"费曼说，"我和费米通话有一段时间了。你知道的，我们两人在你来我往地写有关介子（1947 年刚刚被发现的神秘的新粒子）的文章。[27] 一个好想法被邮递出去以后，不得不等啊等，这真令人心灰意冷。"他喝了一大口啤酒，接着说："可是，我有一个即时联系装置。"他笑了笑，"我可以通过业余无线电联系上加州理工学院。"

"你说什么？"

"我有个失明的朋友，这家伙是个业余的无线电行家，他一星期和我连线一次。"[28]

“那样就能和国内的人讨论物理问题，这太神奇了。我，我觉得自己太与世隔绝了。一些东西发表出来的时候就已经过时了，更不用说它们再传到这儿的时候了。”

费曼点点头，手指在酒杯的沿上划弄着：“知道吗，我很孤单，有时我想，我应该再婚。”[29]

“是的，我也想过这件事。我想，或许我应该在来这里之前就结婚的……”

费曼说：“但我又想，看看这里这些漂亮的女孩子们！”然后，他猛然向着酒吧休息区的大致方向舞动一只手臂。

“是啊……”玻姆说，“但无论如何，我们不仅仅需要生活伴侣，我在这里失去的是科学伴侣……有段时间，至少蒂欧姆诺还在身边，但现在，他去了你那里。”

费曼说：“是啊，是啊，我知道你说的是什么。看吧，即使我有一周一次的业余无线电联系，身边还有蒂欧姆诺，我仍觉得孤独。”他大笑着，但笑得很凄然，他把胳膊肘放在吧台上，看着玻姆。

玻姆感觉嫉妒心已经消散了。费曼，即使是费曼，所有物理学家和女孩子们都崇拜的费曼，有无限活力与悠闲的费曼，也同样感到孤独。

黎明时分，玻姆和费曼站在酒吧外的路边。费曼四处打趣，向那些并非出租车的车辆打招呼。玻姆笑了，三个月来，他第一次笑。

“我现在觉得，他是我一生的朋友。”玻姆回到家后写道。[30]

24

全世界的来信

1952 年

玻姆回到圣保罗当天，就收到了泡利的另一封来信，发信日期是 1951 年 12 月 3 日。

> 既然你的结果与普通波动力学的结果完全一致，而且在仪器与观测系统中都没有给出测量隐含变量的值的方法，我觉得不再有可能对此进行任何合理反驳。

玻姆看着短语“观测系统”，微微一笑。泡利在用自己的方式告诉玻姆：这完全正确！如果泡利发现不了问题，那就没人能发现问题了。玻姆继续往下读：

> 对于当前面对的整个问题，你的“附加的机械波预测”依然只是一张空头支票。[1]

玻姆向后靠在椅子上，又读了一遍。隐变量是一张空头支票。他知道，正如费曼的反应是他能够希望从费曼那里得到的最好评价一样，这也是他能够希望从泡利那里得到的最好的评价。

玻姆不怯于谈论“量子势”的“远程粒子间的瞬时相互作用”[2]（比如非定域性的），而“量子势”直接依赖于整体状态而非个别部分。玻姆写道：“我想强调，这些含义是全新的……玻尔在他精巧的论辩中，仅对此含糊地间接暗示了一下。”

玻尔在这里遮遮掩掩，而玻姆却“利用相同的可直观理解的概念表达量子和经典理论”，将其昭示天下，“清晰而敏锐地展现了两个理论的不同之处”。他说：“我感觉，在理论自身内，这样一种洞察力是很重要的。”[3] 玻姆要等到贝尔出现之后，才能看到这一点受到众人的重视。

另一方面，路易·德布罗意对玻姆寄来的论文副本未做回复，却在一家法语期刊上发表了对这个问题的异议。消息传来，让玻姆迷惑不解。他写信给老朋友米丽亚姆·耶维克说，德布罗意没有“实实在在地读我的文章，而是简单重复了泡利对他的批评；也正是泡利的批评致使他放弃该理论的。但他没有点明我的结论，即异议是没有根据的。这看上去有点愚蠢。这就是他在我的文章发表之前五个月，在仓促之中下的定论。”[4]

在等候其他人回信的时候，玻姆一遍又一遍地读着泡利的信，并开始质疑巴西邮政系统的拖沓。他写信给米丽亚姆说：“我担心的是，那些大人物相约对我的文章保持沉默；多半儿，他们会私下暗示那些小人物说，虽然这篇文章确实没什么不合理的地方，但它真的只是一个哲学观点，没什么实际意义。”

到一月份的时候，玻姆知道 1952 年的《物理评论》肯定已经出版了。他热切地告诉米丽亚姆：“很难预知我的文章是否会被大家接纳。但我很高兴，从长远看来，它会产生深远的影响。”[5]

一月份一天一天过去了。随着胃病的恶化，玻姆只能在越来越贵的餐馆吃饭。[6] 每天，他为了等到来信的那一刻而活着。无论走到哪里，他都看到美国间谍侵蚀着自己的生活。他写信给米丽亚姆，表达他“热切希望与物理学中的形式主义和实用主义的麻木灵魂做斗争”。但这使得物理学界对他的论文视而不见。“这让我心如刀绞。”[7]

期间，他的老朋友们——奥比的其他毕业生——全都陷于麻烦之中：洛马尼茨找不到工作；乔·温伯格在受审，他被指控就是向苏联泄露秘密的“X 科学家”；伯纳德·彼得斯在孟买的一所学院教书，他发现自己的美国护照已经过期，但不能再延期换发，他又成了一名德国公民。[8]

南美洲的冬天来了。这时也来了一封信，但不是来自哥本哈根，而是来自玻尔的朋友，目前在英国曼彻斯特的罗森菲尔德。就像在仅仅两年后（1954 年）泡利描述的那样，罗森菲尔德已经变成“玻尔乘托洛茨基的积的平方根”。[9] 派斯则称他“自封为互补性信仰的拥护者，比国王还像保皇党。”[10] 不像玻姆，罗森菲尔德明显感到量子论和他那坚定的辩证唯物主义观点之间不存在抵触。

1952 年 5 月 30 号，曼彻斯特

玻姆看着这个“30 号”①，不禁笑了，他继续往下读。

亲爱的玻姆：

我当然不会参与你或其他任何人关于互补性问题的争论，原因很简单：它丝毫没有可争议的地方。但是，对你提出的一些观点，我乐于本着平心静气的探讨精神，回复你友善的来信。

很明显，你认为我在这件事上的自信态度有点过分，原因是我可能忘了：我，甚至玻尔也会犯错。我可以告诉你一些我与玻尔在研究这个课题上的经历，以此来打消你的疑虑。在研究可观测性领域问题的过程中，我们或许已经将那些在最终得到一个坚实基础之前可以想到的错误都犯过了。正是由于经历了犯错的净化过程，我们对自己的结论非常有信心。举个例子：当某些论据（后来被公认是错误的）提示，即便是麦克斯韦方程组（在真空中）也可能是错误的时，我们会毫不犹豫地对其正确性予以质疑。我告诉你这些，是为了说明在我们的观念中没有任何教条。你怀疑我们正在用一种魔咒将自己圈入互补性，而这并非事实。相反，我发现，恰恰在你的那些巴黎的崇拜者之中，有一些令人担忧的心理征兆。

有人很难接受你谈及的互补性，从根本上，这是形而上学观念导致的结果——大部分人从孩童时代起就被专横的宗教势力或教育上的唯心主义哲学观灌输了这种观念。要想补救这种情况，不是去逃避问题，而是要脱

① 原文中，罗森菲尔德犯了一个拼写错误，将日期“30th”，写成了“30st”。——译者注

离形而上学，学会辩证地看问题。

……重要的是，除了大自然本身，不要接受任何人的指引。

致以衷心的问候。

你真诚的朋友，

L.罗森菲尔德[11]

玻姆恼怒又疲倦。他一个人坐在紧邻玛丽亚·安东尼娅大街楼上的办公室里，下面是圣保罗街上喧嚣的交通。他已经等了将近半年，然而，“甚至玻尔也会犯错”——这种自嘲是他从哥本哈根得到的唯一回答。玻姆想，如果罗森菲尔德见过德布罗意，他就不会再提什么“巴黎的崇拜者”了。

我怎么能在这个潮湿、寒冷而又无法为自己的理论战斗的地方待下去呢？他渴望着“用知识去征服”——这是多么自信的话——你要用知识去征服。

在玻姆启程前往巴西的那个月，米丽亚姆·耶维克写信给尤金·格罗斯说：“我们都是戴维的朋友，应该相互认识一下。”[12] 格罗斯是戴维的第一个研究生，他第一次听玻姆的课就欣喜万分。格罗斯在几十年后回忆道：“戴维·玻姆以低调的姿态为我们展开了一幅巨大的图景。”[13] 格罗斯将和玻姆一起完成自己的前四篇论文，都是立足于玻姆在那次授课中谈到的丰富多彩的等离子体问题。

1952 年初，米丽亚姆和她的丈夫乔治·耶维克开车到麻省理工学院，去会见格罗斯与他的妻子索尼娅。[14] 乔治也是一名物理学家，同时也是玻姆的朋友。那时，格罗斯正在麻省理工学院做博士后。当格罗斯朝他们走来的时候，米丽亚姆惊讶地发现，这人似曾相识。在普林斯顿大学那座宏伟而老旧的法恩大楼里学习的时候，她常常看到他以一种酷似玻姆的姿态走来走去，边走边弄得衣袋里的硬币叮当作响，这让她很惊异。[15]

两对夫妇很快就成了朋友，米丽亚姆后来回忆道：“我们在一起谈论了三天。”两位男士都是比他们的朋友玻姆更务实、更注重实效的物理学家。[16] 尽管索尼娅是研究化学的，但她和数学家米丽亚姆之间也有很多共同语言。在大学时代的一段时期里，米丽亚姆曾经白天学习吹制玻璃，晚上操作液氮冷却罐。

谈话最终转到新出版的《物理评论》的内容上来。

米丽亚姆说："你们觉得，人们会从什么时候开始对戴维的理论有反应？他很难接触到各种消息，这让他很沮丧。"

格罗斯略带嘲弄的表情变得有些痛苦："我不知道他是否还能听到更多的反应。"

米丽亚姆道："你不是真的以为，人们只会漠视它吧？他做的可是冯·诺依曼所说的那件'不可能的事'，这肯定是有价值的。"

"可物理学不是哲学，"乔治的语速很快，"研究量子物理的一般方法是：要非常努力，以致没有精力去思考另一种解释。"

米丽亚姆说："这太可笑了。假如他是对的呢？"

"物理学不像数学那样清晰而富有思想。"

"那是一个理论，尤金！你想要多清晰、多富有思想呀？那只是一个理论而已。"

玻姆的隐变量理论让格罗斯感到疲惫，他不想在这上面耗费自己的所有心力——不仅因为它缺乏数学的精确性，而且他习惯量子力学目前的方式。他若要转变，唯一的原因是，除非——

"他已经得到结果了，米丽亚姆，"格罗斯说，"除非他已经得到结果了！"他的拳头敲击着桌子以示强调，[17]"他正让大家做从不想做的事：为了一个不会影响他们日常生活的哲学原因，从一种世界观转变为另一种世界观。但如果他得出结果，那就不再是一个好恶问题，或者，不再是数学是不是一个麻烦的问题了。每个人都要转变。另外，无论对还是错，他应该将其搁置，继续前进。"

乔治说："尤金说得对。他能玩转自己的理论吗？他不能只是自说自话。"[18]

格罗斯笑了："我记得在一次聚会的时候，戴维半开玩笑式地构建了一个巧妙而有说服力的理论，证明灵魂与魔鬼是存在的。"他摇着脑袋，乐滋滋地回忆那次聚会，说："难以置信，他是那么有说服能力，那么善于构建连贯的知识体系。"[19]

乔治说："但是，你从中也只能得到那么多信息了。"

米丽亚姆说："如此说来，按你的说法，戴维的新理论是一个精心设计的很有说服力的灵魂与魔鬼存在的证明？"

格罗斯开口笑了："我没有这样认为……但很好笑，这是爱因斯坦在玩赏一个如戴维这类理论的时候所惯用的术语，他称之为'幽灵场'——引导粒子的幽灵波。"

乔治说："但爱因斯坦从来没发表过这种说法，而且他绝对不会坐等，看看是否有人听他说。"

米丽亚姆沉思着，说："但戴维的问题是，别人的想法在困扰着他——而且相当严重。"

格罗斯突然又严肃起来，道："这会困扰他，是因为他非常彻底、平静而又热情地专注于这个研究，他十分想分享自己发现的成果。让我吃惊的是，他如此没有心机，而且缺乏竞争意识。"他扬起眉毛，继续道："我已经想过这一点了，我只能用一句老话来形容他给我的印象：他真乃尘世间一圣人。"[20]

那天晚上，米丽亚姆写信将格罗斯所说的话转告了玻姆。

玻姆从信中只看到了消极的一面："我最好的一个朋友似乎离我而去了，追随当前的潮流而去了。"[21] 这就是结果！有时，需要几十年才会等来结果。想想爱因斯坦和相对论！再想想哥白尼——天哪！这些天，除了一些无关紧要的小细节，没有人提出什么有价值的观点。费曼和朱利安·施温格提出了量子电动力学，作为他们的"成绩单"，但"这些小玩意儿也是从大量理论物理学二十多年的劳动成果中得来的。我应该在一两年内，凭借一个人的力量引发科学上的革命，足以媲美牛顿、爱因斯坦、薛定谔和狄拉克等人加在一起的成绩……至于派斯和普林斯顿高等研究院的其他人，对我来说，这些笨蛋们的想法简直不值一提。在过去的六年里，这地方根本就没出什么成果。"[22]

他听到一些小道消息，尼尔斯·玻尔最初对有人能完成这样的壮举非常惊讶[23]，之后，玻尔又称这个理论"很愚蠢"。[24] 有人告诉玻姆，冯·诺依曼认为这个观点前后很连贯，甚至"很精确"——这个评价比在文章发表之前，泡利给出的评价还要高。但现在，玻姆没有心情去拾掇这些"残羹冷炙"。当玻姆向米丽亚姆叙述冯·诺依曼的称赞时，他称之为："无原则的乞丐！"[25]

当玻姆的另一个朋友表达了疑虑时，玻姆失去了他惯有的冷幽默，几乎是语无伦次地对米丽亚姆说，这“相当于一个人在背后向你开枪，然后又请求原谅，说自己本来根据一个定理推出，子弹会以相对于枪管 90° 的角度射出，可结果却真的打到了别人”。[26]

“（薛定谔）不屑于亲自给我写信，而是屈尊让他的秘书告诉我：‘主教’以为，找到量子理论的力学模型是没有意义的，因为这些模型无法包括精确的变换理论（这是狄拉克和约尔当对量子力学的概括）。而每个人都知道，变换理论是量子理论真正的核心。当然，‘主教’觉得没必要去读我的论文，而论文明确指出，我的模型不仅揭示了变换理论的结果，而且指出了该理论的局限性……如果用葡萄牙语来说，我会称薛定谔为 *un burro*，你不妨猜一猜这个词是什么意思①。”[27]

尽管如此，玻姆写信告诉米丽亚姆：“我坚信，我的道路是正确的。”[28]

① 意为“一头蠢驴”。——译者注

25

对抗奥本海默

1952 年至 1957 年

第二次世界大战前不久，一个名叫马克斯・德莱斯登的年轻人离开了荷兰阿姆斯特丹，前往美国安娜堡的密歇根大学攻读博士学位。[1] 在泡利与海森堡的老校友奥托・拉波特、“自旋”的发现者荷兰人塞缪尔・古兹密特以及乔治・乌伦贝克（由于希特勒的迫害，他们全去了美国）的领导下，安娜堡很快变成了年轻物理学家们的向往之地。德莱斯登从此永久定居在了美国，在纽约州立大学石溪分校，他将成为一个在 25 年里为大家所钟爱的知名人士。在那里，他写了一本关于玻尔的“红衣主教”——克拉默斯的传记，书中讲述了伟大的量子物理时代的精彩故事。[2] 这是一本不同寻常的书，因为主人公在他最亲密的朋友和同事们不断取得丰功伟绩的同时，却三番五次地遭受挫折——克拉默斯差点就发现了矩阵力学、狄拉克方程和量子电动力学，但每一次，都没能成就富有想象力的最终飞跃。

在 1952 年，德莱斯登当时是堪萨斯大学的一名新任教授。由于爱说笑话，以及对物理、艺术和文学有着广泛热情，大家都很欣赏他。这时，学生们向他介绍了戴维・玻姆的论文。德莱斯登起初告诉他们：“哦，可是，冯・诺伊曼已经表明……”但学生们是如此着迷，所以他也读了这篇论文。德莱斯登很奇怪自己没能及时发现这个致命的缺陷。他又回去读了冯・诺伊曼的著作。在这个问题上，德莱斯登开始明白冯・诺伊曼的论证不适合波姆的隐变量。

德莱斯登去征求奥本海默的意见。[3] 奥本海默没有读过这篇论文，他说：“我们认为这是一个幼稚的异端，不要浪费我们的时间。”[4] 然而，当德莱斯登说这个问题让他很困扰的时候，奥本海默提议，让德莱斯登在普林斯顿高等研究院召开一个关于玻姆理论的讨论会。

结果表明，这次研讨会是一次离奇的经历。派斯也将玻姆的研究称为“幼稚的异端”[5]，也有人说它是“公害”[6]。比起讨论玻姆的物理学，人们更喜欢指责他是“同路人”——可是，德莱斯登仍然在一片鄙夷声中讲述了玻姆的理论。期间，有人提出了一些有关玻姆物理解释的难题，这些难题就连提问者自己也解答不了。

奥本海默做出总结：“如果我们不能驳倒玻姆，我们就要一致忽视他。”[7]

奥本海默的这个指令在物理学家中几乎没有遭到什么反对，反而是一名数学家要和他对抗。他就是“悲剧人物”约翰·纳什（电影《美丽心灵》的主人公）。纳什已经于 1949 年底在普林斯顿大学做出了自己最好的成就——一个有关博弈论的发现，称为“纳什均衡”。而那时候，玻姆还在量子理论的奋斗中原地徘徊。10 年之后，在普林斯顿高等研究院，纳什与奥本海默进行了一场关于量子论的论战。这位数学家通过阅读冯·诺伊曼的名作（德语版本）[8]，已经弄明白了量子论。

关于这次论争，留下来的只有纳什在 1957 年夏天写给奥本海默的一封信。他对自己曾经盛气凌人的态度表示歉意，但也表达了对“大多数物理学家（也包括一些研究过量子理论的数学家）”的失望。他发现这些人“态度十分固执”，他们视“每一个怀有质疑态度或信任‘隐变量’的人……为愚蠢或无知的人”。就这一点，读一下海森堡写于 1925 年的关于矩阵力学的论文就很清楚了，纳什说：“对我来说，海森堡的论文干得最漂亮的地方就是对可观测量的限定……

“我想为不可观测的实在找到一个不同的更让人满意的深层景象。”[9]

纳什的传记作者西尔维娅·纳萨尔这样记述：“数十年后，纳什第一次与精神病医师交谈时提到，他将引发自己精神疾病的祸首归于解决量子力学矛盾的欲望。他在 1957 年夏天着手做这件事，‘可能做得太过火了，心理上产生了波动’。”[10]

1958 年 2 月，纳什一贯的古怪行为严重到了令人恐惧的地步，从此，他踏上了疯癫的漫长历程。几十年后，他又慢慢恢复了心智，还奋力攀上了 1994 年诺贝尔奖的顶峰。该奖项是基于他在近半个世纪之前发现的“纳什均衡”而授予他的。

看上去，量子论几乎已经击溃了玻姆，但故事尚未结束。他的理论不会像纳什的理论一样有重大的反复，但在一个遥远的国度，在一位不知名的物理学家手中，它将展现为贝尔定理中神秘而精确的不等式——一个被证实比均衡更重要的观点。

26
爱因斯坦的来信
1952 年至 1954 年

1952 年 5 月初，马克斯 · 玻恩写信给爱因斯坦谈论死亡的问题。这时候，他们两人都已经 70 岁出头，但包括克拉默斯在内的比他们年轻的朋友们，近来却相继过世了。“所以，我们这些老家伙变得越来越孤独了。我写信给你，是为了维持我们尚在人世的同时代的这些人之间一点残存的联系。”[1] 他转达了自己妻子的美好祝福，以及两人对爱因斯坦的继女玛格特的问候。

爱因斯坦很快回了信。

亲爱的玻恩：

……你说得很对，我觉得自己好像一条鱼龙，只因意外而被遗留下来。我们大多数的要好朋友已经离开人世，但感谢上帝，一些关系不好的也已经离去……

你注意到了吗？玻姆认为（顺便说一句，就像德布罗意在 25 年前做的一样），他能用确定性解释量子理论。那种方法对我来说似乎太低级了。但是对此，你当然能比我做出更好的判断。

致以二位最亲切的问候。

你们的朋友，爱因斯坦 [2]

月底，海蒂 · 玻恩回信了。

亲爱的阿尔伯特·爱因斯坦：

……只要没有太多的伤痛，一个人年纪大不是真的那么糟糕。不当鱼龙，你又能当什么呢？它们毕竟是充满活力的小猛兽，或许能在活了很久之后，回首漫长的生活经历。

即使我们永远无法再相见，无论如何，我们两个老人会一如既往地真心想念你和玛格特。

全心全意的祝福。

我尚在，你的老海蒂[3]

1969年，玻恩在去世之前对收集起来的信件进行了评注，他在注解中评论道：“如今很难再听说玻姆的或类似德布罗意的尝试了。”[4]

爱因斯坦在一年半之后再次提到了玻姆。那时玻恩已经70多岁，要从爱丁堡大学退休，他将在退休庆典上进赠论文集。

1953年10月12日

亲爱的玻恩：

……针对为你献上的论文集，我写了一首足以震动玻姆和德布罗意的物理学小儿歌。我是想说明，你的量子力学统计解释是不可或缺的。薛定谔最近也试图避开你的量子力学解释。或许这首小诗能给你带去一点开心，毕竟，我们的命运貌似是要为自己吹起的肥皂泡负责。我们很可能像那位“不可能掷骰子的上帝”一样弄巧成拙。这位上帝挑起了量子理论家以及无神论殿堂上的信徒们对我的冲天怨气。

向你及尊夫人致以最诚挚的问候。

你的好友，阿尔伯特·爱因斯坦[5]

爱因斯坦的“儿歌”又一次包含了他对玻恩的解释是否真的是最终结论的怀疑态度。

1953年11月26日

亲爱的爱因斯坦：

昨天，大学一个小典礼进行了论文集的赠送活动。那么多老朋友和同事为此投稿，我非常高兴。当时，我只阅读了一部分文章——第一篇就是你的，当然，你也是第一个接到我诚挚谢意的人……

顺便提一句，泡利提出了一个想法（在祝贺德布罗意50岁生日的文集里），这个想法不仅从哲学上，而且从物理上击败了玻姆……

我与海蒂致以最真挚的感谢和最亲切的问候。

你的朋友，马克斯·玻恩[6]

到了1954年，玻姆正如玻恩"顺便"提到的那样，在哲学上和物理上被击败了。他越发不顾一切地想离开巴西。他写信给所有的朋友，痛苦地描述这里腐败的食物如何让他恶心，永不停息的建筑工程让他无法入睡，缺乏学术气氛的环境让他毫无灵感，美国（象征专制）和巴西（象征混乱）闯入了他的潜意识。

泡利想象中的破坏性主意是，要指出玻姆的研究展现了"表面形而上学"。当你发现自己的观点极不受欢迎时，一丁点儿微弱的反对声音就成了压倒性的力量，这的确是一种打击。

终于，就连爱因斯坦都听说了玻姆的遭遇。1954年1月，他给玻姆写了一封特别实际又充满理解的信，他在开头写道："亲爱的玻姆，莉莉·洛伊给我看了所有关于你的困顿感受的信，这是一种被隔离出去，同时又被封闭起来的感觉。我印象最深的是你反复无常的胃病，对此，我自己也有长期的体会。"[7]

这位伟人的同情与慈父般的语气让玻姆的情绪一下如决堤的洪水，他在回信中用孩子般潦草的字迹写了整整五页纸，来列举自己的种种不幸。信中，一些枝梢末节简短描述了巴西政府的严重腐败。最后，他悲喜交加地写道："现在，我应该回到自己的问题上来了。"纳森·罗森已经给了他一个"并不特别好的"提议，建议他去以色列海法理工学院（罗森刚刚到了那里，很快就要把一个小技术学院建设成一个杰出的物理学中心），玻姆已经决定接受邀请，但不知道巴西和美国是否会让他走。爱因斯坦刚刚被邀请担任以色列总统，他愿意写一封信，促成玻姆拿到以色列签证吗？

玻姆以高涨的情绪结束了这封信："我开始考虑一个新的方向。"[8] 他依然在探寻着量子力学深层的原因。

爱因斯坦以他那平静、友善和调侃的方式回了信，信中的最后一段话语甚至比一年之后他的离世更让人心生感慨。

1954 年 2 月 10 日

亲爱的玻姆：

你的来信让我印象很深……听说罗森想让你去他那儿，我很高兴，我已经写信给他了。我当然乐于去做任何能促成这个计划的事，所以，如果你知道我能对此事有所帮助，请毫不犹豫地给我写信。

你描绘的那番田园牧歌式的景色给我留下了鲜明的印象，同时，我也相信你的描述非常详尽、毫无遗漏。

我很高兴，你正在深入思考、寻求对现象的客观描述，并且你感到这项工作比迄今为止你想象的要困难得多。不要被这个难题压倒。如果上帝创造了世界，他首先担心的当然是不能轻易让我们把一切搞明白。50 年来，我强烈地感觉到这一点。

致以真诚的问候和祝福。

你的朋友，爱因斯坦[9]

玻姆故事的尾声

1954 年

玻姆花了很长时间去谅解奥本海默。当然，直到奥本海默出现在美国众议院非美活动调查委员会里，整个人几近崩溃的时候，玻姆才原谅了他。据人们说，从那里出来后，奥本海默完全崩溃了，或许一个人在这种境况下更容易获得别人的宽恕。

但在 1954 年，奥本海默的麻烦才刚刚开始。玻姆写信给米利亚姆说：

> 我刚从一个朋友那里听说，J. 奥本海默可能不久会被一个委员会传唤（当然，他可能有办法逃脱）……一切都会发生在这个大人物自己身上。他那带有无限悲情的脸曾出现在《时代周刊》的封面上，或许，他这次真的要有悲伤的理由了。我曾说过，他看上去很像画像中的耶稣。我想到了一幅更好的肖像，应该是耶稣和犹大面部线条的组合，或是试图表现成貌似耶稣的犹大的肖像。你不认为这是一个身份错位的有趣案例吗？[1]

玻姆正在以色列教书，然而他永不满足。1957 年，他去了英国。一名他很喜欢的富有才气的以色列海法理工学院研究生亚基尔·阿哈朗诺夫紧随其后去了英国。玻姆和阿哈朗诺夫的论文因为在物理学上取得的丰硕成果而广受瞩目，但玻姆的兴趣开始转向神秘的哲学沉思，并拜在了印度哲学家克里希那穆提大师的门下。他对世界的感觉变得越来越抽象，并且越来越受大众的欢迎。他一脸热切，双手文雅地一挥，就能用大手笔的漂亮措辞（即使有些含糊）提出复杂的观点。

玻姆在他的哲学和物理学畅销著作《整体性与隐卷序》的序言中写道："我想说，在我的科学与物理工作中，我主要关注的一直都是对一般现实及特定意识的本质的理解，它从不静止或终结，它是一个无止境的运动和发展过程。"[2]

费曼将变得更受追捧。

1964 年 11 月，费曼回到白雪皑皑的故地伊萨卡，在康奈尔大学一年一度的"信使讲座"（Messenger Lecture）上为普通大众做了题为"物理之美"的讲座，后来，讲座内容被集结成书。[3] 他清晰的思路、幽默的语言、虽远离布鲁克林多年却依然未变的乡音，令那些拥挤在讲堂里，观看他在讲台上活跃表演的人们深深入迷，备受鼓舞。这些演讲表现了他对大自然本身、对事物的实际运行方式以及对能够被揭露的真实细节的热爱。这些演讲也向大家展示了那个年代最伟大的物理学家之一是如何看待物理学这门学科的。

第六次演讲的题目是"概率与不确定性"。现在是谈论量子力学的时间了，在这里，费曼告诉他的听众们："我们的想象力会被拉伸到极限，不是像小说里那样去空想事实上不存在的事物，而恰恰是要理解存在的事物。"

他提醒听众，这些东西会很难理解。他又安慰大家说："但这些困难其实只是心理上的，这些无休止的折磨会存在，仅仅是因为你总对自己说：'怎么可能是那样呢？'——这恰恰反映了一种不受控制但又完全徒劳的愿望，即渴望根据常见事物去理解问题。我不会根据对常见事物的类推去解释它，我只会就事论事。

"有一段时期，报纸上说只有 12 个人明白相对论。我认为不可能存在那样一段时期。可能有一段时期只有一个人明白，因为在他写论文之前，他是唯一一个明白它的人。"这是费曼的特点，除了第一人称单数之外，避免提及任何人。"但后来，人们读了这篇论文，许多人在不同程度上理解了相对论，此时当然不止 12 个人了。另一方面，我可以肯定地说，没有人明白量子力学。

"所以，不要把这次讲座太当真，不要因此觉得你必须按照我将要描述的模式去理解它，大家就放松下来欣赏一下。我将告诉你们大自然如何行为。如果你简单地认可，她的行为说不定就是如此，你就会发现大自然的确令人着迷、令人愉快。不要总对自己说：'怎么可能是那样呢？'因为你将越来越深地陷入一个从来没人能逃得出来的死胡同。没人知道为什么会是那个样子。”

费曼描述了著名的双缝实验，（比如说）一束电子流穿过开有两个小孔的挡板。挡板的另一侧由一套电子系统记录每一个电子的到达。电子到达的时候是粒子，但它们又像波一样相互干涉。即使在某一时刻只有一个电子穿过挡板，也是如此。一连串这样的电子一个一个地穿过双缝挡板，它们在探测器上留下的痕迹并不像粒子本该留下的图样（宽度超过每一条狭缝的宽）。实际上，探测器上的分布格局是衍射的条纹，这些条纹相互平行，而这正是波的标志。这意味着，在大多数情况下，一个一个的电子打到探测器的位置不同于普通粒子的轨道——好像单个电子被一列波“引导着”，或是不知怎么就通过了这两个狭缝。如果你照亮路径来观察它们的轨迹，那么干涉现象就消失了，它们的行为恰恰又像粒子，就如我们认为它们应该是的那样。

“现在的问题是，电子真实的行为是怎样的？是什么机制产生了这种现象？没有人了解其中的机制。对这种现象，没人比我能给出更深刻的解释。没人能够超越这种描述……如果物理学研究的最初目的仅仅是（而且每个人都认为是）根据给定的条件就能预测接下来要发生什么，那么，我们对物理学只能不抱任何希望了。”

费曼说，但有一个理论却在做这样的尝试，根据这种理论，电子的运动是由“一些归于初始态的非常复杂的东西决定的，这些东西具有内在的运作机制”。（迷恋“整体性”的玻姆可能会说：你已经错过了关键点。）

费曼说：“它被称为隐变量理论。”他看了一下听众，继续道：“这个理论不可能对。如果我们能够提前知道电子会穿过哪个小孔，那么无论我们观察与否，都对它没影响。”他接着说，把干涉图样解释为仅仅是通过两个小孔的粒子贡献的总和，是不可行的——这是同一年早些时候约翰·贝尔展示的一个必然结果。（费曼没提这一点。）

“这并非是我们对内在机制和内在错综复杂的无知，而让大自然的外在表现呈现出某种概率性。这似乎就是大自然神秘莫测的本质。对此有人这样说过：‘大自然自己都不知道电子要走哪条路线。’”[4]

费曼没有详细提起贝尔在1964年已经解释清楚的内容。关键区别在于，玻姆的理论允许粒子的行为可以被远程的事物影响。恰恰在费曼的这次演讲和贝尔定律出现的两年前，玻姆写下了下面的话："即使在当前不完善的形式下，该理论还是回应了一些认为它不正确的人的基本非难。"

"当前似乎需要考虑一下涉及隐变量的理论，来帮助我们避开教条式的先入之见。"玻姆继续强调，"这些成见不仅把我们的思想限制在不合理的方式上，而且还限制了我们可能想操作的一类实验。"[5]

探索

1952年至1982年

约翰·克劳泽与他那受约翰·贝尔的启发而做成的机器（1976年）

27

事情的转机

1952 年

长着红褐色头发的约翰·贝尔坐在伯克郡丘陵一家英格兰人开的旅馆外面，周围散落着他那辆摩托车的零部件。这个来自北爱尔兰的 23 岁大学毕业生就住在这里。把摩托车不断地拆了装、装了拆，是英国原子能科学研究院粒子加速器设计小组的年轻成员们最大的业余爱好。平日里，这些小伙子们的脑袋里整天想的是如何推动粒子使之不断加速，并最终分裂为更小的微粒。[1]（粒子破碎产生的能量能够创造新粒子，也能为了解物质结构创造新的机会。）摩托车有时也会发生碰撞：贝尔刚刚长出的红褐色胡子下面就藏着一道疤痕，那是一次事故给他留下的纪念。[2]

1952 年，贝尔异常兴奋，但这与高速粒子无关。他刚刚读了玻姆的论文。那篇论文圆了贝尔的梦想——实体物质确实与实验者行为无关，而且玻姆的理论能得到与量子力学一致的结果。

贝尔认为，当伟大的冯·诺伊曼宣称隐变量理论不成立时，他"肯定错了"[3]。格蕾特·赫尔曼在大约 17 年前就发现了其中的逻辑错误，虽然她的言论已经被历史淹没。贝尔很快也将注意到这一点。

贝尔回忆道："我在家时，知道的职业也就是木匠、铁匠、工人、农场雇工和马贩子。我父亲的第一份工作就是贩马。他 8 岁的时候就不上学了，那时我的爷爷奶奶还时常为此交点罚金。"贝尔家几代人都生活在爱尔兰，贝尔解释道："但我们信仰新教，所以当地真正的爱尔兰人把我们看作外来移民。"[4]但是，贝尔的父母对这种境况并不太在意。而且他的母亲安妮结交了很多天主教的朋友，甚至凭自己的"缝纫"技术，为这些朋友的女儿缝制"初领圣体"的礼服。

贝尔的大部分童年时光都是在大萧条和战时度过的，他常常待在贝尔法斯特的一家图书馆里。在家中，大家都叫他“斯图尔特”（他的中间名）或是“教授”。很多爱尔兰的孩子由于贫困被迫在11岁时就辍学了，其中就包括他的姐姐露比和两个弟弟。斯图尔特却在11岁时对母亲说，自己想当一名科学家。这时，第二次世界大战刚刚开始，在不列颠之战期间，靠着父亲从部队寄回来的钱，家里勉强凑齐了贝尔上中学的学费。16岁毕业之后，战争仍在继续，贝尔在贝尔法斯特女王大学的物理系找到了一份实验技术员的工作。在那里，教授们和蔼可亲，给他找了很多书看，并许可贝尔在他们的课上听讲。第二年，战争终于结束了，贝尔也成了女王大学的一名学生。[5]

据加速器设计小组的领导者比尔·沃金肖回忆，贝尔“是一个青年才俊[6]，他头脑灵活，跟上他的思路极富挑战性”。[7]两年前，贝尔原来的领导克劳斯·富克斯由于向苏联泄露曼哈顿计划而被捕后，21岁的贝尔便离开了核反应工作（同属于位于英国哈维尔的原子能科学研究院），沃金肖及时挽留了贝尔，并提供了这次新的工作机会。沃金肖非常欣赏贝尔的独立性。就像贝尔的同事、一位无疑很聪明的苏格兰女孩玛丽·罗斯回忆的那样，沃金肖“不介意贝尔的凯尔特人性情”。[8]贝尔的工作是预测粒子如何穿过各种加速实验装置，并达到对粒子加速的目的。他特别爱好粒子动力学[9]，这在其中起到了至关重要的作用。或许，这也加深了他对量子物理学的认识，比如玻姆的观点，即使没有观察者观测，粒子依然具有确定的轨迹。

后来，玛丽成了贝尔最好的朋友和终生的合作者，两人在伯克郡丘陵认识两年后喜结连理。“他总喜欢把每件事情的原理都弄得明明白白。”玛丽回忆道，“在他还是个孩子的时候，阅读了《让每个孩子都会游泳》这本书，并照着书中的操作指南学习。”他还用类似的方法学习了舞蹈和滑雪。玛丽说，在贝尔法斯特上中学的时候，“他学了一门有关砌墙的理论课程，但据我所知，他没什么实践经验”。[10]

英国原子能研究院的主任是刚刚被授予爵位的约翰·考克饶夫爵士。在贝尔还是个孩子的时候，他就和欧内斯特·瓦耳顿在卡文迪许实验室分裂了原子。考克饶夫也非常喜欢砌墙的活计，一到星期天，他就驱车到剑桥附近的农民家里收集一些旧砖头，然后去整修自己学院里一些破旧的建筑。他拒绝使用其他学院在装修时常用的那种工厂生产出来的华丽砖瓦。[11] 为考克饶夫和瓦耳顿赢得诺贝尔物理奖的“考克饶夫 – 瓦耳顿加速器”，如今成了仅将粒子送入更大、更快的加速器进行多次加速前的“热身”装置。随着战争爆发，像卡文迪许和伯克利这些曾经舒适而安逸的物理实验室，成了高能物理研究的最前沿阵地。如今，由美国联邦政府出钱，九所美国东海岸大学在长岛联合构建的布鲁克海文国家实验室，号称拥有世界上最快的粒子加速器，斯坦福线性加速器中心则紧随其后。

刚刚走出第二次世界大战阴霾的欧洲物理学家们，十分渴望做些积极而有意义的事。他们对蓬勃发展的粒子碰撞试验动心了。德布罗意提议：“欧洲作为一个统一体，需要建立一个研究粒子物理的中心。”就在贝尔第一次阅读玻姆那篇论文的时候，欧洲 11 个国家正在签署一份关于建立欧洲核子研究委员会（也就是 CERN，欧洲核子研究中心的前身）的协议。加速器的设计者们聚集到委员会总部（瑞士日内瓦机场附近的一所住宅），提议打造当时最大、最快的跨国大型加速器。那是 1952 年，在这些人当中，比尔 · 沃金肖和约翰 · 贝尔 [12] 对刚刚发现的强聚焦原理非常在行，这使得加速器的建设成为可能。

冯 · 诺伊曼在 20 年前写的那本书由于没有翻译成英文，因此始终只是一种理论标志，没能成为公共资源。贝尔也没有读过那本书，他是从玻恩那部“精美的”《因果和机遇的自然哲学》（*Natural Philosophy of Cause and Chance*）一书中知道了无隐变量定理的。贝尔回忆说：“事实上，这本书是我的物理教育中浓墨重彩的一笔。”马克斯 · 玻恩在书中明确地陈述了冯 · 诺伊曼的结论，但没有提及细节。

30 年后，贝尔写道：“读完这本书，我把冯 · 诺伊曼的问题抛在了脑后，继续做一些更加实际的工作。”[13] 但目前，他意识到自己必须先研究一下冯 · 诺伊曼的证明。幸运的是，他在加速器设计小组的同事弗朗兹 · 曼德尔精通德语，而且对该课题很感兴趣。[14] 能与贝尔这样一位有趣的人讨论问题，曼德尔也感到很幸运。接下来的几个月，两个人对冯 · 诺伊曼的证明和玻姆的论文进行了详细、深入的研究和争论。

几年后，玛丽 · 贝尔记述道：“我现在还能记得他当时是多么兴奋，用他自己的话说：‘这些论文就是我的启示录。’他把这些理论弄懂之后，在理论分会上做了相关报告。报告经常被打断，当然是来自与他有过很多次激烈争论的弗朗兹·曼德尔。”[15]

“弗朗兹……告诉我冯·诺伊曼所说的东西，”贝尔回忆说，“我感觉，我已经看到了冯·诺伊曼公设的不合理之处。”[16]

贝尔的导师逐渐认识到，他是一个理论学家。此后不久，英国原子能研究院的权力层敦促他到英国某个一流物理学家的手下读研究生，而且能继续领薪水。1953年，贝尔北上伯明翰，进入了鲁道夫·派尔斯（他不久就被授予了爵位）的物理系。

派尔斯对理解并阐明新生的物理课题极具天赋，并能提出一些尖锐而深刻问题。他营造了一种既充满学术气氛又欢乐祥和的氛围，学生们都住在他家里——所有这些，还有他那和蔼并带着点霸气的俄罗斯妻子吉尼亚，构成了他们生活的全部。

贝尔到了伯明翰不久，派尔斯就让他做了一场报告。由于玻姆的论文和冯·诺伊曼的错误是最新的热门课题，贝尔提供了两个选择：加速器或量子力学的基础。[17]派尔斯的整个研究生涯基本和玻尔、泡利息息相关，他当然认为没有必要再把量子力学基础这个问题拿出来讨论。贝尔心领神会，知道如果讨论玻姆会对派尔斯的事业不利。所以，他做了一场关于加速器的演说。

当贝尔再次关注量子力学隐变量这个课题的时候，时间过去了将近10年。

28

不可能性证明证实了什么

1963 年至 1964 年

1952 年在日内瓦机场附近筹备的质子同步加速器，最终在 1959 年落成于瑞士梅林。它是一个周长 800 米的圆形地下隧道。质子的加速、撞击试验以及结果分析都在其中进行。第二年，美国的布鲁克海文拥有了自己的质子加速器。在 20 世纪 60 年代，它们应该是世界上两台顶级的加速器。

如今的欧洲核子研究中心是一座色彩单调的庞大建筑群，由许多的盒状建筑物组成，每座建筑的棕褐色侧面上，都像商标一样印有醒目的黑色数字，用以识别各个没有名字而又相互连接着的实验室和办公室。这套编号系统看上去没有规律，使得这些建筑仿佛既笨重，又飘忽不定。比如，包括自助餐厅在内的编号为 400+ 的建筑群内，间杂着编号 50+ 的建筑。远处的几百栋楼，65 号楼却处于 604 号楼的外围。这里错综复杂的街道拥有着令人眼熟的名字，但就算长时间盯着地图看，也看不出其中隐藏的规律：与德谟克利特路平行的爱因斯坦路一直延伸到一个十字路口，与泡利路相交；过了十字路口，就是汤川秀树路（日本物理学家汤川秀树因为在 1935 年预言了介子的存在而获得诺贝尔物理学奖——介子是携带强力的粒子，强力把核子聚到一起），玻尔路则环绕着自助餐厅前的巨大草坪。

在这些杂乱无章又相互连接的建筑群内部，简直就是个迷宫。许许多多棕色大厅通过走廊与其他大厅相连，直至尽头。这些大厅四周则是蜂房般的小办公室。大厅的窗户都挂着塑料软百叶窗，使科学家们免受外界工业化环境的干扰。

第一次来这里工作的年轻科学家常常会感到孤独而渺小，为了开展工作，他们必须加入某个自行组织的小团体。即使是理论学家也要在小团队中工作。有些人一直找不到合适的方法展开工作，几个月之后就走了。即使有人坚持下来，这种经历也并不令人愉快。贝尔曾和妻子玛丽开玩笑说，在欧洲核子研究中心工作的头几年，他仅仅用了六个月就习惯了与在走廊里碰到的每个人打招呼。[1]

后来，这里的餐厅变得很受欢迎。宽阔的自助餐厅里有绿色的植物、高大的玻璃窗和明媚的阳光，人们都乐于在这里讨论问题。餐厅里到处都是圆桌，每个圆桌周围都有几把淡紫色或棕褐色的塑料椅子，椅子则固定在两个弯曲的金属支架上。这里不像大学，尤其不像欧洲大学，即使非常重要的人物在这里也会被直呼大名，任何时候，大家都遵循公平的原则。

在欧洲核子研究中心的自助餐厅里，约翰·贝尔坐在一把鸟翼状的椅子里，身子向后靠着。他扫了一眼从自己面前的圆桌旁走过的这个男人，把眼睛眯了起来，说道：“我认为你的不可能性证明是错误的。”说完，他脸上露出一丝笑意。

一直受人尊敬的约瑟夫·尧赫受到了冒犯。这位来自附近日内瓦大学的访问教授刚刚做了一场报告，以此支持冯·诺伊曼那著名的无隐变量定理。[2] 当时，尧赫已经 50 岁了，而贝尔刚刚 35 岁。尽管尧赫承认贝尔是欧洲核子研究中心物理学家中的后起之秀，并在量子场论方面做过不错的工作，但尧赫和弗里茨·罗尔里克于 10 年前就一起在相关领域完成了一部备受推崇的知名著作，要让贝尔做出同样成绩则不大可能。而且，贝尔在原子核和加速器方面的课题对他研究冯·诺伊曼的不可能性证明几乎提供不了特别的帮助。

对贝尔来讲，尧赫这个报告的题目正中自己下怀。贝尔在欧洲核子研究中心的朋友们中没人知道他对该问题很感兴趣，大家以为他只关注自己曾经提到的那些问题而已。尧赫还没有回答，贝尔仍然以摇摇欲坠的姿态坐在椅子上，说：“你知道，玻姆在 10 年前就做了这件不可能的事。虽然我注意到没多少人评论这件事，但隐变量理论已经被创造出来了。冯·诺伊曼的理论肯定有问题，玻姆引导波图像的存在就说明了这一点。”[3] 贝尔谈到玻姆的隐变量理论时，用到了德布罗意为自己在 1927 年提出的类似观点所取的名字。在两个人的理论中，实物粒子都是由非定域性的量子波“引导”的。他继续说：“所以，在你要支持一个理论之前，需要知道它当前的状况。”

“当一个人坚持要解释一些现象的‘实在性’的时候，关于他所面对的问题，玻姆的理论以及他之前德布罗意的理论都是很巧妙的解决方案。”[4] 尧赫坚定地望着贝尔，继续说道，“这是一个需要讨论的重要问题。我认为，我们首先要承认，寻求隐变量必须建立在19世纪唯物主义决定论这个已经过时的意识形态之上，否则，我们不能得到任何进展。但这个理论没什么前途。在新证据的冲击下，它正在越来越快地消退，从而给科学思想的新形式让路。”[5]

“好吧，人们确实这么说。”贝尔道。

“其实没有什么神秘的原因，”尧赫继续说，“引导波图像仅仅是对量子现象和过去经典理论的一点点调和。”[6] 他以充满戒备的神情望着贝尔，就像一位老师面对一个总是热情高涨地在课堂上干些无关事情的学生。

“是，但这是件坏事吗？”贝尔坐在椅子里稍微向前挪了挪，他面对着尧赫，探着身子，把双肘支在桌子上，“我们有一套尚未公开的方程，我们会认真研究并得到它的解。它在大家通常讨论的困境面前依然保持其完备性[7]，摒弃了‘正统’量子物理的主观性，不必再依赖‘观测者’[8]。”贝尔轻轻摇了摇头，接着说：“德布罗意的方法被一笑置之，玻姆则直接被忽略，我认为这是一件很不光彩的事。”[9]

“你用‘一笑置之’描述当时发生的事，并不准确。”尧赫道，“科学的历程就是抛弃稍差的理论，赞同更好的理论。”

贝尔淡淡的眉毛立了起来：“当时发生的不是科学惯例，他们的论点不是被驳倒的，而是被简单、粗暴地践踏了。”[10]

尧赫抬起手来，从眼镜后面揉了揉眼睛，说：“就像德布罗意所做的，在一个仅仅为了避免预言与已知事实不符的理论里，去推测因果关系的基础应该是什么，这是有可能的。但这种争论不可能有结果，除非有人能建立可以用实验事实直接验证的因果论。但到目前为止，没人能做到这一点。”[11]

“那也没理由忽视这套理论，”贝尔大声道，他的家乡口音也加重了，“为什么从来没有人把它提出来讨论？哪怕是仅仅指出它错在哪儿？为什么冯·诺伊曼不就此事进行思考？更不像话的是，为什么人们继续构筑‘不可能性证明’？你为什么也在做这件事？什么时候泡利和海森堡不再对玻姆的观点提出毁灭性的批评，也不再给它打上‘形而上学’和‘意识形态’的烙印？为什么教科书里忽略了引导波图像？即使不作为唯一的方法，而作为对当前盛行的自满情绪的一种矫正，它不该被讲授吗？这难道是为了表明，含糊性、主观性和非决定性不是实验事实强加给我们的，而是成熟理论的选择？”[12] 挫折感使贝尔眉头紧皱，几乎颤抖起来。

尧赫很有学者风度地扬起头，镜片的反光遮挡了他犀利的目光。他用那兼有瑞士和德国味的口音平静地说：“从某一点上来说，总是有不止一种理论[13] 与全部的已知事实相符，但外界的证实并不是检验某个理论正确性的唯一标准，正如爱因斯坦在他的《自传笔记》中说的那样，还存在第二个标准：追求内在完美，包括逻辑的简单性。如果忽视第二个标准，将会走向谬论。”

“当然，在爱因斯坦这本《自传笔记》中也认为，隐变量的提法有点意思。”[14] 贝尔反驳说。

尧赫没有被吓倒，继续说道：“这种情形很像托勒密与哥白尼的拥护者之间的对抗。与现在一样，两个宇宙体系都能正确描述当时人们所观察到的现象。所以，不能只在经验范畴内解决是非问题。”[15] 为了使地球处于宇宙的中心位置，托勒密的体系变得越来越烦琐。把太阳当作宇宙中心之后，哥白尼将这些困顿一扫而光，生动有力而又简洁地解释了我们的世界和夜晚的星空。对尧赫来说，玻姆的理论就像天文学上的地心说一样含糊又做作。而哥本哈根诠释就像哥白尼学说一样透彻、清晰。尧赫说：“一句话，新观点往往由于呼吁所谓的理性而遭到反对，可这种理性是完全荒唐的。”[16]

贝尔看上去确实有点生气了，他吸了一口气，说道：“在我想写的书中……”接着，他冷笑了一下，“我想写上七八本书，不干别的。”接着，他又靠到椅子背上说：“其中有一本书就要记述隐变量问题的历史，尤其是人们对它的奇特反应所隐藏的心态。为什么人们对德布罗意和玻姆的探索如此不容呢？”贝尔探了探身子，语调清晰地说：“25 年来，人们一直在说隐变量理论是不可能的，而在玻姆证实之后，一部分人又说这没什么价值。他们做了一个荒唐的大转变，先是自信地说它是无论如何也做不出来的，然后又变成说它‘毫无意义’。”[17] 贝尔双手离开桌子，做了一个困惑的姿势。

尧赫平静地说道："可就连玻姆都没有坚持自己的理论，就连他都发现自己的'量子势'有点做作。"[18] 在量子力学中，波函数可以任意传播很远。如果它能从抵达的地方瞬间传递信息，在一个实验结果中牵涉的距离因素，就没有限制了。"为什么我们不一并考虑月相的影响、太阳所处星系的影响或者实验者意识的影响呢？[19] 如果需要隐变量，才能赋予原子事件因果性，那么为什么我们仅停留在这一点上，而不容许各种神秘的因果关系都存在呢？[20] 大门被大大敞开了。"[21]

贝尔一脸恍惚，轻轻点了点头。"玻姆的理论出了严重问题。"他沉吟了一下，"在宇宙中的任何地方，只要有人移动一下磁体，基本粒子被赋予的轨迹就会瞬间改变。"[22]

尧赫看到贝尔开始认同自己，稍感宽慰地说："确实是。"

贝尔继续说道："我想知道，这是他的特殊图像的一个缺陷呢，还是说，这是整个局面的某种内在本质呢？"[23]

尧赫回答道："好，我想我们大可以说，这就是玻姆理论的缺陷，而且是相当严重的缺陷。"

贝尔说："但想一想那篇爱因斯坦 - 波多尔斯基 - 罗森论文……"尧赫看得出，贝尔又莫名地兴奋起来。

尧赫说："哦，事实上，玻尔已经对那篇论文的错误所在进行了解释。"

"他解释了吗？"贝尔的脸上露出了微笑。

"他当然解释了，"尧赫道，"排除爱因斯坦和另外两人的错误路线，在留给他们（我们也一样）的很少的可能性里，能找到一种可以让大家理解遍及整个物理世界的基本互补性的路线。"[24]

贝尔看上去在窃笑，就像往常一样："嗯，我可以理解爱因斯坦对 EPR 关联的立场；但不管多么认真地观察，我基本不能理解玻尔的立场。"[25]

"每当谈起互补性的时候，我总是毕恭毕敬。"[26] 尧赫说，他停顿了片刻，然后口头详细地阐述了一下，但他无法将玻尔那个晦涩的著名说明解释得更让人满意。他说："难道我们没有在 EPR 关联中看到另一个例子吗？即对于宇宙的物质实在，普遍的互补原理将概念的同时适用性排除在外了。在为认知而努力辩证的过程中，我们应该在对立统一中找到最深刻、最满意的结果，而不是被自己在领会现实实在概念时的局限性所挫败。”[27]

“是的，是的，”贝尔说，“我宁愿忘了它，也不愿被原理中的含糊不清（‘量子体系与经典仪器’之间界限的移动）打扰——玻尔看上去倒是对它挺满意的。[28] 他提出了‘互补性’的哲学体系，却没有解决其中的矛盾和含糊，反倒让我们甘心忍受。[29]”

“毫无疑问，这是我们对微观物理现象经验的总和及本质。”尧赫看着贝尔说，“这不是一条表明我们认知能力局限性的原理，它用与现实证据相关的明确的语言，表达了物理现象所描述的客观本质。”[30]

贝尔看着尧赫，怀疑他是不是在开玩笑。他用一种试图逐渐转移话题的语调说：“我对互补性有个疑问，因为在我看来，玻尔在使用某个词的时候，经常与其通常的意思相反。”他把头歪向一边，咧嘴笑了笑，继续道：“比如大象，从前面看是大脑袋、躯干和两条腿，从后面看是屁股、尾巴和两条腿，从旁边看又变成了别的东西，从上面看或从下面看也是各不相同。这些不同的观点在‘大象’这个词的一般意义里是互补的。它们相互补充，而又彼此一致，而且全都承载着‘大象’这个统一的概念。”贝尔打着手势来说明这件事，然后眉毛垂了下来。“但是玻尔，玻尔不会——我的感觉是，如果玻尔以普通方式使用这个词，他会认为指向不明，意义琐碎。他似乎坚持必须使用分解后的意思，这些意思相互矛盾，而不是构成或源于一个整体。那么，他所谓的‘互补性’，在我看来反倒是矛盾性了。”[31]

尧赫说：“相信你听过玻尔的那句论断：‘真理的对面也是真理。’”

贝尔说：“听说过，还有‘真理与清晰互补’呢。无疑，他很喜欢这样的警句。或许，他隐隐约约对使用常见词的不常见意思有一种满足感。[32] 这样一来，他可以凸显量子世界的奇异本性，以及日常观点和经典概念的不充分性，然后狠狠地指出，我们被无知的十九世纪唯物主义落下有多远。”[33]

尧赫说：“近代量子物理和经典物理之间的区别没有你想象的那么大。你要承认，自然界中处处存在偶然，在任何一门学科中，没有证据表明事情的发生具有必然性。然而，我们也承认，有些事情发生的概率很高——出于现实目的，我们就有理由认为它们必然发生。于是，任何科学上的严峻考验貌似都可以就‘大概率事件的发生’发表意见。我倾向于认为：一旦这种观点被承认，经典物理和量子物理之间的差别将会大大缩小。以前，几乎不可调和的分歧将世界分成两个对立阵营，现在看起来，它们更像是同一事物的两个互补方面。”[34]

“好吧，我认为玻尔也会这样说，但他似乎对我们拥有如此美妙的数学表达异常麻木，而且，我们不知道互补性到底适用于经典理论还是量子理论。”[35]

尧赫谨慎地稍稍克制了一下自己的烦躁，说道：“要知道，玻尔强调要把仪器视为经典的。”

“是的，而且毫无疑问的是，他深信自己已经把问题解决了。这样一来，他不仅对原子物理学有贡献，而且对认识论、对哲学、对整个人类都有贡献，”贝尔笑着说，“在他的著作中，有一些令人惊奇的章节，你见到了吗？其中，他俨然是古代救世主一般的哲学家，他几乎就是在说，他解决了曾经击败大家的难题。对我来说，这很奇怪。玻尔的性格绝对难以捉摸。在我心里有两个玻尔：一个非常务实，坚持认为仪器是经典的；另一个非常傲慢自大，是一个极力宣扬自己做过什么的教皇式的人物。”[36]

“哦，实际上，怎么夸奖玻尔的功绩也不为过。”尧赫更加苦恼地说，“我觉得你离题太远了……相对于那些分支学科而言，互补原理可以说是人类科学史上最伟大的发现之一。”[37]

“我从不否认玻尔名副其实的威望。[38]但至少，正像我能看到的那样，你找不到他有关经典仪器和量子体系的界线到底在哪儿的任何讨论，这不是有点奇怪吗？[39]对我来说，这是不可或缺的。在所有的界线移动中，这个分界线是量子力学的重大怪异之处[40]……而且，隐变量方法是摆脱这个分界线的一种思路。[41]如果你赋予基本的量子微粒确切的属性，也就是隐变量，你就不必考虑经典仪器具有的确切属性了。任何事物都有确切属性，只是大的物体比小的物体更容易受控制。[42]”

“现在，你又回到隐变量上来了。”尧赫向后靠到椅子背上，身后盆栽植物的叶子被碰弯了。“作为一种理论，我觉得它们就像法国的法院：在那里，除非你能在诉讼过程中自证清白，否则就被怀疑有罪。从某种意义上说，这是一种对于诉讼而言较为简单的体制。正如隐变量对于物理学家而言是一种较为简单的方式一样。[43] 玻姆就像一个窘迫的公诉人，他感到随机性像犯罪行为一样不可接受，他要求找到一个罪犯。[44] 但罪犯到处都是！当被告席上有那么多罪犯的时候，形势就变得让人困惑不安。”尧赫坚定地笑了，继续说：“或许，我们已经揭示了深刻而普遍的一小部分秘密。在某些关键点上，这个秘密通过一系列随机事件在我们寻求认知的过程中施加了干扰。”[45]

贝尔望着远方，说：“为了起作用，每个隐变量理论就必须具备烦人的非定域性吗？”[46] 在任何完备的量子力学里，粒子必须有一个位置和一个必须依赖于非定域性的真实态吗？——这就是爱因斯坦曾经嘲笑过的怪异的超距作用。

贝尔俯身在桌子上，手指在光滑的桌面上画着。“爱因斯坦 - 波多尔斯基 - 罗森装置导致了远程相关性，”他的手指点着那个看不见的装置图，“这应该是一种关键情况，不是吗？他们在文章的结尾处说，如果你好歹完成了量子力学描述，那么非定域性仅仅是表面上的。看来与玻姆说的不同，潜在的理论应该是定域性的。”[47]

尧赫错愕地看着贝尔，摇着头说：“你真顽固！我帮不上忙，但是……”他脸上半露着怀疑的微笑，“我帮不了你，但很佩服你。”[48]

接下来的 10 年，并非只有贝尔在思考隐变量问题。尧赫仍然热衷于他在那次辩论中看到的两条并行的理论。从前，有人经历了哥白尼体系与带有荒谬可笑的本轮、均轮的托勒密体系“地心说”的对抗。地心说认为，只要加入足够多的本轮，行星的轨道就能被预测。尧赫觉得，现在和 1630 年伽利略写《关于两个世界体系的对话》的时代很相似，于是，尧赫写了名为《量子是真实的吗：伽利略的对话》一书，此书完稿于“1970 年秋，日内瓦湖畔别墅”。

尧赫让伽利略书中的三个人物——智者菲利普 · 萨尔维亚蒂、求知者萨格莱多和天真率直的辛普利西奥重返舞台。“在历史的关键时刻——可能是和三百年前同等重要的时刻——让我们从他们的睿智中获益。”[49] 此时，萨维亚蒂是代表玻尔“互补性”的智者，而辛普利西奥则是不明白隐变量理论有多么糟糕的那个人。

尧赫在引言中写道："书中许多引用的段落，或多或少地如实再现了来自信件以及出版材料的真实谈话和表述内容。然而，这三个对话者并不代表现实中的人物。他们是多人的复合体，每个人代表了当前的一种思想倾向。我希望，当现实中的人们发现自己被如此'引用'的时候，能够对其观点表述的准确性感到满意。"[50]

而在其中一段中（引用"整体性"的那一段）[51]，能够确定辛普利西奥就是玻姆，里面没有一丝贝尔的影子——辛普利西奥是做出蹩脚论证的稻草人。实际上，尽管尧赫是在与贝尔会面后不超过 5 年的时间里开始写这本书的，但在此期间，贝尔已经成为反对尧赫非常钟爱的"互补性"二重世界观念的中坚力量。

辛普利西奥恰恰表现出，尧赫对贝尔的单重世界论点的实质所知甚少。

尧赫自己的论证一方面令人信服、见解深刻，另一方面却晦暗并有待补充。论证在两者之间摇摆不定。而他那种平白的方式让人不禁想起他的老师泡利。结果表明，这是出于同一个原因。他的这部书由四天的对话组成，在第一天结束的时候，讨论中总是说倒数第二句话的萨尔维亚蒂鼓励读者在作为"人类精神原始结构象征性表示"的"意识形态及其表象体系"中去探索新的科学观念。总是说最后一句话的萨格莱多（往往由恭维萨尔维亚蒂的智慧是多么高深的陈词滥调组成）回答说，这些论述"需要我们所有人去深思"。[52]

这些指令性语言可能会让读者无所适从，但他在注释里给了解释，注释的开头写道："在卡尔·古斯塔夫·荣格的心理学中……"[53]

注释解释了，为什么将全书的高潮部分赋予辛普利西奥在第三天向另外两人叙述的一个长长的梦上。[54] 这其中还包括了荣格心理学中颇具争议的"阿尼玛"①，以及对"从数字 3 过渡到 4"的重要性的讨论。他在注释中解释说，这个梦涉及了"象征性地承认互补原理，而对于这一点，辛普利西奥还没有准备好"。

注释还表明，这个梦阐述了一种寓意："如果一个人失去了自己的精神，全世界的成功又有什么用呢？很显然，成功和失败有两种方式……辛普利西奥仍然无法区别这两种方式。"[55]

---

① 阿尼玛（anima）是男人心中都有的女人形象，是男性内心的女性化意象。——译者注

在这本书的结尾处，萨尔维亚蒂在倒数第二段庄重宣称："因此，粒子物理学带来了深刻的认识……它为深刻理解包括人类精神和社会行为在内的所有经历提供了前提。"他又表述说："我以此向辛普利西奥致以特别的问候。"而萨格莱多回答道："伟大的萨尔维亚蒂，您的话真是博大精深，空前绝后。"[56]

贝尔在他的论文《论量子力学中的隐变量问题》（*On the Problem of Hidden Variables in Quantum Mechanics*）的第二段，也类似地表达了对某个人的特别问候：

> 这个问题（量子力学中的隐变量问题）是否真的有意义，已经成了争论的主题。这篇论文对该争论没什么帮助，只是向那些对此问题感兴趣的人致意，尤其向他们中间那些相信"关于隐变量存在与否的问题，很早就有了十分确定的答案，那就是冯·诺依曼在数学上证明了量子论中的那种变量并不存在"的人致以特别的问候。（贝尔在此处的脚注中指明，这人就是尧赫。）我会努力去弄清冯·诺依曼和他的追随者们实际上论证了什么。

贝尔以他特有的嘲弄语气，用一段特别有意思的短评结束了这篇导言："就像所有做出未经授权的评论的作者那样，他认为能够简洁明了地重申立场，使得先前所有评论都黯然失色。"[57]

实际上，事实确实如此。但首先，贝尔夫妇要去加利福尼亚州了。

1963 年 12 月 23 日，贝尔夫妇抵达斯坦福。就在前一天，约翰·菲茨杰拉德·肯尼迪遇刺。[58] 大家神情恍惚地四处游荡，眼前略过红陶屋顶、黄色墙壁以及成排的棕榈树和柱廊——他们还未从震惊中回过神来。

在那里，玛丽·贝尔立即开始了在斯坦福线性加速中心加速器团队的工作，但约翰·贝尔经常独自一人拿着一支铅笔和一张纸摆弄着，好几天都在画一个小图表，好像始终在努力解决一个特别烦人的字谜或脑筋急转弯。他的论文中所有深奥的粒子（将核子束缚在一起的 π 介子和它衰变之后产生的中微子）全都不在他的大脑中——贝尔为尧赫的不可能性证明和自己的怀疑而憔悴，正如他在几年后所写的那样："不可能性证明证实的就是缺乏想象力。"[59]

终于，玛丽问他："你到底在干什么呢，约翰？"

约翰回答说："哦，你知道，这很奇怪……"他抬起头，这是几小时以来，他的目光第一次离开桌面，"我刚刚正在思考由两个自旋为1/2的粒子构成的体系。"符合这种体系的粒子，比如电子，必须"自转"两周才能回到初始状态。"你知道，我不想太认真，但我恰好得到了一些输入和输出之间的简单关系，它能为量子关联给出定域性说明。"

玛丽惊讶地看着他，量子关联的定域性说明？真没想到！约翰继续道："但我试过的所有例子中没有行得通的。玻姆的理论是非定域性的，他之前的德布罗意的理论也是。我开始感到，事实很可能不是那样。"[60]

"但为什么呢？"玛丽好奇地追问，弯腰看那些他乱写的东西。她把一张纸拿到一边，看它下面的那张，说："你为什么突然要费心思做这个？"

"约瑟夫·尧赫竟然想巩固冯·诺依曼那个取缔隐变量的定理。对我来说，这就像一头公牛见到了红色。"[61]他咧嘴笑了笑，而玛丽则呵呵笑出声来。

她笑着说："所以，你就回到冯·诺依曼的问题上来了。"

"这里，你能帮我看看吗？"他问道，从中间抽出几张纸，上面详细写有一串计算式，间或有几行"小约翰"用那飘逸的字写出的注释。他说："这是我对尧赫的答复。"

他将纸递给玛丽，玛丽拉过一把椅子，在桌边坐下来，开始从头看他的计算过程。随着往下读，她的头缓缓低下去，成束的卷发垂下来遮住了她的脸。她把第一页纸挪到几页纸的最后面，继续静静地往下读。约翰看着她，脸上带着深情与期待。[62]

"嗯，确实如此，"她抬起头来说，"你这样一描述，冯·诺依曼的假设看上去真是很愚蠢。"

贝尔已经得出了与格蕾特·赫尔曼同样的结论，而爱因斯坦也曾向贝格曼和巴格曼指出过这一点——当然，爱因斯坦从没发表过有关这一点的任何东西。格蕾特虽然见解深刻，但她随随便便的陈述也没有引起更广泛的关注。

“在这些步骤中，你发现什么错误了吗?”

她笑着说:“没有，看上去都很好，也很清楚。”然后，她把纸放下说:“那么，这些草图又是怎么回事?”她朝着桌子比画着。

“尧赫和我讨论这些问题的时候，一个不断被提到的怪事就是玻姆的理论有多大程度的非定域性。在他的理论中，他用爱因斯坦可能最不喜欢的方式解决了爱因斯坦－波多尔斯基－罗森佯谬。[63] 这太奇怪了。”玻姆利用的就是“幽灵般的”超距作用。

玛丽说:“而且你想知道的是，为了与量子力学的预测相符合，隐变量理论是否必须是非定域性的。”

约翰说:“没错，所以我一直在通过实验验证 EPR——”

玛丽说:“你认为爱因斯坦错了。”

约翰说:“我怀疑超距作用依然没有被消灭掉。”

贝尔完成了第一篇关于冯·诺伊曼不完善的隐变量证据的论文后，玛丽将之检查了一遍。然后，他将之投给了《现代物理评论》。戴维·玻姆似乎就是审稿人①。他建议贝尔详细阐述测量的作用，这个主题在玻姆的教材中占了 50 多页。[64] 贝尔就添上了一段:“无论有没有隐变量，测量过程的分析都表现出特有的困难，我们引入它，不过是眼前目标的必然要求。”他将手稿发回了杂志社。

这时候，冯·诺伊曼的“幽灵”现身，第三次阻止（或者说，至少又一次延迟了）大家对他所犯的愚蠢错误的全面认识。在回邮的时候，贝尔校正过的论文被归错了档。[65] 过了一段时间，编辑写信向贝尔索要这篇文章，但这封信却寄给了斯坦福线性加速中心。此时正值贝尔在美国的休假时期，他从斯坦福穿越整个国家去了布兰德斯。斯坦福也没有人有足够的公众精神去把这封信转寄给贝尔。所以，这篇论文在《现代物理评论》某个角落的纸堆里沉睡了两年，直到 1966 年，贝尔给杂志社写信询问到底发生了什么事。

当然在 1964 年，贝尔还没有这些想法。期间，他越来越自信地感到，隐变量

---

① 论文投给这样一家杂志社后，编辑会把它寄给相关领域的外审专家。“审稿人”审阅稿件并提出（不具名）修改意见。因此，杂志社的全职编辑不必是懂得领域所有艰深知识和难题的内行。

方案的根本困难是定域性的要求造成的。在一个周末，他的想法融汇到了一起，这次是贝尔反过来做了一个不可能性的证明：不存在定域性的隐变量理论。

他提出的方程后来非常有名，被称为贝尔不等式[66]。一对远程粒子可以显现一定量的相关性。定域性与可分离性的条件共同限制了这个量要低于某个标准。如果相关性超出了这个限制，就会违反定域性和可分离性中的任意一个。令人不安的是，纠缠的粒子频繁地违反贝尔不等式：它们确实比常识所认为的更加明确地相互关联。实体的结构要求由非定域性和不可分离性二者之一构成。

发明不等式的贝尔写道，完全无法相信，在此前的40年里，在所有的思想实验和“空谈论”的指责之下，“前面考虑到的例子具有一种优势，它基本不需要想象力，去设想与实际操作有关的测量行为”。[67]

在1964年，贝尔论文的姊妹篇的第二篇在《物理》的创刊（也是倒数第二期）上发表，并开始在全世界冒险。但一个“链条”已经形成：在玻姆论文发表的那一年，几乎只有贝尔看出了这篇论文的重要性；同样，贝尔的论文立即就拥有了自己的关键读者，然而这个人却是在麻省理工学院的哲学系。

29 一点想象

1969 年

阿伯纳·奚模尼（1928—2015）

我们需要考虑一些包含隐变量的理论，帮助我们避开教条式的成见。这些成见不仅以不合理的方式限制了我们的思想，而且限制了我们可能要操作的相关实验。[1]

戴维·玻姆，1962 年

* * *

世界分为三种：大世界、中世界和许许多多的小世界。所谓大世界就是自然界，它包括恒星、太阳、行星、月球、地球以及地球上的一切。中世界是人类社会的世界，包括国家、政府、军队、宗教、工厂、农场、学校、家庭以及由人类构成的所有其他要素。小世界是指每一个人——

每一个男人、女人、孩子都是一个小世界。每个小世界当然会受人类社会的中世界影响，而且影响方式通常都很诡异，出人意料。

同样，每个人也会被自然的大世界影响，有时候，大世界的影响方式无人能够预测。[2]

这是《我的生日不见了》一书的开头，书中讲述了一个意大利小男孩“弟八豆”的故事。因为儒略历每年比太阳历长 11 分 14 秒，让复活节不可避免地接近了夏天。1582 年，罗马教皇格里高利下令修改儒略历，删除当年 10 月里的 10 天，因此，弟八豆的生日就被删除了。当弟八豆发现自己的生日掉进了这个“日历漏洞”中后，他开始努力找回自己的生日。这是一本很好的童书，用一个小男孩的故事毫不费力地描述了科学知识和社会问题。看一下封面勒口上的作者简介，你会发现作者阿伯纳·奚模尼是一位波士顿的理论物理学家，书中棕褐色调的插图是由他的儿子——一位巴黎版画师绘制的。

科学就是寻求真理，但这些探索者都是孤独的人。他们在中世界的网络中发挥自己的作用，有时会陷入困境。奚模尼的童话里开头的几句话，能巧妙地引出任何关于科学的故事，包括下面这个故事。

阿伯纳·奚模尼不知道自己为什么会收到贝尔论文的预印本。当他坐在办公室里读这篇论文的时候，紫色的墨迹弄脏了他的手。这篇论文并不像好运气一样，能立即敲开他的心房。肯定是他在布兰德斯（贝尔就是在那里写下了这篇论文的初稿，并进行了一次相关演说）的一些朋友[3]把他列入了预印本审读者的名单。奚模尼还不了解这位来自欧洲核子研究中心的约翰·斯图尔特·贝尔，就已经发现了贝尔在计算上的错误，这让他怀疑，这“只不过是疯子写的一封信”。

他又想，但看语气，又不像是个疯子。[4]冥冥中有些东西让他继续读了下去。

两年前，也就是在 1962 年的春天，阿伯纳·奚模尼在普林斯顿获得了第二个博士学位——物理学博士。当时，他正在麻省理工学院教授他的第一个博士学位学科——哲学的相关课程。当他再次开始研究物理时，他的导师给了他一篇 EPR 论文，并告诉他“要仔细研读，直到弄明白其中的问题为止”。奚模尼怀着有抱负的物理学家的实用主义和哲学家的体察入微精神，将论文仔细读了一遍又一遍，但没发现重大破绽。奚模尼后来开心地解释说：“他本想给我打预防针，但有时预防针碰巧会引发疾病。”[5]

当他读了贝尔的预印本，疾病发展成了复杂病症。些许的计算错误变得微不足道，贝尔那难以置信的结果带着非凡的美妙与猛虎般的力量从纸上跃然而出。EPR理论的前提似是而非——世界不是幽灵，而是定域因果性的；世界并非纠缠不清的错综复杂，而是可以分割成不关联的客观实在的很多部分——最终与令人生畏且卓有成就的量子理论狭路相逢。究竟谁负谁胜呢？奚模尼认为，如果你左右为难，最好的办法就是做实验。[6]

他的心跳开始加速，坐在椅子里，前倾着身子，又仔细检查了一遍论文，思考着作者贝尔所说的只需一点点想象力的实验——它犹如一只猛虎，摇着尾巴在他的大脑里盘桓。该如何去做呢？

他想起了7年前玻姆发表的一篇论文。当时，玻姆和他最优秀的一名学生亚基尔·阿哈朗诺夫[7]正在从某一个角度思考纠缠。早在1935年，薛定谔就已经全心思考这个问题了。他们承认，当粒子相互接近的时候会出现纠缠，比如氦原子中的两个电子，或是罗森氢分子中的两个原子。但是，在爱因斯坦、波多尔斯基和罗森质疑量子理论而设计的思想实验中，正如该理论描述的那样，他们三人假设当粒子相距无穷远的时候，依然保持纠缠。但从没有人证明过这是可能的。实际上，围绕EPR理论的争论什么也没留下，一旦粒子失去联系，它们也失去了所有相互的记忆，分解成简单而毫无意义的“乘积态”。与之相反，一个纠缠态不是两个独立状态的乘积——两个处于纠缠态的粒子没有独立态。

玻姆和阿哈朗诺夫在这个“长期休眠”的问题上采用了独创性的思路，所以这两位研究者的论文就印在了奚模尼的脑海中。玻姆和阿哈朗诺夫想起了哥伦比亚大学的吴健雄（人称“吴夫人”）给编辑的一封短信。7年前，这封信曾发表在《物理评论》上。吴健雄和她的一位研究生欧文·萨克诺夫（不久后在战争中去世）[8]一起研究电子偶素——由电子及其反粒子构成的奇怪的粒子对。当电子偶素湮灭时，必然会产生高能光子。吴健雄和萨克诺夫进行了有关这种高能光子（比 X 射线能量还要大的 γ 射线）的精密实验。

玻姆和阿哈朗诺夫看着她的实验数据，并从纠缠的角度再次对其进行分析。依照理论，两个 γ 射线应该是纠缠的。奚模尼说：“玻姆和阿哈朗诺夫巧妙地运用一个出于完全不同目的而做过的实验，避免了重新做实验——这是一个量子考古的榜样！”[9]

玻姆和阿哈朗诺夫指出，γ 射线看上去确实保持纠缠。但这种情况真的如贝尔定理指出的那样极端吗？即在定域的离散粒子（每个粒子都具有自己的真实态）与量子理论之间，肯定存在直接的冲突吗？奚模尼开始想知道，是否有他认识的实验学家愿意重复吴健雄 - 萨克诺夫实验，使之更精确、更全面。实验目的将是验证贝尔不等式，这要求显著的非定域相关性。当阿哈朗诺夫拜访麻省理工学院时，奚模尼犹豫着提出了这个问题。[10] 高挑、消瘦、英俊又成熟的阿哈朗诺夫说，自己和玻姆已经把所有需要指出的都指明了。于是，奚模尼暂时放下了这个问题。

几年后，在 20 世纪 60 年代末的曼哈顿，哥伦比亚大学的一位天体物理学研究生约翰 · 克劳泽在戈达德空间研究中心的图书馆偶然看到了贝尔的论文。克劳泽在几年之后回忆说：“那段时间发生在很多人身上的事，也发生在了我身上。对我来说，这篇论文令人难以置信，我对它不理解，或者说不能相信。”[11] 猛虎又跳入另一个质疑的大脑中。当天晚上，克劳泽回到法拉盛湾的家中，在那儿，他以赛艇为生。在拉瓜迪亚机场起落的飞机不断在头顶呼啸而过，贝尔的观点却在脑海中挥之不去。“我觉得，如果我不相信它，就应该能给出一些反例。因此我设法去做，结果却失败了。” 克劳泽继续说，“我意识到，这是我有生以来见到的最令人惊诧的结果。”[12]

或许因为太过惊讶，克劳泽回忆道：“直到我看见一些实验证据确定了两个明显不同的预测，我才愿意接受这篇论文中的深远意义。” 这两个不同的预测其实是指纠缠和定域实在性，而定域实在性指的是定域性或可分离性，即粒子具有不相互依赖的状态。“由于贝尔的论文在实验方面十分含糊（但其他每件事都十分清晰），我怀疑贝尔是在虚张声势。”[13] 他一边翻查群书，四处寻找实验，一边开始考虑自己能做一个什么样的实验，以一种更全面的方法重新得到贝尔的结果——这种方法在现实中真正可以实现，不一定非得用到完美的、理想的实验装置。

克劳泽的导师对他这个业余兴趣变得不耐烦了。“我的课题导师对我说：‘你是在浪费时间。’他希望我成为一名真正的天文学家。”[14] 然而，事与愿违。

此时，奚模尼辞去了麻省理工学院哲学教师的终身教职，去波士顿大学讲授物理和哲学。他为了完成自己的博士学位，攻读了一个物理学分支——统计力学。到了波士顿大学后，他那里的一个朋友告诉他：“我们这里有一名很优秀的统计力学研究生，他可以和你一起工作。”

这位名叫迈克·霍纳的研究生很快就来到他的门前。奚模尼却说：“我不再做统计力学了。”[15] 他的关注点已经转移到紫色油印的贝尔论文上面。但这个身材高挑、说话温和的密西西比州男孩肯定哪里打动了他。霍纳回忆道：“当阿伯纳让我看贝尔论文的时候，我已在他办公室待了 5 分钟。”[16]

“看看你能否设计一个实验，”奚模尼说，“EPR 理论的前提似是而非，此处大有文章可作。”[17]

霍纳发现自己可以构建一个定域的隐变量理论，来解释吴健雄－萨克诺夫的实验数据。这些实验数据显示，对于他们的目的，考虑类似的实验毫无意义，γ 射线中光子的相关性太弱了。霍纳回忆道：“这是我交给阿伯纳并引起他注意的第一件事。”[18] 贝尔定理需要一台允许他们近距离观察纠缠的实验设备。

此时，克劳泽并不知道奚模尼和霍纳在紧紧追逐同一目标。他与吴健雄的一次会谈也没什么结果。接下来，他听说麻省理工学院的戴夫·普里查德正在做一个含有金属原子散射的实验，这个实验可能比较适合。当克劳泽说明了自己要找的东西时，普里查德朝着一个刚从伯克利来这里的博士后卡尔·克歇尔问道，“卡尔，你的实验不就是测试这个问题的吗？”

克歇尔回答：“当然，这正是我们做这个实验的原因。”[19]

克劳泽一回到哥伦比亚大学就冲进图书馆，查看最新的《物理评论快报》① 中克歇尔实验的细节 [20]。这个实验是在伯克利学院一位极受尊敬的教授尤金·康明斯

① 由于第二次世界大战之后的物理学家数量猛增，相应的物理类论文数量也大涨。于是在 1958 年，《物理评论》开始出版《物理评论快报》，用来刊登一些“快报”，比如短小而重要的论文。

的指导下进行的。

克劳泽发现，与EPR思想实验一样，设计这个实验是为了阐明问题。克歇尔和康明斯仅在分析器[①]相互平行和相互垂直这两种情况下测量了纠缠的粒子，而只有当分析器没有被摆成直角时的中间情况，贝尔不等式才起作用，所有假设定域性和可分离性的解都是错误的。

但是，克歇尔和康明斯的发射源（两个纠缠的可见光光子，依次从一个处于所谓的原子级联中的钙原子中发射出来）似乎完全符合克劳泽的需求。当一个原子接收到一束高能光（例如伯克利实验中用的紫外光），它会吸收能量变为激发态。激发态是不稳定的，原子会再以光子的形式失去能量，它失去的能量值只能是不连续的。当原子分两个阶段失去能量时，就会发生原子级联，释放一个低能光子，然后再释放一个与第一个光子纠缠的光子。

通过测量原子级联中光子的偏振态，克歇尔和康明斯已经证实了它们的纠缠性。"偏振态"最初发现于17世纪，但直到1811年才被命名。它是电磁波倾斜或"歪斜"程度的量度。与水波和声波不同，每一列电磁波在两个方向上振动：电矢量成分上下振动，磁矢量成分左右振动。波的传播方向垂直于电场和磁场。为了形象描述这种关系，大家可以想象一条鱼，它的背鳍好比电场，胸鳍好比磁场。波就像这条鱼，它能在不改变磁场与电场的关系或传播方向的情况下出现倾斜，倾斜的角度就是它的偏振态。

偏振的概念对波而言，就如同自旋的概念对粒子一般。自旋总是可以用上和下来描述，偏振则能被分为两类：水平的和垂直的[②]。其他的倾斜方向可以用这两个方向的叠加来描述，例如，一半垂直、一半水平是45°偏振。

当然，肉眼无法直接看到偏振现象，而某种叫作偏振片的材料能够滤掉光中水

---

① 分析器是位于EPR实验装置两端的两件实验仪器的一般称谓。在玻姆和贝尔的版本中，由施特恩－革拉赫磁铁检测自旋为1/2的原子，测量自旋向上还是向下。克歇尔与康明斯的版本则采用的不是自旋为1/2的粒子，所以他们需要不同性质的分析器，但原理相同。

② 严格来说，自旋和偏振可以被谨慎地描述为讨论同一基本物理状态的两种不同方式。例如，在光子运动方向上，"向上的自旋"是右旋圆偏振光波的粒子描述。（圆偏振是垂直成分与水平成分切分的结果。）

平成分或垂直成分中的一种。克歇尔和康明斯就使用了偏振片，这是一种半透明的材料，涂有一层半透明的沿同一方向拉伸的染色有机分子。如果分子是竖直的，它们就吸收竖直的偏振光。（大多数反射光，包括白雪与水面的反射光都属于垂直偏振光，所以在偏振墨镜中，分子的排列是沿竖直方向的，以便吸收这些光。）如果分子的倾斜方向是水平的，它们就吸收水平偏振光。两种情况下的偏正片都允许与之垂直的偏振光通过。

克歇尔和康明斯发现，每一对原子级联光子都是同向偏振的——都垂直或都水平。克劳泽很想知道：这套实验装置能检验贝尔不等式吗？

长期忍受克劳泽的天体物理学导师，面对学生的狂热终于让步了，他说：“嗯，你为什么不给他写封信问一问呢？”[21] 于是，克劳泽不但给贝尔写信，而且给玻姆和德布罗意都写了信，请教他们是怎么想的。对这三个人来说，他的建议听起来是可行的，而且没人听说过有人解决了这个问题。

特别是对于贝尔来说，这名“狂热的美国学生”[22] 是第一个对他的论文做出认真反响的人。他给克劳泽回信说：“由于量子力学的全面成就，怀疑这类实验结果对我来说是很难的。然而我更愿意看到的是，这些能直接验证关键性概念的实验能顺利完成，并公开实验结果。

“况且，总有可能出现意想不到的结果，这会震惊整个世界的！”[23]

克劳泽也对发现定域隐变量满怀期待，他恐怕很难收到比这更激动人心的信了。克劳泽回忆道：“现在，麦卡锡时代已经成为遥远的过去，改为越南战争驱使着我们这代人的政治思维。我是一名生长在革命思想时代的年轻学生，我自然想‘震惊整个世界’。”[24]

砸烂量子体系肯定就能做到这一点。

此时在马萨诸塞州，长着浓密头发和杂乱山羊胡子的哈佛大学研究生理查德·霍尔特正给一个架子上油漆，他听说“红袜子”棒球队输掉了 1967 年的世界大赛。他还完全没有注意到即将吸引自己的东西。为了给自己的课题找一个实验场所，他正在弗兰克·皮普金教授杂乱的地下实验室后面，收拾一间满是废旧仪器的小屋子。这间小屋子以前是用来做蝙蝠声呐实验的，墙壁上附着软木，蒙着眼睛的蝙蝠就绕着挡在它们飞行路线上的障碍物飞。现在，霍尔特正搬进“蝙蝠洞”（他们都这样称呼）[25] 的这套仪器是用来测量汞的激发态寿命的。实验可以通过记录一个原子级联的两个可见光子的抵达时间差来完成：汞原子进入中间态后，就会发出一个光子，再次失去能量时就又发出一个光子。霍尔特称之为“面包加黄油物理学”。[26]

一天，一个个头不高、带着龟甲色眼镜的和善的波士顿大学教授来到“蝙蝠洞”，身后跟着一名身材高大的研究生。这名研究生满脸大胡子，嘴里哼着小曲。奚模尼和霍纳一年的搜寻结束了，奚模尼回忆道，在这一年里，“我们做了一些不利于寻找相关联的低能光子源的事”。[27] 他们决定劝说霍尔特放弃“面包加黄油物理学”。

有位教授认为贝尔的论文很“精巧”，在他的推荐下，霍尔特已经读过贝尔的论文。他说：“我去了图书馆，完全不能明白其重要性。”但现在，随着奚模尼的力荐，并且霍纳告诉他这会很有意思，“它反过来一直萦绕着我”。[28]

霍尔特回忆道：“我有点被激起兴趣了，接下来我必须说服我的导师，告诉他这件事很值得去做。我是这样说的：‘嗯，你看，弗兰克，我们会用 6 个月的时间做完这件事，然后我就回到真正的物理学上来。’”[29]

结果，这个实验做了 4 年多。

直到奚模尼在美国物理学会公报上看到一条意想不到的消息，说哥伦比亚大学也有人在计划进行完全类似的实验时，一切似乎才安排下来。奚模尼打电话给正在按照他们的建议辛勤工作的霍纳，告诉他“我们被别人抢先了”[30] 这是个坏消息。接着，他打电话给以前的导师尤金·魏格纳，也就是狄拉克的妻兄。“魏格纳说：‘嗯，给那小伙子打电话，他还没写成论文——你也没写出来，所以谁知道呢，或许他会加入你们的团队。’”[31] 奚模尼放下了魏格纳的电话后，还是很心烦。但当他挂断克劳泽的电话后，克劳泽就成了他团队中的一员。据霍纳描述：“还有其他人对此感兴趣，这的确令他很激动。”[32]

直到将近 40 年之后，热爱和平的奚模尼才让霍纳知道，“这次合作有点强迫的意味”。[33] 最终让克劳泽决定加入奚模尼和霍纳团队的，其实是这套蝙蝠洞中的实验仪器。他自己没有仪器，但非常渴望做这个实验。霍纳说：“这不是克劳泽的博士课题任务，他必须将之隐藏起来，如果他对哥伦比亚大学的人提起这件事，他们就会质疑：‘你不是应该在做天文学的课题吗？’”[34]

克劳泽在完成他的博士课题工作后，距离博士论文答辩还有两周时间，他便投身于霍纳和奚模尼的论文中去了。霍尔特向他介绍了仪器设备。奚模尼回忆道：“大家一起干活真是太愉快了。在打击物周围，我们发现并精选了许多小点。”[35]

其中的一个点来自霍尔特挽救下来的神奇机器。奚模尼、霍纳和克劳泽认识到，他们一直进行的计算总是假设光子以严格相反的方向离开原子。但就如奚模尼解释的那样，光子是四散离开的。霍尔特知道如何运用这件霍纳称之为“笨重的数学机器”——实际，但计算很复杂的机器。[36]

在此期间，克劳泽梦想得到一台属于自己的仪器，这个梦想出乎意料地几乎变为现实。他收到了一份来自伯克利的聘请书，在那儿，卡尔·克歇尔的 EPR 验证仪器还放在尤金·康明斯实验室的某个角落里。当然，克劳泽并不是被聘请去研究贝尔不等式。查尔斯·汤斯给克劳泽安排了一个射电天文学方面的职位，来研究宇宙早期生命。查尔斯·汤斯因为在激光器的发展中发挥了重要作用，于 5 年前获得了诺贝尔奖。

所以，克劳泽在论文答辩结束后，他草草地规划了一下，就扬起自己的“辛那基”号小船 [37]，从停泊地法拉盛湾出发，带着憧憬前往伯克利了。他计划先航行到得克萨斯州的加尔维斯敦，然后将小船托运，穿越西南部地区，最后在洛杉矶南部重新下水，再北上传说中的加利福尼亚海岸。

此时，在霍尔特的及时帮助下，奚模尼没有被变故吓住——“无论如何，我们打乱了进程。”[38] 当他和霍纳回波士顿发展后，他就把草图寄给克劳泽，好让他不脱离这个圈子。于是在东海岸的各个码头上，人们常会看见一个高个子的金发海员弓着身子，用公用电话讨论着诸如“非零立体角”等神秘的东西。直到卡米尔飓风到来，克劳泽在劳德代尔堡把“辛那基”号装上卡车托运，而自己驱车去了洛杉矶，然后在西海岸的威尼斯海滩把小船重新下水。他回忆道：“当我抵达伯克利的时候，这篇论文也写完了。”[39]

论文题目是“验证定域隐变量理论的实验建议”[40]，它发表于10月中旬的《物理评论快报》。四位作者宣称，将贝尔定理一般化，“以便应用于可操作的实验。通过调整克歇尔－康明斯实验，可以得到决定性的验证”。

然而，康明斯并没有将他和克歇尔的实验视为调整的起点。事实上，这个实验的设计目的仅是“为大学量子力学课程准备的一个巧妙的演示实验”[41]，为此，克歇尔甚至已经开始在一个带轮子的手推车上安装实验仪器。[42]康明斯回忆道：“结果表明，困难其实要更多一点，但问题不是很严重，结果也并不惊奇。”[43]当两人见面的时候，康明斯的身高足以平视克劳泽。他非常自信，克劳泽激情四溢地解释为什么在这种情况下需要进一步研究，而他依然坚持不受蛊惑。康明斯说：“这里面没什么东西，不要浪费我的时间。”[44]

曙光出现在一个意想不到的地方。聘请克劳泽的人不是要寻找隐变量，而是要寻找大爆炸留下的宇宙微波背景辐射。克劳泽怀着感激的心情回忆道：“查尔斯·汤斯告诉康明斯（他依然在抱怨这是愚蠢的行为）要容忍这个计划。”[45]

康明斯说：“我非常，非常惊讶。全世界都对它大惊小怪，这太令人吃惊了。要知道，它不过表现出一个纠缠态，但纠缠态从来就存在于量子力学之中。如果你想描述氦原子中的两个电子，它们就处于纠缠态中。这不是了不得的大事。”[46]

当然，克劳泽想验证的是，当纠缠超过氦原子直径的40亿到50亿倍的距离时，它是否依然能存在。就如贝尔预言的那样：远程纠缠正从“绝无可能”变为“星星之火”。然而，康明斯对物理学的第一个认知是，有很多人认为，远程系统的纠缠不仅是了不得的大事，更是大破坏。康明斯16岁时，他家开始与爱因斯坦交往甚厚。此后，在爱因斯坦去世前的7年时间里，康明斯一家每个月都要去马歇尔大街“朝觐”。在那里，康明斯太太会弹奏钢琴，为爱因斯坦庄重的小提琴表演做伴奏。康明斯回忆道：“他对我们很好，他对我和我的姐姐就如祖父一般。但他对量子力学很情绪化，觉得它不可能正确，所以，他一直努力在其中寻找破绽，20世纪30年代的EPR理论就是他的杰作。

“当然，玻尔指出他错了，而且，这应该已经是事情的结局了。”[47]

尽管多数物理学家为了解释玻尔的说明会步履维艰，但对他们来说，这类观点还是很有分量的。然而，查尔斯·汤斯有过一段不寻常的经历，这使他对一位德高望重的智者所传授的知识半信半疑。在玻姆采用隐变量理论对抗冯·诺依曼和玻尔的时候，汤斯正身处激光研究的早期阶段。他坚决且颇有主见。冯·诺依曼和玻尔都告诉他，他的方案不可能成立，因为海森堡的不确定性原理禁止了激光所必需的光子精确对准。在他的自传《激光是怎么出现的》中，汤斯写道："我不确定是否说服过玻尔。"[48]

于是，在汤斯的支持和倡导下，以及在一个寻找论文课题的研究生的帮助下，克劳泽开始拆解克歇尔的旧仪器。这名研究生斯图尔特·弗里德曼回忆道："康明斯告诉我，有一位来自哥伦比亚大学的人联系他，说有兴趣去做克歇尔 - 康明斯实验，他想将其做得精确一些。康明斯对我说：'小伙子，这很疯狂。'"[49]

在这一热情的建议下，思维开阔的弗里德曼参与了克劳泽的计划。弗里德曼说："在此之前，我从未正式听说过这个计划，但我觉得它相当有趣，而且我坚决认为这是可能的。"回首以往所有的劳作，他笑了："约翰总是很乐观，他认为必须拿克歇尔制作的旧仪器稍微整修一下。

"结果并非如此。"[50]

从薛定谔波动方程内秉的抽象纠缠到 EPR 理论（爱因斯坦只是设想了方程暗含的东西），然后到贝尔详细研究，发现了可验证的问题，再到霍纳、奚模尼、克劳泽和霍尔特的蓝图最终将这个问题拿到实验室中，每一步都是接近具体化的一个台阶。接下来，理论学家们的故事要告一段落了，1969 年是实验学家们指挥纠缠的一年。

30 多年后，克劳泽在加利福尼亚州北部沙漠自己的家中说："如何区分一个理论物理学家和一个实验物理学家？"他家里挂满了航海比赛获得的奖品和奖章。他用手指划过一本本教科书厚厚的书脊，开始回答自己的问题："理论学家要有很多教科书（实验学家也需要工程学的教科书），"他用手指轻拍着这些书，"有许许多多的《物理评论快报》。"实际上，占据整堵墙的一个书架都被这种浅绿色的杂志挤满了。“还要有伟大科学家的传记以及他们的著作。”克劳泽做了个手势，穿过书房的木门，说：“而实验学家有的则是——”他在厨房门口旁边的走廊里转过身，在这儿又有一个顶到天花板的书架，上面塞满了一排排有些磨损但很薄的平装书，书脊上标有华丽的彩色荧光字迹，“——目录。”他咧嘴笑了，说：“我需要做的东西如果没有现成的零件，我就在这里找。任何东西都能做出来。”[51]

他通常不需要邮购。在他杂乱的车库兼工作室外面有一个斜坡，上面堆满了纸箱子。小山般堆积的箱子里装着电子设备零散件、各种规格的导线、线路板的废弃件、电子管、连接器、磁铁、齿轮、角规和废弃的机器壳子。他解释道：“作为一名实验物理学家，你要能制作任何东西，所以你需要一个制造厂和一台车床。但首要的是，作为一名实验物理学家，你需要一个废旧物堆积站。”

理由就是：“在任何一个物理系，最珍贵、最有价值的就是地面空间。”他继续解释道：“人们都有自己想做的实验，每个人都需要做实验的空间。所以，一旦一个实验结束后，很多东西就被随便扔掉了。因为人们没有给机器的各个部件贴上标签，清理人员常常不知道这些要被扔掉的东西有多大价值，但如果你知道的话——！

“当然了，仅有一个废旧物堆积站还不够：你需要知道每件东西都放在哪儿了，每个堆积站的主人都知道每件东西的位置。他知道，在那边有两台 1932 年的福特发动机，还有一台 1957 年的庞蒂亚克车……”[52]

现在请克劳泽和弗里德曼你一言我一语地来讲述一下他们那个总是咔哒咔哒、轰隆轰隆作响，长 16 英尺且在支架上有齐胸高的仪器。外面，愈演愈烈的反越战示威让美国国民警卫队带着催泪瓦斯进驻了伯克利。那时候，嬉皮士们挥舞着花朵，激进分子们投掷着石块，满嘴脏话的家伙们在学生会的台阶上用污秽的语言大声地自由演讲，叫嚣着自己的权利。在柏基大楼这座新物理楼里，弗里德曼和克劳泽的房间位于不带窗户的地下室第二层的深处。

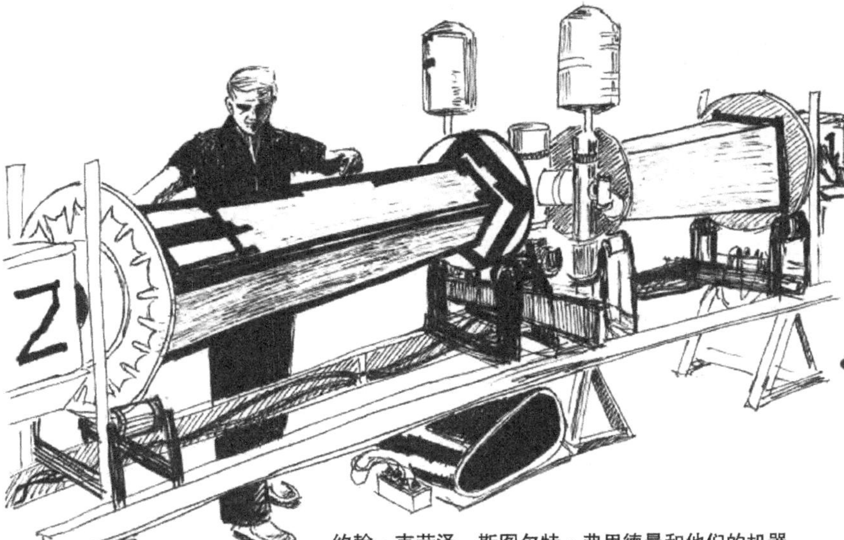

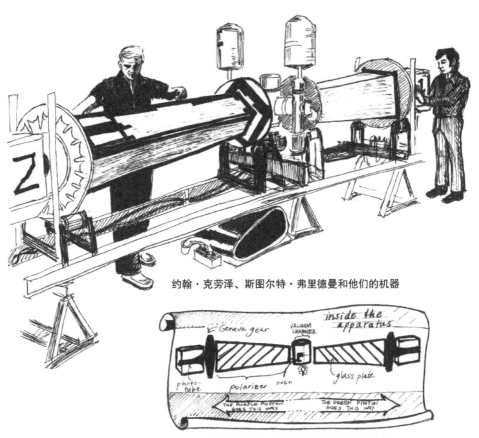

约翰·克劳泽、斯图尔特·弗里德曼和他们的机器

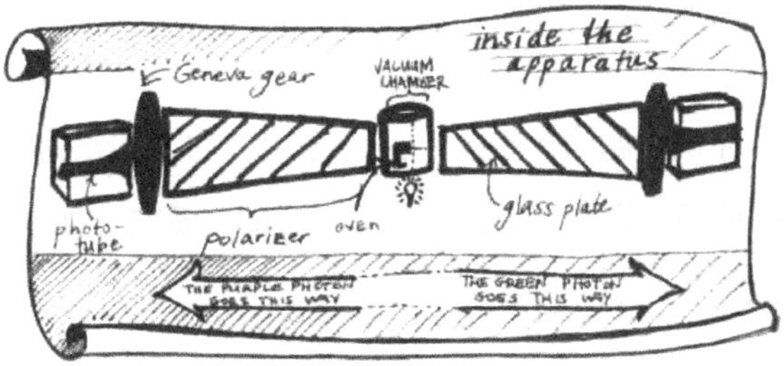

弗里德曼和克劳泽的贝尔机器的内部装置

实验装置有点像英文绕口令《杰克建的房子》：

这些是检测光子的光电管。

这些是光子，

通过起偏器，

由检测光子的光电管计数。

这是发射光子的原子，

发出的光子通过起偏器，
由检测光子的光电管计数。

这是激发原子的光源，
被激发的原子发射光子，
光子通过起偏器，
由检测光子的光电管计数。

这是使光源能够激发原子的真空室，
被激发的原子发射光子，
光子通过起偏器，
由检测光子的光电管计数。

克劳泽从问题的核心入手："原子束，它其实很简单，只不过听起来很玄罢了。如果你在炉子上烧开水，就会出现大量的水蒸气，如果达到足够高的温度，你也可以蒸发金属。

"好，如果你在真空中做这件事，你会看到令人称奇的事。在适当的真空中，金属原子的平均自由程（指原子没受到碰撞而行进的距离）迅速变得比真空室还要大。如果你是在烧开水，水分子会跑进空气中，然后形成云雾。但在真空中，分子的运动路径上不存在空气，它会一直保持直线运动，直到撞上器壁为止。

"最简便的实验方法就是用一片金属钽[①]箔，先对折，再稍稍分开，使之恰好能放进一个小颗粒的东西。然后，把它放进一个钟形罩子里（内部真空），通以电流，钽箔就会变热。如果在钽箔中放进一小粒铜、铝或钙（一些低熔点的物质），一会儿小颗粒就全蒸发了。向上看一下，你就会发现容器的四壁上全是铜、铝、钙或是放入的其他物质。如果在加热室的入口处放一个开有小孔的挡板，然后再放一个

① 钽是一种难熔的金属，这意味着可以将其加热到很高的温度，因为它很难蒸发。

开有小孔的挡板（在第一块挡板的前面），你就做成了一束原子束!”蒸发的原子不再布满四壁，而是被限于一束。“如此而已。”[53]

弗里德曼展示着一块比肥皂稍大的钽，上面布满了加热管，他说道:“当然，我们的加热室有更重要的功能：钽块顶部有一个圆柱形的洞，一旦物质被蒸发（比如说钙），我们可以把洞堵住，蒸发的钙就会以原子束的形式，从前端一个小得多的小孔中发出。”克劳泽和弗里德曼切割了“一小块儿精密的圆柱形金属钙”[54]，大约有半盎司（约 14 克），在没有直接碰到它的情况下，将其投入加热室。一旦反锁圆柱形的黄铜真空室，加热室就从各个方向对钙加热 3~5 小时，一直加热到钙的升华点。

当钙原子在炽热的加热室中开始从小孔喷射而出时，富集的原子束（每立方厘米中有一百亿个原子，而固体钙的密度为每立方厘米 1 万亿个原子）以几乎每小时 3000 千米的平均速度向前运动，径直冲向仪器的中心。中心处，在第二个圆柱形黄铜真空室内，一束光穿过底部的一个透镜，在传播过程中撞击原子束。原子因此受到激发，发出淡绿色而后是紫色的纠缠光子。

寻找激发光源很不容易。弗里德曼回忆道:“我曾困在制作光源的繁复工艺中，幸运的是，现在有理由将之忘掉了，因为我现在可以用激光。”[55]可是，具有精细、高能、可方便调节光束的激光出现还没几年。

弗里德曼让光通过一个滤光器，使之携带恰好能将原子激发至预定的双光子级联上的能量，接近紫外线能量的光输入滤光器，输出的是淡绿色和紫色的光。找到合适的光源、透镜、起偏器和光电管后，在今后的 30 年里，那些波长值（2275Å、5513Å、4227Å①）将深深印在弗里德曼的脑海中。[56]

弗里德曼说:“所有东西都必须很大，根本问题在于，你需要来自光源的大量光辐射，这就意味着要有一个巨大的起偏器——嗯，一些巨大而高效的起偏器，但这些东西根本不存在。”[57]克劳泽确信，偏振片的效率不足以验证贝尔定理。霍尔特回到哈佛大学后，在使用方解石（一种晶莹的天然晶体，透过它看物体的时候，

① 一个 Å 是十分之一纳米（百亿分之一米）。

物体会呈现两个像。之所以这样，是因为方解石将射到它上面的光线分成两束并行但偏振态相反的光线）。然而，弗里德曼和克劳泽也无法找到足够大的方解石。

玻片堆其实就是很厚的普通玻璃堆。在论文中，弗里德曼解释说，玻片堆“体积庞大而且易碎，通常只在便捷的起偏物质不适用的时候才用它”。[58] 当一块玻璃倾斜角接近 60° 时，这个角度称为“布儒斯特角”（以万花筒发明者的名字命名）。此时，玻璃片只反射偏振方向平行于其表面的光。透射光垂直于反射光，也趋于偏振化。玻片堆使透射光的偏振化提高，挑选出垂直偏振的光。一堆足够厚的玻片（一块摞一块、一次接一次地反射）最终会发出一束完全由垂直偏振光构成的光束。

看来，将显微镜的载玻片设计成像纸一样薄是正确的。如此一来，在光线传输中，它会吸收很少的光子。实际上，玻璃太薄，会变成人们不希望看到的明显摇摆不定的弯曲薄片。明智的操作是用玻璃刀从这些弯曲的起伏中切割出 20 个平坦的部分，然后排列起来，大小达到一平方英尺，以调节光束的传播。

为了在不同角度上测量偏振态（就如 EPR 论文测量的是位置或动量，或者，玻姆与贝尔的版本测量的是 x 方向或 y 方向的自旋），必须让起偏器运动起来。弗里德曼和克劳泽求助于一位与他们年纪相当、干练、长着胡须的高个子机械师戴夫·雷德尔。雷德尔曾在海上的一艘海军雷达舰上磨炼自己的创造力，每维修一次设备，他都要在离海岸数百公里的地方待一个月。[59] 雷德尔制造出了弗里德曼和克劳泽的机器上的每件元件，小到钽加热炉，大到控制玻璃片的器械，当控制玻璃片长长的蓝色胶合板箱（克劳泽称之为“棺材”）倾斜时，玻璃片在其中保持以布儒斯特角倾斜放置着。

这台机器不像电动烤肉架，好似一台连续转动的“棺材”；它利用槽轮结构，设置为每转一周停顿 16 次（即每 22.5° 停一次），以适合每百秒运行一次的实验。弗里德曼说：“它就像一个大钟表，这种槽轮机构的想法来自一本名为《机械制造》的书，书中全是工业时代解决工程问题的方法。”[60] 槽轮机构是几百年前某个钟表匠的发明，如今依然用于电影放映，它很容易将旋转运动转变为准确标定的步进运动。一个带有槽沟的轮子不断旋转，与一个小轮子上的钉梢不断啮合脱离，直观上就像“催眠探戈”一样。

在连有槽轮机构的每一个“棺材”中，一个装有偏振片的框架悬挂在一个绷紧的金属回线上。每到周末，雷德尔就去干自己的副业——当渔民，他还发明了一种鲑鱼线（辫子状的不锈钢丝线）和引导着鲑鱼线穿过的鱼竿。[61]

弗里德曼回忆道：“当高效单光子计数刚刚起步的时候，我们每次必须要做这项研究。当时，美国无线电公司刚刚做出一些被称为光导式摄像管的电子管，我加盟了他们的团队，并在实践中学习了大量有关光电管的知识。由于我对光电管懂得很多，他们为我提供了一个职位。”[62]

用两个光导式摄像管（玻片堆起偏器的两个末端各安装一个）检测光子，假设每个打到光电管内层碱金属上的光子都打出一个电子。位于元素周期表中下部的铯（一个世纪前，本生发现了铯的深蓝色光谱线）是它所在的主族中半径最大的原子；比如锂和钠等其他的碱金属，也比同一周期其他原子大得多。碱金属原子之所以那么大，是因为在其最外层轨道上有一个高速运行的单电子，它远离原子核，原子核对这个电子的作用很微弱。

一个光子只需要少量的能量（称为功函数）就能使这种宽域电子脱离它的原子，并迅速将之沿导线输送至光电倍增管。光电倍增管依次把5个电子输送至计数计算机。因此，就像克劳泽所描述的，“如果精细地研究光电子，一个5或10纳秒长的完美峰值脉冲”[63]就报告了计算机光子的抵达。

但是，为了降低暗电流，必须冷却光电管。

暗电流？

克劳泽笑道：“好吧，在理想状态下，它是不存在的。研究者和理论家对光电倍增管的观点是：‘输入一个光子，经一系列作用得到成倍输出的电子，那么你就会得到一些小脉冲；计算脉冲数，就能知道有多少个光子输入，对吧？’”他天真地咧嘴一笑。

“事实是，输入许多光子，并没有大量的输出。不输入任何光子，也会有一定数量的电子输出。后者就是暗电流。”实验物理像生命一样杂乱无章。

“光电阴极（光电管内部的碱性涂层）的面积越大，暗电流就越强。所以，光电阴极要尽量小。由于存在一个内部电子能量的分布状态，管子的温度越高，暗电流就越大。一些电子恰好具有高能量，在分布曲线的末端，一些电子具有的能量比功函数（将外部电子电离的能量值）还要高，它们依靠自己就能逃逸。怎么将这些电子和被光子打出的电子区别开呢？虽然仅仅是一个电子，并且自我逃逸的电子不多，但还是带来暗电流的困扰。

"还有别的原因。或许会有热电子辐射——电子会从尖端喷射出来。或者在碱金属中，比如在钾中可能会有一些钾-41，这是放射性元素，在衰变过程中会产生电子。"

克劳泽说："所有这些都会产生暗电流，每个东西都会产生暗电流。在这该死的管子中，一直进行着大量的过程以及捉摸不透的事件。"[64]

所以，他们把每个小光电管装入一个水平管子里，管子与充满冰，并用泡沫塑料绝热的黄铜容器连接在一起。用来捕捉克劳泽所谓的"红色"光子[65]（这里的红色是对"长波"的俗称）的光电管需要冷却至 −78℃。冷却工艺需要一些干冰与酒精的混合物。"在波士顿的冬天，当你走在路边，就是这种感觉。"克劳泽笑道，"但现在……伙计，你肯定不想把手指放进去。这种状态能把暗电流降低到我们能做实验的程度。"[66]

每一步都在缓缓推进，每个元件都被详细检查。实验，再思考，再设计。克劳泽说："人们总觉得自己没有时间去测试每一件事，事实上，你并非没有时间。这反而是一种节省时间的做法。如果你极力想知道自然界的行为，这会很艰难，因为当你构建实验设备时，不得不把自己训练成没有好奇心的人。人们总想把一切攒在一起，再打开开关，看看会发生什么。但第一次运行时，你就能确定它不会正常运转。

"做物理实验没有简单的事，尤其是你使用的都是石器时代的工具，而且，你要不断推进你所拥有的设备的性能极限。"[67]

经过两年的仪器构建和测试之后，实验只用了两个多月中的 280 小时。弗里德曼回忆道："当仪器准备完毕，运行中除了添加液氮（为了消除雾化，保持真空状态）和确认电容器（趋近于击穿时）没有被击穿之外①，它不需要任何协助。"[68] 在每一个百秒的计数周期结束后，仪器自动暂停，并且序列发生器（其实是克劳泽

① 电容器是存储电荷的基本电子元件。

修复的一个旧电话机的继电器）会指示其中一个或另一个偏振器在类似多米诺骨牌产生的刺耳杂音中旋转 22.5°。

30 年后，这一切还鲜明地印在克劳泽的脑海中："这些大个的动力源，两马力的发动机通过曲柄转动'棺材'，并且电传打字机会卡塔卡塔地响下去。"被折成手风琴一样的纸带连续地落进一个桃色的篮子里，喷出的孔屑飘过地板；接下来是巨大的串行打印机，用来检测控制钙原子束的石英晶体。[69]

做好记录并重置参数后，仪器开始了又一次运行，光源会再次激发原子束，朝相反的方向放出一对对纠缠的光子，沿着成一定角度的玻璃堆到达光电管，再发射电子到计数装置，计数装置带有一个黑色滚轮，白色的数字在其上转动，一堆藤蔓般的电线——有插着插头的，有拔掉的——前前后后缠绕而过。

期间，克劳泽偶尔会接到汤斯的电话："约翰，我们目前没有取得任何天文学上的进展。"克劳泽怀着感激回忆道："但他改变了预算，所以我才得到一些酬劳。"[70] 然而，在这两个贝尔实验者之间，弗里德曼回忆说："是争论，我们在需要做什么、如何做等问题上真的意见不合。"[71]

弗里德曼回忆，克劳泽告诉他的第一件事是参加由《科学美国人》杂志举办的纸飞机大赛。根据大赛对用纸量和所允许使用的胶水方面的严格规则，"克劳泽的设计，除了看上去更像一个棒球之外，是真正的飞行最远的滑翔机。他用胶水把纸粘成一块，然后用车床将之加工成球体——他甚至在这个棒球上画了一些针脚。他准备找个棒球手投掷这东西。"弗里德曼敲着脑袋大笑着说，"经过长时间讨论棒球是否称得上在'飞'后，主办方想取消他的参赛资格。

"这就是约翰的风格。"[72]

康明斯后来回忆说："他是一个聪明的人，但很固执；他是一个反对传统观念的人，一个固执地想让每件事都按自己的方法去做的人，是一个让可怜的弗里德曼苦不堪言的人。此外，克劳泽是一个高大威猛的人，而弗里德曼身材小巧，这可能也有一点压倒性气势。"[73]

出了地下室，事情就简单多了。弗里德曼说："我们会一直扬帆远航，而且在航行中事事如意。我们度过了美好的时光。"[74]

30

实验物理学不简单

1971 年至 1975 年

理查德 · 霍尔特

第一次运行结束了。从弗里德曼和克劳泽的实验室到大厅的另一头放着一台计算机，它自己就占了一整间屋子——IBM 1620 的主机身处由原子束学部的霍华德 · 舒加特从某个公司的废弃物中捡回来的一堆电子器件、打字机和电线之中。[1]

克劳泽正在计算机上安装一套程序，使之能读取他们的结果——由他们的仪器产生的一条穿孔纸带。程序本身是一副 6 英尺长的穿孔卡片，一张卡片对应着一行代码。

沿着读卡机长长的倾斜输入通道，克劳泽的一副卡片一张一张地在“咯噜咯噜”的声响中消失了。弗里德曼搬着装满纸带的桃色篮子走进门——这些纸带从电传打字机输出的时候由于速度太快而缠到了一起，他说：“嗨，斯图，我刚听到了一个关于康明斯的很牛的故事。”

“喔，是吗?”弗里德曼在位于嘈杂的打字机与计算机庞大的电子设备机架之间的一把椅子上坐下来，开始解纸带。

克劳泽说:“说是午夜时分，康明斯带着他的氦气检漏仪，上了这栋楼的楼顶。”

弗里德曼不再看缠在一起的纸带，他抬起头来。

克劳泽说:“嗯，他本来申请去做一个需要在山顶上进行的实验，由回旋加速器的靶子收集放射性气体。他无所事事，只等候回音，但一直没有得到任何答复。所以，他最后决定自己去做这个实验。他在50英尺的高空中操纵一根管子，一切就绪——结果管子漏了。”克劳泽一边说，一边在控制台和读卡机之间匆忙地来回走动，“他想:‘见鬼，我可不能让大家知道这事儿。’所以，他必须在夜间修复漏洞。”最后一张卡片也进了读卡机。克劳泽大步回到操纵台旁，说:“他把漏洞修好了，完成了实验，并得到一个不错的小结果，这时上级部门还没有回音。他发表了结果，然后上面终于有消息了。”克劳泽咧嘴笑着说，“结果是:‘你的申请被拒了。’”[2]

弗里德曼也笑了，说:“如果尤金不想理睬委员会，恰恰说明这是多么可笑[3]……好了，纸带准备好了。”

克劳泽说:“拿走吧。”同时，纸带阅读器开始通过一个卷轴慢慢工作起来，并在另一端吐出打孔卡片。

回到房间后，他们开始阅读根据打孔卡上的数字打出的整齐的孔洞阵列结果，克劳泽根据光子一致性的数目变化画了一张曲线图。[4]一致性光子——用一个光电管对绿光光子（原子级联中发射的第一个光子）进行探测，同时用另一个光电管对与之匹配的紫光光子进行探测——在数量上的涨落取决于两个偏振器之间相对方向的变化。两个偏振器的偏振方向平行时，存在大量的一致光子；两者的倾斜角度略有不同时，数量减少；两者相互垂直时，一致光子数几乎为零。

量子力学预测这种关系为平滑的蛇形波，即正弦波。开始时，两偏振片相互平行，曲线位于平滑的波峰处；随着偏振片转动，曲线开始下滑，转过45°后，曲线斜率变化最迅速，90°时取得最小值；转过180°时，即当它们再次平行时，曲线上升到另一个平滑的波峰处。于是，不管光子之间的距离多大，它们也是相互关联的。所以，利用平行的偏振器获知了一个光子的偏振态，就足以知道另一个光子的偏振态。

但是，出现在克劳泽笔下的曲线就像清真寺的窗户一样是扇贝形的：如果存在定域性的隐变量，如果不存在纠缠，如果量子力学错了，这个结果就正合所望。[5]光子似乎有如下分离模式：这并非是完全决定性结论对应的完美 Z 形直折线，而仍是具有莫大想象空间的曲线。

克劳泽盯着这幅有折点的曲线图说："哇，在这个问题上，我刚刚计算了人们提出的一整套特别的隐变量理论的预测结果，它看起来有点像我曾计算过的某个东西——或许我们早就发现了它！"[6]

弗里德曼说："好吧，让我们从头核对一下。"他双眉紧蹙，比较穿孔卡片上读出的数字和曲线上的点。

"'你总有机会震惊整个世界。'"克劳泽引用了贝尔在 1969 年写给他的信中的话。他经常引用这句话。

弗里德曼笑了，他扬起眉毛说："会有这一天的。"他晃了晃头，再一次看了看那张打孔卡片，然后又看了看曲线。

就在这时，康明斯走进房间："斯图……约翰，进展如何？已经完成第一次运行了吗？"[7]

弗里德曼看看克劳泽，克劳泽看看弗里德曼。弗里德曼拿起克劳泽画的曲线图说："看看这个吧。"

康明斯皱着眉，仔细看了看这张图问："你已经检查过了？"

克劳泽回答："是的，两遍。"

弗里德曼说："当然，我们需要更多的数据。"[8]

康明斯把曲线图放在桌子上，说："一点儿不错。"

克劳泽又把它拿起来，说："我们恰好在临界处，但看起来，这在误差许可范围之内。"[9]

康明斯并不兴奋："好吧。你们为什么不重新开始，再得到一些数据来跟这个对比呢？"他的拇指朝身后已经安静下来的机器指了指，说："待会儿，我再来看你们俩，我们一起观察这个现象。”

在康明斯准备离开时，克劳泽说：“我觉得，没错，显然我们要做更多的实验。[10] 可是这张图！”

弗里德曼看着克劳泽，笑着说：“别担心，约翰，如果这种效应真的存在，我们在以后的实验中还会发现它的。”[11]

他们小心翼翼地将一块新的钙块儿滑进加热炉中，在红光光电倍增管周围的混合物中，注入了更多的干冰泡沫；再次装满液氮箱；在电传打字机中装上更多的纸带；关掉灯，开始了又一轮运转。

他们俩都已经习惯了机器的周期性的噪声，以至于当发动机嘶吼着运转了一分半钟，电传打字机咔嗒作响，两个大“棺材”慢慢旋转了 1/16 圈后，两人还没反应过来。接下来，在熟悉的嘈杂声中传出一种新的声音，是玻璃与玻璃，然后是玻璃与金属之间相互碰撞的声音。

“你听到了没有?”

“喔——这可不是什么好动静。”[12]

弗里德曼打开灯，同时，克劳泽关掉了机器。他们打开了“棺材”的巨大蓝色胶合板盖子。许多薄玻璃片整齐地并排着，就像透明的巨大书脊一样——除了其中一个，一下子就可以看出来，它歪斜着，金属框架直接挡在了光路上。

“啊，该死。”克劳泽一边说，一边把磨损的鲑鱼线从“棺材”外部扯出来，“该死的金属线断了。”这使它系住的偏振片掉下来，在里面打转儿，有时挡住光子，有时又让开光路，致使几个小时的数据都出了问题。

弗里德曼把这个不牢固的玻璃片松开，拿出了“棺材”：“这就是我们得到那个貌似很古怪的曲线的原因。”[13]

“重新开始吧。”克劳泽笑着说道，“但如果我们得到了量子力学的结果，我就放弃物理学。”[14]

回到波士顿，霍尔特对奚模尼开玩笑说：“我一定要得到量子力学的结果，因为，如果我的实验证实了定域隐变量，虽然我会获得诺贝尔奖，但哈佛大学就不会授予我博士学位了。”[15]

也许哈佛大学有些墨守成规，但霍尔特的导师弗兰克·皮普金不是。他总是用滑稽的态度对待别人认为严肃的事情，而且他有着鼓舞人心的热情，这掩盖了他糟糕的授课能力，使他成了物理系忠实而坚固的核心。霍尔特回忆道：“对于这些基本问题，皮普金是个不可知论者。无论在哪个领域，他都更喜欢做实验，而不在冥思苦想上浪费时间。”他指导了 15 个研究不同课题的研究生，实验范围涵盖了基本粒子、核子、原子等分歧越来越大的领域。尽管如此，霍尔特回忆道：“如果你在大约一周后回归，那么他会恰好从你落下功课的地方重新开始。他的确是一个非常非常聪明的人。”[16]

在民权运动的激励下，霍尔特正在美国北卡罗来纳州的一所封闭式学校里教数学和物理。这时，他接到了皮普金的电话。皮普金在电话里告诉了霍尔特一种关于水银级联的装置，这是他近来的一个学生设计并留下的。皮普金认为，霍尔特会对这套小巧的设备感兴趣。霍尔特说：“我喜欢一个人研究。在那些日子里，你收到很多论文，每篇上都有一长串名字。我可不希望成为他们的一分子。”[17] 与在西海岸的“同类”——克劳泽的装置相比，霍尔特的设备不足一立方英尺。

霍尔特的实验没有在一个巨大真空室中采用紫外光源激发原子束的方法，而是用了一盏灯。在充满汞蒸汽的密封玻璃管中，有一个电子枪，用它来激发像霓虹灯一样的蒸汽。这盏灯发出的光子（比伯克利实验中的绿色稍淡，紫色稍深）是纠缠的。这与伯克利的实验不同，但像伯尔特曼的短袜，对应的偏振态是关联的。克劳泽动身去伯克利前，曾注意观察过霍尔特的工作，他回忆说，这只玻璃管的创造是“非凡的玻璃吹制工艺”。[18]

汞比钙更复杂。汞原子的重量是钙的 5 倍，它也有一组常见的同位素（相同原子的不同变体），重量介于 196 到 204 个氢原子之间。霍尔特放射源是相对稀少的汞 -198。所以，“你必须将这种分离出的汞的同位素——超纯 ^{198}Hg 蒸馏进玻璃管。你甚至看不见它，唯一知道它在里面的方法是进行射频放电”。[19] 于是，通过一个分光镜就能看到它的光谱线。

与英格兰的卡文迪许实验室一样，哈佛大学的莱曼实验室也鼓励弦丝挂火漆封的方法。霍尔特回忆道：“这间机械修理铺制造了我需要的一些东西。但实验室鼓励我们，如有可能，就去组建我们自己的修理店。”[20] 皮普金就是个守财奴。推崇这种工作方法的是肯尼思·班布里奇，一个体型瘦小、此时已将近70岁的老头，由于曾是第一枚原子弹测试实验的主管而闻名。他少了一截手指，那是有一次，一小块放射性物质掉在手指上时，他将手指截掉了。班布里奇常常在哈佛广场买一些可以在试验中使用的廉价的汤罐。

和弗里德曼与克劳泽的实验一样，光电管位于霍尔特的仪器两端，同样，“在一个黯淡的日子里，有一个倍增管滑落出来打碎了。”皮普金领着霍尔特，来到了楼上的他的高能物理实验团队工作的地方。这是一个不需要节俭的实验场所。皮普金说：“他们有成箱的光电倍增管！‘挑一个最好的光电倍增管。’”[21]

有时候，霍尔特希望找一个合作者，但是，地下实验室里的人都在研究大家普遍关注的课题。当他带着一个问题走出蝙蝠洞时，或许有人能给他提供有价值的建议。那名先于霍尔特参与仪器构建的研究生“竟然把睡袋带进了实验室，但我绝对不想到这种程度”。反之，他通常都是晚睡，然后工作到深更半夜。

“人们把我叫作‘隐变量’。”[22]

弗里德曼慢慢打开通往伯克利地下黑暗的实验室的门。他们已经固定好了鲑鱼线，为了运转更稳定，又重新装配了系统。现在，这套装置正在进行又一轮运行。站在机器后面的克劳泽说：“不用担心光照，红光计数器①又出问题了[23]，我正在关闭所有装置。”弗里德曼打开灯，发现克劳泽俯身在令人闹心的过热的光电管上检查，同时，他的脸上呈现出烦躁不安但又饶有兴趣的表情，就像一个满头金发的农场孩子发现了一只青蛙，不顾它的挣扎，把其四脚朝天地捏在手里。克劳泽说：“太兴奋了。可以休假了。”

弗里德曼点点头：“老弟，那个红光光电管真让人郁闷。”

克劳泽说：“是啊，如果霍尔特和皮普金因此超过我们，我会诅咒它的。”

① 计量长波光子的计数器，这里实际是指绿光。

弗里德曼说："是啊，不过算了，那又不是世界末日。科学研究是需要合作的，对吧？我们都只是想找到微观世界的真相。"

克劳泽说："对，对，但我更想在哈佛大学之前找到它！"他咧嘴笑了笑，心想：如果我们没有竞争对手，如果没有紧迫感，那就好多了。[24]他再次往下看，可恶的光电管。"今天，阿伯纳从意大利给我打来电话，问我们是不是已经有了进一步的结果。"[25]

奚模尼正在意大利的瓦伦纳开研讨会。

"喔，很好，他没打算在会上谈论我们的实验吗？"

"谈了，而且贝尔给出了一个更通用的新不等式[26]。根据它，阿伯纳指出[27]我们的实验不仅要检验定域隐变量理论，而且要检验基于定域性和实在性的任何理论。"在上下文中，实在性大致与客观性（现实存在独立于实验者的意识之外）以及可分离性（现实存在不受远程事物影响）意思相同。

"好大的赌注。"

弗里德曼饶有兴致地点着头说："如果我们能成功论证阿伯纳的观点并把它放到论文中，那真是太棒了！"

"是的，阿伯纳还说，贝尔做了一场了不起的演讲。开头说：'理论物理学家身处经典世界，内心却关注着量子世界。'"他们不约而同地看了看那台巨大的机器。弗里德曼说："实验学家也是。"克劳泽笑了："是啊，既然贝尔说没人知道它的界线在哪儿，这让量子论看上去有点儿像一个临时理论。他说：'如此一来，推测该理论将如何发展似乎就合理了。当然，没有人必须参与这种推测。'"[28]

弗里德曼笑着说，"我倒想听听贝尔的演讲。"

"是啊，他一定非常高大。"[29]

"不管怎么说，约翰，我已经想到了一些东西。"[30]弗里德曼的眼睛在摇滚歌手尼尔·扬式的蓬乱头发下热切地朝外望着。

克劳泽说："什么呀？"他的声音听起来没有他表现得那么兴奋。

"嗯，不等式最大的背离会出现在22.5°和67.5°。"当起偏器之间的夹角为上述角度时，量子力学的正弦波与隐变量的锯齿波偏离最大。"你可以设计一个简单得多的不等式，让它适用于仅采用这些角度的实验。”他把一片纸递给克劳泽，上面是他草草记录的一些东西。

克劳泽仔细看了看，然后开始点头。

弗里德曼建议说：“由于这两个角度属于临界情况，所以，我们可能只需要在这两个角度再做一轮。”

“听起来不错。”

“我也在想，”弗里德曼慢慢说道，“……嗯，我知道迪克·霍尔特还没有得到这么好的一个计数率。[31] 我们几天前通过电话，你也知道，他没有我们这些设备，他的论文导师又是个十足的小气鬼。所以，我正在考虑，或许我该把我的新不等式告诉他，这可能会对他有所帮助。”

克劳泽看着弗里德曼，似乎他刚才讲的是梵语。

然后，他耸了耸肩说：“哦，如果你把秘密告诉了对方，我不知道我们的团队还怎么获胜。”

想参与纠缠研究的实验学家的网络开始扩张。在这段时间内，参与者甚至超出了克劳泽、霍纳、奚模尼和霍尔特等人同行的范畴。1969 年底，在得克萨斯州东南方的一个非正式但堂而皇之地被命名为“布拉佐斯谷哲学会”的团体中，他们的论文成为热议的主题，并引起得克萨斯州 A&M 大学一位新任教授——脾气温和的年轻实验学家埃德·弗莱的关注。

35 年后，弗莱说，他“当晚马上”就意识到自己应该做什么。那时，刚好有激光器可用，并且其中一种激光的波长可以调节至 5461Å 左右——一种明亮的翠绿色光。它恰好是一种能引发汞原子级联的颜色。一个紫色光子将会出现，随之会与一个紫外光子产生纠缠。激光束的单色性将使实验简洁得多，也更容易产生纠缠。

那天晚上，弗莱的朋友、理论学家吉姆·麦圭带他去了哲学俱乐部，两个人为这个想法激动不已。他们都不知道这个课题已经多么过时了。弗莱回忆道：“我们被彼此的兴奋和激情所感染。”[32]

等他们发现没人愿意资助弗莱的美好实验时，便很快挫伤了他们的激情。弗莱回顾说，他收到的基金申请评论为：“这是物理世界的一扇明亮的窗，但显而易见，参考伯克利和哈佛大学的案例，这是浪费时间和金钱。”

看样子，对纠缠的进一步实验探索是不可能了。弗莱说：“我绝望了。”[33]

克劳泽回忆，“迪克·霍尔特和皮普金没将他们的实验结果告诉任何人。我们不知道他们那里的进度。所以，我们只能磕磕绊绊地做自己的实验，并在1972年完成了实验，将结果发表”[34] 在了《物理评论快报》上。弗里德曼说：“这是一个很有意思的结果，结论很清楚，它明显否定了隐变量。”[35] 克劳泽－弗里德曼机器中高度校准的经典力学，展示了一个完全的纠缠的幽灵般的结果。

1972年5月，弗里德曼完成他的课题后回忆说：“这是从这个实验室得来的最大的课题，可以用‘重大’来形容这个项目中的每一项事物。”[36]。他得到了普林斯顿大学的一个职位，而且为了最终亲自见一下霍尔特，他去了趟哈佛大学。他第一次走进位于蝙蝠洞上面几层的皮普金的办公室。办公室里没人，于是，弗里德曼坐下来等。这时，他发现霍尔特的论文放在桌子上，整齐地钉在一个薄薄的广告板做的封面里。他好奇地拿起来，开始读。[37]

摘要的开头，霍尔特首先陈述自己已经做完了“由克劳泽等人提出的线偏振关联测量”。[38] 接下来（像弗里德曼自己的论文一样）是弗里德曼版的贝尔不等式，然后，霍尔特对照它给出了自己的结果。弗里德曼把数字看了两遍，眉毛扬了起来。霍尔特已经用一个与弗里德曼稍微不同的方式建立了这个不等式，但他的结果位于不等式边界内部，几乎与弗里德曼背离它的程度一样大。霍尔特总结道：“这个值与量子预测完全不同。”[39] 这与伯克利的结果完全相反，它表明纠缠是错误的。

弗里德曼十分着迷地继续读下去。现在他的眉毛垂下来了——他想知道，这里发生了什么事？这不是计数率的问题。他有一个重要的统计结果，即弗里德曼不等式要求在两个角度上进行测量。[40]

两个角度。弗里德曼记得他给霍尔特打过电话。出于关心，他把简单版本的不等式告诉了霍尔特。实际上，在那之后，霍尔特建立了他称为“一种‘杀鸡用牛刀’的仪器”，[41] 只在22.5°和67.5°时测量一致光子。当实验室的一名技师努力劝说他使用一种槽轮（就是伯克利团队使用的那种）的时候，霍尔特很客气地听着，

但“因为年轻和任性，我想我能做得更简单”。[42] 几年后，当说起这个故事的时候，他笑了。

坐在皮普金的办公室里，弗里德曼想：要么，他已经发现了克劳泽所说的“震惊世界的结果”；要么，就是我已经给他造成了巨大的伤害[43]。当你只在两个位置测量时，任何系统误差都是很难发现的。

皮普金走了进来，弗里德曼站起身来和他握了握手，感觉有一点点陌生。皮普金说：“我知道你已经看见了迪克的论文。”

弗里德曼点点头。

“我们一直在争论是否应该发表这篇论文。[44] 对于什么地方可能出了问题，没有人能拿得出令人满意的意见。[45] 但只要他想发表，我就提醒他要慎重。当我提出，发表出去的东西是我们的责任时，他又谨慎了。这是他最近的预印版。”他把一篇论文递给弗里德曼。标题下的署名是“F. M. 皮普金和 W. C. 菲尔兹[46]，哈佛大学”。弗里德曼笑了起来。

正在这时，霍尔特进来了。皮普金揶揄地笑着：“W. C.①，来见见斯图·弗里德曼。”

“嘿，斯图，很高兴终于见到你了。”霍尔特说着伸出了手。

“是的，迪克。我如今在普林斯顿工作，顺便过来拜访。”

“我知道你已经看了。”霍尔特一边说，一边朝弗里德曼手里的深红色封面的论文比画着。“我们不知道该怎么办。几天前，我在大厅里遇到了鲍勃·庞德（这里的一位教授），他说：‘你们要发表那东西吗？’我说：‘嗯，我们是有这想法。’接着，他貌似看着远方，说：‘啊，他是一个有前途的年轻物理学家……’”[47]

皮普金和霍尔特同时大笑了起来。弗里德曼仍感到有些不自在。

他问道：“那么，没人能发现任何错误吗？”

“是的。菲尔兹，我猜你今天没有那么高的热情去发表这篇论文吧。”皮普金说。

“喔，没错。你知道，如果第一次没成功，然后一次次地尝试，最后就放弃了。诅咒是没有用的。”霍尔特笑着耸耸肩。

① W. C. 是英语中厕所的简写。——译者注

“如果你现在是 W. C. 泡利，而不是 W. C. 菲尔兹，那或许更有帮助。”皮普金说道。

“你认为泡利对这种事会有睿智的说法吗？”霍尔特问道。

霍尔特用过去两年时间的来寻找实验中的误差，多少有点徒劳了。他回忆道：“我变得非常善于思考可能发生的稀奇古怪的事。”[48] 在接下来的 1974 年，一个从没出场的真正的罪魁祸首，把这趟浑水搅得更浑。一个在意大利西西里岛验证贝尔不等式的小组发表了与霍尔特一致的结果，这结果也与量子力学的预测严重不符。[49]

实际上，西西里岛的实验是吴健雄 - 萨克诺夫实验的翻版，对此，迈克·霍纳在 1968 年已经给出了决断：“没有必要再考虑那个实验了，它不太充分，你能用一个隐变量方案将之再现。”[50] 这就是说，吴健雄的实验显示出的纠缠很弱，以至于也可以用非量子方式，即非幽灵般的定域隐变量解释。克劳泽已经得到了类似的结论，尽管吴健雄的学生伦纳德·卡斯岱争论说，再允许加上两个假设的话，该实验就会显示强纠缠性，但奚模尼发现这明显不够。[51]

在得克萨斯州，弗莱已经发觉了这“再次完全活跃起来”[52] 的混乱。他的实验不再被视为浪费时间和金钱。1974 年，弗莱有了“足够的钱买激光器”，[53] 在克劳泽的鼓励下，他开始进行研究。但最初，他的学生兰德尔·汤普森没有参与。弗莱设法保护他，使他避免受到一个似乎只会对其事业不利的计划的牵连。

在这期间，弗里德曼和克劳泽都记得，“我们各自坚持己见，没有一致的结论”。克劳泽说：“对我而言，形势也很搞笑，因为我确实曾希望相反的结果是正确的。我真的被这事搞乱了。”[54] 许多曾试图深入了解情况的人对约翰·贝尔的话感同身受：这种情况“被量子力学揭露或隐藏了”。[55]25 年之后，克劳泽还是认为：“我依然，依然不理解它。”[56]

霍纳和奚模尼也在抓紧总结从实验中得到的教训。霍纳成了波士顿城外一所名叫石山学院的小型高校的教授。霍纳回忆道，“我们成天在一起争论不休。而克劳泽和我主要是通过电话反复争论，力争”在他们那种版本贝尔不等式的逻辑基础和已经证明了的结论“达成一致意见。我们三个人不停地讨论，从 1972 年吵到 1973 年，又从 1973 年吵到 1974 年。这真是一篇旷日持久的大文章”。[57]

克劳泽解释说：“在表述狭义相对论时，爱因斯坦明确指出：在没有首先定义‘时间’和‘距离’这两个相互关联的初始存在的情况下，一个人不能以准确的方式提出‘什么时候?’和‘在哪里?’这样的普遍问题。”[58] 爱因斯坦天才地发现，最好的解释就是操作：时间就是用时钟测量出来的东西，距离就是用尺子测量出来的东西。

那篇努力使量子力学恢复客观实在性的爱因斯坦 - 波多尔斯基 - 罗森论文，曾试图用同样的方式回答“是什么?”这个问题。EPR 论文中写过：“在不以任何方式干扰系统的情况下，如果我们能够准确预测一个物理量的值，那么就存在一个与该物理量相关联的实在元。”

然而，贝尔的分析已经证明 EPR 有关“实在元”的说法不恰当。纠缠是存在的，并要求给出指导方针，重新回答“是什么?”这个问题。克劳泽回忆，他和霍纳沿着这样的思路思考：“当你不在那儿看它的时候，这把椅子存在吗？或许我们可以把‘是什么’定义为‘某个你能放进巨大盒子里的东西’，在那里能够探测到椅子的……任何特性，比如它有漆面。定义了特性，那么你就得到了这个物体，对吗?”

量子力学认为：“不对!”你无法测量这种特性，并期望它们能告诉你有关实际物体的任何信息。

克劳泽说：“这是我发现的令人懊恼的东西。”[59] 霍纳的感受是：“嗯，它本来就那样。”[60] 克劳泽说：“这是贝克莱主教的问题：‘如果森林里有一棵树倒了，但没人听到，那它发出声音了吗?’量子力学对主教的回答是：‘没发出声音。’

“如果盖上箱子，椅子还在吗？如果是一只鞋会怎么样呢？从鞋店回家的途中，如果你买的鞋子在盒子里改变了颜色，你肯定会相当惊讶。离子又会怎样呢？我们使电子脱离原子而得到离子——假设它们也是宏观物体，你甚至刚好能看见其中一个。把它放入势阱（电子空穴）中，然后用光照射，它就会发射荧光。如果在第一个离子边上再放入一个离子，荧光就会加倍，如此等等。那么，如果你把一个离子放入盒子，当你盖上盖子时，它在盒子里吗?”

克劳泽扬起了眉毛，继续笑着说："有两个处于纠缠态的光子，如果将其中一个放入你手中的盒子，另一个放入我手中的盒子，会发生什么呢？它们都在那里吗？你能够测量单个光子对物体的碰撞，这看起来它就像一个宏观物体了。当盖上盖子后，它还在盒子里吗？

"对于椅子、鞋子，这很容易确定，甚至对于离子，也能十分肯定，但是光子就很难了。它们都是宏观物体吗？如果你是一位科学家，你的定义要很清楚。

"无论你是否对它进行'测量'，或者说，无论你是一个优秀的还是糟糕的漆面测量员，漆面都在椅子上。我或许知道也或许不知道我测量过的东西……事实上，如果你居然说知道，那就太自大了，比如'我刚刚测量了电子的自旋'，那你的意思是说，你在施特恩－革拉赫装置中得到了一个确定的结果。你不知道自己真正测量的是什么。

"现在突然涉及光子，它们的偏振态依赖于你如何进行测量，以及你正在探测的东西。如果我在任何一处出现错误的话，对于椅子或鞋子来说，我能是正确的吗？

"对于椅子和鞋子，物理学家经常说的一句使你安心的话是：'不必担心这种模糊——它如此之小，不会影响宏观世界。'这只用数字来恐吓！原子在这儿是逃不掉的。1990 年，IBM 公司已经在一种硅的基上固定住了原子，并拼写成'IBM'字样，而且你能读到它。不能说，因为 20 世纪 30 年代的人看不到它，就意味着它不在那儿。"[61]

在和霍纳相隔 5000 公里通过电话继续讨论的同时，克劳泽完成了一个新实验[62]，奚模尼宣称它"头等重要"[63]。思考着光子的客观性（"我们需要知道设计一个无懈可击的贝尔定理实例的答案。"[64]），克劳泽确信，光子的行为实际上可能像粒子一样，在一个半镀银的镜面上，无论是反射还是透射，都不会像波一样对半分开。

但是，当这种表象上的实物处于纠缠态时，在它自己身上就没有可定义的性质了。"这不再是这些问题了：漆面是松树做的吗？它是漆面吗？什么是漆面呢？漆面存在吗？树木存在吗？"克劳泽挥舞着双手——受不了了！

对于他和霍纳的论文的模糊结果，克劳泽总结说："当我试图详细说明'是什么’这个词时，我发现自己也夹缠不清了。”[65] 他们在 1974 年完成的论文中，对“和阿伯纳·奚模尼的许多有价值的讨论”[66] 致以了谢意。而且，他们提出的克劳泽－霍纳版贝尔不等式，依然被认为是王牌标准。实际上，至今还没有实验检验它，而且最奇怪的是，在最近二三十年中进行的相关实验，尽管在弗里德曼－克劳泽实验的基础上从速度到外观都有了很大改进，但较之在伯克利旧莱肯特大厅“堆放废旧仪器”[67] 的阁楼中日渐陈旧的庞大而笨重的机器，新实验却距离验证该不等式更远了。[68]

霍尔特的实验又怎样呢？克劳泽用“东拼西凑的装置”[69] 将之重复再三，发现水银中的跃迁比钙中的跃迁要难利用得多。“过程很严酷。我想，在计算或一些讨厌的事情上就要用 400 小时才能做完。”这是弗里德曼与克劳泽的实验或霍尔特实验所用时间的两倍。“所以，实验持续了一周又一周。”[70] 但最终在 1976 年，克劳泽得到了量子力学的结果，证实了纠缠。几个月后，埃德·弗莱发表了他自己一直梦想的实验结果，克劳泽“舒了一口气”[71]：弗莱也证明了存在纠缠，不存在任何定域实在的解释。与严酷过程相反的是，弗莱和他的学生汤普森利用翠绿色的激光束，用了不到一个半小时就收集完了数据。[72]

实验学家们开始牢牢抓住纠缠。

31
在哪里改一改

1975 年至 1982 年

阿兰·爱斯派克特（1947—　）

欧洲核子研究中心，贝尔办公室大门附近悬挂着一张莫迪利亚尼作品的画报，上面是一位戴着帽子、脖颈修长的女子，她的目光和贝尔的目光都注视着 27 岁的阿兰·爱斯派克特——一个长着大胡子的和善的研究生，他正在热切地谈论着水箱。

那是 1975 年初，爱斯派克特刚刚结束在法国的三年短期“兵役”，期间他一直在喀麦隆教书，然后回到了欧洲。他刚一回来，就经历了他所谓的“一见钟情”。[1] 他回忆说：“1974 年 10 月，我读了贝尔那篇的著名论文《论爱因斯坦 - 波多尔斯基 - 罗森佯谬》，我对它一见钟情。[2] 这是我做梦才能想到的最令人激动的课题。[3]”他马上决定在母校——位于奥赛的巴黎南大学，把贝尔定理作为自己的博士研究课题。[4]

此时，克劳泽正在努力找工作。“我至少已经向十几个地方提出了申请，结果一概被拒绝了。”[5] 高校不愿意聘请一名鼓励下一代人质疑量子理论基础的教授。最终，在位于美国奥克兰东部群山中的劳伦斯利弗莫尔国家实验室，克劳泽找到一个空缺，研究等离子体——这是戴维·玻姆的首要爱好。

在面试的时候，克劳泽声称：“我根本不懂等离子体物理，但对于做物理实验，我懂得很多，我是个很有才能的实验物理学者。”

他得到的答复是：“你可以学习等离子物理。”[6] 他于 1976 年被聘用，并在那里待了 10 年。在利弗莫尔，作为实验学家，他自命不凡的技能得到了很好的应用，但也几乎荒废了一项同样优秀却没声明过的技能。克劳泽有种天赋，即使在教师行业中也很少见：他能向学生清晰、生动、耐心地解释复杂难解的知识。自从业以来，在 30 年时间里，克劳泽从来没有找到过一所大学，能发挥他所有的才能。

弗莱在 2000 年解释说：“回顾 20 世纪六七十年代，著名的物理学家们不喜欢提出有关量子力学的问题。我觉得，克劳泽多少受到了这种思潮的冲击——我认为，这是由于他实实在在地在做实验，而不是只讨论理论问题。”[7]

弗莱自己在学术上运气很好，在他做实验做到一半的时候，就获得了终身职位。30 年后，弗莱已是得克萨斯 A&M 大学的物理系主任。他得知，学校做出这个明智的决定，还多亏了霍尔特在哈佛的导师弗兰克·皮普金的介入。弗莱的一个朋友得知，大学任期委员会本打算否决这名贝尔实验者，于是请来了皮普金教授。

皮普金对委员会说：“如果你只拿埃德的档案给我看看的话，我会很快否决他；但是如果用一天时间看他做实验，我会告诉你，这家伙很优秀。而且，我敢断定，他会成功的。”[8] 皮普金在原子物理上的声望战胜了委员会的质疑。

与贝尔定理相关的实验已经背负了恶名[9]，贝尔自己也强烈地意识到了这一点，但爱斯派克特却一直没意识到。1972 年前往西非之前，爱斯派克特回忆说：“在经典物理学方面，我受到了相当好的教育，但我知道，自己在量子物理方面受到的教育是很差的。”[10] 他在这方面上过的课中，解方程时几乎不讨论物理意义，更别说任何有理论缺陷方面的教导了。[11]

在靠近赤道的喀麦隆的三年时间里，爱斯派克特自学了量子力学。他用的是伟大的法国物理学家克劳德·科恩 – 塔诺季奇新写的一部教材。爱斯派克特认为，这本书有两大优点，“第一，它是真正的物理学；第二，关于基础理论，它是中立的，没有给人洗脑的意味，没有说‘玻尔解决了一切问题’。”最后，他说：“我能解这些方程了，而且没被洗脑。”[12]

爱斯派克特说：“我完全信服爱因斯坦和贝尔。”[13]但是该做什么实验呢？在重读贝尔 1964 年发表的论文时，爱斯派克特发现文章的最后几行告诉他“仍然有一个重要的测试需要做”。[14]

爱斯派克特飞快地跑到日内瓦，把自己的想法告诉了贝尔。

贝尔在文章的结尾处用了一条警示性的注释。如果一个光信号有足够的时间来联系粒子，那么，纠缠将失去大部分神秘性。贝尔写道，以光的速度交换信号才能“对仪器进行充分设置，让它们达到某种相互协调”后，量子力学才可能令人信服地起作用。“在这种关联中，波姆和阿哈朗诺夫（在 1957 年）提议的那种实验至关紧要。在实验中，实验设置在微粒飞行期间做了改变。”[15]

这个实验的实际难题是：每个弗里德曼－克劳泽装置末端庞大、易碎的玻璃起偏堆无法迅速移动到设定位置。对此，爱斯派克特提出了一个漂亮的（也是重要且廉价的[16]）替代方案，设置的主要成分是水。

爱斯派克特向贝尔解释说：“每个偏振器由一套包含一个转换开关装置，及其后面位于两个不同方向的偏振器代替。”在任意给定时刻，开关只打开通向其中一个偏振器的通道。“该转换开关将迅速使入射光从一个偏振器转向另一个偏振器”，不给光速信号留有导致仪器两端进行任何“协调”的时间。他转身朝向黑板，在上面写下了“如果两个开关毫无关联地随机运转”[17]这种情况下适用的不等式。

爱斯派克特的“转换开关”是两个装满水的玻璃箱，两者之间的距离在 42 英尺以上，分别位于产生光子的级联钙原子束的两侧，每个水箱都载有一种远高于人类耳朵听觉能力的声波（位于水箱两端的变频器将电信号转变成这种超声波）。

声波与光波不同，它需要一种介质，因此仪器外部空间很安静。在所处的介质中，它们通过反复压缩舒张来运动。爱斯派克特的超声波在快速震荡的加强点和平坦的减弱点之间轮转，加强点使水出现疏密相间的条纹斑图，减弱点不对水产生影响。条纹斑图就像衍射光栅一样能使光产生偏折，从而射到旁边的偏振器上；不存在条纹斑图的时候，光就直接穿过去，射到主线的偏振器上。水波在条纹与均一态之间迅速变换，爱斯派克特解释道：“两个通道之间的转换大约每 10 纳秒就出现一次”，[18]这比光子在加热炉与水之间 21 英尺的距离上传播要快 4 倍。

他承认，这不是一个完美的计划，“因为它的变换不是真正随机的，更像是类周期的。不过，在两边的两个转换开关将被不同频率的发生器控制”。这意味着，两个水箱将以不同的速率振荡，而且在实际过程中频率会产生漂移。爱斯派克特说：“那么，自然可以假设它们在以一种毫不关联的方式运行。①”[19]

爱斯派克特热切地完成他的描述后，他静静地站着，等着贝尔回答。贝尔略带讽刺地问了他第一个问题：“你有终身教职吗？”[20]爱斯派克特只是一名研究生，但由于法国体制的独特性，他在巴黎高等师范学院的职位实际上就是永久性的，这让他与美国同行形成了强烈对比。但即使有这个有利条件，他要做的事也是不容易的。

贝尔警告他：“你会经历严酷的斗争。”但是，恶名不是他担心的唯一问题：“一个人不应该把所有时间都花在研究概念上。你是一个实验者，这会让你脚踏实地，所以你不会处于危机境地；而我，我是一个理论家，我必须把个人爱好留给这个课题。

“如果你终日思考这个问题，你就有发疯的危险。”[21]

弗里德曼逐渐淡出了贝尔物理学，但他发现，即使在 30 年以后，这一实验课题仍然萦绕在他心头。“贝尔实验是个毫无价值的实验（这是个测量结果与预期没有偏差的实验）。在我参与其中的那段时间里，我已经做了 24 次没价值的实验，结果发现，你不希望出现的那些事情事实上也确实没有出现。这就是我开启事业的方式。”

正如弗里德曼在 2000 年所说的，他在事业上“不变的主题”是“假如你知道正确答案是什么，那确实帮助很大：如果你没得到正确结果，你可以猜测是不是实

① 该实验发表于 1982 年《物理评论快报》圣诞刊，但它太难实现了，以致爱斯派克特和他的学生让·达利巴尔将机器修理工热拉尔·罗杰也列为一名作者。

验仪器出了什么问题——那或许就是问题的所在”。

弗里德曼笑了笑，说：“由于迈入了一个正在发生着激动人心事情的领域，我获得了很大的声誉。然后，没发生任何有意义的事，我就离开了。”[22] 然而，最后一句话是不可言传的。

霍尔特也把贝尔和 EPR 理论抛在了身后，而转投“面包加黄油”物理学，他的仪器原本就是为此而设计的。他开始了一个新事业，通过级联光子测量原子寿命，利用激光测量光谱，以及测量对于量子力学来说很难解决的原子能级（实际是除氢原子之外的任何原子）。回顾以往，霍尔特说：“可以说，我在 CHSH（克劳泽 – 霍纳 – 奚模尼 – 霍尔特）中只是一个小角色。”然后，他笑了笑，“但我的错误结果却轰动一时。”

随着弗里德曼的淡出，这段经历让霍尔特开始思考科学如何前进。“有一个很有意思的科学法则：一个错误的答案较之于刚好在课本中找到的答案，总能使相关领域变得更刺激——一个错误的结果令人们兴奋。真头疼。

“显然，你并不希望发生那样的事——一个理论学家提出一个猜测性的新理论，再被推翻也不错。但一个实验学家应该非常谨慎，其误差限度应该是合理的。不幸的是，在这个实验中，无论你在何时寻找强相关性，任何一种你能想象到的系统误差都会将之削弱，并使之指向隐藏变量的范畴。这是个艰苦的实验。在那些日子里，我已经用这类设备试过各种速率……我能说什么呢？”他耸了耸肩，笑着说，“我把事情搞砸了。”

然而，到底哪个实验是对的，并不像这些实验要阐明的量子力学那样清晰。霍尔特说：“问题是，我是名科学家，我倾向于相信答案就是大自然的话，而不是只要想一想，就能提前知道的那些东西。并且，我一直认为量子力学是美妙的，因为它是一个奇迹——”他笑着说，“它是一种我们这些‘科学祭司’能发现的秘密知识……”

他解释说：“这并不是说我要保守秘密，但如果一切都那么显而易见，如果你仅仅四处扫一眼就能看懂整个宇宙，那就没什么意思了。量子力学很微妙——这就是它的魅力。

“对我来说嘛，我在物理学上的所有兴趣，都是因为自己想知道这些问题的答案……并且，”他简单而略带希望地说，“我现在还不知道答案……这是件令人沮丧的事……我认为还要用很长时间，人们才会明白量子力学的内涵。现在所有这些实验清楚地表明：你至少必须暂时接受，要用量子力学的方式去思考观察不到的事物的状态。而且，至今这还是一件不令人满意的事。

“量子力学仍然是——无论怎么说，它都是一个未竟的事业。但我相信，事情会在一个意想不到的方向上取得突破……我们可能根本不必去解决那些原先出现的问题。这些问题会在某一天消失，因为我们会发现，也许是我们问错了问题。”[23]

1975 年，迈克·霍纳也认为自己正在离开贝尔物理学。他和奚模尼迷恋上了一套漂亮的新实验仪器——赫尔穆特·劳赫刚刚在维也纳发明的中子干涉仪。与克劳泽实验展示了光的粒子性形成鲜明对比，劳赫的仪器戏剧般地展示了物质的波动性。

就如霍纳生动地描绘的那样，在 19 世纪的最初几年，伟大的物理学家托马斯·杨“用实验显示，两束相同亮度的光的叠加（或重合）能够产生黑暗。而且，在稍微不同的条件下，还能使它达到任意一束光亮度的四倍”。霍纳笑着说：“这就是说，1 加 1 等于 0，但是在其他条件下，它等于 4。”[24] 这被称为干涉，它意味着波的存在。

但是，劳赫正在用实物粒子展示这些波动现象的特性。产生于核反应堆中沸腾热核的大量粒子、中子束，像波一样互相干涉着。

中子干涉仪为中子提供了两条可供选择的 V 形路径，这就像一个孩子选择通过地面或天花板，将球反弹给他的朋友。不管怎样，中子进入干涉仪后，撞击到“地面”或“天花板”，它最后的终点是一样的。因此，起点相同但路径不同的两个中子，后来将再次相遇。两条路径一起来看，就勾勒出一个菱形。当中子相遇时，它们就会相互干涉。

令人关注的是，即使是单个中子进入干涉仪，它也会与自己发生干涉。这和许多量子力学难题一样，是难以描绘的，它就好像是一个中子同时在两条路径上传播一样。

霍纳和奚模尼沉浸在两个粒子的神秘纠缠中已经有10年了。现在，他们被这个不可思议的单粒子效应搞得心烦意乱。霍纳回忆说："阿伯纳和我都认为，这将是一个非常有价值的装置，人们将会对它玩味研究多年。"[25]刚一开始，霍纳和奚模尼就意识到，它能够用来演示自旋为1/2的粒子，比如中子，只有当它在某个位置旋转两周后，才会回到初始位置。这种令人兴奋的可能性也引起了其他关注量子力学基础的人的兴趣。在奚模尼与霍纳发表论文之前，从他们那里沿马萨诸塞州收费公路向南，在阿默斯特校区的赫伯·伯恩斯坦也提出了这个实验建议。劳赫立即与一位与霍纳年龄相仿的年轻奥地利物理学家安东·泽林格在维也纳进行了这个实验。

不久后，在意大利西西里岛埃里塞举行的贝尔物理学研讨会上，泽林格再次露面。霍纳记得，包括贝尔与奚模尼在内的15个或20个与会人员中，"只有一个人没有谈论两个粒子（他谈论的是单个粒子），他就是安东"。

如今，霍纳也对单个粒子感兴趣，他回忆说："我们立刻就很投缘了。"一个说话柔和的美国南方人和一个魅力超凡的奥地利人，两个大高个子的长着胡须的男人惺惺相惜，进行了深入交谈。霍纳回忆说："我们一起讨论了很多天，他开始向我介绍中子干涉测量的细节，我告诉了他很多那时候他显然没有参与的事情……"[26]

泽林格回忆说："这是我第一次真正接触国际性科学组织。在那里，我第一次听说贝尔定理、EPR佯谬、纠缠等诸如此类的概念。不用说，我不能真正理解这些概念都是什么，但是我有预感，这是非常重要的东西。"[27]他已经着迷了，努力从霍纳那里学习关于纠缠的所有知识。[28]

当霍纳回到家，他径直来到克里夫·沙尔在麻省理工学院的实验室——他听说过那里关于中子干涉测量的传闻。著名的沙尔，身高比霍纳的一半高一点，他受人爱戴，开创了中子衍射的研究领域——对明显是粒子的中子的波动特性加以利用。沙尔在1975年完成的这项工作于20年后为他赢得了诺贝尔物理学奖。当奖项颁发下来的时候，他的合作者厄尼·沃伦已经去世了。

霍纳对沙尔说："我听说，你正在建一个叫中子干涉仪的小型基础量子仪器，我想用用！可以吗？"

沙尔回答："当然可以。把那张桌子搬到那边去。"

霍纳回忆说："这样，我刚好能坐下来。从那之后，每个星期二我都去那儿（我星期二在石山学院没有课），而且在接下来的12年里，在周末、每个节假日、圣诞节假期和暑假，我经常去那儿。"对于一个既不是理论家也不是实验家的人来说，"我恰恰是介于两者之间的那种人，或者说，两者兼具。"那真是"有趣的12年。[29]当他们想去搬铅块，我就和他们一起去搬铅块"。[30]而当他们需要深刻的洞察力来计划实验的细节时，随和的霍纳也擅长于此。

霍纳在沙尔的实验室里开工后不久，泽林格也露面了。他和家人一起来了美国。泽林格一心要做中子干涉测量实验，而且就像霍纳笑着回忆的那样，一心要买"他能得到的美国最大的汽车——奥兹莫比出产的'陆地巡洋舰'，真的像游艇一样大的货车"。[31]

接下来出场的人是丹尼·格林伯格（实际上，他是回到了母校），一名来自布朗克斯的诙谐、矮胖的纽约人。自从几年前中子干涉仪被发明后，他就开始追踪。他曾想去研究引力对一个中子干涉的影响——几乎在中子干涉仪刚刚投入使用后，这个实验便开始在密苏里州起步了①。

在最初的一次中子干涉测量讨论会上，格林伯格见到了霍纳和泽林格，他记得："我们出奇地投缘，所以我开始定期去麻省理工学院。并且，克里夫非常支持我们三人。"[32]沙尔是"一个可爱的人"。格林伯格把出访实验室的那10年称为他"职业生涯中的巅峰，可以说，和很棒的同事做趣味十足的事，很有意思"。[33]这场历经10年的探索，将发现比以往更加奇异的三个粒子的纠缠。

① 罗伯特·科莱拉、阿尔伯特·奥弗豪瑟和萨姆·维纳在密歇根州安娜堡共同完成的实验被称为"COW实验"。维纳后来把密苏里大学建设成为优秀的中子实验中心。

纠缠的兴盛时代

1981 年至 2005 年

图中从最上面顺时针依次是：

安东 · 泽林格、丹尼 · 格林伯格和迈克 · 霍纳的帽子

32

薛定谔诞辰百年纪念

1987 年

约翰 · 贝尔的自画像

贝尔已经成为世界顶级物理研究中心首屈一指的理论家之一，他"被称为欧洲核子研究中心的圣贤"。伯尔特曼回忆说："在他和他的办公室周围，环绕着光环。"[1] 这一荣耀却与贝尔定理几乎没有关系。1981 年刚刚在日内瓦大学获得量子力学博士学位的尼古拉 · 吉辛回忆说："如果你去欧洲核子研究中心，随便打听一下约翰对物理学的贡献，几乎没人提及他在量子物理学基础方面的工作。"

正如贝尔的一个合作者所描述的那样，来探访这位圣贤的人要么摇摆不定地坐在他办公室里接待来宾的歪斜的椅子上，要么恰好在四点钟，在一个贝尔称为"餐厅"（他说的是法语 cantine）[2] 的地方一边喝着马鞭草茶 [3] 一边与之会面。总之，大家都会受到贝尔"无微不至的关怀"。贝尔不仅是一个亲切的人，"在温和的外表下，他还给人活力四射和斗志昂扬的感觉。研究物理学是巨大的挑战，其中还免不了一些麻烦事，在某些情况下，这会将他的脾气引爆，感觉像小火山喷发似的"。[4]

伯尔特曼有一张贝尔画的素描自画像，冬天的帽子、胡须、眼镜，等等，被他用寥寥几根自信而恰当的线条轻而易举地描绘出来。伯尔特曼说："他写东西也如此，他能完美地、发自肺腑地构造一个句子。人们害怕他——他可能很暴躁。对我来说，他像一位父亲，我们会互相开玩笑。

"但他从没告诉过我，他在量子力学方面的工作。尽管我知道他涉猎过一点儿，我是个典型的物理学家，但并非兴趣所致。在欧洲核子研究中心，人们认为他在量子力学方面有点疯狂。这显示了一个非常鲜明的特点——他本能地知道什么时候时机恰当，并一直等待着。"

伯尔特曼略带自嘲地回忆说："（1981 年）那篇短袜论文刚发表出来时，我就成了量子力学方面的专家，所以我迅速研读。"他发现，约翰·贝尔不是唯一一个在量子力学方面有点儿疯狂的人。"令我吃惊的是爱因斯坦和薛定谔对量子力学的感悟。他们并非抱着'我们去探索几种不同的模式吧'的态度。量子力学好像在他们的血液里，他们一直在寻求内在的真理。看到他们的信，我震惊了。

"你知道，在那个时代，质疑正统量子力学被认为是一种罪过。"[5] 整个 20 世纪 80 年代，这种思想依然强烈地残存在欧洲核子研究中心内部。

1987 年的一个傍晚，贝尔一家人和伯尔特曼一家人坐在欧洲核子研究中心自助餐厅外面天井的石板上，附近一片树苗形成的小树林围绕着餐厅。伯尔特曼回忆说："太阳在汝拉山与阿尔卑斯山交接的地方快要落下去了。迷人的晚霞映红了天空。阳光中的长波与约翰的红发相衬。那是一个美丽的傍晚。"[6] 约翰和玛丽·贝尔打算回家吃晚饭，而赖因霍尔德和蕾纳特·伯尔特曼打算回办公室——在办公室的一个角落里，展示着蕾纳特的艺术作品——那是一幅安静祥和的景象，每个人都在椅子上慵懒地舒展着四肢，享受着夕阳照在身上的最后温暖。

伯尔特曼说："约翰，不论他们最终是否会授予你诺贝尔奖，我觉得，你应该因为量子理论而获奖。"[7]

约翰闭着眼睛，没有动。他平静地说："不，我不那么认为。"他提到了他的朋友杰克·斯坦伯格——一个身材矮小、性格随和的实验学家——提到了他最近在欧洲核子研究中心完成的一个技术性很高的实验。"就像斯坦伯格的实验——一个非常完美的实验，做得非常漂亮，但它没有价值。你不会因为一个没有价值的实验而获得诺贝尔奖的。”他沉默了，心里想着斯坦伯格，然后说：“他的工作如此优秀，他应该得到诺贝尔奖。他会得到的。但对我来说——因为诺贝尔奖有规定——很难证明我的不等式对人类有贡献。”[8] 他瞄了一眼山上的太阳。

伯尔特曼说：“我不同意你的说法。”

贝尔抬头看了一眼他的朋友，一脸愉快的表情。

“那不是一个没价值的结果。你已经证明了某些新东西——非定域性。就为这个，我认为你应该得诺贝尔奖。”[9]

贝尔眉头紧皱，下巴抵在胸前，对伯尔特曼的坚持，他似乎很高兴。但接下来，他举起了一只被落日映红的手臂，伸开双腿，耸了耸肩膀说：“谁又关心非定域性呢？”[10]

太阳慢慢地落下山去，山脉变得越来越暗，美好的一刻就此结束了。

接下来不到一年的时间里，正像贝尔预言的那样，斯坦伯格获得了诺贝尔奖，但不是由于他那漂亮但没有价值的实验，而是因为他大约在 30 年前完成的一个工作。不久后，贝尔将遇见一个人，他在物理学家们对待非定域性态度的大转变中扮演了重要角色。

1987 年 8 月，在维也纳大学一间有柱廊并装饰过的房间里，举行着庆祝薛定谔诞辰百年的纪念会。贝尔发现自己和泽林格——一个讨人喜欢、自信满满的奥地利人——在同一个小组，贝尔与他最后一次见面是在 12 年前的西西里岛。那时，泽林格是一个刚刚开始钻研纠缠问题的热情的中子物理学家。

贝尔坚持，物理学应该解释事件是如何发生的。他说，量子力学正在失去某些关键的东西。他发现自己像往常一样，要直面文雅的互补派的争论。爱因斯坦、薛定谔以及坐在泽林格身边的这个人都清醒地认识到“量子力学促使人们的世界观发生了根本转变”，[11] 泽林格虽然因此十分欣赏他们，但他还是喜欢哥本哈根的朴素解释。他被一种观点吸引：波函数可能只是一种知识的描述（甚至用一个很快就会流行起来的术语来说：这是一种信息）。在这种观点下，佯谬大部分消失了，这一点依赖于理论家，无论任何现实实在或因果关系，都应该在信息处理的遮蔽下，在非定域性或不可分离性内去寻找。对于泽林格来说，他开始怀疑量子力学得出的经验是："在认识论和存在论之间没有区别——存在和感知是相互纠缠的。"[12]

后来，泽林格说道："贝尔相当保守，他总想尽可能谨小慎微。"他非常敬重这种态度，继续说："但我是一个浪漫主义者，我愿尽可能地激进。"比起抵制哥本哈根诠释的极端本质（玻尔去世后的那一代物理学家们就是这么做的），泽林格认可并完全接受了它。

他怀疑个体事件能否被解释，贝尔却对这种观点深恶痛绝。但在泽林格看来，贝尔已经被引荐给了新的量子波动理论家们：无论他们对于现实实在的观点是什么；无论他们对于波函数用在数学上十分精确、在物理上却十分模糊的语言所描述的世界的"不可言说性"持有怎样的观点，积极、乐观地研究贝尔那长期遭忽视的非定域性，将成为他们全部事业的中心。泽林格需要的是纠缠粒子的理想发生源，在 1987 年，他会找到它。

33
数到三

1985 年至 1988 年

迈克·霍纳

迈克·霍纳演奏着一架原属于他哥哥的贝斯。他哥哥上了战场后，就再也没有回来。在弹奏那把贝斯之前，他曾于密西西比大学暑期期间在一个酒吧三人乐队中打鼓。而今，他把那种打鼓的节奏感和切分音的感觉运用到了贝斯上。在复杂节奏中，当这位贝斯手的手指在琴颈处上下移动时，几乎就是在演奏一件打击乐器。

安东·泽林格也是一位贝斯手，玻尔或许会称这种情形为“互补方式”。还是个孩子的时候，泽林格就用琴弓在贝斯上学习演奏古典音乐，它发出的声音比人的声音要低沉得多。当霍纳的手指在琴颈上移动，将乐器即将发出的复杂音律内化于心的时候，泽林格就能猜到它会发出什么声音。霍纳说：“在他演奏之前，我就知道乐器会发出什么样的声音。但对于爵士乐来说，他的节奏感太平直了。而我，我能‘动’起来，但‘说’不出来。”[1] 丹尼·格林伯格喜欢用他的钢琴弹奏第二次世界大战时代改编自流行曲的爵士乐。即使不是在音乐方面，在物理方面，他也是“三人组合”中的第三个人。

那是在泽林格与贝尔出席薛定谔诞辰百年纪念座谈会的前几年，冬日里的一天，这两位互补的贝斯手正坐在沙尔的实验室里。这时，他们发现了一张海报，说是在第二年夏天，在靠近苏联边境的地方将举办一场会议。

EPR 理论 50 周年纪念会

芬兰　约恩苏

1985 年 7 月

泽林格问："咦，你去过芬兰吗？"

霍纳回答说："没，我从没去过。"

泽林格说："那好，咱们一起去吧！"

当时两人已做了 10 年完美的单粒子实验。霍纳说道："关于双粒子，我们没有什么可说的。这次会议是关于双粒子的，是吧？"

两个人都沉默了。

然后泽林格说："肯定有联系……"

霍纳开始点头，说："双粒子偏振相关性与中子干涉测量法之间的联系。"[2]

当天下午，他们发现两个连在一起的菱形干涉仪能检测贝尔不等式。如果两个纠缠的粒子沿相反方向分开，并进入两个方向相反的干涉仪，结果就会呈现出纠缠，在某种程度上与克劳泽 - 弗里德曼实验所展现的结果类似。

如果实验者想观察干涉，他就会发现每个粒子在干涉计的两侧来回移动，与自身发生干涉。但是，如果实验者转而决定去测量其中一个粒子穿过干涉计的哪条路径（"地板"或"天花板"），那即使不测量另一个粒子，他也会知道另一粒子沿着相反的方向穿过了另一个干涉仪。

这种见地促使了霍纳和泽林格前往芬兰，格林伯格也因此参加了在纽约世贸中心举行的另一个会议。但在这两场会议上，没有一个人提出可以产生沿完全相反方向移动的纠缠粒子的放射源，而这对进行双菱形实验来说是必需的。霍纳解释说："我们不能做中子实验，我们无法制造一对中子，因为中子只出自于反应堆；而且，我们不能像克劳泽和霍尔特那样使用级联，因为释放光子的原子被抛在后面。”而且它们会带走一部分动量，所以这些光子不是反向离开。“结果，作为一种可能，我们回到了古老的电子偶素湮灭上，这时没有任何残余物被抛在后面。”[3] 这太有意思了，因为电子偶素有时会衰变成三条 γ 射线。

稍后，格林伯格问道：“贝尔定理在三个粒子的情况下会发生什么，有人曾设法观察过吗?”

霍纳回答说：“不知道。没有，我确信他们没做过。”

格林伯格说：“我要在这方面研究一下。”[4]

“很好。”泽林格答道。[5] 他的好奇心已经被这反常的电子偶素衰变激发起来了。

克里夫·沙尔曾希望自己在 1987 年退休后，泽林格能够接替他的工作。“但麻省理工学院另有计划，”格林伯格回忆说，“他们想把整个实验室分开。”所以，泽林格回到了维也纳。但他设置了一个富布莱特奖学金，格林伯格“是世界上唯一适合该奖学金的人”。[6]

一天，已独自一人的霍纳正在沙尔的实验室里闲逛，看到办公桌上放着一份近期的《物理评论快报》。他翻看了一下，突然发现他们的双菱形实验被在纽约罗切斯特跟随量子光学先驱之一伦纳德·曼德尔攻读博士学位的茹帕孟加瑞·戈什从理论变成了现实。

当光照射晶体时，戈什与曼德尔发现了潜在的纠缠[7]，尽管整个过程很漂亮，但用来描述这一过程的名字却不那么优美——“自发参量下转换”。结果表明，这种下转换是霍纳、泽林格和格林伯格一直在寻找的进行双粒子干涉实验的理想发射源。当一束光照亮并通过某种晶体时，有极少数的光子分裂成了两个子光子（原因不明），每个子光子携带一半母体的能量。如果入射光是紫外光，出现在晶体另一端的子光子就是低能态的多彩可见光带。曼德尔与戈什发现，每一对子光子在颜色和飞行的方向上都是纠缠的。①

霍纳给泽林格打电话说：“去看看这篇文章。他们在做我们的实验，看起来像

① 同一时间，史砚华在马里兰州做出了同样的发现[10]，记录在他由卡洛尔·阿雷指导的博士论文中。

是你想参与的事。"[8]

恰如霍纳所说，直到那个时候，泽林格"还从没使用过激光"。他看到了这样一个纠缠的简单发射源内在的风云际遇，于是拿起电话给罗切斯特打了过去。霍纳解释说："架构下转换装置无疑存在很多的技巧和行业秘密。只阅读《物理评论快报》，你永远不会知道他们到底是怎样做的。"泽林格问曼德尔："你推荐我买什么样的激光器？你从哪儿得到的这些晶体？你是怎么把它们切割开的？你是怎么照射晶体的？"[9] 泽林格找到了他的发射源，10 年内，他将在物理界叱咤风云。

与此同时，1987 年的春季和夏季，格林伯格在维也纳的原子研究所与泽林格共用一个办公室。他在观察三个粒子之间的相互作用，"它们相当复杂①"。然而，"慢慢地，我开始找到了一种感觉。"[10] 他与泽林格讨论研究策略，并从霍纳那里得到一些远程建议。"每天早上，我会走进实验室说：'我有了一个比昨天更好的贝尔定理'"。[11]

尽管格林伯格非常迷恋这项研究，但霍纳根本不感兴趣。"阿伯纳有没有告诉过你，20 世纪七八十年代的大量时间都消耗在鉴定论文上了。杂志发表了大量论文。我已经见过无穷多个不等式了。"所以在下班后，"我们就会去对方家里，比如说，在他家的厨房或在我家的厨房，他会说：'我有了一个新不等式。'我不太在意，因为我脑海里全是这些东西。"[12]

维也纳的一个早晨，格林伯格皱着眉头走进办公室。"安东，我很困惑——什么都没留下。贝尔定理很好，但让粒子根本没有任何自由度。"[13] 不再需要不等式了，这只是一个"是"或"否"的简单问题。

大致来说，贝尔不等式是指，纠缠的定域隐变量解释要求某种结果比它们事实上出现的次数要多。在泽林格与霍纳的帮助下，格林伯格已经发现，这样一个定域的、客观的、可分离的三个粒子纠缠的解释所需的条件是不可能发生的。在普通的双粒子贝尔定理实验中，超过数千次的测量之后，反对定域隐变量理论的实例就慢慢地建立起来了。但在三粒子情形中，一次单独的测量就能断定要反对客观定域

① 其中部分原因是"三体问题"：物理学家能预测任何处于轨道中的两个物体的路径（比如地球和太阳），但如果再考虑第三个物体（比如月亮），其路径就无法再被完美预测。

的现实主义，支持量子力学。根本用不着不等式。

“嗯，那不可能正确。”泽林格说。

格林伯格回忆说：“我们开始思考这个问题，就是在那个时候，我们认识到自己做过的事意味着什么。但这对我们是当头一棒。”[14]

1989年，在西西里岛举行了一次纪念海森堡不确定性原理的研讨会。研讨会被贴切地冠以“不确定性的62年”的主题。戴维·默敏在会上听着格林伯格“用不可理解的论述解释着，为什么考虑一个粒子衰变成一对粒子，然后它们中的每一个又衰变成一对与之同样的粒子是有意义的”。[15]默敏早几年对贝尔定理做过透彻的阐述，以至于费曼为此而称赞过他。他已经是格林伯格多年的朋友，二人是以“康奈尔大学英语系职工家属”[16]的身份认识的。

在这次“不确定性的62年”研讨会上，格林伯格首先宣布，他要展示一件默敏“明确认为不可能”的东西。格林伯格说，他将展示贝尔定理的一个版本，在这个版本中，所有相关的可能性都是1和0。（可能性为1，意味着某件事确定要发生；可能性为0，意味着某件事绝不会发生。）默敏回忆道：“所以我没有再听下去。我确定某个地方一定有错误。总之我很疲倦了。所以我没有在意。”[17]

一个来自英国的数学哲学家迈克尔·雷德黑德也出席了会议。当时，他和他的两个同事写了一篇60页的论文[18]，意图改善已问世三年的格林伯格－霍纳－泽林格结果的数学严密性[19]。该论文的三位作者一直没有抽出时间将之发表。这篇论文的预印版本起到了两个好作用：第一，它鞭策格林伯格发表了题为《超越贝尔定理》这篇长达三页的点阵字体文章；第二，它使默敏对此留心起来。“在我看来，数学的严密性与这次讨论是不相干的，”默敏说，“我的意思是，丹尼要么有一个物理基点，要么没有一个物理基点。所有关于贝尔定理的争论从数学观点来看真是非常简单，而从物理观点来看则非常微妙。”[20]在那篇60页论文的某处，默敏最终认识到格林伯格、霍纳和泽林格确实提出了惊人的贝尔定理简化版。

恰巧，默敏（他在康奈尔的日常工作是低温物理学）为《今日物理》（*Physics Today*）杂志写了一个临时专栏，这份杂志在各个大学的物理系和实验室随处可见。1990年

6 月，他为专栏写的文章题目是“实在元出了什么问题”。[21] 文章中描述了格林伯格、霍纳和泽林格处理 EPR 佯谬的“漂亮新手法”[22]——它的幽灵性比以往更鲜明了。

类比 EPR 佯谬，测量两个粒子为预测第三个粒子的行为提供了足够的信息。默敏记录道：“在远程幽灵行为不存在时，或是在尼尔斯·玻尔的纯哲学狡辩中，这两个遥远的……测量不可能‘干扰’（我们打算测量的）‘粒子’。”[23] 因此，EPR 佯谬将赋予这次测量结果一个“实在元”。

现在，采用 3 个粒子涉及了 6 个实在元：每个粒子的自旋都被水平和垂直地测量。默敏说：“这 6 个实在元必须全都存在，因为我们通过测量能够提前预测这 6 个实在元中任何一个的值是多少，而进行测量的地点如此之远，以至于它们不可能干扰接下来确实显示出预测值的粒子。”

他补充说道：“这个结论是极其怪异的。”[24] 因为就量子力学而言，同一粒子自旋的两个分量不能同时存在——可以断定，它们确实是定域隐变量的一种形式。

默敏继续道：“既然任一测量的结果都能由另一任意远处测量的结果来预测，并且这种预测的可能性为 1（即在时间上 100%），那么不论结论是否怪异，一个思想开放的人很可能被它强烈吸引，断绝与‘量子神学’的关系，赞同不那么反对实在元的一种解释。”[25]

然而，与在贝尔版本的 EPR 理论里的遭遇一样，实在元没能幸免于“为了一些额外实验而做的简单量子力学预测，完全不受与之相随的纯哲学包袱的影响。在 GHZ（格林伯格、霍纳和泽林格）的例子中，这种破坏更剧烈、更彻底”。

默敏高调宣告：“永别了，实在元。急匆匆地就此告别了。仅凭一次测量就可以驳倒‘实在元是存在的’这一引人注目的假说。”[26]

当默敏明白了格林伯格 - 霍纳 - 泽林格的论点，他做的第一件事就是给约翰·贝尔写了一封有关此事的信。

贝尔回信道：“这令我非常钦佩。”[27]

34

反对“测量”

1989 年至 1990 年

在 1989 年的这次“不确定性的 62 年”会议上，比不确定性晚出生一年的约翰·贝尔做了有关自己工作的演讲。默敏评价它是“我所听过的几乎最吸引人的演讲。(唯一与之媲美的是理查德·费曼于 1965 年在康奈尔大学做的‘信使讲座’①。在康奈尔大学，费曼通过 6 场讲座，带领普通大众穿越了自然规律丛林。[1]) 贝尔演讲的题目是‘反对 < 测量 >’”。[2] 结果，这是贝尔临终前对自己为之奋斗一生的科学事业做的最后一次颠覆性演讲。在他看来，“测量”在其表述中存有不可原谅的模糊性；而物理学家们对这种模糊相当自满，这也是不可原谅的。一年后发表在《物理世界》(*Physics World*) 中的“这篇文章，展现了他的才华与智慧。不过他说话时动听的声音，从文章里当然看不出来”。[3] 默敏如是评论说。

开始，贝尔说道：

> 确实，在 62 年之后，我们本该对量子力学的某些重要部分提出精确的表述。
>
> 所谓“精确”，我当然不是指“完全正确”，我的意思只是说，这个理论应该用完全准确的术语表述，除了在应用中所必需的一些可操作的近似，不应给理论物理学家留下任何判断空间。所谓“重要”，我的意思是说，物理学中有些实质性部分应该是隐蔽的。非相对论“粒子”的量子力学……足够重要了，因为它包括了“物理学的大部分内容以及全部化学”

① 后来集结成书，名为《物理之美》(*The Character of Physical Law*)。

（就如狄拉克喜欢说的）。用“重要”一词，我同样是指“仪器”不应该从剩余的世界中分离出去，被放入黑匣子里，就像它们不是由原子构成且不受量子力学支配似的。

“我们难道不该有一个精确的表述吗？”这一问题，经常通过另一个或两个问题的反问来回答。我来设法答复这些问题：为什么困扰？为什么不在一本好书中查阅一下？

也许，提出“为什么困扰？”的最出名的人，就是狄拉克。

贝尔解释说，目前，狄拉克体系区分“第二级困难”（在他看来，就是要尽可能解决的问题①）和“第一级困难”[4]，这对于解决问题还不成熟。

狄拉克至少给了那些被这些问题所困扰的人以莫大的安慰：他知道这些问题存在，并且知道它们很难。许多知名的物理学家不明白……当他们容许普通表述中存在一些模糊性时，他们很可能是在强调：普通量子力学仅“对所有实际应用”是准确的。对此，我同意他们的意见：

普通量子力学（就我所知）仅对所有实际应用是好的

当我自己开始坚持这一点的时候，在讨论过程中，很可能要不断重复使用这句话。所以，我对最后一个短语给出了一个缩写词，这就很方便了：

“对所有实际应用”（FOR ALL PRACTICAL PURPOSES）缩写为 FAPP

贝尔能够想象得到那些“深刻”理解该理论的物理学家的焦躁，但是

① 专业脚注：狄拉克的“第二级困难”之一就是量子电动力学中的无穷大问题。

> 即使 FAPP 不是真的必要，能知道从中会得出什么是一件坏事吗？比如说，假定建立量子力学是为了对抗准确表述；假定当尝试超越 FAPP 的表述时，我们发现，一根不变的指针执着地指向这个问题的外部，指向观察者的意志，指向印度经文，指向上帝，乃至唯一的引力，那不是非常非常有趣吗？
>
> **为什么不在一本好书中查阅一下？**
>
> 但查阅哪本好书呢？事实上，一个“没有问题”的人在经过考虑后，很少会愿意认可一个已经存在于文献中的处理方案。通常，没有问题的好的表述仍然处于这人的大脑里，只是他太忙于实践，所以没有将之落到纸面上。这种好书里的表述，我认为已很好地储备起来了。就我所知的那些好书都不太关心物理精度，这从它们使用的词汇中一目了然。

贝尔列出了一个“在对物理精度有任何要求的表述中都无处存身”的词条列表，该列表包括了物理学家们一直用来“表示人为世界界线”的所有单词，例如“系统”“仪器”和“环境”。“观测”和“信息”也同样不严密。

> 爱因斯坦说，是理论决定了什么是“可观测的”。我想，他是对的——“观测”是一个复杂的理论性很强的工作。那么，这个概念不该出现在基础理论表述中。“信息”？谁的信息？关于什么的信息？在一本好书的坏词条列表上，最糟糕的词就是“测量”，它必须占有自己单独的一部分。

贝尔从狄拉克的《量子力学》中引用了几个句子，其中，“测量”的概念就出现在理论的“基本解释规则”中。例如，狄拉克写道：“一次测量总要导致系统跃迁至正被测量变量的（一个特定态）。”

上文中的“系统”是我们正测量的任何物体，比如一个粒子。“变量”是我们正测量的属性，比如粒子的位置。狄拉克的陈述（由一位最切合实际的文字专家记述的一条量子力学基本规则）说的是，测量微观粒子不是去找到它在哪儿，而是促使它出现在某处。当一个电子从一个原子能级上消失，又出现在另一原子能级上，这种“跃迁”至特定态，就是著名而模糊的“波函数坍缩”，与玻尔的“量子跃迁”是一码事儿。量子理论没有描述跃迁。跃迁只是碰巧发生，迫使我们暂时离开自己熟悉的图景。

贝尔总结道：

> 似乎，量子理论只关心测量结果，对其他任何事情都不关心。到底是什么让某些物理系统有资格担当“测量仪器”的角色？世上的波函数一直等待了数千万年、直到出现了一个单细胞生物，它才产生跃迁吗？或是它必须等得再长点，等待某些更有资质……比如具有博士水平的系统出现？如果我们将该理论应用于任何事物——除了高度理想化的实验室操作之外，那么或多或少的“类测量”过程始终在每个地方或多或少地进行着。对此，难道我们不必承认吗？我们始终没测出过跃迁吗？
>
> 在量子力学基本公理中，对“测量”的第一个指控是，它固定在将世界分成“系统”和“仪器”两部分的变动的缝隙处（贝尔模仿海森堡的术语描述同一事物——边界或界限）。接下来的一个指控说，“测量”这个词带有日常生活中的含义，也就是说，它在量子的语境中完全不相称。当说起某物被“测量”时，人们难免想到，涉及相关物体某些预先存在的属性的测量结果……
>
> 我认为，即使在一个低级的实际应用中，用“实验”这个词……代替“测量”这个词其实挺好的……总而言之，（这）不容易让人误解。然而，量子力学——这门我们最基础的物理理论的观点，专门针对让人失望的实验结果。
>
> 起初，自然哲学家们试图理解他们周围的世界。在努力过程中，他们偶然想到一个绝妙主意，即设计一个简单的人工环境，将该环境中包含的各种参数的数量减到最少。分而克之，实验科学就诞生了。但实验只是个

工具，其目的依然是了解世界。限制量子力学，使之成为无用的实验室行为的专利，这是对伟大事业的背叛。

但测量如何与量子力学方程相符呢？人们对这个问题出奇地沉默。为了寻求答案，贝尔钻研了三本“好书”。他首先研究的是列夫·朗道与其长期合作者叶夫根尼·米哈伊洛维奇·利夫希茨合著的那本著名而神圣的《量子力学》。

> 我能给出三个选择这本书的原因。
>
> (1) 它确实是一本好书。
>
> (2) 它具有优秀的血统。朗道拜在玻尔门下。玻尔本人从未对该理论写过系统性的著作。也许，朗道和利夫希茨的这本书是我们所拥有的最接近玻尔观念的一本书。
>
> (3) 它是关于该课题的唯一一本我逐字逐句读过的书。
>
> 列出最后一条，是因为我的朋友约翰·赛克斯将这本书翻译成英文的时候，他让我做他的技术助理。当然，我推荐这本书并非因为人们购买这本书的钱中有我百分之一的分红。

朗道和利夫希茨认同狄拉克“一次测量总会导致系统跃迁”至某一特定状态的说法。此外，描述一个原子属性的可能性“要求存在……服从经典力学的物理对象”。这不仅是因为原子看起来太小，还因为：除非原子与其他具有特定属性的物体相互作用，否则，实际上它不具有特定属性。经典仪器不加说明地将其决定性、可描述性和特异性暂时赋予微观原子，我们就称之为一次“测量”。

但仪器自己，比如一台机器或计算机，是由非决定性的微观原子构成的。它们的弥散态是如何加到机器的普通“经典”行为上的呢？朗道的教材没有提到这个问题，它超越了“量子论和过时但仍然必要的经典理论的关系‘在物理理论中是不同寻常的’”这种论述。

贝尔继续道：“(朗道)关于波函数坍缩的含糊定义，当读者带着很强的鉴别力去使用时，FAPP 都合适。它保留了量子论总体上的模糊性，比如严格来说，坍缩是什么时候以及如何发生的，什么是宏观，什么是微观，什么是量子，什么是经典。我们可以问：这些模糊是由实验事实规定的吗？或者，如果理论物理学家更努力的话，他们能否做得更好？”

他转而求助于另一本《量子力学》，这是由他在欧洲核子研究中心的一位老朋友——库尔特·戈特弗里德写的。

> 再一次，我能给出选择这本书的三个理由。
>
> (1) 它确实是一本好书。欧洲核子研究中心图书馆有四个副本，其中两本被偷了——这已经是一本好书的迹象了——剩下的两本被翻烂了。
>
> (2) 它具有优秀的血统。库尔特·戈特弗里德受过狄拉克和泡利的指导。他的个人导师是朱利安·施温格、维克托·韦斯科普夫，等等。
>
> (3) 我曾不止一次学习过其中的部分内容。
>
> 列出最后一条的原因如下：我常和维基·韦斯科普夫（他和贝尔同时进入欧洲核子研究中心担任主管）很愉快地讨论这些问题。他总是用“你该读一读库尔特·戈特弗里德的书”结束谈话，而我总是说：“我已经读过了。”但下一次，维基总是又说一遍：“你该读一读库尔特·戈特弗里德的书。”所以，终于我又读了一次书中的一些部分，然后一次，一次，又一次……

一个粒子由一个波函数精确描述，该波函数通常是许多显著不相容的状态的叠加，这些状态全都同时正确，并且，这些状态以有悖常识的方式相互干涉。关于如何理解这一点，戈特弗里德在他的书中这样解释：宏观态之间干涉所涉及的“直观而无法解释”的精确条件必须去除，否则，该理论将是“一个空洞的数学形式体系”。去除那些神秘条件后，产生的新叠加可以解释为一系列简单的选项。换句话说，一个人要是看到诸如“猫既是死的也是活的”或“粒子既在这里也在那里”这种令人迷惑的描述，他会理解为：“猫不是死的就是活的”和“粒子不在这里就在那里”。

贝尔公然提出质疑：“但这就说明，‘一个空洞的数学形式体系’这个最初的理论不是被近似了，而是被丢弃和取代了。”

以相同形式介绍完第二本“好书”之后，贝尔回顾了引领人们“走向精确量子力学”的两次尝试，并以此作为结尾，结束了这次演讲。通过变动的缝隙进行分配，这两次尝试的理论能以同样方式处理“系统”和“仪器”。第一次尝试，德布罗意－玻姆的非定域隐变量理论设定了一个真实的粒子世界。这些真实的粒子，不管是否被观察，都具有真实的位置和动量，而且由神秘的幽灵般的导波引导着。

在第二次尝试中，吉拉迪－里米尼－韦伯理论使波函数坍缩从哲学的迷茫变得严密明确。吉安卡洛·吉拉迪和他的同事修改了薛定谔方程，使得波函数会“坍缩”至与其自身一致的特征态。对于几个粒子来说，这种效果很小。但这就承认了，该理论比一般量子力学能更好地处理较大的物体。贝尔说：“指针迅速指示，而且，猫很快被杀死或不受伤害。”

贝尔用近似费曼的方式避开了听众们对这些理论的排斥：“直到我们有了危险，我们才知道自己蠢在哪里。”

至少有两位物理学家在“不要做胆小鬼”的“热烈呼喊”中离开了“不确定性的 62 年”大会。默敏听着盘旋于研讨招待会中的喧闹声，察看了一下会场，看到“约翰·贝尔正在鼓励一位年轻物理学家，鼓励他不要让自己的探索性研究的空间被那些长辈的智慧过度挤压”。[5]

第二年 6 月，在马萨诸塞州西部令人向往的绿色群山中，阿默斯特学院的两位教授乔治·格林斯坦和阿瑟·扎伊翁茨带领 12 名对该学科基础感兴趣的量子物理学家，组成了一个互助会，大家一起生活了一周（还有一位专业厨师）。格林斯坦是一位文雅、长有花白胡须的天文学家，他的父亲是一位物理学家。他有一种特殊的天赋，能将科学研究翻译给外行人听。扎伊翁茨是一位喜欢沉思的物理学家，对巨幅画作感兴趣。这次活动的参与者包括贝尔、格林伯格、霍纳、泽林格、奚模尼和默敏。由于任何讨论会的最好时光总是喝着咖啡或啤酒讨论，或是在大厅里的偶遇以及宴会上的辩论，格林斯坦和扎伊翁茨决定在这次讨论会上只安排这些形式。默敏回忆道：“没有预先准备的讲演，没有时间表，也没有会议议程，只有令人愉快的交谈。”[6]

在这一周悠闲的生活期间，格林伯格、霍纳、泽林格，加上合作者奚模尼的帮助以及默敏的关键性投入，锤炼出很多“恰如其分的”格林伯格－霍纳－泽林格论文的细节——这次三个人都在场。默敏刚刚把他的文章《实在元出了什么问题？》寄给了编辑。在讨论会期间，有一次扎伊翁茨在午餐时来了，手里拿着一本最新的《今日物理》杂志——默敏的文章戏剧性地登场了，三个粒子纠缠的“曲目”令全国各地的物理学家惊奇。霍纳回到家后，接到了克劳泽寄来的一张明信片，克劳泽在读到《今日物理》之前，对格林伯格－霍纳－泽林格论文，不管是在预印还是重印阶段，都一无所知。他写道：“你这个老狐狸，给我寄一本格林伯格－霍纳－泽林格论文的预（重）印本。默敏似乎认为这是超级热门的资料。”[7]

由于贝尔在“反对‘测量’”的演说中对库尔特·戈特弗里德的书做出了“惊人的尖锐评价”，库尔特·戈特弗里德在阿默斯特得到一个做出回应的机会。“我很高兴，在量子力学的诸多开创者中，该理论造诣最深的学者——一位来自欧洲核子研究中心的老朋友，对我写的东西给予了密切关注。”但他发现“约翰郑重的批评较之华丽的矫饰要少得多”。[8]

由此，开始了这次讨论会的焦点辩论。默敏记得，在这次辩论中，“贝尔声称，在量子力学某些深奥的方法中，缺少所有经典理论具有的淳朴”。[9]经典物理学的解释是没有问题的。比如，戈特弗里德认同贝尔，“爱因斯坦的方程会告诉你”它们自身的解释，“你不需要他在你耳边小声嘀咕”。另一方面，戈特弗里德承认，在量子力学中，即使最伟大的经典物理学家“也需要帮助：‘噢，我忘了告诉你，根据20世纪早期，一位活跃在哥廷根的犹太院校的伟大思想家玻恩“拉比”的意思’”，（薛定谔方程振幅的平方）要解释为概率，尽管所有的迹象都显示与之相反。[10]贝尔感到，很明显，量子力学正在失去一些意义深刻的东西。默敏说：“库尔特根本不这样认为。”[11]奚模尼回忆说：“贝尔强烈打压戈特弗里德将FAPP和纯理论方案混淆的做法。”[12]而两人来自欧洲核子研究中心的老朋友维基·韦斯科普夫则充当了他们的缓和剂。戈特弗里德的回答既不符合贝尔的标准，也不符合他自己的标准，这使他开始了对该课题10年的深入思考，并在一本重新写作的教材中达到顶峰，这本书以爱因斯坦 - 波多尔斯基 - 罗森佯谬作为开头。

在阿默斯特，霍纳这样评论贝尔："在研究该领域的所有人中，他似乎是贡献最小的，他对量子力学完全不满意，坚决忠实于世界是客观实在的观点。"[13] 格林斯坦回忆说："这确实是一场激烈无情的战斗。讨论的话题对每个人来说都至关重要。"他尤其被贝尔——"这位儒雅中有着火热激情和严肃性，超凡脱俗、与众不同的人"[14] 所吸引。默敏和戈特弗里德把贝尔对表面现象的愤恨比喻为对《旧约》先知的愤怒。[15]

后来一天下午，研讨会举办了一次野餐。奚模尼"对槌球游戏的规则和策略提出了建议"，格林斯坦回忆说："他对量子力学的研究也是这么面面俱到。"而且默敏和韦斯科普夫两人表演了钢琴四手联弹。但格林斯坦注意到，那两位斗士——贝尔和戈特弗里德却单独站在了一边。出于关心，他走了过去，仅看到两个人在友善地对比着手里的照相机。[16]

在驱车回康奈尔的长途路上，默敏和戈特弗里德"认为约翰作为一位名人和才智之士，在物理界确实是独一无二的——他曾是科学家、哲学家和人道主义者。他是一个思想深刻的人……他也属于那么一小部分物理学家之一，即不论是什么主题，我们任何一个人都愿意走上几里路，去听他演讲的人"。[17]

三个月后，在1990年10月1日，贝尔在他日内瓦的厨房中死于中风。事情发生得那么突然，那么出乎意料，以致伯尔特曼都没能参加他的葬礼。贝尔去世时只有62岁。除了妻子玛丽，他没向任何人透露过他忍受了一生的严重偏头痛。

从1964年到1990年，贝尔定理经历了从默默无闻到受人尊敬的历程，尽管这源于一个不受欢迎的次级量子论。不同于克劳泽和弗里德曼在1972年的实验，也不同于弗莱在1976年的实验，爱斯派克特的实验在20世纪80年代早期就有了一些声望。关于远程纠缠，感觉需要说的、要做的都已被说了、做了。但10年后，在千禧年之际，面对纠缠在日益吸引人的远程潜在用途上应用的可能性，瑞士日内瓦因斯布鲁克量子光学实验室和美国洛斯阿拉莫斯国家实验室（等等）将充满兴趣。对于目前在这个新的广阔领域的研究者来说，让人感到灰心和伤心的是，贝尔但凡能够度过《圣经》分给他的 70 年，他将会看到他的“半秘密爱好”带来的美好事物。

然而，就在去世之前，贝尔去了一趟牛津。在那里，他遇到了一个做博士后的学生，这名学生对纠缠的想法（尽管当时还没人知道）将引爆一场革命。

35

你是在告诉我，这可能是有实际用处的吗？

1989 年至 1991 年

阿图尔 · 埃克特（1961—　）

在英国牛津克拉兰登实验室[1]，博士后阿图尔 · 埃克特坐在图书馆里第一次读到 EPR 论文，他可能会被错认成年轻版的尤 · 伯连纳——这是一位著名的“光头”演员，但埃克特当时头还没全光秃。埃克特出生在波兰，家庭成员几乎来自全欧洲。自从一位朋友给了他几篇由牛津大学最有才气的遁世物理学家戴维 · 多伊奇在 1985 年写的文章后，埃克特就知道了自己该去哪里读大学。

埃克特回忆说："当时，世界上可能只有两三个人对量子计算感兴趣，戴维算一个。他写的那几篇文章那时居然没有人真正仔细读过。"[2] 保罗 · 贝尼奥夫在 1980 年指出，一个量子过程能模拟任何经典计算。一年后，费曼读到了默敏有关贝尔的文章，于是他在“计算机模拟物理学”的演讲中，公开向计算机科学家提出挑战——贝尔不等式表明，只有量子计算机有可能完全模拟自然，因为只有量子计算机能捕获纠缠。

尽管年轻的费曼在曼哈顿计划中采用了计算机并行处理，大幅提高了计算速度（在许多笨重的乘法器和分类器上做的），然而，其实是多伊奇向量子计算机迈出了第三步。多伊奇描述了他所谓的“量子并行运算”（波动力学的叠加原理，两列波叠加在一起产生一列新波）中意想不到的固有运算速度，在量子并行运算中能同时探测多种可能性。

多伊奇看上去纤细瘦弱，他只在夜里比较清醒。他很少离开牛津。他认为，量子力学，尤其是量子计算机，说明了宇宙不断地分裂成许多不同的世界。对多伊奇来说，量子并行运算意味着一种能力，即一台机器能同时在所有平行世界中进行计算。他成了性情开朗、脚踏实地的埃克特的顾问和朋友。

埃克特的业余爱好是密码技术：“我当时只喜欢公钥密码系统——我为之着迷。”[3]20 世纪 70 年代，由皮埃尔·德·费马在 17 世纪研究出的“一条有趣的数字理论”[4] 被英国秘密情报局选为密码系统。埃克特笑着说：“这令那些认为纯数学领域非常纯洁，决不会被任何实际应用玷污的数学家异常惊诧。”[5] 该系统被称为 RSA，是以麻省理工学院重新发掘它（保密几年后才公布）的三位平民命名的，它轻松地解决了窃听问题。

毕竟，一套牢不可破的编码的安全性和其密钥息息相关，而密钥必定要通过情报员或某种通信线路发布出去，绝不能完全免于窃听。RSA 系统背后的思想是，如果编码电文的数学函数（方程的一部分）很难反转，那么密钥就不需要绝对机密。例如，很容易将两个数字乘在一起——这两个数被称作乘积（一个大数）的因数。如此一来，仅由这个大数开始，反过来求解因数将要困难得多。

稍微复杂一点的难以反转的函数，是由费马的发现给出的，即质数和模运算之间一个简洁的关系。模运算本质上是一种除法形式，只是答案的主要部分不是一个数对另一个数的倍数，而是余数：11Mod2=1，因为 11 是 2 的 5 倍余 1；同理，11Mod5 也等于 1。

在 RSA 系统中，发报机“爱丽丝”把信息用一长串数字编码发送给“鲍勃”。爱丽丝每次取其中的一个数字，把它放到一个加密幂指数的指数位置上，然后用两个质数相乘后得到的那个很大的数去除以它。幂指数和这个大数都不需要保密。除法运算的余数就是密码。就算给定密码和公钥，通过将这两个质数的乘积因式分解，几乎不可能复原明文，特别是，如果这个很大的数有两百位数字的时候，即使用成群的计算机也几乎无法做因式分解。然而令人惊讶的是，如果将该密码放到破译幂指数（个人密钥只有鲍勃知道）的指数位置上，然后去除同一个大数，余数就是明文。窃听的问题就能避免了。

把大数因式分解成质数虽然困难，但并非完全不可能做到；只是利用现有的计算机要耗费大量时间。如果随便一个存心不良的窃听者一旦研究出一种快速因数分解大数的方法，RSA 密码系统就会崩溃。

所以就发生了开头的一幕，在安静的克拉兰登图书馆，埃克特坐在靠背椅子里，当他第一次读到著名的 EPR 论文所定义的“实在元”时，十分震惊：在不以任何方式干扰系统的情况下，如果能够准确预测物理量的值，就会存在一个与该物理量相关联的物质实在元。“我突然明白过来：哇——这与窃听有关！”[6] 窃听者只想“在不以任何方式干扰系统的情况下”获取密码的值。如果密码显示出被窥探的痕迹，爱丽丝和鲍勃将不再用它，那么，窃听者的工作就白费了。

埃克特意识到：“定域实在性能让你设法将完美窃听的定义合并到公式中。”他的大脑快速旋转：“哈！但我知道这被推翻了！”[7] 纠缠的密码将是不可窃听的密码。他跳起来，开始在克拉兰登图书馆里寻找 1964 年贝尔的论文。

如果爱丽丝和鲍勃共享一长串纠缠光子，会怎样呢？

埃克特开始认识到，“如果克劳泽－霍纳－奚模尼－霍尔特不等式被打破”（意味着爱丽丝和鲍勃的光子保持纠缠），“那么，窃听者没有可能接触途中的粒子”。任何窥探都将破坏纠缠。不等式就“像代表一个粒子没有被接触过的标志”。[8]

“我为此感到很高兴，”埃克特回忆道，但他随后发现，除了勇于探索的多伊奇以外，“几乎没人愿意讨论这个问题，因为人们根本就瞧不起这整个事情”。[9]

当时，贝尔亲自抵达牛津做过一次演讲。演讲完毕后，埃克特满怀激动，他找到贝尔，用他可爱的口音（几种不同的欧洲语言的混合，包括标准英语）谈了自己的想法。

贝尔盯着这位兴高采烈的年轻研究生。他总是坚定地劝诫学生不要深入钻研量子力学基础，因为这是一个过时而深奥的课题，一个只能让他们失业的课题。他从来没想到，会听到像埃克特所说的那种事。贝尔问道：“你是在告诉我，这可能是有实际用处的吗？”[10]

“我说：‘对，我认为它能。’

“然后他说：‘哦，难以置信。’”

他们没谈多长时间。埃克特说：“我只是一名学生，并且很多人都想送他离开。”[11]贝尔离开了牛津，但他明白，纠缠在历史中的一页新篇章即将开始。

36

千禧年

1997 年至 2002 年

尼古拉 · 吉辛（1952— ）

千禧年之际，如果你曾在瑞士日内瓦湖高处住过，曾用瑞士高倍望远镜观望过这座城市，你可能已经注意到了某些物理学家的有趣行为——骑自行车的，坐菲亚特汽车的，一路前往瑞士电话总局。这种现象不是纠缠，严格来说，这就是一种用几部手机就能完成的“相关性”。你身在高处，可能想知道，这个可疑相关性的原因，以及为什么物理学家想使用日内瓦全城的电话线路。

别的地方也在发生着古怪的事情。在奥地利因斯布鲁克，神秘的全代码照片传输着一张球形的“沃尔道夫的维纳斯”的图片——这是世界上已知最早的雕刻。在美国洛斯阿拉莫斯国家实验室，物理学家们利用一个他们称为“不等式”的方程，三番五次地捕捉一个不定型的恶意窃听者，只知道她的半虚拟代号是“伊芙”。

显然，一些奇怪的事情正在进行中。

20 世纪 90 年代后半期，安东 · 泽林格成了把纠缠理论带入实验阶段的世界引导者。“下转换”，即晶体将高能激光光子分裂成由较低能的纠缠光子构成的光环，使这项技术成为可能。如今，对纠缠的研究不再令人无法谋生，它吸引了一批有才气的博士后和研究生，他们从世界各地聚集到泽林格的实验室——位于奥地利阿尔卑斯山脉中一个叫作因斯布鲁克的地方。霍纳解释说：“在 90 年代初很容易列出可完成的重要事情，而现在有了如此方便的纠缠粒子对的发射源。”霍纳对自己的作用说得轻描淡写：“安东真正成名是因为‘他去做了’。”[1] 确实，每年都会有一个甚至两个里程碑式的探测纠缠的大新闻出自这座积雪山脉中——泽林格那座包豪斯建筑风格的营地。

1997 年，由泽林格和他的团队在因斯布鲁克完成的“量子隐形传态”[2]，比之吸引人的名称更加难以捉摸。在仙境的爱丽丝有一个光子 A，她想将这个光子的状态传送给位于美国密尔沃基市的鲍勃。她让自己这边已处于纠缠的光子对中的一个与 A 光子纠缠，使得光子对中位于鲍勃处（先前处于纠缠）的那个光子进入所希望的状态。量子力学的模糊只允许在四分之一的时间内出现这种完美的结果，而在其他时间内，光子会出现偏离完美态的细微浮动或相位漂移。光子浮动或相位漂移都是鲍勃很容易完成的操作。比如，爱丽丝给鲍勃寄了一张剪过的没有记号的纸，当鲍勃打开信封时，如果他看这张纸时拿倒了或拿反了，他并不会知道。为了完成其他量子隐形传态的幽灵过程，爱丽丝必须告诉鲍勃他是否该浮动结果，以便得到一个和她最初的光子完全相同的光子。在没有“传统通信”的情况下，比如打电话，就无法获知任何信息。

1998 年，“纠缠交换”[3]（或是“纠缠隐形传输”，泽林格有时这样称呼它）是泽林格和他的团队幻化出的第二个理论魔术。这次，仙境中的爱丽丝有两个纠缠的光子，在密尔沃基的鲍勃也有两个。假如他们在因斯布鲁克相遇了，每人只带着自己的一个光子，并使它们产生纠缠，新的纠缠光子就失去了它们对先前配对光子的所有记忆，反之亦然。在此期间，即使那两个失去记忆的分别在仙境和密尔沃基的光子从没相遇过，它们也相互纠缠在了一起。

到了 2000 年，泽林格发出一张加密的“沃尔道夫的维纳斯”照片，通过光纤由“爱丽丝”（某栋建筑里的一台计算机）传给“鲍勃”（几栋建筑以外的一台计算机）。这张加密照片由外形随机的色彩艳丽的斑点构成。但当“鲍勃”将之解密后，在黑色背景下土褐色的阴影里，他得到了一幅近乎完美的富态女神的图片。[4]

与此同时，在美国新墨西哥州桑格里克利山脉的红岩与松树之间，聪敏可爱的保罗·奎亚特戴着眼镜、穿着吊带裤，他精力旺盛、知识渊博，正在带领着他的团队用自己的“爱丽丝”和“鲍勃”尝试各种窃听方式。正像埃克特在1991年设想的那样，克劳泽－霍纳－奚模尼－霍尔特不等式可靠地表明狡猾“伊芙”的确存在。[5]

贝尔去世10年后，伯尔特曼和刚从奥地利因斯布鲁克搬来的泽林格在维也纳召开了一场纪念贝尔的研讨会。在这次会议上，尼古拉·吉辛这样开始了他的演说：“‘我是一名量子技师，但我每周日进行理论研究。’[6]这是1983年3月，约翰·贝尔在‘地下讨论会’开场的方式。”吉辛微笑着，用他带着瑞士腔的法语解释道。

> 那些话我永远不会忘记！约翰·贝尔，伟大的约翰·贝尔，把自己当作称为一名技师——一个能进行操作，但不理解事物如何运行的人。然而，我认为约翰·贝尔是最伟大的理论家之一。
>
> 1983年3月，瑞士沃州物理学研究者协会在美国蒙大拿州组织了每年一度的一周课程（滑雪和物理的一次完美结合），课程是关于量子力学基础的。该团体只对量子力学基础感兴趣，出于这个特殊原因，约翰·贝尔受到了邀请，但没有空暇进行演讲。我们还有一些朋友，也就是一些博士生，设法说服他给我们做了一次晚间演讲——就在晚饭后，当教授们享受当地的葡萄酒时……
>
> 这次讲演是在地下室进行的，房顶太低了，学生们都坐在地板上——确实是“地下”的气氛。当贝尔开始时，你能“听得出当时的安静”：“我是一名量子技师，但每周日我进行理论研究。”

灰白的头发、憔悴而睿智的面孔，吉辛看上去像一个来到现实世界的穿着便装的巫师。他在一条贝尔早该警告过他的道路上开始了自己的事业：1981年，他身兼物理和数学的双学位，其博士论文的主题是关于另一版本的薛定谔方程，该方程不需要观察者或仪器来“坍缩”波函数。（为此，德布罗意基金给了他一笔奖金，该基金制定的任务就是鼓励人们质疑量子论的教条。）由于需要支撑一个小家庭，吉辛开始在一个刚创立的电信部门工作。奚模尼曾向他建议，光学事业能将院校与产业联系到一起。吉辛一边欣赏着电信业中光纤革命的黎明，一边继续发表着他的异端论文。

到了1988年，这位昔日精确量子论的哲人，同时也是纤维光学硬件软件接口的专家，被日内瓦大学请去领导其应用物理团队的光学小组。这个小组实质上是瑞士电话公司的研究力量。吉辛将实验室改造为量子密码系统研究的前沿中心。他的目标是带领量子密码系统走出实验室。1997年，他和他的团队正在证明直线距离为10公里的光子之间的纠缠。纠缠的光子由位于日内瓦市区的瑞士电信总站发出，在碰到位于伯尔尼西南方一个小站的“爱丽丝”或“鲍勃”（沿着一个名叫贝勒维的小村庄里的湖泊向北）之前，纠缠的光子沿着总长近15公里[7]的商业电话线运行。吉辛生命的两翼：量子哲学与电信工程——原理与实践——结合在了一起。

在这些实验中，传统通信扮演了比以往更重要的角色。吉辛笑着解释说：“当你做这个实验的时候，首先必须确认，那个人在那儿吗？也许他正骑自行车去那儿——那他迟到了吗？他出去喝咖啡了吗？这类琐事也需要考虑，虽然比每个人都在同一个实验室里要麻烦一点，但同样很有意思。”

作为进入锁定的电信中心总站的唯一方法，密码也扮演了一个非量子的角色。吉辛解释道，“那时，你有30秒时间”通过内部通信系统“向警务人员说出你的名字和所有一切。如果你没这么做，或是出去吸了一支烟，并且进来时没考虑这些规则，警务人员马上就会出现。这可以理解，因为一旦你进入那里，你就接近了联结所有数据的光纤——那些令人厌烦的数据，以及……”他停顿了一下，然后说，“其他的数据。”[8]

在不到20年的时间里，他已经见证了纤维光学从实验室中的玩具成长为由光与玻璃形成的跨越全球的网络，既然纠缠已经抛掉穿了很长时间的含糊与消极的外衣，吉辛期望看到，它随后能以类似纤维光学的方式成长起来。

吉辛说："量子力学目前（已经）存在了大约 85 年，而且，主要被视为一个似是而非的数学理论，一个奇怪的违反直觉的观点。所以，实际上，它是从一些否定的角度来着眼，比如采用如下惯例：你不能同时测量这个和那个东西；你不该描绘基本量子过程的图像；你不能克隆光子……所有这些，都是否定的规则。"[9]

吉辛把基于纠缠的量子密码系统视为转折点："1991 年，阿图尔·埃克特的发现……改变了物理学家的世界：纠缠和量子非定域性变得受人尊敬。"[10] 否定变成了肯定，这在"一些物理学家（当然，实际上仅是一小部分物理学家——主要是年轻人，也有计算机科学家）中"引发了"一场心理上的革命。他们开始认识到，量子力学与经典物理是如此不同，也打开了处理某些全新事物的可能性"。

"我认为，这次心理上的革命是真正重要的东西，总体上改变了物理学家对量子力学的态度。"[11]

"我是一名量子技师，但我每周日进行理论研究。"这种陈述让作为一名博士新生的吉辛对自己事业的可能性有了一种广泛认知。在维也纳，他纪念贝尔演讲的题目为"一位量子技师生命中的星期天"，形象描述了一位利用每周安息日思考这幅巨大图景的实验学家——吉辛是以一位物理学家与一位技师之间对话的形式来讲述的。这些人物原型不仅象征着吉辛和他的团队，还包括不墨守成规的瑞士认知科学家、哲学家及物理学家安托万·苏亚雷斯。1988 年，苏亚雷斯在与约翰·贝尔会面后，就变得对"量子力学与相对论之间对峙的深入研究"[12] 这个备受关注的实验想法着了迷。

相对论是关于可分离实在物体的绝对定域性理论，而纠缠似乎否认这些性质在本质上能完全共存。然而，至今没人能在百分之百的矛盾中捕捉到这两者。谈论量子力学的定域性（或缺乏定域性）就是谈论这种依然深不可测的神秘关联。

在吉辛讲述的故事中，一个美好的星期天，"这位物理学家想测试爱因斯坦称为幽灵般超距作用的速度"，即非定域的"波函数坍缩"的速度，在这里，超越测量、广阔弥散的量子波变成了位于确定位置的极小的粒子。在纠缠中，似乎是对一个粒子的测量崩坍了另一个粒子的波函数。如果原因必须先于结果，如果爱丽丝对她的纠缠粒子的测量影响了远处鲍勃的纠缠粒子，那么，如果他们恰好在同一时间各自测量自己的粒子，相关性就应该消失了。

但相对论使得“恰好在同一时间”成为一个极富深意的短语。爱因斯坦的伟大见解（的确伟大）之一是说，时间只是“我们用时钟测量的东西”，它不像我们想象的那样绝对、神圣和不可改变。进一步说，运动的时钟比静止的时钟走得要慢。一个时钟运动得越快，就走得越慢，一直到光速，时间就停止了。因此，观察者的时钟走得有多快，取决于他的运动状态，他报告的事件发生顺序可能与另一位“静止”[①]的观察者报告的结果不同。

物理学家称，不同运动状态的观察者处于不同的“参考系”中，经典的例子是将“运动火车参考系”和“站台参考系”加以比较。同时的概念，或两件事情“恰好在同一时间”发生，仅指观察者处于同一参考系中。

吉辛继续道：

> 这位技师喜欢挑战矫正系统，以此保证两次测量“真正在同一时间”发生。但这绝非轻而易举，要知道，爱丽丝（位于伯尔尼）和鲍勃（位于贝勒维）相距10多公里的直线距离，被以近乎20公里的光纤连接！
>
> 但这个技师听说过相对论，并询问：“我应该在哪个参考系中校正这个实验呢？”
>
> 物理学家承认：“哦，嗯……我真不知道！我们试试最显而易见的选择吧：相对瑞士阿尔卑斯山静止的参考系，还有宇宙背景辐射的参考系（宇宙的质心）。”
>
> ……
>
> 技师说：“好，但应该严格校正什么东西？分光器[②]？探测器？计算机？还是观察者？”

① 但想一想，“静止”实际意味着时钟的运动速度与地球绕太阳旋转的速度一样快。

② 分光器朝相反方向发射纠缠光子（在此处，一个方向是伯尔尼，另一个方向是贝勒维）。

物理学家惊呆了。既然他敢于认为坍缩这种假设是真的，那么，大量的问题就出现了，并且，每种假定的答案原则上都能被测试！

接下来的一个星期天，我们的物理学家和他朋友戴维·玻姆出去散步……他们讨论了技师的问题：该校正什么？无疑应该是引起坍缩的触发装置。但把什么假设为触发装置合理呢？在沉默了几分钟后，物理学家说："肯定是探测器！就是在那里，发生了不可逆转的事件！"

玻姆回答道："可能会是，但我赌是分光器。"（确实，在玻姆的导波模型中，不可更改的选择是在分光器处做出的；在这个模型中，探测器仅仅显示了该选择。）

……

1999年，在日内瓦城，这个实验被真正完成。从迷恋到绝望，裁决报告很有意思……对许多物理学家来说，坍缩无疑是个禁忌。（但对贝尔而言，当然不是。）

……

吉辛记录道，"该实验结果确定了让人难以忘记的幽灵行为的速度下限"是光速的数千倍。他提醒听众说，毕竟，"在很长时间内，声音的速度是可测量速度中最快的，而当时，光被假设为可以瞬间到达任何地方"。

一个阳光更加明媚的星期天。物理学家坐在扶手椅子里，一边休息一边想：这一切太令人激动了！但是，如果让相对论更深入地参与进来，会发生什么呢？如果探测器处于相对运动之中，那么，每个探测器都处于自己的参考系中，先于另一个探测器分析自己的光子，会怎样呢？那似乎将是，每个光子－探测器对必须先于另一对做出（自己的）选择。

物理学家自言自语道："这又开启了量子物理和相对论之间的对峙……"约翰·贝尔的好朋友阿伯纳·奚模尼把这种对峙称为"和平共处"，因为这种对峙不会导致任何可检测的冲突。

尽管独自一人，物理学家还是继续大声说：“可是，一旦假设坍缩是一种真实的现象，一旦考虑特殊模型，那么，这种冲突就是真实的、可检测的了。”……如果两者的测量都先于对方，那么不管幽灵般行为的速度有多快，量子相关性就应该消失了！物理学家异常兴奋，开始估计一些数量级。

这是苏亚雷斯梦想的实验，为此，他从 1992 年开始就一直在筹款和寻找实验者。为了寻找实验者，他去了因斯布鲁克，与泽林格和奎亚特（当时，他也在那里）探讨此事，但他们没有做这个实验所必需的长途连接能力。最终在 1997 年，苏亚雷斯以及他的包括日内瓦城所有光纤电话线的“实验室”，被一起介绍给了吉辛。实验开始了。

苏亚雷斯认识到：大约每小时 180 千米的速度对看到效果来说足够大了。“‘一台法拉利就能做到！’”吉辛叫道，他在演讲中叙述着一连串的想法，‘所以，我亲爱的技师，让我们开始实验吧！’

“‘但是，’技师抱怨道，‘我真的需要让这该死的移动探测器活动起来！这需要液氮，真是乱七八糟！’”

吉辛报告说，一旦工程上可行，“1999 年春，在日内瓦也进行了这个实验。双光子干涉依然很明显，它不依赖于爱丽丝和鲍勃参考系之间的相对速度”。爱丽丝在自己的参考系中首先测量了光子；而在鲍勃看来，他首先测量到了自己的光子；然而，相关性依然存在。

“约翰·贝尔对此会怎么想呢？”[13]

后来，吉辛私下解释说：“真正说来，量子力学只是预言了相关性的存在，并没有真正描述它们是如何产生的。如果你有一幅自然图景：一个事件首先发生，并影响另一事件（这就是我认为的许多物理学家持有的模糊观念，刚好适合这种相关性），这种天真的解释面对我们的实验结果完全无效。

“所以，你必须放弃这种想象的图景，但接下来，你该拥有哪种图景呢？我不得不说，我没有一幅好图景。我发现这些结果完全莫名其妙，而且，我对放弃任何图景的观点都感到不舒服。大多数物理学家总会有某些想象的图景来补充数学工具。”[14] 吉辛对这些迷惑的反应是，计划进一步实验，尽可能去探测纠缠的每一个角落和每一个瑕疵。

吉辛总结自己的演讲道：“在贝尔引领我的过程中，我主要学到的是：一，去做一名量子技师；二，不要忘记理论。形而上学的假设没有错误，但能够被检测的才是好的假设。”[15]

37

或许只是个神话

1981 年至 2006 年

1981 年，在一次麻省理工学院有关“计算物理学”的会议上，量子计算的思想立刻遭遇了纠缠的思想，费曼给聚在这里的计算机科学家们讲述了主旨。

“我可以马上开始，好让你们知道我真正要说的是什么，那就是，我们一直有——”费曼停下来，带着一副开玩笑式的多疑的表情环顾四周说，“保密，保密，把门全关上！——在理解量子力学描述的世界观方面，我们一直有很多困难。”他的表情很坦诚，“至少我是这样，我年龄够大的了，并且这些内容对我来说显而易见，但我仍未抓住问题的要点。是的，对它，我仍然感到紧张……”费曼以反传统而闻名，但这还不是听众们所期待的。自从爱因斯坦和玻尔逝世后，在这个题目上，已经很少有量子理论家如此坦率了。

“你们知道，事情总是这样。每一个新想法都要耗费一代人或两代人的精力，直到它显然没什么真正的问题了。对我来说，它还不是‘显然没什么真正的问题’。我不能定义真正的问题，因此我怀疑根本就不存在真正的问题，但我不确定。这是我喜欢研究事物的原因。通过询问关于计算机的问题，询问这个可能神秘也可能不神秘的量子力学世界观究竟是什么，我能学到什么东西吗？”

好，一台经典计算机能模拟量子体系吗？“如果……不要点儿花枪，答案肯定是‘不能’！这就是所谓的隐变量问题。”费曼开始带领听众浏览自己版本的贝尔定理。费曼说，关于贝尔不等式，“我总是把量子力学的困难挤压进一个越来越小的空间，借此来自娱自乐，以至于我越来越担心这个特别的条件。将其（贝尔不等式）挤压成一个数比另一个数大的数字问题，这看起来很可笑。”

他对计算机科学家们说：我正在努力让你们……尽可能去领会量子力学的真正答案，并认识到，如果你不能创造一种与物理学家们不同的观点，就必须用创意去描述它。

“事实上，”费曼抬头看了看听众，皱起眉头继续说，“事实上，物理学家们没有好观点。”他朝着人群中一些惊讶的脸庞咧嘴笑了笑，继续道：“……所以，我想看看是否有一些其他的出路……我不知道，”他耸了耸肩，“或许，物理学现在这样子就相当不错了。”

他不再说话。他想知道确切的、而不是或许的出路。他和这次会议的组织者——伟大的计算机科学家埃德·弗里德金一直在讨论这个问题。“弗里德金在推动一个计划，就是设法找到一种物理学的计算机模拟。在我看来，这似乎是一个值得执行的绝妙计划。他和我之间有过愉快而激烈的长时间辩论。（费曼又一次咧嘴笑了笑。）我的意见永远是：它真正的用途将是……对解释量子力学现象形成挑战……”

快结束时，费曼滔滔不绝地说了很多：“并且，对只用到经典理论的所有分析，我并不喜欢，因为自然界不是经典的。该死！如果你想做一个自然界的模拟仿真，你最好用量子力学——我发誓，那是个极妙的问题，因为它看起来并不简单。”[1]

1993 年，美国洛斯阿拉莫斯国家实验室里梳着马尾辫的博士后塞思·劳埃德，是马萨诸塞州西部一个精英家族中的登山运动员苗子，这个家族中还有牧歌歌手、医生、室内音乐家和大学校长。他为一台能用当前技术建造的计算机提出了突破性设计方案。[2] 劳埃德的一位昔日好友以及未来的同事——艾萨克·庄是一位攀岩手和小提琴手。在千禧年的时候，艾萨克·庄就在现实中利用一小瓶液体分子作为一种“劳埃德机器”进行了量子计算。这些分子将 15 进行因式分解，得到 3 和 5。[3]

彼得·肖和洛夫·格罗弗，这两个来自贝尔实验室的长着大胡子人文采飞扬[4]，他们分别在 1994 年和 1996 年为量子计算机的运行建立了运算法则——这比任何经典计算机都要快的多得多。1994 年，肖的运算法适合于大数因式分解，而 1996 年格罗弗的运算法则适合于数据库查询。肖在一次科技新闻诗歌大赛中解释道：“一

旦建成量子计算机 / 天下间谍皆想要 / 密码失效 / 邮件不保 / 唯有量子密码术 / 使之垂头丧气了。”

我们所有的银行，所有的网络，所有基于现代密码系统的重要或不重要的上百次的日常操作，大都用到 RSA 系统。多伊奇和埃克特解释说：“在第一个量子因式分解工具接通后的瞬间，任何今天记录的 RSA 加密信息都将变成可读取的……目前，RSA 系统安全性所依赖的就是对这个技术进展缓慢的信心……

“甚至没人能想象得出，如何用经典的方法将比如一个一千位的数字因式分解；它的计算时间将是宇宙年龄的许多倍。相反，量子计算机只用几分之一秒的时间就能完成。”

正如伟大的导师约翰·惠勒提到的，如果它源自比特——如果事物是由信息（比特）构成的——那么，与宇宙对数据存储及处理一样，它就是计算。劳埃德在《设计宇宙》（*Programming the Universe*）一书中提醒读者：“宇宙是一个量子体系，几乎它所有的部分都是纠缠的。”[5] 他解释说，这样看来，如果宇宙是一台计算机，那它就是一台量子计算机。[6] 不确定性提供了能从中产生新的细节和结构的种子[7]，通过纠缠，“量子力学与经典力学不同，它能无中生有地创生信息”。[8]

无孔不入的纠缠对量子计算机科学家来说，既是好事，也是坏事。如果量子计算机与外界环境纠缠在一起，它将胡乱产生一些结果，也就是说，计算结果会与一些事物发生计算机程序设计员不希望且无法控制的关联。量子纠错就是更多纠缠（由纠缠粒子构成的外壳，用来保护内部重要的计算粒子）与多余纠缠的斗争。

“当我们正式开始使用量子计算机工作的时候，我们认识到了很多纠缠的本性，”埃克特在 2005 年解释说，“在最近 6 年里，对于整个纠缠事件、对于纠缠的结构，我们学到的比过去 70 年里要多得多。所以，在量化纠缠上、在寻找测量和探测纠缠的方法上，已经有了巨大的进步（主要是在数学方面）。”

当人们问及：“纠缠有什么好处吗？”埃克特讲了个故事。19 世纪最伟大的理论学家詹姆斯·克拉克·麦克斯韦（他曾在当下埃克特工作的地方——剑桥大学任职）有一次被问到“电有什么用吗？”这个问题，于是，埃克特重复了一遍麦克斯韦的回答：“哦，我不知道，但我相信女王的政府很快要对它收税。”[9]

迈克尔·尼尔森曾与艾萨克·庄合著了第一本关于这个题目的研究生教材《量子计算与量子信息》（*Quantum Computation and Quantum Information*），他解释说："量子信息科学已经显示，纠缠像能量一样，是可计量的自然资源，它能够使信息处理分流：有的系统有少量纠缠，有的系统有大量纠缠。一个系统可利用的纠缠越多，就越适合量子信息处理。"[10] 他对比了当前与 18 世纪之间的相似点：那时候，蒸汽机及其他的新式机器激发了人们对能量的深入理解，并催生了支配蒸汽机的热力学定律；现在，量子计算机激发了我们对另一资源——纠缠的深入理解，我们希望，这会引领人们洞察它那当前难以解释的运行方式。

我们这些没有物理学位负担的人，总想知道尚无结论的问题的答案，因此，贝尔为自己的著作取了一个反讽意味的名字：《量子力学中的可道与不可道》（*Speakable and Unspeakable in Quantum Mechanics*）。仔细想想，当年卢瑟福的一位朋友刚读了他的讲稿，便有了疑问："读完这些内容后，我的思想总集中在质子上，我想知道，当你思考它的时候，在你头脑中（在你心目中）想的是什么？我不知道是否每个人都为之虚构了一些内容物。"[11] 数年之后的现在，人们对该问题有了一个简洁却恰当的答案：质子或中子的"内容物"是夸克。但卢瑟福的朋友的问题仍没得到实质性解答。夸克是什么，有可以理解的方法吗？这些东西不是粒子，也不是波；在某些方面它们是完全确定的，而在其他方面，又是完全随机的；它们总是将直觉搅乱。

爱因斯坦在去世的 4 年前，即 1951 年，这样写信给他最好的朋友贝索："50 年的所有刻意思考，没能让我更靠近'什么是光量子？'这个问题。如今，每个张三、李四和王五都认为自己明白了，可是他们错了。"[12] 玻尔的心思能够专注于互补性、二元性和不确定性，但尽管如此，卢瑟福（在玻尔与爱因斯坦的论战中，他总是站在玻尔一边）还是曾经谴责他说："玻尔，我的孩子，你太满足于无知了。"[13]

伟大的实验物理学家伊西多·艾萨克·拉比在与杰里米·伯恩斯坦的一次

会见中这样描述该问题："做一件像制造正负电子对[①]这样的事情，就是一个奇迹！这实际是创造了一个类似于电子的非凡物质。这是一件不可思议的事。我没看见它是如何被创造的，它就出现了。它是幽灵在现实中出现的一种具体形式。它就在这儿。你可以计算将产生多少电子，概率是多大。但它是怎么产生的？它由什么构成？——就是这类问题，作为一个实验家，我想见到解答。

"该理论没有回答最初将我引入物理领域的那类问题。

"我想知道这东西到底是什么。"[14]

当然，贝尔也想知道。他想知道的不是粒子对"测量"如何做出反应，而是粒子到底是什么。1969年还在斯坦福的时候，贝尔在写完那篇关于非定域隐变量的文章后，他与那里的一位名叫迈克·诺伯格的教授合作完成了另一篇文章《量子力学的道德外衣》。他们的论文以有力的段落作为结尾：

> 很容易为整个宇宙设想一个（由庞大薛定谔方程描述的量子态），自始至终，宇宙一直静静地进行着线性演变，它以某种方式包含着所有可能的世界。而只有当系统与其他事物相互作用时，也就是被"观测"时，通常作为解释的量子力学一般公理才开始起作用。对于宇宙而言，是不存在任何其他事物的，传统形式下的量子力学对此无话可说。
>
> 没有方法（甚至没有意义）能从概率波动中挑选出唯一一个历史线程。
>
> 在我们看来，这些需要考虑的事情不可避免地导致如下结论：量子力学至多也就是个不完备的理论。[②]
>
> 我们期盼一个新的理论，它能在不要求被其他系统"观测"的给定系统中，有意义地处理实验行为。要求出现这种结论的临界判例，是包含意识以及作为一个整体的宇宙这二者在内的系统。实际上，意识被拉进物理学

---

① 物质和反物质就来自正负电子碰撞的能量。

② "这种少数派观点和量子力学自身一样陈旧，所以，将需要很长时间才能等来新理论……我们不止强调我们的观点是少数派观点，而且强调，时下人们对这种问题的兴趣不大。典型的物理学家认为，这些问题他们早已经回答了，并认为，如果他们能省出20分钟去思考，肯定会完全理解。"这是贝尔的脚注。

中来，笔者与多数物理学家分担了某种程度的不安。并且，将宇宙当作一个整体，即使没有亵渎神灵，至少也有些放肆，笔者同样和大家分担了这种普遍的感受。

然而，这些只是合理的判例。对我们来说，很可能是在开始理解意识之前的很长时间内，物理学将会再次采用了一种更为客观的自然描述，而且，在这次进展中，宇宙作为一个整体，有充分理由可以不再扮演核心角色。这就留下了一个合理的可能，即，是意识行为最终造成了波包的收缩（也就是“波函数坍缩”），也可能是某些类似于量子力学态函数的东西，由描述事件实际（与可能性相区别）过程的变量（“隐变量”）进行补充，可以继续扮演某种角色，尽管在用切合实际的方式描述分离系统方面，这种方法似乎面临着严重的困难。

更可能的是，这种理解事物的新方法，将包括一种使我们感到惊讶的虚拟跃迁。

不管怎样，似乎量子力学描述将被取代。在这一点上，它和人类创造的所有理论是一样的。但当达到非同一般的程度时，它最终的命运显然取决于其自身的内在结构。它将毁灭自己的种子带进了自身的内部。[15]

尾声

回到维也纳

2005 年

另一场讨论会正在维也纳大学高耸的拱门下如火如荼地进行着，泡利和薛定谔都是在这座城市出生和成长起来的。泽林格穿着一件斜纹软呢外套，背着个背包走了过去。和他在一起的是格林伯格和戴着一顶卷边平顶帽子的霍纳，格林伯格正说着：“我们好像生活在二维宇宙中的聪明昆虫，而这个二维世界实际上是一个醉鬼画出的线。”

奚模尼和吉辛坐在一条长椅上，吉辛向这位被格林伯格称为“量子力学先生”的人提了一个问题：“现在看来，两个从未谋面的光子会发生纠缠，这一点儿也不新鲜。你认为，约翰·贝尔曾经猜到过这一点吗？”

奚模尼说：“贝尔没有想到这种可能性。”

伯尔特曼从旁边快速走过。细心的人会注意到，他的一条裤腿下面是一只黑绿条纹的袜子，而另一条裤腿下面则是一只黑红条纹的袜子。

吉辛告诉奚模尼，就是他和克劳泽在 1978 年写的那篇评论文章，将自己带入了这个领域。“我当时在印度的一家旅馆里，喝着茶读到这篇文章。”当时他正在旅行，和他的兄弟——一个潜水行家潜水游玩。

1997 年，为了祝贺奚模尼的生日，克劳泽写了一篇题为《小石头与活病毒的德布罗意波干涉》的文章。他与埃德·弗莱的一名学生一起改进了一件原子干涉仪。克劳泽相信，他们用过的这项技术，某一天会证明（在量子条件中）和病毒一样大的物体的量子性质。他向中子干涉仪以及其他量子论基础的研究者发出号召，要他们注意一下。泽林格正在倾听着。

泽林格的团队刚刚发送了一个有节的氟化富勒烯分子（一种由60个碳原子组成的足球烯，在每个节点处连接着氟原子），使之穿过一个双缝实验装置，该实验凸显了物质的波动性。泽林格紧紧跟随克劳泽的"小石头与活病毒"的干涉梦想，他相信，足够精细的实验能显示出任何事物都处于量子力学的不安定状态，它们没有固定位置。当然，精细的实验是很昂贵的，而且物体越大，越难显示量子行为。泽林格的口号是"量子和经典的界限仅仅是金钱的问题"。似乎，维也纳大学正在倾听着。

吉辛也有一个令人惊异的新实验。两个纠缠的光子一起出发，其中一个光子进入一个充满杂乱的非关联光子的盒子，而另一个光子则绕开这个盒子。从盒子里出来的这个光子与绕过盒子的光子依然是纠缠的。吉辛正在对奚模尼说："这是一种变化，有人曾告诉我说：'纠缠非常缥缈，非常虚无，不要去研究它。'可是纠缠很强烈，常规情况下，我们可将纠缠的光子沿着光纤输送一公里！"

一名学生说："薛定谔和德布罗意会喜欢这些东西的！"

吉辛说："是的，但他们仍然会问：那条分界线在哪儿？它是什么时候变成经典的？安东（泽林格）会说，就不存在分界线；我们也是量子……我不知道那意味着什么。"他顿了一下，然后接着说，"我想，随着我们继续下去，我们会找到它。我本不相信我会找到它，但我那些实验——"

这名学生说："它们发挥了作用。"

吉辛回答："它们发挥了作用。"

吉辛在他兄弟不幸溺水后就不再潜水了，但是，埃克特在几年前就成为一个正式的潜水者，他在新加坡待的时间越来越长，在那儿，他获得了副教授的职称。在宽广的前门台阶前拍摄的这张讨论会的纪念照上，埃克特站在其他人后面。他出席了讨论会，但没被镜头取上——当时，他正在和一些学生热烈地讨论纠缠问题。在这张照片里，保罗·奎亚特的一只手臂抓着方形柱子，身体悬在半空中，正在向旁边的楼房上攀登。（他刚从洛斯阿拉莫斯的高原和峡谷移居到伊利诺伊州平原，他演讲的题目是"攀登纠缠的山峰，或者，如果你生活在一个所有空间导数都为零的地方该怎么办"。）他回头看着埃克特说："我明白，去做一个隐变量。"[1]

两名年轻的物理学家正在这所大学一个高耸的拱形窗下面深入交谈，他们是研究探讨量子理论基础的新生代成员，也是量子信息理论家，关注的是能从量子密码系统和量子计算中得出的比较深奥的东西。

其中较为年长的名叫克里斯·福克斯，是一位精力充沛且魅力四射的得克萨斯州人，他在贝尔实验室工作。他刚刚出版了一本非公开教材，名为《对泡利观点的注解》（*Notes on a Paulian Idea*）。在很长时间内，这本书的电子版（内容由电子邮件构成）在网上流传，里面满是劝告和教导该领域中其他人的辞藻华丽的散文。在扉页上，泡利的观点被概括成一段警句，引自这位伟大人物自己的话：“在思想的新模式中，我们不再假设独立的观察者……而是一位利用自己无法确定的结果创造新情形的观察者。”

这本书以默敏写的一段漂亮的前言作为开篇。正如几年前，他为贝尔讨论会写的文章中说的那样：“对于学问或知识（贝尔说，这是任何严肃的物理表述中都不该出现的词汇）问题，直到最近，我才完全站到了贝尔一边。但随后，我结识了一伙‘损友’。我开始和量子计算的一群人混在一起，对他们大多数人来说，量子力学是不证自明的，而且一切知识都没问题。”[2] 由于保卫哥本哈根诠释的新老两代人（分别是默敏的朋友戈特弗里德和福克斯）的辩论，默敏变得更为赞同这一解释的宗旨了。

默敏在前言中写道：“过去 10 年，我们的文化对保密格外痴迷，这一点虽然意外却有社会共鸣。期间，量子力学在信息处理方面的应用已经蓬勃发展，这是它无穷的知识财富带来的。克里斯·福克斯是这个领域的良知，他从没忘记这些努力的真正目的，如果你自认为它与信息安全传输、RSA 密码破解、快速查询、打败量子退相干、编造更精巧的骗局等有关，你应该从你漂亮的运算法则或待选量子比特（用于量子计算机的量子比特）中查询几个小时，并经常从头至尾地浏览这些专栏。”[3]

福克斯的格言是：量子力学是对触觉敏感的世界的一套思维规律。[4] 这句话贯穿于他整个工作中。他在这次讨论会的演讲中这样解释：“正是系统中的那种活力（对触觉的敏感性），阻止我们比其波函数 Ψ（薛定谔方程的解）表述得更多。关于该系统，这是真实的东西。我们的任务是更好地表达这个观点，并感激帮助我们塑造和控制世界而敞开的这扇大门。”他猜想：“某一天，在量子理论中，我们将能够指向一些存在论的内容（关于‘是’而非理论明显隐藏的‘认知’的内容）。但较之我们和世界本身，存在论的表述与我们和世界的交界面有更大的关系——在了解世界的过程中，我们也改变了它。”然后他笑了，“不管这意味着什么。”[5]

和他一起站在窗户旁边的，是他的朋友特里·鲁道夫。鲁道夫高个子，长头发，金发碧眼，身穿黑色 AC/DC 牌的 T 恤。鲁道夫在澳大利亚长大，如今是英国伦敦帝国学院的一名教授。即便泡利再世，他也足有能力与之交谈。但他不是海森堡再世。他说：“我属于认同爱因斯坦的狂热群体。”在大学最后一年，作为一名在昆士兰大学主修数学和物理的 20 岁学生，他对物理并不太热心。“我去听课，是因为我觉得教授要说考试的事。结果，他给了我们一篇默敏写的关于贝尔不等式的论文。由于我坚持认为这篇论文错了，结果，考试差点不及格。为了设法看明白错误出在哪里，我离开了学校两周。

“它是世界运行所遵照的近代物理学中最重要、意义最深远的特征。”[6]

当福克斯说他认为量子理论的“存在论内容”将是它对我们的反应[7]的时候，鲁道夫说：“可能依然是：存在一个潜在的现实实在。因为你知道，如果波函数是知识，那么，依然存在‘关于什么的知识？’这个问题。”[8]

福克斯说：“较之‘知识’这个词而言，我更喜欢‘信念’这个词，量子世界的独特之处是，它从不允许人们的观念如此准确，这致使他们不能迅速得出独立实在的结论。但这被下面的事实解决了：在几乎所有测量中，能称得上最好的测量，只能用统计学语言表达。”[9]

鲁道夫问道：“好吧，统计学语言如果不是一个独立的实在，那它是关于什么的呢？”

“对我们所能提出的问题的答案的信念，以及能让我们赌赢的东西的信念。从一个物理理论里，谁还想得到更多呢？”福克斯说。随后，他变温和了：“对，对，我知道你想要的更多……”他孩子似地咧嘴笑了笑说，“但我想你得不到。”[10]

鲁道夫说：“对我来说，它太以人类为中心了，这完全与我及我所描述世界的方法有关。但事实上，我相信（他的澳大利亚口音加重了），就算我们从没进化——如果地球距离太阳再近一点，或者类人猿从来没出现过——宇宙将依然在这里。某些事情将依然继续发生。无论那套理论是什么，宇宙当然不依赖于一撮高级猴子的博弈策略。”[11]

福克斯和鲁道夫的辩论是量子论中的重要辩论之一，并且，从一开始就以多种方式展开。但他们一致认同的观点更有意思。

福克斯在 1998 年写道：“几乎所有量子理论的正式体系……根本不是真正关于物理的，而是关于用来描述我们已知事物的形式手段的。”[12] 量子论的许多怪异之处与信息论极其相似，沿着计算理论发展起来一系列用来解释信息传输的有效观点。我们说的量子论实际上主要指信息论，是关于我们对量子实体认识的理论，而不是关于量子实体本身的理论。鲁道夫和福克斯认同此观点。

如果能从量子力学中分离出信息论，那剩下的会是什么呢？

“我们需要做的，是从量子力学中剥去那些所有应归于我们如何感知世界的信息论的外衣，并且，找到一个当我不在场时也与世界相符的量子力学。”[13] 这是鲁道夫的表述。

“剩余的精华（不包含信息论意义的那部分量子论）将是我们对‘量子本体’不加掩饰的第一瞥。”[14] 这是福克斯的表述。

人们如何做这件工作呢？

“一种方法是，如果我将非常简单的信息论约束强加到一个经典理论上，看看得到的理论中大概有多大比重的量子力学。”鲁道夫解释说，本来自己一直像约翰・贝尔曾经做的那样，在研究隐变量模型，并看它们错在哪里。“你知道，量子力学没有基本原理，相对论也一样。在相对论中，你已经有了一个简单原理，那就是：物理定律对所有惯性观察者都是等效的，于是‘砰’一声爆发了，你能从中推导出很多东西。所以，这里有一个信息论约束：观察者绝不可能确切知道一个粒子的位置和动量。‘砰’一声响。我们看一看得到的理论会是多么受约束，而它和量子力学又是多么相似。”[15]

福克斯也赞同：“该任务不是通过在量子原理上堆积更多的结构、更多的定义和更多的幻想来搞清它的意思，而是将其大批量地丢弃，然后重新开始。我们应该不断问自己，我们能从多深的物理原理中，推导出精致的数学结构呢？这些原理应该是清晰、确切的，应该是引人注目的，应该是动人心弦的。

“我读初中的时候就基本读懂了马丁·加德纳的书《大众相对论》（*Relativity for the Million*），直到今天，对这个课题的理解还支撑着我。对我的日常生活而言，这些概念很陌生，但它们非常清晰，所以，我仅凭一点算数和更少的数学知识，就能领会。对于严格的量子力学基础，我们也可以期待这么多。直到能够向一名初中生或高中生解释该理论的本质（是本质，不是数学），然后让他们带着深刻、持久的记忆离开，我才充分相信，我们已经理解了量子力学的基础。”[16]

鲁道夫在读了默敏关于贝尔不等式的论文一年之后，就完成了一篇杰出的物理学学位论文，朝着成为一名物理学家迈出了重要的第一步。他决定用一年时间环游世界来进行庆祝。他想去非洲看看，他的母亲和外祖母曾在那里生活；还有欧洲，他的姑姑和姑父在奥地利蒂罗尔俊秀的群峰间建立了自己的家庭；以及北美洲，他将最终在那里获得自己的博士学位，并开始在贝尔实验室工作，而且，他将在那里遇到克里斯·福克斯。当他正打算离开澳大利亚开始这次旅行的时候，他的母亲向他讲述了一个令人难以置信的故事。

她自己的母亲在26岁时还是一名天真的爱尔兰天主教徒，她在与一个才华横溢但年龄大得多的男人交往后，怀了孕。当这个男人说想要这个孩子的时候，鲁道夫的外婆就把孩子给了他。但外婆在失去女儿两年后，在都柏林的一个公园里，她偶然碰到了自己刚学走路的孩子和保姆在一起，她从婴儿车里一把抓起孩子，带着孩子跑了大半个地球，逃到了南非。

结果就是，仅在一年前第一次遇见纠缠观点就决定献身物理学研究的21岁的鲁道夫，得知自己的外祖父就是薛定谔。

重要论文摘要

爱因斯坦－波多尔斯基－罗森论文（EPR，1935年）

因为海森堡和玻尔总说量子力学是自洽的，爱因斯坦－波多尔斯基－罗森论文就以提出一个完备理论的泛泛定义作为开头：“物理实在中的每一个要素在物理理论中必须有一个对应。”

他们延续了判断“物理实在”的一种思路：“在不以任何方式干扰系统的情况下，如果能够准确预测物理量的值，就会存在一个与该物理量相关联的实在元。”

接下来是爱因斯坦、薛定谔和波多尔斯基所说的佯谬（虽然罗森不喜欢这个词）。

(1) 不确定性原理认为，对动量的认知排斥了对位置的认知（或者，就像玻尔于1927年索尔维演讲时所说的，“因果关系的要求”——由能量守恒定律和动量守恒定律的表述中总结得到——排除了“对时空的描述”）。根据不确定性原理，要么

(a)“量子力学是不完备的”——爱因斯坦；

要么

(b)“这些性质不能同时是实在的”——玻尔。

(2) 让我们假设爱因斯坦错了，然后分析一下量子力学是完备的这种情形。

(3) 注意，通过测量罗森相互关联的氢原子中的一个，我们就能够在不接触另一个氢原子的情况下，获得它的信息。

(a) 即使两个原子是分离的，我们通过测量其中一个原子的动量（p），根据对称性，能即刻得知另一个原子的动量（$-p$）。

(b) 但是，我们可以代之以测量第一个原子的位置，就能根据双粒子波函数和已知的第一个原子的位置得出第二个原子的位置。

(c) 独立存在并且未受干扰的第二个原子，不管是要告诉我们它的位置还是它的动量，对此，它显然都已经准备好了。而这个位置和动量，就依赖于我们对第一个原子的测量。但是超距作用是不存在的，我们所谓的实在元不可能（瞬间）受到作用于另一个遥远之处实在元上的测量的影响。

(4) 我们得出如下结论：如果不存在超距作用，而且量子力学是完备的，那么位置和动量确实具有同时（即使难以达到）实在性，这似乎与理论所提出的相反。

(5) 这意味着，假设否认我们所谓的（在这个摘要中）爱因斯坦的观点，就会如爱因斯坦、波多尔斯基和罗森写的，“导致否定另一个唯一的选择”（玻尔的观点，参见 1a 和 1b）。

(6) 因此，我们得出了爱因斯坦的观点：量子力学是不完备的。

格林伯格 - 霍纳 - 泽林格论文（GHZ，1988 年；默敏在《今日物理》发表的文章，1990 年；格林伯格 - 霍纳 - 泽林格论文，1990 年）

先由三个粒子（a、b 和 c）入手，这三个粒子从一个共同的放射源反向发出。再加入三个探测器（A、B 和 C），每个探测器都距其他探测器和粒子源很远。每个探测器有两套测量装置（比如说，水平或垂直），对每一次测量的结果只有两种可能性（+1 和 −1）。如果粒子具有 1/2 的自旋，那么，探测器可能是类似于施特恩 - 革拉赫磁铁的装置，沿着 x 轴方向水平测量或者沿着 y 轴方向垂直测量，一个“+1”的结果表示向上的自旋。

观察每一个单独的探测器，我们会发现，这些结果（+1 或 −1）出现频率一样。而一段时间的观察后（或者观察一下三个粒子的量子力学态），令人好奇的相关性出现了。拿下面这个例子来说，当探测器 A 和 B 设置为沿 y 轴方向测量，C 沿着 x 轴方向测量的时候，结果总是包含偶数个“向下的自旋”，例如（−1、−1 和 +1）或是（+1、+1 和 +1），因此相乘之后总是 +1。这种观点，再加上对两个探测器的观测结果，就能让我们预测出第三个探测器的确切结果。

默敏写道：“去除远程幽灵般的行为或尼尔斯 · 玻尔的纯哲学的诡辩后，两个相距很远的 y 分量的测量，不可能‘干扰’我们打算要沿着 x 轴测量的那个粒子。”（参见默敏 1990 年 6 月 9 日在《今日物理》上发表的文章。）因此，EPR 理论将使一个“实在元”与“C”粒子的水平测量结果相一致。对于这个问题，一套类似的设备能让我们预测另外两个粒子或者任何一个粒子沿 y 轴方向的结果。下面的表格总结了这些结果，表格里还给出了另外一次操作结果，我们将对其做出回答。

这是涉及 6 个实在元：每个粒子的自旋都被水平和垂直地测量。“这 6 个实在元必须全都存在，”默敏说，“因为我们通过测量，能够提前预测这 6 个实在元中任何一个的值是多少，而进行测量的地点如此之远，以至于他们不可能干扰接下来确实显示出预测值的粒子。”

“这个结论，”他写道，“是极其怪异的。”因为就量子力学而言，同一粒子自旋的两个成分不能同时存在——可以断定，它们就决定了定域隐变量的存在。

默敏继续道：“既然任一测量的结果都能由另一任意远处测量的结果来预测，并且这种预测的可能性为 1（即时间上的 100%），那么，不论是否是怪异，一个思想开放的人都可能被强烈地吸引，断绝与量子神学的关系，赞同不那么反对实在元的一种解释。”

默敏还写道，然而，和在贝尔版本的 EPR 理论中一样，实在元没有幸免于“为了一些额外实验而做的简单量子力学预测，完全不受与之相随的纯哲学包袱的影响。

“在 GHZ 的例子中，这种破坏更为剧烈彻底。

“假如怪异地假设这些实在元确实存在……”我们不可能同时测量全部 2 个，但我们能够看到对 3 个粒子乘积的量子力学预测是个常数。

探测器设置			量子力学预测	
A	B	C	奇数值	结果的乘积
水平	垂直	垂直	+1	+1
垂直	水平	垂直	+1	+1
垂直	垂直	水平	+1	+1
水平	水平	水平	−1	−1

我们可以用代表每个探测器的字母来表示每个实在元，用粗体字母表示探测器垂直放置，用斜体字母表示探测器水平放置。（那么，“用探测器 A 对粒子进行的垂直测量”就表示为 **A**，而“用探测器 **A** 对粒子进行的水平测量”就表示为 *A*。）由表格中的前三个结果得到下面三个方程：

$$A\mathbf{BC}=+1$$

$$\mathbf{A}B\mathbf{C}=+1$$

$$\mathbf{AB}C=+1$$

将三个方程乘到一起，我们就得到对同一系统的又一个预测：

$$\mathrm{A}^2\mathrm{B}^2\mathrm{C}^2ABC=+1$$

因为 $(-1)^2$ 和 $(+1)^2$ 恰好都等于 +1，去掉平方项，就得到：

$$ABC=+1$$

默敏写道，“如果不采用糟糕的实在元”，通过一个简单的量子力学计算，我们也能够得到这三个结果的乘积。我们想象（就如我们表格中最后一行记录的）所有探测器都测量 x 分量，如果我们在这个想象的装置上进行了一轮操作，我们会发现：

$$ABC=-1$$

默敏高调宣告：“所以，永别了，实在元。并且急匆匆地就再见了。仅凭一次三个 x 分量的测量就可以驳倒‘实在元是存在的’这引人关注的假说：实在元要求三个结果的乘积总是+1；但三个结果的乘积却总是 -1。

“比之贝尔定理为双粒子 EPR 实验给出的证明，这是一个对实在元的存在更为有力的驳斥。贝尔指出，从一组测量中推导出的实在元与从第二组测量中得出的统计数据相矛盾。这样一个驳斥不能在单独的一次测量中完成，而是随着测量次数的增长，在不断增长的信心中建立起来的。因此，在双粒子 EPR 实验的一个简易版本中，实在元的假设要求一组结果至少出现 55.5% 的时间，而量子力学只允许它们出现一半的时间。”于是就有了不等式。

“另一方面，在 GHZ 实验中，实在元要求一组结果一直出现，而量子力学从不允许这组结果的出现。”

基于纠缠的量子密钥分配（埃克特，1991 年）

如何分配一个十分安全的密钥。

1. 爱丽丝和鲍勃共享一长串纠缠光子。

2. 他们各自测量光子的偏振态，在三个理论上的基本方位间随机转换：

(a) 垂直或水平

(b) 右倾或左倾

(c) 右旋或左旋

3. 爱丽丝给鲍勃打电话，并告诉他自己进行测量的顺序。（她读出这些基本方位：“上 - 下，上 - 下，倾斜，旋转，旋转……”但他们并不讨论这些结果。）

4. 鲍勃记录了他们每次为同一光子对采用的相同的基本方位。由于纠缠，他们知道在这些情况下他们得到了同样的结果。（如果鲍勃测量了“旋转，倾斜，倾斜，上 - 下，倾斜……”他们将保留第三项；在第三项中，他们都是在倾斜方位上测量的光子。）

5. 这些相同的结果就成了编码的密钥。

6. 为防止窃听，他们利用不完全同基本方位上的成对儿测量，并用贝尔不等式进行分析。

7. 如果不等式的结果认为光子依然是纠缠的，那么他们就知道没出现窃听者。

8. 爱丽丝用密钥对自己的信息进行编码。然后，她可以以自己想要的任何方式将之传给鲍勃，例如，信息可以是在报纸上刊登的一条广告。

后记

之前在给读者的说明中，我选择了一个例子来突出书中对话的思辨性和“拼贴性”。正因如此，这个例子与进一步探究出来的事实有一点儿冲突，就不奇怪了。

事实证明，在 1923 年的那一天，索末菲并没有与玻尔同乘电车——其实，爱因斯坦也不在车上。

1961 年 7 月 12 日，玻尔在丹麦西兰岛自家的海滨别墅度过了一个漫长的斯堪的纳维亚式的夏日。期间，他讲述了自己和爱因斯坦乘坐有轨电车的故事。当时，玻尔快 76 岁了（他在第二年就去世了），他的儿子阿奇和他最忠实的助手利昂·罗森菲尔德采访了他。玻尔猜测，爱因斯坦是在瑞典哥德堡镇发表演讲后来的（1923 年是该镇庆祝小镇建立三百周年）。

但是，在对比玻尔的档案文献与爱因斯坦的档案文献后，现在人们认为，爱因斯坦在 1920 年仅访问过哥本哈根一次，之前曾在挪威克里斯蒂亚尼亚（1924 年之后，这座城市改称奥斯陆，以纪念一位很久以前的挪威和丹麦国王）发表演讲。紧接着，爱因斯坦写信给他的精神之父——伟大的荷兰物理学家亨德里克·洛伦兹：

> 克里斯蒂亚尼亚的旅行真的很美，但最美的是我和玻尔在哥本哈根度过的时光。他是一个非常有天赋、优秀的人。
>
> 杰出的物理学家大多也是了不起的人物，这是物理学的一个好兆头。

爱因斯坦和玻尔的传记作者亚伯拉罕·派斯在《尼尔斯·玻尔的物理、哲学和政治时代》（*Niels Bohr's Times in Physics, Philosophy, and Polity*）一书中写道：“我没有发现玻尔对这次访问有任何评论。”如今，大家很高兴地认识到，玻尔的“有轨电车故事”确实描述了那些“美好”的时光。

当玻尔讲述这个故事时，不是因为他就在现场（正如我相信的那样），而是因为谈论这些事件令玻尔想起了索末菲。在那个时期，玻尔、索末菲和爱因斯坦保持着密切的沟通——玻尔和索末菲阐述了他们的原子模型，而爱因斯坦和索末菲讨论了广义相对论的起源。1908 年至 1928 年的这 20 年，是索末菲作为一名数学物理学家的全盛时期。在此期间，他指导了四位未来诺贝尔奖得主的博士论文。

那么在1920年，是什么让爱因斯坦和玻尔如此着迷，以至于坐车时一再地错过站呢？好吧，他们在1920年的讨论和分歧焦点与在1923年时一样——光量子。我要再次强调的是，本书的注释会准确地指示出每个人在何时（以及向谁）说了那些话，而我已经把这些内容融入故事的谈话之中。

归根结底，这本书的主旨是对现有的历史书和教科书加以补充，是向人们展现激荡人心的谈话、交流和实验，以及这些偶尔闪现出的火花是如何启发众人，最终拨云见日的。这本书是向孕育科学发现的人类混乱思想致敬，也是向伟大却并不完美的搜索者们致敬。

路易莎·吉尔德

2009年3月25日

人名对照表

J. B. 莱恩（J. B. Rhine）

A

阿伯纳·奚模尼（Abner Shimony）

阿达尔韦托·里米尼（Alberto Rimini）

阿迪·沙米尔（Adi Shamir）

阿尔伯特·爱因斯坦（Albert Einstein）

阿尔伯特·奥弗豪瑟（Albert Overhauser）

阿尔伯特·史怀哲（Albert Schweitzer）

阿格·彼得森（Aage Peterson）

阿兰·爱斯派克特（Alain Aspect）

阿诺尔德·柏林纳（Arnold Berliner）

阿诺尔德·索末菲（Arnold Sommerfeld）

阿瑟·霍利·康普顿（Arthur Holly Compton）

阿瑟·沙姜克（Arthur Zajonc）

阿图尔·埃克特（Artur Ekert）

埃德·弗莱（Ed Fry）

埃德·弗里德金（Ed Fredkin）

埃尔温·薛定谔（Erwin Schrödinger）

埃里克·康奈尔（Eric Cornell）

艾萨克·庄（Isaac Chuang）

爱德华·弗兰克兰（Edward Frankland）

安德鲁·惠特克（Andrew Whitaker）

安东·泽林格（Anton Zeilinger）

安托万·苏亚雷斯（Antoine Suarez）

奥斯卡·克莱因（Oskar Klein）

奥托·哈恩（Otto Hahn）

奥托·拉波特（Otto Laporte）

奥托·施特恩（Otto Stern）

B

保罗·埃伦费斯特（Paul Ehrenfest）

保罗·贝尼奥夫（Paul Benioff）

保罗·狄拉克（Paul Dirac）

保罗·奎亚特（Paul Kwiat）

保罗·朗之万（Paul Langevin）

保罗·谢尔（Paul Scherrer）

鲍勃·庞德（Bob Pound）

鲍里斯·波多尔斯基（Boris Podolsky）

鲍里斯·帕什（Boris Pash）

贝尔纳·德帕尼亚（Bernard d' Espagnat）

贝克莱主教（Bishop Berkeley，George Berkeley）

本·舒马赫（Ben Schumacher）

比尔·沃金肖（Bill Walkinshaw）

彼得·贝格曼（Peter Bergmann）

彼得·德拜（Peter Debye）

彼得·肖（Peter Shor）

C

查尔斯·汤斯（Charles Townes）

查理·贝内特（Charlie Bennett）

Friedrich von Weizsäcker）
卡尔·克歇尔（Carl Kocher）
卡尔·荣格（Carl Jung）
卡尔·维曼（Carl Wieman）
卡洛尔·阿雷（Carroll Alley）
卡西迪（Cassidy）
克劳德·科恩-塔诺季（Claude Cohen-Tannoudji）
克劳斯·富克斯（Klaus Fuchs）
克里夫·沙尔（Cliff Shull）
克里斯·福克斯（Chris Fuchs）
克里斯蒂安·摩根斯特恩（Christian Morgenstern）
克里希那穆提（Krishnamurti）
肯·福特（Ken Ford）
库尔特·戈特弗里德（Kurt Gottfried）

L

拉尔夫·克罗尼格（Ralph Kronig）
拉斯洛·蒂萨（László Tisza）
赖因霍尔德·伯尔特曼（Reinhold Bertlmann）
兰德尔·汤普森（Randall Thompson）
李·斯莫林（Lee Smolin）
理查德·蔡斯·托尔曼（Richard Chace Tolman）
理查德·霍尔特（Richard Holt）
利昂·罗森菲尔德（Leon Rosenfeld）
利文斯通（Livingstone）
莉泽·迈特纳（Lise Meitner）
列夫·达维多维奇·朗道（Lev Davidovich Landau）
卢德维格·霍尔伯格（Ludvig Holberg）
鲁道夫·派尔斯（Rudolf Peierls）
路易·德布罗意（Louis de Broglie）
伦纳德·阿德尔曼（Leonard Adleman）
伦纳德·曼德尔（Leonard Mandel）
伦纳德·尼尔森（Leonard Nelson）
罗伯特·安德鲁·密立根（Robert Andrews Millikan）
罗伯特·奥本海默（J. Robert Oppenheimer，昵称“奥比”）
罗伯特·本生（Robert Bunsen）
罗伯特·科莱拉（Robert Collela）
罗纳德·李维斯特（Ronald L. Rivest）
洛夫·格罗弗（Lov Grover）

M

马克斯·德尔布吕克（Max Delbrück）
马克斯·玻恩（Max Born）
马克斯·德莱斯登（Max Dresden）
马克斯·冯·劳厄（Max von Laue）
马赛尔·布里渊（Marcel Brillouin）
玛格丽特·玻尔（Margaret Bohr）
玛丽·罗斯（Mary Ross）
迈克·霍纳（Mike Horne）
迈克·诺伯格（Mike Nauenberg）
迈克尔·弗雷恩（Michael Frayn）
迈克尔·雷德黑德（Michael Redhead）
迈克尔·尼尔森（Michael Nielsen）
米利亚姆·耶维克（Miriam Yevick）
米歇尔·贝索（Michele Besso）
莫里斯·德布罗意（Maurice de Broglie）
莫特·韦斯（Mort Weiss）
默里·盖尔曼（Murray Gell-Mann）

N

纳森·罗森（Nathan Rosen）

南希·格林斯潘（Nancy Greenspan）
尼尔斯·玻尔（Niels Bohr）
尼古拉·吉辛（Nicolas Gisin）

O

欧内斯特·奥兰多·劳伦斯（Ernest Orlando Lawrence）
欧内斯特·瓦耳顿（Ernest Walton）
欧文·萨克诺夫（Irving Shaknov）

P

帕斯库尔·约尔当（Pascual Jordan）
帕特里克·布莱克特（Patrick M. S. Blackett）
皮埃尔·让森（Pierre Janssen）
皮尔·德·西尔瓦（Peer de Silva）
皮亚特·海恩（Piet Hein）

Q

乔·温伯格（Joe Weinberg）
乔瓦尼·罗西·洛马尼茨（Giovanni Rossi Lomanitz）
乔治·埃勒里·海耳（George Ellery Hale）
乔治·伽莫夫（George Gamow）
乔治·格林斯坦（George Greenstein）
乔治·于尔班（Georges Urbain）

R

让·达利巴尔（Jean Dalibard）
让－雅克·卢梭（Jean-Jacques Rousseau）
热拉尔·罗杰（Gerard Roger）
茹帕孟加瑞·戈什（Rupamanjari Ghosh）

S

萨姆·维纳（Sam Werner）
萨特延德拉·纳特·玻色（Satyendra Nath Bose）
塞缪尔·古德斯密特（Samuel Goudsmit）
塞思·劳埃德（Seth Lloyd）
史蒂夫·尼尔森（Steve Nelson）
斯蒂芬·威斯纳（Stephen Weisner）
斯图尔特·弗里德曼（Stuart Freedman）
索菲斯·李（Sophus Lie）

T

唐·霍华德（Don Howard）
特里·鲁道夫（Terry Rudolph）
图利奥·韦伯（Tullio Weber）
托德·史岱尔（Tod Staver）
托马斯·梅尔维尔（Thomas Melvill）

W

瓦尔特·博特（Walther Bothe）
瓦尔特·革拉赫（Walther Gerlach）
瓦伦丁·巴格曼（Valentin Bargmann）
威廉·维恩（Wilhelm Wien）
维尔纳·海森堡（Werner Heisenberg）
维克托·韦斯科普夫（Viktor Weisskopf）
沃尔夫冈·泡利（Wolfgang E. Pauli）
沃尔特·巴德（Walter Baade）
沃尔特·拉特瑙（Walther Rathenau）
沃尔特·迈尔（Walter Mayer）

X

西尔万·施威伯（Silvan Schweber）
西尔维娅·纳萨尔（Sylvia Nasar）
西格蒙德·弗洛伊德（Sigmund Freud）

Y

雅各布·弗里斯（Jacob Fries）
亚伯拉罕·派斯（Abraham Pais）
亚基尔·阿哈朗诺夫（Yakir Aharonov）

亚历山大·道威利尔（Alexandre Dauvillier）
亚历山大·穆拉尔特（Alexander Muralt）
亚瑟·诺伊斯（Arthur Noyes）
叶夫根尼·米哈伊洛维奇·利夫希茨（Evgenii Mikhailovich Lifshitz）
伊塔·荣格（Itha Junger ）
伊西多·艾萨克·拉比（Isidor Isaac Rabi ）
尤·连伯纳（Yul Brynner）
尤金·格罗斯（Eugene Gross）
尤金·康明斯（Eugene Commins）
尤金·魏格纳（Eugene Wigner）
约翰·L. 海耳布朗（John L.Heilbron）
约翰·冯·诺依曼（John Von Neumann）
约翰·哈特（John Hart）
约翰·惠勒（John Wheeler）
约翰·考克饶夫（John Cockcroft）
约翰·克劳泽（John Clauser）
约翰·兰斯代尔（John Lansdale）
约翰·斯莱特（John Slater）
约翰·雅各布·巴尔默（Johann Jakob Balmer）
约翰内斯·斯塔克（Johannes Stark）
约瑟夫·冯·夫琅和费（Joseph von Fraunhofer）
约瑟夫·玛丽亚·尧赫（Josef Maria Jauch）
约瑟夫·诺曼·洛克耶（Sir Joseph Norman Lockyer）
约瑟夫·约翰·汤姆逊，又称 J. J. 汤姆逊（Joseph John Thomson）
约斯特（Jost）

Z

詹姆斯·弗兰克（James Franck）
詹姆斯·克拉克·麦克斯韦（James Clerk Maxwell）
朱利安·施温格（Julian Schwinger）

术语表

CHSH 不等式（CHSH inequalit）

贝尔不等式的变式，适于在实验室中检验，由克劳泽、霍恩、奚模尼和霍尔特于 1969 年提出。

CH 不等式（CH inequality）

1974 年，克劳泽和霍恩在与奚模尼的谈话中提出一个改良后的不等式，该不等式更为严密，也更难以在实验室中检验。

EPR 佯谬[①]

该缩写代表由爱因斯坦、波多尔斯基和罗森共同发表于 1935 年的一篇论文，名为《量子力学对物理实在的描述是否完备?》（*Can Quantum-Mechanical Description of Physical Reality Be Considered Complete?*）。他们的回答是“不是”：物理实在不应该与“非定域性”（也称“幽灵般的超距作用”，spooky action-at-a-distance）或是相隔很远物体间的“不可分离性”（也称“纠缠”）扯上关系。关于 EPR 论证的概要描述，参见“重要论文摘要”。

GHZ[②]

格林伯格、霍恩和泽林格于 1988 年首次发表的关于贝尔定理的论文，但没有用到贝尔不等式。他们展示了当三个粒子发生纠缠时，通过一次测量就可以确定无疑地驳倒定域实在论。（相反，当只有两个粒子发生纠缠时，需要很长时间以及成千上万次测量，由贝尔不等式提出的驳斥才能得以确定。参见“重要论文摘要”。）

h

参见**普朗克常数**。

ħ

普朗克常数除以 2π，$\hbar = h / 2\pi$。

① EPR 佯谬，又称 EPR 论证或 EPR 悖论，缩写 EPR，为爱因斯坦、波多尔斯基和罗森三人名字首字母的组合。——译者注

② GHZ 是格林伯格（Greenberger）、霍恩（Horne）和泽林格（Zeilinger）三人名字首字母的组合。——译者注

p

代表动量（*q* 代表位置）。

q

代表位置（*p* 代表动量）。

RSA 算法

由麻省理工学院的三位教授李维斯特、沙米尔和阿德尔曼于 1977 年共同开发的一种加密形式。“鲍勃”作为加密信息的接收方会发布一个“公钥”，该公钥建立在一个数学函数之上，在单方向上易于生成，但若缺少只有鲍勃才知道的密钥，在反方向上则难以破解。

有一个比喻常用来帮助理解 RSA 算法的工作原理：鲍勃给“爱丽丝”送去了一个盒子，盒子上挂着一把打开的锁，只有鲍勃有开锁的钥匙。爱丽丝把信息放在盒子里，锁上锁。现在，即使是爱丽丝也不能得到这条信息，任何密码破译者都不能，只有鲍勃可以。

x, y, z 坐标系（x, y, and z coordinates，也称笛卡儿坐标系）

用一组数来共同给出三维空间中某事物的位置。坐标系绘制在二维平面上，x 轴沿左右方向，y 轴沿上下方向，z 轴垂直于纸面方向。

α 粒子（alpha particle）

相当于一个氦原子核（含两个质子和两个中子），表现为带两个正电荷的单一粒子。

μ 介子或 μ 子（mu meson 或 muon）

一种重电子，与 π 介子截然不同。在汤川秀树预测存在“重量子”（π 介子）后只过了三年，就在实验中发现了 μ 子，而且 μ 子最初看上去与汤川秀树的预测相符，这就导致了混淆。实际上，μ 子（自旋为 1/2，类电子粒子）[①] 是 π 介子（自旋为 0，类光子粒子）衰变时产生的。

ν

希腊字母 *nu*，frequency（频率）的简写。

π 介子或介子（pi meson 或 pion）

1935 年，汤川秀树发现，凝聚原子核的力比引力和电磁力这两种已知的力大得多。他提出，就像光量子传递了电磁力那样，存在一种“重量子”（heavy quanta）来对这一强作用力加以传送。这些后来命名为“介子”的重量子于 1947 年被发现。完全是日本教育背景出身的汤川秀树，也立即成为首位获得诺贝尔物理学奖的日本人。事实上，在对介子做出预测前三年，汤川秀树因入籍汤川家改姓汤川，这一姓氏也因此闻名遐迩。

---

① “谁点的菜?”（Who ordered that?）伊西多·艾萨克·拉比问道。这是拉比发现 μ 子时说的一句名言。

ψ

在薛定谔方程中，希腊字母 ψ（发音 psi）[①] 用来描述量子的波函数。

贝尔定理 / 贝尔不等式（Bell's theorem / Bell's inequality）

这一发现表明量子力学与下列概念的任意一个相容，但不能同时相容：

1. 定域性；

2. 某些形式上独立的可分离实在性。

世界在量子层面上以不可思议且令人费解的方式相互关联着。一些反对狭义相对论的人认为，故事的寓意在于非定域性；另一些人则认为，量子事物在未观察时并不真实。还有人小声低语，认为中心的实在在量子层面上是纠缠的：量子“事物”之间的关联性，比事物本身表现得更基本、更客观。

贝尔定理中的“不等式”是一个限定了分离的两个粒子间相互关联程度的数学表达式，一个仍未得到量子力学重视、看起来微不足道的真理。

波函数（wavefunction）

薛定谔方程的一个解，用于描述一个给定的量子态。以希腊字母 ψ 表示，也称为 ψ 函数（那些对波的实在性持不可知论的人尤其这样称谓）。

玻色 – 爱因斯坦凝聚（Bose-Einstein condensate）

当玻色子（参见**玻色子与费米子**）被冷却到足够低的温度，即其能量低得不足以做出轻微振动时，它们将步调一致地迅速进入同一量子态，凝聚成一个相对庞大、不可分割的量子实体。

玻色子与费米子（bosons and fermions）

玻色子是自旋为整数的粒子，其内禀角动量为 $\hbar$（普朗克常数除以 2π）的整数倍。费米子是自旋为半整数的粒子，其内禀角动量为 $\hbar/2$ 的奇数倍。

费米子遵从泡利不相容原理，倾向于与自旋相反的另一个费米子配对。举例来说，电子就是一个自旋为 1/2 的费米子。一对费米子构成一个玻色子（自旋为 0 或 1）。三个费米子构成一个新的费米子（自旋为 1/2 或 3/2）。依此类推。

光子是玻色子，不由其他任何东西构成。光子及其同类粒子传递四种力（电磁力、强力、弱力，可能还有引力）。这些玻色子是不守恒的，它们可以被无限地创造和湮灭。

不可分离性（nonseparability，也称为“纠缠”）

量子力学提出的一个概念，指的是微小的物体或光子，即使在物理上完全分离，也能以

---

① 希腊字母 ψ 的发音，英语注音为 psi，国际音标注音为 psai。——译者注

某种方式保持一致。

不确定性关系（uncertainty relations）

海森堡于 1927 年得出的公式 $\Delta p \times \Delta q \geqslant \hbar/2$。换言之，动量（$p$）的不确定度与位置（$q$）的不确定度的乘积，大于等于一个很小但非零的常数（普朗克常数 h 除以 4π）……假如你考虑一下，这个公式的意思是二者的不确定性都不可能为零，也就是说，这两个量不能完全为人所知。

场（field）

物理学中，“场”的含义似乎没有那么令人生畏，事实上与该词的常见英文用法并没有明显差异。一个场无论是否可见，都是由生长或发生在其中的事物定义出的连续广阔区域：一片罂粟地、一个研究领域、一块运动场。这些场往往只能从其造成的影响察觉到。举例来说，我们不能看见空气中压力差所形成的场，但能感觉到风，看到风吹弯了草。无线电波、光、X 射线以及它们的同类，都是电磁场中的波。

超距作用（action-at-a-distance）

艾萨克·牛顿在 17 世纪后期对这一问题进行了说明：引力似乎是一种无须任何媒介就可以由一个物体作用于远处另一个物体的力。这就像牛顿写的那样：“不可思议。”

但是，如果是这样，引力、电力、磁力之类的远距作用的力，又是如何传递的呢？19 世纪中叶，迈克尔·法拉第这位有史以来最伟大的实验学家之一，把纸放在磁石上，又在纸上放上铁屑，从铁屑的形态变化中看到了这一奥秘的线索。铁屑在磁石的两极间呈放射状排列，描绘出“力线”。法拉第把这些磁力传输线与“搅动水面上泛起的波纹或声音现象在空气中的振动”进行了比较——后两种情况并不立即出现远距作用，而是通过一系列局部接触发生作用。他还把“力线”的概念扩展到引力、电力及光学领域（他宣称在电力线上也存在振动）。

法拉第这一形象的短语“力线”，现在通常被另一个晦涩的术语“场”所代替。

等离子体（plasma）

物质的第四态，宇宙的大部分由其构成（如恒星）。当一种气体被加热到其原子电离为离子和自由电子就会形成等离子体，并开始以一种同步、集体运动的方式流动。金属中也包含这种“电子海”（sea of electrons），但其原子核呈结晶型排列，而不像电子那样自由飘浮。即使是地球上的一团火焰，也一直在其较低温部分的气态和温度最高处的等离子态之间来回变化。

笛卡儿坐标系（Cartesian coordinates）

以 x、y、z 三个数轴在图上构建的坐标系，由勒内·笛卡儿创建于 17 世纪，通过某一点到原点的距离来确定该点在空间中的位置。

电子（electron）

一种带负电荷的粒子，所带电量与质子所带正电荷完全等量，但质子要比电子大得多。电子环绕原子核运动，其在原子中的数量和分布，决定了原子的尺寸、形状及电特性。金属中的电子形成一种围绕所有原子核流动的“电子气”，这种流动能在铜导线中定向传输，产生电流供我们使用。

电子偶素（positronium）[①]

一种由电子和反电子（即正电子）组成，会快速衰变湮灭的极不稳定的粒子：自我湮灭之前，在伽马射线照射下，电子和反电子相互环绕运动。

叠加（superposition）

两列单独的波叠加到一起，合成另一列波，这就引起了干涉。

叠加是量子力学的主要特征之一。“薛定谔的猫”是经典的归谬法（reductio ad absurdum）。它描述了这样一种情况：“最初仅限于原子领域的不确定性开始转变为宏观的不确定性，这种不确定性可以通过直接观察被消除（resolved）。”薛定谔如是强调。

他解释道，“直接观察”，正是它“防止了我们如此天真地把用于表现实在的‘模糊模型（blurred model）’当作是合理的”，在一个“模糊模型”中，整个世界从根本上是波动性的（wave-like）。

例如，一个放射性原子通常处于既放射出中子又没有放射出中子的叠加状态。进行如下思想实验：把薛定谔的猫关在箱子里，箱子里有一瓶毒药，毒药由一个量子事件——中子的发射来触发。一段时间以后，原子将明确处于既放射出中子又没放射出中子的叠加状态。这是否意味着毒药因此而处于既在瓶内又在瓶外的叠加状态？是否意味着猫也因此处于既被毒死又活蹦乱跳的叠加状态？

然而，任何一个打开箱子的人，看到的猫不是死的就是活的。是不是人的测量行为使得波函数坍缩（collapse the wavefunction），促使猫死掉或是活着？

薛定谔利用这种归谬法说明了三件事：

1. 叠加作为波的概念，应用于量子粒子时，看起来是自相矛盾的；

2. 测量在量子力学中处于中心地位；

3. 始终处于叠加态的量子事件与永不处于叠加态的宏观事件之间，分界线是含糊不清的。

定域（local）

非远距的。撞击鼓膜的声波、冲击视网膜的光波或是推挤到你的某个人，都是定域相关

---

① 又译“正电子素”。——译者注

的例子。“轻磕红宝石鞋的鞋跟后立马回家”[①]、心灵感应，以及借助正面思考对远处事件施加影响等，则是非定域的事例。

定域实在论（local realism，也称爱因斯坦的分离原理）

在量子力学出来之前，这个观念一直是科学解释的目标，亦即世界可以划分为个体，若没有直接或间接的接触，这些个体间就不能相互发生作用。（“在我面前有两个盒子，”爱因斯坦在 1935 年给薛定谔的信中写道，“按照分离原理：第二个盒子与第一个盒子中发生的任何事情都不相关。”）

定域性（locality）

此种状态下，事物只能通过一系列的定域连接对其他事物施加影响，这些影响的传播速度也因此不可能超过光速。

动量（momentum，用 p 表示）

物体在某一特定方向上的速度与其质量的乘积。（位置用 q 表示。）

对应原理（correspondence principle，1920 年前称为类比原理）

对应原理是由玻尔提出的一条基本原则，指出在经典力学能够成功解释的领域，量子力学得出的结果应该与经典力学所得到的相一致，此领域中物体活动的幅度远大于量子本身。

放射性（radioactivity）

指不稳定大原子核的衰变。虽然这种现象是自发的，但某一给定原子的衰变概率却为人所熟知。参见**辐射**词条的第 3 条。

非定域性（nonlocality）

这一概念指的是微小物体或光子之间可以相互影响而不受任何具体方式的限制，且影响的传播速度可以快过光速，这一特性被爱因斯坦嘲弄地戏称为“幽灵般的超距作用”。

非因果性（acausality）

一种只有结果没有原因的状态。

费米子（fermions）

参见**玻色子与费米子**。

辐射（radiation）

原子对外发射波或粒子的现象。这个词所强调的重点随辐射源变化而有所不同。

---

① 红宝石鞋的典故出自美国儿童文学作家弗兰克·鲍姆（L. Frank Baum，1856—1919）的代表作《绿野仙踪》（*The Wizard of Oz*）。主人公小姑娘多萝西在经历一系列冒险、克服重重困难后，与沿途认识的好朋友们各自实现了心中的愿望。小说最后，多萝西借助女巫所赠红宝石鞋的魔力——并上脚将鞋跟对碰三次，回到了堪萨斯农场的家，回到了叔叔和婶婶身边。——译者注

1. 当一个电子从高能级跃迁到低能级，同时发出电磁辐射时，普通原子仅仅是损失了能量，这种情况下发射可光见。
2. 如果原子从原子核发出辐射，它也会损失能量。这种情况下，是由 γ 射线（gamma rays）形成能量高得多的辐射。γ 射线是一种比 X 射线波长还短、穿透力还强的光子射线。
3. 当一个放射性原子发出由质子和中子组成的 α 射线，或是由电子组成的 β 射线时，原子本身事实上是有部分损耗的——此过程中，原子衰变成更轻、更稳定的另一种原子。

干涉（interference）

干涉是波的一种基本特性，由托马斯·杨在 19 世纪初发现。若波与其自身发生相消干涉，波峰与波谷会相互抵消，其结果是出现平静水面、声学死区、出乎意料的暗区或是波的消失。当波峰同相重合时，波之间发生相长干涉，合成波的振幅大于成分波振幅之和。

光量子（light-quantum，复数为 light-quanta）

爱因斯坦对我们今天所熟知的“光子”的最初命名，即光的基本粒子（或从波长以千米计的无线电波到仅有原子尺度大小的伽马射线中任何一段电磁光谱的基本粒子）。

光子（photon）

参见**光量子**。

光子下转换（down-conversion，也称自发参量下转换）

指一个高能光子在通过某种特定晶体时，转换生成两个低能量的量子纠缠态光子。

互补性（complementarity）

这是玻尔于 1927 年首次阐明的观点，认为量子佯谬是与生俱来的，而量子力学的成果必然总是需要用与之相矛盾的经典力学术语来描述。特别是，在时空方面的描述排除了因果关系的描述，反之亦然。假如因果性通过能量守恒定律和动量守恒定律得以保持，那么“不确定性原理”就将显现出来：当从动量或能量（因果关系）方面做出描述时，不可能同时从位置（时空关系）上对一个量子力学对象做出描述。

基本粒子（elementary particle）

20 世纪 30 年代，该术语只代表一个简短的名单：电子、光子、质子、中子。但随着 π 介子和 μ 子的从天而降，又从原子核放射证实了中微子的存在，这一名单变得越来越长。如今，质子、中子和介子被认为是由更小更基本的粒子——夸克构成，同为基本粒子的胶子则把夸克“黏合”到一起。

与此同时，由于 $E = mc^2$（1905 年爱因斯坦提出的质能方程，意指物质可以转化为能量，反之亦然），假如对一个粒子进行足够猛烈的撞击，就可以从碰撞所释放的能量中产生其他粒子。1928 年提出的狄拉克方程预言了反物质——正电子与负质子的存在。假如正电子与电子相遇，它们将在一阵闪光中相互湮灭——物质变为能量。相反的过程更令人惊异：光子自发地变成正电子与电子——光子能变为物质！如此一来，寻找一个真正“基本”和不可分割的粒子，似乎越来越没有希望。

基态（ground state）

粒子的能量最低的稳定状态。

激发态（excited state）

原子或原子核吸收电磁辐射并获得一定能量后的状态。参见**基态**。

加速器（accelerator）

一种机器，用于加速带电粒子，使其接近光速，后与固定目标或其相互之间发生碰撞，从而研究粒子碰撞释放能量所产生的效果。

角动量（angular momentum）

被约束在圆周上运动的物体的动量。关于内禀角动量（intrinsic angular momentum）参见**自旋**。

介子（meson）

参见**π 介子**、**μ 子**。

经典物理学（classical）

意指量子理论之前的物理学，或是与前量子时代的观念相一致的物理学。

矩阵（matrix）

以行和列的形式排列，并可作为单个实体的一组数。

决定论（determinism）

德·拉普拉斯在大约 18 世纪末提出的一种理论，后来被称为“拉普拉斯的恶魔”而广为人知：“我们可以把宇宙的当前状态视作其过去的果及未来的因。假设有一种智能‘恶魔’存在，能在任意给定时刻了解推动自然界发展的全部动力与构成自然界各生命体间的相互位置，并且如果它强大得足以对这些数据进行分析，那么从宇宙中最大的物体到最轻的微粒，其一切运动都可以浓缩到一条公式中。对于这样一种智能‘恶魔’，没有什么事情是无法预测和无法确定的，未来只不过像过去一样，呈现在其眼前。”

可分离性或独立性（separability 或 independence）

在科学史家唐·霍华德的分析中，爱因斯坦尖锐反对量子力学的理由（常描述为“这不符合定域性和实在论”）是“量子力学不符合定域性和可分离性”。用爱因斯坦的话说，可分离性指的是“对于空间上远隔的事物的相互独立存在（the‘being-thus’）的假设”。可分离的事物具有它们自己明确的状态和特征。爱因斯坦继续解释说，不存在这样一种假设，“我们感觉上熟悉的物理思想不会再出现。而如果没有一种彻底的分离，也不会有人明白物理定律如何能被构想和检验……”

他这样把可分离性与定域性联系起来：

“对于空间上远离的事物（A 和 B）的相对独立性而言，这样的想法是颇为典型的：对 A 施加的外部影响不会在 B 上产生即时效应，这就是通常所说的‘定域作用原理’（principle of local action）。”爱因斯坦强调，这两个相互关联的原理最适合应用在场论中。

可分离性的对立面是纠缠，处于其中远离的事物，不具有它们自己的独立状态。

定域性的对立面是超距作用，处于其中的事物具有各自的独立状态，这些状态从远处就能加以改变。

可观测（量）（observable）

量子力学体系的一个基本特征。（这一术语强调了测量的重要性，以及在测量之前与之相伴随的不可知论。就像故事里那样，一位物理学家、一位数学家和一位哲学家一起乘火车，路经苏格兰，他们看见了牧场上的一群羊。物理学家说：“看，苏格兰的羊，脸是黑的。”数学家补充道：“至少这片牧场上是这样。”哲学家开口了，说：“从火车的这一侧看确实如此。”量子力学采纳了哲学家的观点。）

夸克（quark）

以束缚态组成质子、中子和介子的更基本的粒子。

离子（ion）

失去一个或多个电子的原子。[①]

力学（mechanics）

研究在力的作用下事物如何运动的学科。

粒子（particle）

经典力学中，粒子是一个想象出来的点，有质量（换言之有重量）但无大小。它可以移动，但由于只是一个点，因此不能旋转。现今，这个词已经意指“比原子还小的东西”，而不再顾及这些东西是不是数学上的点。参见**基本粒子**。

粒子物理（particle physics）

研究基本粒子间相互关系的学科。参见**基本粒子**。

量子电动力学（quantum electrodynamics，也称 QED）

戴维·威克写道：“物理学家乐于看见数学家们的奉承。”

---

① 此处按原文翻译。按照惯常的定义，离子是指：原子由于自身或外界的作用而失去或得到一个或几个电子，使其达到稳定结构。——译者注

量子力学的改进版，重点在研究带电物质（如电子）和光子间的相互作用。尽管受到计算中难解的“无穷大”的困扰，但物理学家们知道如何消除这些麻烦，从而做出令人难以置信的准确预测。

量子化（quantization）

事实上，能量和物质都不能被无穷无尽地分成更小部分：有量子存在，也就是有最终不可分割的最小部分存在（古希腊关于“原子”的概念预示了这一观点）。

量子纠缠（entanglement）

物质或光子两个以上的微小部分，虽然各自分开，却表现得像是紧密相连的一种状态。这个词产生于薛定谔在 1935 年对 EPR 的回应，同年 8 月，他的英语回复中用了一次“纠缠”（entanglement），12 月的德语回复中用了“Verschränkun”，该词更接近英语中“交联”（cross-linkage）一词所表达的意思。

量子力学（quantum mechanics）

始于 1925 年，研究物质和光最基本构成部分行为特征的学科。

量子密码学（quantum cryptography）

一种秘密分发密钥，以用于创建不可破解的密码的方法。这种量子密钥的分发有两种主要形式。较早的一种形式由斯蒂芬·威斯纳及后来的查理·贝内特和吉勒·布鲁萨基于海森堡不确定性原理开发得到的。而埃克特基于量子纠缠理论的另一种形式，独立创建于 1991 年，这也开创了美国及加拿大的先例。此种方式下，由纠缠的粒子创建的密钥在“爱丽丝”和“鲍勃”之间共同使用（“爱丽丝”和“鲍勃”是惯用于代称密码发送者和接收者的两个名字）。参见“*重要论文摘要*”。

量子态（quantum state）

一个量子对象可被认知的状态。[①]

理论上，我们能够完全获知一个普通的经典状态。例如，可以把一条狗的所有属性列出来：其在某一时刻三维空间中的位置、动量、能量，等等。然而，对于以薛定谔波函数（或 ψ 函数）描述的量子态，我们最多可以获知半数左右的状态（即可观测量）有所了解（位置可知，则动量不可知；时间可知，则能量不可知）。

---

① 状态（state）一词是语意不清，以至于学科创建者中有许多人，特别是薛定谔，对这个词的使用颇有微词。为清楚起见，克拉默斯用“物理状况”（physical situation）一词代替“状态”。

量子位元（qubit，读作 Q-bit）[①]

一个量子比特。一个比特（二进制位）就是单独一条信息：0 或者 1。一个量子位元可能是“非 0 即 1”，也可能是“又 0 又 1”的叠加状态。（美国肯尼恩学院的本・舒马赫于 1995 年创造了这个词。）

能量守恒（conservation of energy）

能量既不会凭空产生，也不会凭空消失，它只不过是进行形式上的转化。

欧洲核子研究中心（CERN）

位于瑞士日内瓦附近的欧洲核子研究中心。CERN 中的字母 C 其实代表法语 Conseil 一词，虽然该组织的名字如今已经变更，但缩写中仍保留了这个词的首字母。[②]

[光]谱线（spectral line）

全光谱中一段极窄的色带，任何一种元素都可以通过自身的特征谱线加以确认（由本生灯加热后可以在棱镜或者光谱仪中观测到元素的特征谱线）。

偏振（polarization）

电磁场的“倾斜”（tilt）是所有电磁波都具有的属性。与水波和声波不同，电磁波在两个方向上波动：电场的波动有一个方向（比如，上下方向），磁场的波动与之相垂直（左右方向），而电磁波传播沿第三个方向——这个方向又与前两个方向相垂直（向前）。

为了使其形象化，可以把电磁波想象成一条鱼：电场就是鱼的背鳍，磁场则是鱼的侧鳍。如果鱼的身体倾斜，并不会改变鱼鳍间相互垂直的关系或是鱼前进的方向，而鱼倾斜的角度就是它的偏振。

频率（frequency，用希腊字母 ν 表示）

每秒完成周期性变化的次数，对于波而言，就是一秒内经过某一点的波峰数。肉眼可见的电磁波谱频率范围很小，在我们看来，它们有着彩虹般的色彩：高频的是蓝色，低频的是红色。另一个我们可感知频率的是声音，声波是在空气中压力差作用下产生的——高频的声音尖锐刺耳，低频的声音深沉浑厚。

---

① bit 一词作为“二进制位”解释时，可译为“位元”或是“比特”，所表达意义相同。此时，在不影响作者原文意思的基础上，为译文行文方便，译者会经常互换使用这两个词。特此说明。——译者注

② 欧洲核子研究中心是世界上最大的粒子物理研究实验室。CERN 一词，最早源于法语 Conseil Européen pour la Recherche Nucléaire 的首字母缩写，也就是“欧洲核子研究委员会”的意思。该委员会是由欧洲 11 国政府联合组建于 1952 年的临时性组织，用于筹建后来成立于 1954 年的欧洲核子研究中心。虽然名字如今改为了 European Organization for Nuclear Research，但 CERN 这一缩写一直沿用至今。在法语中，Conseil 一词有“委员会”的意思。——译者注

普朗克常数（Planck's constant，记为 h）

等于光子能量（以量子的观点）与光频率（以波的观点）的比值，它在波与粒子之间建立了数学联系。这一比率在所有量子物理的方程式中表示为一个极小的常数，6.262×10^{-34} kg · m^2/s（即千克·平方米每秒，或焦耳·秒）。

施特恩－革拉赫实验（Stern-Gerlach experiment）

穿过（由异形磁铁产生的）非均匀磁场的银原子，会对磁场做出量子化响应：原子不是向上就是向下偏转，不存在一个响应范围。奥托·施特恩和瓦尔特·革拉赫于 1921 年设计并进行了这一实验。

实在论（realism）[①]

爱因斯坦如此写道："如果有人问，如果不考虑量子力学，物理概念中世界的特征是什么？那么首要的一条是能经得起以下原则的检验：与真实外部世界有关的物理学概念……要独立于感知主体。"

"这一话题只会出现在自炫博学的争论中，譬如探讨意识形态领域或其他问题的时候。"贝尔曾在一次接受采访时这样说，他认为物理学家们"也许会对现实（reality）的存在（existence）产生疑问。但我想，在他们心中，他们知道有现实。问题在于如何对原子尺度下的现实建立起清晰的概念，与我们所知的对现象做出预测的方法相吻合"。

实证主义（positivism）

一种信条，认为所有的可观测量作为谈论的话题都是有意义的。

思想实验（gedanken experiment）

这一名词由德语和英语混合构成，意思是"思想实验"（thought-experiment），指借助逻辑推理和物理定律，来论证某个假想物理方案。

算法（algorithm）

一套给定的计算规则，计算机赖之以解决某一给定问题。

统计力学（statistical mechanics）

研究自由运动的原子如何形成（特别是）气体可观测（宏观）属性的学科。（举例来说，气体的温度只不过反映了其全部原子或分子的平均动能。）在 19 世纪后期与 20 世纪的早些年间，一直在维也纳与各方面对原子抱有怀疑态度的人进行战斗的路德维希·玻尔兹曼，与平静而孤立留于耶鲁大学的 J. 威拉德·吉布斯，共同发展了这一学科。同样孤独地待在专利局（且对他前辈们的工作一无所知）的爱因斯坦，在 1900 年到 1904 年间，从零开始重新建立了整个学科。这一工作不仅为其 1905 年关于原子大小的论文，也为其对量子理论做出

① 又译"唯实论"。——译者注

的主要贡献奠定了基础。所有这些，派斯特别指出，“都源于统计”。

位置（position，用 q 表示）

空间中的具体定位（location）。在经典物理学中，一个粒子的位置可以用三个数明确定义；在量子物理学中，位置则需要用波来表述，而波在很多情况下都会向四面八方延伸任意远。这一事实催生了不确定性原理（uncertainty principle）。参见**量子态**。

相位（phase）

当两个波的波峰完全排成一列时，称这两个波“同相”[①]——此种状况下引起的是相长干涉。若波之间完全“异相位”，它们会发生相消干涉，相互抵消。

薛定谔的猫（Schrödinger's cat）

参见**叠加**。

衍射（diffraction）

波的一种基本性质，该词源自拉丁语，本义是“一分为二”。波在传输过程中遇到障碍物，若障碍物上存有缝隙或小孔，其尺寸与波长大致相同，则波将打破其原进程，从窄缝或小孔出发，以半环形散射传播。

隐变量（hidden variable，也称为隐参量）

“要想了解一个系统中所隐含的量子力学态，一般而言，唯一的限制是对测量结果的统计。由于问题中状态的平均数高于那些更为严格界定的状态——那些状态下的结果都可以被个别地加以完全测定，因此，要问是否考虑到统计要素将会像经典统计力学中那样持续增加，这样的问题就显得很有意思。”在其著名论文《量子力学中的隐变量问题》的开头，贝尔如此写道。接下来，除了用波函数以外，以未知量来对这类假想出来的“更为严格界定的状态”进行了描述，这些未知量被称为“隐变量”。贝尔这样解释道：“之所以称之为‘隐藏的’，是因为：假如这些变量的规定值所处的状态可以事先得知，那就显然说明量子力学是不完备的。”尽管人们时常把 EPR 论文的最后一句（“无论如何，我们相信这样的理论是可能存在的。”）看作对隐变量的呼唤，但贝尔却表明了只有在隐变量为非定域的情况下，它们才能复现量子理论产生的效果。

原子（atom）

并非如同其希腊文的本意——“不可分割”，原子其实由更小的微粒组成，但仍然是某一元素得以保持其性质的最小组成部分。

---

① “同相”的一般定义为：若两波的波峰（或波谷）同时抵达同一地点，称两波在该点同相。——译者注

原子核（nucleus，复数为 nuclei）

是原子的核心，原子的质量主要集中在原子核上，但体积非常小，所以原子几乎是空的。

正电子（positron）

反电子（antielectron），带正电荷。

质子（proton）

大小及重量与中子大致相同，且同样位于原子核内，但带正电荷。

中微子（neutrino）

一种与电子有关的微小粒子，看上去（几乎）没有质量。

中子（neutron）

存在于原子核内部，小而重的电中性微粒。

中子干涉仪（neutron interferometer）

一种用于显示物质波动性的奇妙设备。在此设备中，一个中子就像一束光那样，似乎可以沿两条不同的路径行进，从而与自身发生干涉。

状态（state）

某一物体的状况与属性。在经典物理学中，可以通过对一组“可观测量”赋值来明确说明其状态，譬如可以从物体的位置和动量开始。

自旋（spin）

即使处于完全静止的状态，量子粒子仍然具有旋转的特征。这也称为“内禀角动量”（通常意义上的角动量是指某一物体在旋转或曲线运动时感受到的惯性趋势），它的值只能是 $\hbar$（普朗克常数除以 2π，$\hbar = h / 2\pi$）的整数倍或半整数倍。由于电荷移动时产生磁性，一个“自旋”的电子也就成为一块小磁铁，物质的磁性很大程度上源于自旋。

自旋 1/2 粒子的一个实例是电子，其内禀角动量的值是 $+\hbar / 2$ 或 $-\hbar / 2$。光子是自旋为 1 的粒子，介子是自旋为 0 的粒子。

注释

书中常用单位换算表

1 英里≈ 1600 米

1 英尺≈ 0.3 米

1 英寸≈ 0.025 米

1 立方英尺≈ 28.3 立方分米

1 磅≈ 0.45 千克

编者按

以下很多注释指出了书中对话、情节或引文等内容的出处，但仅做了简单的说明。更详细的文献信息，还请读者参阅“参考文献”。

简写说明

一些信件按“发信人—收信人”的格式标识（比如，“Rutherford-Bohr”说明这是封卢瑟福写给玻尔的信）。英文日期通常写成“月 . 日 . 年”或“月 / 日 / 年”的格式。部分较长的名字以缩写给出：

AE	阿尔伯特·爱因斯坦
AQHP	美国明尼苏达大学图书馆量子物理学史档案
AZ	安东·泽林格
dB	路易·德布罗意
Eh.	保罗·埃伦费斯特
EPR	爱因斯坦 – 波多尔斯基 – 罗森
ES	埃尔温·薛定谔
FRS	英国皇家学会会员
LLG	路易莎·吉尔德
JRO	尤里乌斯·罗伯特·奥本海默
QM	量子力学
Somm.	阿诺尔德·索末菲
vW	卡尔·弗里德里希·冯·魏茨泽克
WH	维尔纳·海森堡

致读者

[1] WH, Physics and Beyond, xvii.

[2] Bohr 1961 interview in Pais, Niels Bohr’s, 229.

[3] Bohr-Richardson, 1918 in Pais, Niels Bohr’s, 192.

[4] AE quoted by the astronomer C. Nordmann, 1922 in Clark, 353.

[5] Pais, Niels Bohr’s, 228.

引言：纠缠

[1] Howard, Revisiting, 24.

[2] Web of Science, 2006. 斯坦福大学的高能物理数据库（SPIRES）给出了如下指导性意见：为人所知的论文被引用 10 ~ 49 次；知名论文被引用 50 ~ 99 次；著名论文被引用 100 ~ 499 次；声名显赫的论文被引用超过 500 次。科学史家小奥利瓦尔·弗莱雷特别指出，用 SPIRES 的标准来衡量讨论量子物理学基础的论文“并不完全合适”，毕竟后者属于不同的领域，且涉足的科学家数量要少得多。但这凸显了 EPR 和贝尔定理被引用次数之可观。参见：Freire, Philosophy Enters the Optics Laboratory: Bell’s Theorem & Its First Experimental Tests (1965—1982), Studies in History & Philosophy of Modern Physics, 37, 577-616. 悉尼·雷德纳研究过《物理评论》上的论文被其后该期刊上的论文所引用的情况，得出了如下结论：“在《物理评论》发表的所有文章中，接近 70% 的文章被引用少于 10 次”“每篇文章平均被引用 8.8 次”。参见：S. Redner, June 2005, Phys. Today.

[3] 对此的经典阐述见玻尔在 1927 年做的“科莫讲演”（*The Quantum Postulate and the Recent Development of the Atomic Theory*），参见：Bohr, Atomic Theory, 52-91.

[4] Bohr, Atomic Theory, 57.

[5] 相关观点可见于海森堡讨论物理哲学的最早期论文（始于 20 世纪 30 年代）。但在阅读他这些颇有益处的论文时，有一点需要注意：正如泡利经常抱怨的，海森堡“没有一以贯之的哲学”，后者仅相信适合当时其物理学研究的东西（或许这也是他能取得惊人突破的原因之一）。此外，这些哲学性论文原本都是公共讲演，因此在纳粹统治期间，除了个人观点外，海森堡的讲演内容也会包括其他议程（比如，为理论物理学的存在价值辩护）。也可参见海森堡在 1959 年的著名观点：“基本粒子没有（日常生活现象）那么真实。”（WH, Physics and Philosophy, London: Allen & Unwin, 1958; Jammer, The Philosophy of Quantum Mechanics, 205.）

[6] 泡利对于量子物理的基础的思考贯穿了其《物理学和哲学》一书，但对此最好的概括见于其中关于开普勒的一章中讨论现代物理的最后一节。（Pauli, The Influence of Archetypal Ideas on the Scientific Theories of Kepler, 1952, reprinted in Pauli, Writings on Physics and Philosophy, 258-261.）

[7] WH, Physics and Beyond, 206.

[8] 唐·霍华德在一系列精彩的论文中反复强调，爱因斯坦对于量子力学的怀疑在于其缺乏可分离性。（Don Howard, Nicht Sein Kann Was Nicht Sein Darf, or, the Prehistory of EPR, 1909—1935.）

[9] AE-Lorentz, 5/23/09 in Howard, Nicht, 75.

[10] AE, 1925 in Cornell and Weiman, Nobel Prize lecture, 2001, 79.

[11] AE-Born, 3/3/47, B-E Letters, 157. 1927 年，爱因斯坦将之称为“一种非常特别的超距作用机制，使得空间上是连续分布的波避免了在屏幕上的两个地方产生作用”。（Howard, Nicht, 92.）

[12] AE-Cassirer, 3/16/37 in Fine, 104n.

[13] 他是一位文字优美的作家，留下了许多关于量子理论的精彩论文，而其中最杰出的当属 1935 年那篇关于“猫”的论文。（Wheeler and Zurek, 152-167.）

[14] 他的“引导波理论”或“双重解理论”首次在 1927 年的《物理期刊》上提出。对此的英文综述可参见：dB, 108-125.

[15] 这个说法取自约翰·贝尔的一篇论文的标题：“*Quantum Field Theory Without Observers, or Observables, or Measurements, or Systems, or Wave Function Collapse, or Anything Like That*”，其中他扩展了戴维·波姆的隐变量理论。（Bell, 173.）

[16] Dirac, Evolution of the Physicist’s Picture of Nature, Sci. American (May 1963).

[17] 参见《玻恩－爱因斯坦书信集》：爱因斯坦在 1948 年 3 月 18 日写给玻恩的一封有趣的信（162-164）；玻恩在 1948 年 5 月 9 日对于爱因斯坦的著名论文《量子力学与实在性》（*QM and reality*）的回信（173-175）；以及泡利 1954 年写给玻恩的信（221-227）。

[18] Pais, Niels Bohr’s, 11, 24.

[19] Wheeler-Bernstein, Bernstein, Quantum Profiles, 137.

01 两只袜子

[1] Bertlmann to LLG, Nov. 10-18, 2000.

[2] Renate Bertlmann to LLG, Feb. 28, 2001.

[3] Bertlmann to LLG, Nov. 10-18, 2000.

[4] Peierls, Bell’s Early Work, Europhys. News 22 (1991), 69.

[5] John Perring in Burke and Percival, 6.

[6] 保罗·戴维斯曾问贝尔，量子力学的问题是否单纯在于其哲学层面，贝尔答道："我认为，这其实是专业水准问题。我是说，我是个专业理论物理学家，我希望做出一个干干净净的理论。但当我审视量子力学时，我看到的是一个脏兮兮的理论。"（Dvies, Ghost, 53-54.）"我不敢妄言它可能是错的，但我知道，它有某些东西不对劲。"（Bernstein, Quantum Profiles, 20.）

[7] AE, QM and reality, transl. in Howard, Einstein on Locality, 187. 请注意，霍华德发现《玻恩－爱因斯坦书信集》中收录的"量子力学与实在性"的英译文存在多处讹误，于是他在自己的论文中使用了自己的翻译。

[8] 爱因斯坦就曾这样反问过派斯。（Pais, Subtle, 5.）

[9] Bertlmann to LLG, Nov. 10-18, 2000.

[10] 对此（包括地点、埃克的话、伯尔特曼的思想）的还原依据包括：Bertlmann to LLG, Nov. 10-18, 2000; Bell, Bertlmann’s Socks and the Nature of Reality, Journal de Physique, Colloque C2, suppl. au #2, Tome 42 (1981), pp. C2 41-61; Bell, 139-158.

[11] Bertlmann to LLG, fall 2000.

[12] Bernstein, *Quantum Profiles*, 63. 关于"吉姆双胞胎"的更多讨论可参见：Lawrence Wright, Twins: And What They Tell Us About Who We Are, New York: Wiley, 1997, 43-48.

[13] Mermin, *Boojums*, xv.

[14] 同上，82。

[15] 同上，82ff。

[16] 同上，87-88。

[17] 同上，88。

[18] 如果我们引入具有其他"基因"配置的粒子，得到的结果只会更奇怪、更极端。（如果你有兴趣，不妨写出相应的预测，并将其与"实际得到的"结果进行比对。）

[19] d’Espagnat; Bell, Bertlmann’s Socks (1981); Bell, 157.

[20] Bell, Atomic-Cascade Photons & QM Nonlocality, 7/10/79, in Bell, 105-106.

[21] "我们首先要避免使用'空间'这个模糊的词语……而代之以'相对于一个可视为刚体的参照物的运动'。"（AE, Relativity, 10.）

[22] "比如，如果我说'火车在 7 点整抵达'，这大致意味着，'我的手表的时针指向刻度 7，与火车抵达是同时发生的'。"（AE, 1905, repr. in Stachel, 125.）

[23] A. Aspect, J. Dalibard, and G. Roger, Experimental test of Bell' s inequalities using time-varying analyzers, Phys. Rev. Letters 49, 91-94, 1804-1807 (1982).

[24] Feynman-Mermin 3/30/84, in Feynman, Perfectly Reasonable Deviations from the Beaten Track (New York: Basic Books, 2006).

[25] Simulating Physics with Computers in Hey, 133ff.

02 量子化的光

[1] AE, On a Heuristic Point of View Concerning the Production & Transformation of Light, *Annalen der Physik* 17: 132-148.

[2] 非常感谢唐·霍华德的多篇精彩论文，尤其是《不该存在的就不可能存在，或 EPR 的历史背景，1909~1935：爱因斯坦对于复合系统的量子力学的早期怀疑》(*Nicht Sein Kann Was Nicht Sein Darf, or, the Prehistory of EPR, 1909—1935*) 一文指出了可分离性在爱因斯坦讨论量子力学的论文中的重要性。

[3] AE-Laub (dated "Monday") 1908 in Clark, 145-146.

[4] AE-Zangger, 11/1911 in Einstein and Maric, 98.

[5] AE-Laub, Monday, 1908 in Clark, 145.

[6] AE-Laub, Monday, 1908 in ibid., 145-146.

[7] AE-Laub, 5/19/09 in Pais, Subtle, 169.

[8] AE, 1905 in Stachel, 191.

[9] Eh., Which Features of the Hypothesis of Light Quanta Play an Essential Role in the Theory of Thermal Radiation? 10/1911 in Klein, Paul Ehrenfest, 174, 245-251. 埃伦费斯特的原语出自这篇文章中的一个小节标题"避免在紫外端的瑞利 – 金斯灾难"。(黑体辐射的瑞利 – 金斯公式将辐射视为波，由英国物理学家瑞利男爵和詹姆斯·金斯提出。)

[10] AE-Laub, Monday, 1908 in Clark, 145-146.

[11] AE-Lorentz, 5/23/09 in Howard, Revisiting, 6.

[12] Folsing, 27.

[13] AE, Salzburg, 1909 (Holm, trans.) in Weaver, 295-309.

[14] 普朗克、斯塔克以及爱因斯坦的讨论可参见：Weaver, 309-312.

[15] AE-Laub, 12/31/09 in Pais, Subtle, 189.

[16] AE-Laub, 12/28/10 in ibid.

[17] AE-Besso, 5/13/11 in Bernstein, Quantum Profiles, 158-159.

[18] AE-Somm., 10/29/12 in Pais, Subtle, 216.

[19] AE-Wien, 5/17/12 in Levenson, 279.

[20] 爱因斯坦、埃伦费斯特和劳厄的这次聚会可参见：Klein, Paul Ehrenfest, 294-295.

[21] AE-Laue, 6/10/12 in Folsing, 323.

[22] Nobel biography; Clark, 142, 144, 195.

[23] Clark, 144.

[24] AE to Alfred Kleiner of the University of Zurich. Ibid., 195.

[25] Klein, Ehrenfest, particularly 92-93.

[26] Casimir, 68.

[27] Laue-Eh., 1/18/12 in Einstein and Maric, xvii.

[28] Eh.' s diary in Klein, Ehrenfest, 294.

[29] Laue to Seelig, 3/13/52 in Clark, 195.

[30] AE-Zangger, 5/20/12 in Pais, Subtle, 399.

[31] AE to P. Frank in Bernstein, Quantum Profiles, 204.

03 原子化的量子

[1] 据派斯回忆，“施特恩和冯·劳厄的这趟于特利贝格峰之行发生在玻尔的论文发表后不久”。施特恩是这样告诉他的：“他们在山顶坐下来，聊起……新的原子模型。二人当即许下了‘于特利贝格誓言’：如果玻尔那荒唐的原子模型被证明是对的，他们将退出物理学界。模型是对的，而誓言却没实现。”（Pais, Inward, 208.）席勒在其剧作《威廉·退尔》中，把“吕特立誓言”变得极富诗意。关于物理学家出于各自的目的而改写剧情的另一个事例，可参看玻恩的传记。（Born, My Life, 87.）

[2] Moore, 152.

[3] Frisch, 42-47.

[4] Pais, Subtle, 486.

[5] Bohr, On the Constitution of Atoms and Molecules, The London, Edinburgh, and Dublin Philosophical Magazine and Journal of Science, 26, 1 (1913-07); 476 (1913-09); 857 (1913-11).

[6] Pais, Neils Bohr' s, 147, 154。“能为玻尔博士这些大胆的假设做辩解的唯一理由是，这是一次分量十足的成功。”（Jeans, Dresden, 1913: 24.）

[7] 在 1964 年，一位与会者把劳厄和爱因斯坦在这次学术讨论会上的发言（也是在这次讨论会上，爱因斯坦首次听到玻尔的原子假设）报道给了德莱斯登。（Dresden, 24.）

[8] WEEKS Mary E. and LEICESTER Henry M., Some Spectroscopic Discoveries, Discovery of the Elements, Easton, PA: Journal of Chemical Education, 1968: 598.

[9] KIRCHHOFF and BUNSEN, Chemical Analysis by Observation of Spectra, Annalen der Physik und der Chemie, 110, 1860: 161-189.

[10] WEEKS and LEICESTER, Some Spectroscopic, Discoveries, 599.

[11] Handbuch der Spectroscopie: Vol. 1: 800; Pais, Niels Bohr' s: 139-141.

[12] Pais, Niels Bohr' s: 142.

[13] 同上，43-48。

[14] BUNSEN and KIRCHHOFF, Chemical News 2, 1860-11-24: 281.

[15] Pais, Inward, 437.

[16] 在 1927 年 8 月 26 日的《星期日电讯报》（*Sunday Dispatch*）一篇报道的描述中，卢瑟福表现得热情洋溢、喜气洋洋、粗犷豪放，就像在“干劲十足地务农”一样（Eve, 324.）；玻尔喜欢徒步，也喜欢包括砍树在内的各种各样的体力劳动。

[17] Pais, Niels Bohr' s: 138.

[18] 就这一点，玻尔没有必要告诫一贯笔法清晰的乔治·伽莫夫（GG, My World Line, 66-67）。“长篇大论的论文都有吓唬读者的坏毛病。英国人的习惯是把事情简明扼要地说出来，而德国人的方式恰恰相反，他们会尽可能地把一切搞得啰里啰唆，好把这当成一种美德。”（Rutherford- Bohr, 1913; Eve, 220.）

[19] Hevesy-Bohr, 9/23/13 in Pais, Inward, 208.

[20] Pais, Niels Bohr' s, 154.

[21] Bohr, Nature, 92, 231, 1913 in Pais, Niels Bohr' s, 149.

[22] Hevesy-Rutherford, 10/14/13 in Eve, 226.

[23] Hevesy-Bohr, 9/23/13 in Klein, Paul Ehrenfest, 278.

[24] Hevesy-Rutherford, 10/14/13 in Eve, 226.

[25] Eh.-Lorentz, 8/1913 in Klein, Paul Ehrenfest, 278.

[26] Casimir, 68.

[27] “虽然这一成果有助于最初的发展，但它仍是骇人听闻的。玻尔在这条道路上取得了许多新的成就，尽管它令我恐惧，但我依然衷心地祝愿慕尼黑的物理学能沿着这条路走得更远！”（Eh.-Somm., 5/1916 in Klein, Paul Ehrenfest, 286.）

[28] Eh., Adiabatic Invariants and the Theory of Quanta, 1917 in Bolles, 24.

[29] G. P. Thomson, Niels Bohr Memorial Lecture, 1964; French and Kennedy, 285; 玻尔“在谈话中经常恳请得到同伴的理解，虽然希望渺茫，但他始终持乐观态度”。（vW, A Reminiscence from 1932 in French and Kennedy, 185.）

[30] Kragh, The Theory of the Periodic System, French and Kennedy, 50-60.

[31] AE-Borns, 12/30/21; B-E Letters, 65.

04 难以描绘的量子世界

[1] 海森堡把这整件事都归到了泡利身上，学生时代的泡利被海森堡描绘得固执己见。这听上去不太可靠，但无论如何，他们讨论过这个问题，并达成了一致意见。（WH, Physics and Beyond, 35-36.）

[2] 当年海森堡 19 岁（1901 年 12 月 5 日），泡利的生日是 1900 年 4 月 25 日。

[3] 拉波特就快满 19 岁了。（H. R. Crane and D. M. Dennison, Biographical Memoirs vol. 50, 268-285, Washington, D.C.: National Academy Press, 1979.）

[4] Enz, 54.

[5] WH, Physics and Beyond, 29.

[6] 同上，36。

[7] 同上，24。

[8] Born, My Life, 212.

[9] “泡利那篇百科全书式的论文貌似写完了，据说该论文重达 2.5 公斤，这大概指的是蕴含其中的智力的重量。这小伙子不仅聪明，而且还很勤奋……”（Born-AE, 2/12/21 in B-E Letters, 53-54.）

[10] “经常有朋友在我们讨论物理学的时候加入。奥托·拉波特的尝试审慎而务实，他出色地斡旋于沃尔夫冈和我之间……可能就是由于他的存在，我们仨才……决定这次自行车之旅……”（WH, Physics and Beyond, 28.）

[11] 同上，29。

[12] 同上，26。

[13] “嗯，”拉波特说，“哲学故意滥用某些术语，而这些术语本来是为了某种目的而专门构造出来的。对于一切断然做出的极端言论，一定要第一时间进行反驳。我们仅应使用那些能够被直接感知的词汇和概念……这种对可见现象的回归，正是爱因斯坦的伟大功绩。”（同上，30, 34）

[14] “你这些听起来言之有理的意见，马赫早就已经提出过了。”（同上，34）泡利在 20 世纪 20 年代写给海森堡的信中，随处可见他用开玩笑的口吻精心写就的隐喻和术语。与海森堡的回忆录刻画出的那个泡利比起来，这些信件中的泡利并没有那么严肃和恭顺。海森堡写道：“泡利对我的影响非常大。我的意思是，泡利的个性实在很强……他吹毛求疵。我都不知道他对我说过多少次类似‘你就是个彻头彻尾的笨蛋’这样的话。但这对我很有帮助。”（Cassidy, 109.）

[15] Pauli-Jung, 3/31/53; Enz, 11。泡利的中间名叫“恩斯特”（Ernst），就是用马赫的名字取的。

[16] Pauli in WH, Physics and Beyond, 34.

[17] 同上。

[18] 同上。

[19] 索末菲："相信存在数字上的关联……这就是为什么我们当中会有很多人把他的科学研究叫作原子神秘主义。"（同上，26）

[20] Somm., Atombau und Spektrallinien in Cassidy, 116。后来，泡利竟然真的对开普勒的这个研究方向表现出浓厚兴趣。

[21] WH-Pauli on WH's half-quanta, 11/19/21 in Cassidy, 125.

[22] WH, Physics and Beyond, 26.

[23] 关于海森堡回忆泡利拿"按照圣让－雅克·卢梭的信条生活"来开玩笑的故事，以及他自己如何取笑泡利起床晚这件事，参见 WH, Physics and Beyond, 28；在《玻恩－爱因斯坦书信集》（63）里，玻恩对泡利的睡觉方式进行了描写，可以与海森堡的记述对照（WH, Physics and Beyond, 27）。

[24] 海森堡曾完美地描绘了这种生活。（WH, Physics and Beyond, 27-28.）

[25] Cassidy, 14-17.

[26] Enz, 7-10, 15, 51, 53. "泡利的童年具有一种独一无二的维也纳人风格。"（"war ihm immer fad", Enz, 11.）

[27] Greenspan, 5-8, 155-158.

[28] B-E Letters, 234.

[29] Greenspan, 75.

[30] B-E Letters, 25.

[31] 关于施特恩、革拉赫以及他们做的实验参见：Pauli-Gerlach: Enz, 78-79. 关于革拉赫在法兰克福的经历参见：Bernstein, Hans Bethe, 12; B-E Letters, 53; Greenspan, 102-103. 关于劳动部的内容参见：Frisch, 24, 44. 拉比后来说："在我听到施特恩－革拉赫实验以前，我觉得量子理论（以前的量子理论）让人难以置信。我认为以前的量子理论很无聊。我想会有人来创造出另一个具有相同属性的原子模型，但你无法从施特恩－革拉赫实验中获得。你确实得面对某些全新的东西。它一直在宇宙中发生，却没有一种精巧的经典构造能做得到、能对它做出解释。"（Rabi to Bernstein, The New Yorker, 10/13/75, 75.）爱因斯坦在 1922 年写道："目前最有趣的事就是革拉赫和施特恩的实验。未经碰撞的原子的方向无法用辐射加以解释……一个确定方向应该能适当地延续百年以上。关于这一点，我和埃伦费斯特稍微做了点计算……"（B-E Letters, 71.）

[32] Bohr, Atomic Physics, 37.

[33] WH, Physics and Beyond, 35.

[34] Somm. to WH and WH int. in Cassidy, 118-119, 122.

[35] Pauli to WH in WH, Physics and Beyond, 35.

[36] "我们蹬着自行车努力往山上骑，一旦抵达山脊，就可以毫不费力地沿着山路放肆地冲下山坡，经过陡峭的瓦尔兴湖西岸……越过这片深色的湖水，歌德首次望见了白雪覆盖的阿尔卑斯山。"同上，29。

[37] 这一段话多半来自卡西迪对海森堡少年时代的生动描写。对于青年运动中的创造和破坏两个方面，卡西迪分析得特别有意思。（Cassidy, Ch. 2-5.）

[38] WH-mother, 12/15/30，Cassidy, 289.

05 在有轨电车上

[1] "索末菲并非不切实际，并非完全不切实际；爱因斯坦也不比我更现实多少。他一到哥本哈根，我当然要第一时间在火车站截住他……我们搭乘有轨电车从火车站出来，在车上畅所欲言、尽情地交换意见，以至于坐过了好几站，只好又下车往回坐。之后，我们又一次坐过了站，爱因斯坦那时完全

沉浸在交谈中，而我甚至根本记不得到底坐过了多少站。我们坐在电车上去了又回。我们不知道爱因斯坦的兴趣是否有点怀疑论的腔调，但不管怎么说，我们坐电车来来回回了许多趟，至于别人怎么看我们，那要另当别论。”1961 年玻尔写给他的儿子和罗森菲尔德的信。(Pais, Niels Bohr' s, 229.) 玻尔的研究所距港口不到三公里。爱因斯坦此次旅行是从瑞典搭渡船来的，而其他几次，他自然都是乘火车从柏林来，玻尔似乎把爱因斯坦的这趟旅行与其他几次给弄混了。

[2] New York Times, 11/18/19 in Pais, Subtle, 309.

[3] Laue-AE, 9/18/22 in Pais, Subtle, 503.

[4] Levenson, 270.

[5] Einstein on Rathenau, 1922 in Pais, Subtle, 12.

[6] Autobiographical Notes in Schilpp, ed., AE: Philosopher Scientist, 9.

[7] 同上，11。

[8] Bolles, 57-62.

[9] AE-Bohr, 5/2/20 in Pais, Niels Bohr' s, 228.

[10] AE writing around 1922, The World as I See It, 162.

[11] Bohr-AE, 5/2/20 in Pais, Niels Bohr' s, 228.

[12] Bohr, The Theory of Spectra & Atomic Constitutions in Dresden, 140.

[13] AE-Eh., 5/4/20 in Pais, Subtle, 416f.

[14] AE-Lorentz, 8/4/20 in Pais, Niels Bohr' s, 228.

[15] Pauli to WH in WH, Physics and Beyond, 24.

[16] MacTutor 教学历史网站。

[17] Born, “Arnold Johannes Wilhelm Sommerfield,” Obituary Notices of Fellows of the Royal Society of London 8 (1952), 275-296.

[18] AE-Somm., 9/29/09 in AE, Collected Papers, Vol. 5, 179.

[19] Pais, Subtle, 508-511.

[20] Bohr-AE, 11/11/22 in Pais, Niels Bohr' s, 229.

[21] 玻尔的诺贝尔奖获奖致辞，1922 年，同上，233。

[22] AE-Bohr, 1/11/23 in French and Kennedy, 96; Pais, Niels Bohr' s, 229.

[23] 大概在第二次世界大战期间，布莱达姆斯外大街重新分配了门牌号码，玻尔的研究所如今的地址是 17 号。

[24] Pais, Niels Bohr' s, 170-171.

[25] Hevesy-Rutherford, 5/26/22 in ibid., 385.

[26] “在这可怕的混乱之中，你关于新元素的善意来信给我们所有人都带来了莫大的慰藉，我们已经在不知不觉间彻底落入混乱之中。在寻找新元素的过程中，我们从来都无意与其他化学家们竞争，而只是希望能对理论的正确性做出证明……于尔班……努力地想要转移所有问题，甚至丝毫不关心对 72 号元素属性的重要科学讨论，而只是想着抢夺先机。”(Bohr-Rutherford; French and Kennedy, 64.)

[27] 亚历山大·道威利尔是莫里斯·德布罗意在整个 20 世纪 20 年代最重要的助手，他的研究成果极大支持了乔治·于尔班在巴黎大学的领导地位。于尔班已经断言，72 号元素就像 71 号元素一样，是一种稀土金属元素，而不是像玻尔曾经预测、迪尔克·科斯特与赫维西发现的那样，是一种钛（22）与锆（40）的化学混合物。从 1921 年到 1925 年，路易·德布罗意和道威利尔就此及相关论题共同撰写了一系列论文，一再自行提出论据，批驳玻尔及其研究所的观点和研究成果。参见《是薛定谔发展了德布罗意的思想吗？》(*Why Was It Schrödinger Who Developed de Broglie's Ideas ?*) 一文，作者注

意到，德布罗意和道威利尔针对玻尔研究所发出的争辩，经常显得过于激烈，不是很适于科学论辩。在那段时间里，整个事件都在众目睽睽之下进行，至少是在德国的大众们眼前展开，（鉴于当时所处时期）充满了民族主义的色彩。

[28] Pais, Niels Bohr' s, 210.

[29] "（爱因斯坦）平时说话轻言细语，笑起来却声如洪钟，说笑之间形成强烈反差。"（Cohen; French, Einstein, 40.

[30] Pais, Niels Bohr' s, 192.

[31] AE quoted by astronomer Nordmann, 1922; Clark, 353.

[32] 海森堡借助一个让索末菲惊骇不已的半整数，用一个临时模型做出了结果。（Cassidy, 120-121.）

[33] 玻尔在 1922 年 6 月的"玻尔节"（ Bohr Festspiele）上对海森堡 1921 年 12 月的模型的评价。（ ibid., 128-130.）

[34] Somm.-AE, 6/11/22 in Cassidy, 123-124; Dresden, 37.

[35] Bohr, 1921 draft in Pais, Niels Bohr' s, 193.

[36] AE-Besso, 7/29/18 in Dresden, 31.

[37] Somm.-Bohr, 1/21/23. 据说，索末菲虽然还不确定康普顿是否正确，但他每到一处都会和人说起"康普顿效应"。同上，160。

[38] Bohr-Rutherford on Compton, 1/27/24；同上，31。

[39] 1924 Bohr-Kramers-Slater paper；同上，140。

[40] 1924, BKS paper; Dresden, 140.

[41] Bohr, Zeitschrift für Physik 13, 117 (1923); Dresden, 140.

[42] Somm.-Bohr, 1/21/23; Ibid., 160.

[43] 海森堡记得玻尔这么说过，同上，31。

[44] 参见本章注释 [1]。

[45] Bohr interview, 7/12/61 in Pais, Niels Bohr' s, 232.

[46] Bohr interview, 7/12/61。玻尔在 1920 年不大可能会问这第二个问题；同上。

[47] Gamow, Thirty Years, 215.

[48] Bohr, 2/13/20 Copenhagen lecture; Dresden, 141.

[49] AE in the Berliner Tageblatt, 4/20/24 in Pais, Subtle, 414.

[50] "只要作为推演起点的原理不为人知，个别事实对理论学家来说就毫无用处。的确，借助这些多少得到过广泛应用的孤立经验性通则，理论学家做不了任何事情。没错，对于孤立的经验性研究成果，理论学家必须坚持自己那令人绝望的观点，直到能拿来做合理推论的基础原理自行展现在他面前。"来自爱因斯坦在普鲁士科学院的就职演说。（1914 年，AE, The World As I See It, 128.）

[51] Franck interview, 7/10/62 in Pais, Niels Bohr' s, 4.

[52] Bohr-Somm., 5/30/22 in Dresden, 43.

[53] 下面是玻尔对他说过的话的一段近似复述，其中提到"著名论文"和"非常疯狂"。玻尔继续说道："这是一个精彩绝伦的天才成果，对于（此前）我颇为礼貌地记述的讨论而言，这几乎可以说是具有决定性意义的成果……但是，爱因斯坦如此幽默，人们可以轻而易举地把所有可能性都告诉他。"（1961 年的采访，参见 Pais, Niels Bohr' s, 231-232.）

[54] AE, 1917; Pais, Subtle, 411.

[55] Bohr-Darwin, 1919, on the interaction between light and matter in Bolles, 47.

[56] 自 1913 年起，物理学家们就一直向玻尔提出这个问题。当爱因斯坦说，他羡慕引导玻尔研究工作

的“可靠直觉”时，他指的是玻尔取得这些了不起的成就，并不是依靠清晰易懂的计算。（Pais, Niels Bohr’s, 205.）索末菲、卢瑟福和弗兰克曾经询问玻尔，在他的元素周期表研究成果背后，使用了哪些数学工具。

[57] “玻尔……对于被索末菲、玻恩和其他德国理论家视为完美典范的‘数学化学’几乎毫无信心，反而依赖于某种直觉的理解。”（Kragh, The Theory of the Periodic System; French and Kennedy, 59.）

[58] 霍伊特说：“（玻尔）认为，对于提到的每一个细节，索末菲都是错的。”弗兰克说：“（相对于玻尔来说）玻恩太像一个数学家了。”海森堡说：“玻尔不是一个具有数学思维的人……”（Pais, Niels Bohr’s, 178-179.）

[59] 同上，193。

[60] Somm., Atombau & Spekrallinien, 1922, ibid.

[61] AE-Born about Bohr, 1922 in B- E Letters, 71.

[62] Pais, Subtle, 420.

[63] Bohr interview, 1961 in Pais, Niels Bohr’s, 229.

[64] Somm.-Compton in Moore, 160.

[65] WH-Pauli, 1/15/23 in Dresden, 42.

06 光波与物质波

[1] Slater-mother, 11/8/23 in Dresden, 161.

[2] Slater-parents, 1/2/24, in Dresden, 164.

[3] Berlingske Tidende, 1/23/24 in Pais, Niels Bohr’s, 260.

[4] Slater-parents, 1/2/24 in Dresden, 164.

[5] Kramers, 1923 in ibid., 143.

[6] Slater-parents, 1/2/24, in Dresden, 164.

[7] “我们赞同你的地方远比你以为的要多得多。”这是玻尔很有名的一句话。

[8] Dresden, 162.

[9] WH-Bohr, reporting Pauli’s words, 1/8/25 in Cassidy, 190.

[10] Pais, Niels Bohr’s, 235 and Dresden, 164.

[11] Slater-parents, 1/13/24 in Pais, Niels Bohr’s, 235.

[12] Slater, Nature 116, 278 (1925); Dresden, 165.

[13] Pauli-Bohr, fall 1924 in Enz, 158.

[14] Cassidy, 172-173.

[15] WH, Physics and Beyond, 46-57.

[16] Bohr to Hoyt in Pais, Niels Bohr’s, 264.

[17] AE-Born, 4/29/24 in B-E Letters, 82.

[18] Dresden notes Danish, German, and Dutch papers, Dresden, 207.

[19] 关于爱因斯坦和玻尔之间的这次争执，据记载，爱因斯坦确实使用过“争执”一词。（Pais, Subtle, 420.）

[20] Haber-AE, 1924 in Pais, Niels Bohr’s, 237.

[21] 同上，259-260, 262。

[22] Dresden, 115ff, 282, 483, 526ff.

[23] Gamow, Thirty Years, 49, and drawing, Carlsberg Beer and Its Consequences, 50. 1928 年，伽莫夫自己身

无分文地来到研究所，并在那里的嘉士伯协会逗留了一段时间。（Pais, Niels Bohr's, 19, 117, 256ff; Gamow, My World Line, 64.）

[24] 关于玻尔的学生们纷纷娶了丹麦籍太太的故事参见：Pais, Niels Bohr's, 168; Weisskopf, 8.

[25] 克拉默斯太太的孩子们同样记得她讲的这个故事，参见：Dresden, 289-298, also 479; Pais, Niels Bohr's, 238.

[26] Slater interview, 10/3/63 in Pais, Niels Bohr's, 239. 斯莱特在1951年重返哥本哈根会议时说："要不是发生了那件事，我还以为老年的玻尔彻底成熟了，而我也会忘记约25年前关于他和哥本哈根的那种感觉……当时（布里渊刚做完关于热力学及信息论的演讲），玻尔站了起来，用极不人道地残暴方式对前者进行攻击。我从来没见过一个成年人在公开场合如此情绪化地责骂他人，并且以我的判断，玻尔没有任何理由用这种方式来虐待布里渊。自那次以后，我认定自己有充足的理由从1924年开始就对玻尔抱有不信任感。"（Dresden, 527-528.）

[27] Bolles, 188.

[28] dB in Pais, Subtle, 436-438.

[29] AE-Born in Klein's intro for Przibram, xiv.

[30] AE-Langevin, no date in Moore, 187.

[31] Kramers, 1923 in Raman and Forman, 294

[32] 同上，295-296。

[33] Blackett AHQP interview, 1962.

[34] O'Connor and Robertson, Bose, http://www-groups.dcs.st-and.ac.uk/, Oct. 2003. Accessed May 19, 2007.

[35] Bose-AE, 6/1924 in Bolles, 205.

[36] 同上。

[37] Bose-AE, 6/1924 in Pais, Subtle, 425.

[38] 爱因斯坦在普鲁士科学院会议报告（1925年），这是他关于玻色的第二篇论文（Cornell and Weiman, Nobel lecture, 2001.）埃伦费斯特和薛定谔分别表达了各自对粒子这种不可分离性（nonseparability）的不满。但作为对二人的回应，爱因斯坦写道："这是完全正确的。"（Pais, Subtle, 430.）薛定谔觉得爱因斯坦搞错了，对此爱因斯坦答道："不能把量子或分子视为彼此间相互独立……我的计算肯定没有任何错误。"（Moore, 183; Howard, Nicht, 67.）

[39] Cornell and Weiman, Nobel lecture, 2001.

[40] AE-Eh., 11/29/24; Pais, Subtle, 432.

[41] Somm., Atombau; Dresden, 206. For non-lignet: The Century Dictionary, New York: The Century Co., 1913.

[42] Pauli-Somm., 12/6/24 in Dresden, 206.

[43] Pauli-Somm., 12/6/24 in Cassidy, 194. 泡利在四天前刚提交了关于不相容原理的论文。

07 泡利和海森堡去看电影

[1] Cassidy, 190, 582 (note 40). For WH & Pauli as Chaplin fans, see Cassidy, 196.

[2] "卓别林极其荒唐的作品""愚蠢的美国式小丑伎俩""一派胡言""空虚"——"尽管批评者吹毛求疵，观众却报之以阵阵笑声，据说，这在德国电影界还没有过先例。"（Saunders, 174-175.）

[3] Cassidy, 193.

[4] 在海森堡于1924年6月8日写给泡利的信里，首次出现把玻尔比作"教皇"的说法；而把克拉默斯比作"红衣主教"的提法则首次出现在1925年2月28日的信里。1925年7月，克拉默斯在玻尔身边的位置被海森堡取代，这种提法也最后一次出现。（Dresden, 268, 272, and compare 137n.）

[5] 海森堡在和玻尔见面之后说："我真正的科学生涯在那个下午才刚刚开始。"（WH, Physics and Beyond, 38.）泡利的原话是："从见到尼尔斯·玻尔的那一刻起，我的科学生命进入了一个新的阶段。"（Pauli, Remarks on the history, Science 103, 213, 1946; Enz, 88. Compare Dresden, 253.）

[6] WH to Kuhn in Dresden, 262.

[7] 海森堡说："克拉默斯对待困难的方式不像玻尔那么严肃。"（WH, Mehra and Rechenberg interview; Dresden, 266.）

[8] WH-Pauli, 6/8/24. 海森堡的论文《塞曼色拉》（*Zeeman salad*，他用半量子、半经典的方式对塞曼效应作解释）在发表时"得到教皇的祝福"；同上，268。

[9] "有趣的"德语为 komische。（Pauli-Landé, 11/10/24 in Enz, 106.）

[10] "人们也称之'旋转电子'。然而，我们认为旋转物质实体这个概念并不重要。而且，由于不得不把超过光速的情况也考虑进来，因此更体现出这个概念不可取。'Magnetelektron'这个名称也指出了电子产生的电磁场的重要性。"（Pauli, 1928, ibid., 114.）

[11] Dirac, On the theory of Q. M., Proc. Roy. Soc. A 112, 661 (1926); Enz, 128 and Pais, Inward Bound, 273.

[12] WH, Z. f. P. 38 (5/1926) in Enz, 129; Eh.-Pauli, 1/24/27, Dear dreadful Pauli in Enz, 120.

[13] Eh.-Pauli, 3/25/31 in Enz, 257-258（部分亡佚）。也可参见 Casimir, 85-86, 上下文有关于"美丽、全新、黑色的正是西装"（beautiful, new, black, formal suit）的精彩故事。

[14] Pauli-Bohr, 12/12/24 in Enz, 124.

[15] Pauli-Bohr, 12/12/24 in Cassidy, 192.

[16] WH-Pauli, 12/15/24 in Enz, 124.

[17] 卡西迪把玻尔的反应简单理解成"充满热情"，但我觉得恩茨才是正确的："通常，当玻尔这样描写某样东西时，都意味着他或多或少心有疑虑。"（Bohr-Pauli, 12/22/24 in Cassidy, 192, and Enz, 124.）

[18] Bohr in Frisch, 95, Bernstein, Quantum Profiles, 20.

[19] Pauli-Bohr, 2/11/24; Dresden, 260.

[20] Born, Z. f. P. 26, 379 (1924) in Pais, Niels Bohr's, 162. "玻恩是第一批（也可能是第一个）认识到需要一种新的数学来对量子物理进行支撑的人。"玻恩曾对爱因斯坦说："我们（玻恩和海森堡）有理由怀疑玻尔的创造性，但基本上，这种由量子法则与经典力学混合而成的令人无法理解的理论是正确的，这将引导我们最终摒弃经典力学，转而建立全新的量子力学。"（B-E Letters, 78-79.）

[21] Pauli-WH, 2/28/25 in Dresden, 269.

[22] 海森堡说："有人觉得正走在向全新力学灵魂深处进发的路上，现在已经往前迈进了一步。人人都知道，在这背后必然还有各种新力学，但没人能清楚知道那是什么……掌握矩阵力学的人几乎都没有搞懂它。"（WH, Kuhn interview in Pais, Niels Bohr's, 274.）

[23] 泡利的好朋友菲尔兹曾说："泡利对这种效应深信不疑。"施特恩说："泡利效应（能保证是泡利效应）的数量极大。（但我的实验室里没有泡利效应），因为泡利不得入内。"（Enz, 149-150.）

[24] 伽莫夫说："众所周知，不要让理论物理学家操作实验仪器；他们每次碰仪器，仪器都会出问题。泡利是如此优秀的理论物理学家，以至于他每次只要跨过实验室的门槛，八成就会有东西出问题。"（Gamow, Thirty Years, 64.）

[25] 施特恩说，他的一位朋友"为了让仪器保持好心情，每天都要给它带一朵花……我的招数稍微高明点，在法兰克福，我会在仪器边上摆了一把木槌，并经常拿它来吓唬那些仪器设备。有一天木槌不见了，于是设备不再运转，直到三天后把槌子重新找了出来……"（Stern to Jost in Enz, 149.）

[26] Enz, 147-148.

[27] 泡利曾对哈里·雷曼说过这件事，后来雷曼又告诉了恩茨。施特恩（在与约斯特会谈时）把责任推

到了沃尔特·巴德身上。巴德是一位天文学家，后来成为泡利的好友，并在1927年和泡利一起发表了一篇研究彗星的论文。施特恩说："巴德绝对是引诱泡利耽于美酒的罪魁祸首。事实上，泡利刚到汉堡时滴酒不沾，对任何酒精饮料都拒之门外，而且他还会痛斥那些喝酒的人。"（Enz, 147.）

[28] Pauli-Wentzel, 12/5/26 in Enz, 147. 在文中场景发生时，泡利可能还没有意识到这一点，但最迟在圣诞节以前，他肯定已经发觉了："我很高兴成功地做到了喝得比你多、起得比你早，却没能让你改变我的信仰（让我相信自旋）。"（Pauli-Bohr in Enz, 159.）

[29] Pauli-Kronig, 6/21/25 in Enz, 111; Pais, Niels Bohr' s, 275.

08 海森堡在赫尔戈兰

[1] 歌德用波斯语写成的诗集的开头部分，这本《西东诗集》陪伴海森堡孤身一人待在赫尔戈兰岛上。

[2] WH, Physics and Beyond, 60-62; Pais, Niels Bohr' s, 275-279.

[3] WH, 1963 interview in Pais, Niels Bohr' s, 275; WH, Physics and Beyond, 60.

[4] 同上。

[5] WH, 1963 interview in Pais, Niels Bohr' s, 275.

[6] Bohr to WH in Sjaelland；海森堡回忆赫尔戈兰岛上的生活：WH, Physics and Beyond, 52, 60.

[7] WH in 1967 in Dresden, 247.

[8] WH, Physics and Beyond, 61.

[9] WH-Kronig, 6/5/25 in Cassidy, 201.

[10] 海森堡引用了迈克尔·弗雷恩的戏剧《哥本哈根》节目单中的内容，但我无法证实这一引用的来源。

[11] WH, Physics and Beyond, 61.

[12] 同上。

[13] 同上，62。

[14] WH-Pauli, 6/24/25 in Enz, 131.

[15] WH, 1925 in Beller, 24.

[16] Born, 1960 int. in Pais, Niels Bohr' s, 278.

[17] WH-Pauli, 7/9/25 in Beller, 54, Cassidy, 197.

[18] Born, My Life, 217.

[19] Wick, 23. 实际上，早在1922年，薛定谔构思他那篇伟大的波动力学论文时，就首次使用了虚数。杨振宁曾评论："于是，薛定谔在1922年几乎是偶然引入的虚数单位 *i*……在各种深层概念中蓬勃发展，而这些概念正是我们理解物理世界的基础。"（Moore, 147.）

[20] WH, Quantenmechanik, Naturwissenschaftein 14, 990 (1926), trans. and quoted in Beller, 27. 海森堡曾对泡利说："每次当我听到有人把这种理论称为矩阵物理时，就会很生气……'矩阵'肯定是现有最愚蠢的数学词汇之一。"（Wick, 37.）玻恩和约尔当的论文对海森堡的量子力学进行了详细阐述。海森堡在哥本哈根收到这篇论文后，随即写信给玻尔："看，我收到一篇玻恩的论文，但我根本看不懂。通篇都是矩阵，我不知道这都是什么。"（Rosenfeld, 1949 in Greenspan, 127.）

[21] WH-Pauli, 10/23/25; Dreimannerarbeit。"在理论进一步发展的过程中，一个重要任务是……用某种形式将以符号表示的量子几何转为形象化的传统几何。"（Born, WH, Jordan, 1926 in Beller, 21n.）

[22] Born-AE, 7/15/25 in B-E Letters, 84.

[23] WH, Physics and Beyond, 62.

[24] Born-AE, 7/15/25 in B-E Letters, 83-84.

[25] Born, My Life; Pais, Niels Bohr' s, 279.

[26] Wick, 24; Pais, Inward Bound, 251.

[27] 同上，251。

[28] Bohr-Franck and Franck-Bohr, 4/21/25 and 4/24/25: Dresden, 210-211; Pauli-Kramers, 7/27/25: Enz, 133; Dresden, 269-270.

[29] Pauli-Kramers, 7/27/25 in Pais, Niels Bohr' s, 238 and Enz, 133 and Dresden, 269-270.

[30] Kramers to WH, ca. 6/21/25 in Dresden, 276.

[31] Kramers-Urey, 7/16/25 in Dresden, 277.

[32] 关于克拉默斯离开哥本哈根的凄凉故事，克拉默斯和泡利之间的亲密友谊，以及克拉默斯与海森堡间相互赏识但日趋紧张的关系，参见 Dresden, 276-285。

[33] Bohr-WH, 6/10/25; Pais, Niels Bohr' s, 279-280. 根据记载，玻尔于当年 8 月底在奥斯陆发表了一篇讲话，其中提到："不再提及新量子力学。"

[34] WH-Bohr, 8/31/25 in Pais, Niels Bohr' s, 280.

[35] AE-Eh. in Woolf, ed., 267.

[36] Enz, 134 and Greenspan, 125.

[37] WH-Pauli, 10/12/25 in Dresden, 58.

[38] AE-Besso, 12/25/25 in Pais, Niels Bohr' s, 317; Klein translation; French, Einstein, 149.

[39] "我为你关于氢原子的新理论感到高兴，你对该理论的理解进展如此之快，让我非常羡慕……衷心祝贺！"（WH- Pauli, 11/3/25 in Enz, 135.）

[40] 玻尔－克拉默斯－斯莱特论文被证伪的次日，玻尔对卢瑟福说过这样的话。（Bohr-Rutherford, 4/18/25; Dresden, 210; Mehra, 467.）"由于（海森堡）……我们一下子认识到还有成功的机会，虽然只有模糊的理解，但很长时间里，它都是汇集希望的中心。"（Bohr-Rutherford, 1/17/26 in Eve, 314; Pais, Niels Bohr' s, 280.）

09 薛定谔在阿罗萨

[1] 提到了厨师。ES-Pauli, 11/8/22 in Moore, 145.

[2] Pais, Einstein, 22.

[3] ES, Z. f. P. 12 , 1922 in Moore, 146.

[4] 海森堡非常反感德拜在本该工作的时候总一边叼着雪茄，一边给他的玫瑰花浇水。（Moore, 191-192; Cassidy, 271.）

[5] Bloch, 1976; Moore, 192.

[6] ES, On Einstein' s gas theory, Physikalische Zeitschrift, 12/15/25 in Moore, 188; WH in Are There Quantum Jumps?; WH in Is Life?, 159.

[7] Moore, 194-196.

[8] Moore, 175-176.

[9] Moore, 10, 12-19.

[10] 薛定谔的女学生伊塔・荣格回忆说，他会那样做。（Moore, 200.）

[11] ES-Wien, 12/27/25, Moore, 196.

[12] Moore, 196-200.

[13] Bloch, Physics Today, 1976；Moore, 192.

[14] London-ES, 12/7/26, Moore, 147-148.

[15] Enz, 140.

10 你能观测到的

[1] 关于这段与爱因斯坦的对话，海森堡在两处的描写略有不同。（WH, Encounters, 112-122; WH, Physics and Beyond, 62-69.）

[2] “他向我指出，在我的数学描述中，‘电子轨迹’的概念并没有出现……并取决于空间的大小。”（WH, Encounters, 113; WH, Physics and Beyond, 66.）

[3] “爱因斯坦……在听众当中……我想让爱因斯坦对新出现的可能性感兴趣。”（WH, Encounters, 112-113.）

[4] “他邀请我和他一起回家，这样就可以边走边讨论了”“在回家的路上，他问了我的背景，以及我的研究成果……”（WH, Encounters, 113.）“在自己是否应该拒绝莱比锡大学给的机会，而选择与玻尔一起工作这件事上，海森堡想听听爱因斯坦的意见。爱因斯坦力劝他去和玻尔一起工作。”（Cassidy, 237.）

[5] WH, Encounters, 113.

[6] 海森堡提到，爱因斯坦这种说法让他感到“震惊”。（WH, Encounters, 113.）

[7] WH, Physics and Beyond, 63.

[8] “1930 年，当菲利普·弗兰克说‘你早在 1905 年就已经创造出’玻尔 – 海森堡的哲学观点时，爱因斯坦答道：‘一个有趣的笑话不该重复说太多次。’”（Wick, 59.）

[9] WH, Encounters, 114.

[10] “对我来说，这些需要考虑的因素都很新，在当时给我留下了深刻印象；后来，它们在我自己的工作中扮演了重要角色……”（WH, Encounters, 114; WH, Physics and Beyond, 64.）

[11] 海森堡对爱因斯坦的问题这样回忆：“电子会突然、不连续地由一个轨道跃迁到另一个轨道，同时可能放射出一颗光量子，也可能会像无线电发射器那样，以持续不断的方式向外发出某种波。在第一种情况下，我们无法解释经常观察到的干涉现象；而在第二种情况下，我们无法解释事实存在的清晰光谱线。”（WH, Encounters, 114.）

[12] “在对爱因斯坦的问题进行回答时，我求助于玻尔的……概念。”同上。

[13] 同上。

[14] 同上，115。

[15] WH, Physics and Beyond, 68.

[16] 同上，69。

[17] 同上。

[18] 关于伊塔和罗斯维塔·荣格在 1926 年夏天接受薛定谔的辅导，并为之着迷的故事参见：Moore, 223-225。

[19] 伊塔的回忆，同上，224。

[20] “世界的图景要变得易于被人们理解，其代价只能是把关于个人的每一件事都排除在外，在这样一种世界图景中，是不可能存在专属于某人的上帝的。”（ES, Acta Physica Austriaca 1, 1948 in Moore, 379.）

[21] ES, Acta Physica Austriaca 1 (1948) in Moore, 379.

[22] 薛定谔在苏黎世大学的学生亚历山大·穆拉尔特的回忆。（1922-1923, Moore, 148-149, 242.）

[23] 同上，224。

[24] 薛定谔对其方程的解释在整个 1926 年都在变化。从 1926 年 1 月到 3 月，他把波直接解释为物质，粒子只是一种附带现象。从 1926 年 4 月至 6 月，再到 1928 年，他指出“对波动方程进行平方即可得出电荷密度”；“到目前为止，我所说的‘波动方程’实际上并不是波的方程，而是波的振幅的方程。”（ES-Planck, 4/8/26 and 6/11/26.）“数量本身并不具备物理意义，但其二次函数却有物理意义。”（ES-Lorentz, 6/6/26; Przibram and Intro. to ES, Interpretation, 1-5.）

[25] 薛定谔确实跟伊塔谈过他的方程，尽管关于那次谈话的所有内容仅留下以下两段引述。薛定谔对伊

塔说："我没有立刻把每一件事都记下来，而是一直不断地修修改改，直到最后得出这个方程。就在我得到方程的那一刻，我知道我会获得诺贝尔奖。"以及："关于那 6 篇论文，眼下再版仅是为了加印的强烈需求，我的一个小朋友（伊塔）告诉本作者：'嘿，你一开始肯定连想也想不到，自己能搞出这么一个有用的东西来。'" 参见薛定谔给波动力学论文重印本所做的序（1926 年 11 月），同上，200。

[26] ES, Nobel lecture, 1933 in Weaver, 349.

[27] "细小的物体好像变成了自己的光源……大家都见过，在黑暗的房间里落下一道光，你能看到的粒粒尘埃；或是在阳光的照耀下，山顶纤细的草叶和蜘蛛网；或是人的一绺绺乱发，由于光的衍射而散发出神秘的光芒。"（ES, Nobel lecture, 1933 in Weaver, 348.）

[28] "原子的重核比原子本身小得多……原子核必然会在这些（电子）波中产生一种衍射现象，就像极小的灰尘会对光波产生衍射一样……我们把干涉区域、衍射光晕与原子等同起来。可以断言，原子其实就是电子波被原子核俘获时所产生的衍射现象而已。"同上，350。

[29] ES, On the Relation of the Heisenberg-Born- Jordan Quantum Mechanics to Mine, Annalen der Physik 79, 734-756 (1926) in Moore, 211.

[30] WH-Pauli, 6/8/26; Ibid., 221: Cassidy brings out the Bohr-echo, Cassidy, 215; see also Dresden, 70.

[31] ES, On the Relation in Moore, 212.

[32] ES, Quantization as an Eigenvalue Problem, Part IV, Annalen der Physik 81, 109-139 (1926) in Moore, 219.

[33] Born, Quantum Mechanics of Collisions, Zeitschrift für Physik 37, 863-867 (1926) in Greenspan, 139.

[34] "你已经站到了另一边。"（WH-Born, Dresden, 75.）

[35] ES-Wien, 8/25/26 in Moore, 225.

[36] ES, Mein Leben, Moore, 81.

[37] 他之后用"这现象真是迷人"来描述。（ES, war diary; Moore, 81-82.）

[38] ES-Wien, 8/25/26 in Moore, 225.

[39] ES, Quantization as an Eigenvalue Problem, Part II, Annalen der Physik 79 (4), 489-527 (1926) in ibid., 208.

11 该死的量子跃迁

[1] 海森堡讲述过这个故事："一边是玻尔夫人为薛定谔端上热茶和蛋糕，一边是尼尔斯·玻尔一直坐在床边与薛定谔说个不停：'可是，你必须承认……'"（WH, Physics and Beyond, 73-76.）

[2] "玻尔与薛定谔的讨论从火车站开始，随后每天都持续，从一大清早进行到深夜。"同上，73。

[3] 海森堡继续描写："我希望做的，不过是复制这两个人对话中很少的一部分，他们都倾尽所能去掌控主导权，为了表达各自对新的数学方案的独到见解，展开了殊死搏斗。"所有关于玻尔或薛定谔的引文，大多源自海森堡的回忆。（均见：WH, Physics and Beyond, 73-76，以下另行标注文献出处的除外。）

[4] ES, 1952; ES, Interpretation, 29.

[5] 这是玻尔最喜欢用来提出异议的方式之一。（Gamow, Thirty Years, 180, 215-216.）鲁道夫·派尔斯记得玻尔曾说过："我不会为了批评谁而这样说，但你的论点纯粹是荒谬。"（Peierls, Some Recollections ..., French and Kennedy, 229.）

[6] vW, Reminiscence from 1932, French and Kennedy, 187.

[7] ES-Wien, 10/21/26; Pais, Niels Bohr's, 299.

[8] ES-Wien, 10/21/26 in Moore, 228.

[9] WH, Physics and Beyond, 76.

[10] WH-Pauli, 11/4/26; Beller, 78.

[11] Bohr-Fowler, 10/26/26 in Pais, Niels Bohr' s, 300.

[12] Bohr-Kramers, 11/11/26 in Pais, Niels Bohr' s, 300.

[13] 1935 年，弗里茨·伦敦和拉斯洛·蒂萨的工作“首次把玻色 – 爱因斯坦凝聚的想法推到台前，它从宏观尺度层面展示了量子的特性，解释了量子之间普遍存在引力的主要原因。虽然它是一个争论了几十年的话题的根源，但人们刚认识到，在氦 -3 和氦 -4 中值得注意的超导和超流特性的确与玻色 – 爱因斯坦凝聚有关”。(Cornell and Wieman, Nobel Prize lecture, 2001. N.B.) 伦敦曾是薛定谔的助手（但他们的关系向来不甚亲密），这似乎是一种巧合。这项具有划时代意义的工作却被列夫·朗道嘲笑了，这似乎又是一种必然。朗道是玻尔的学生，并在任何时代都算得上是最伟大的物理学家之一。

[14] “因此，在我们能获得许多状态完全相同的粒子的情况下，有可能对波函数做出一种新的物理解释。电荷密度和电流可以由波函数直接计算得出，而波函数将呈现出一种可以扩展到经典、宏观情形下的物理意义。”费曼最后的精彩演讲参见：The Schrödinger Equation in a Classical Context: A Seminar on Superconductivity, The Feynman Lectures on Physics (Reading, MA: Addison-Wesley, 1965), 21-26.

[15] Born-ES, 11/6/26, Beller, 36.

[16] Pauli in Moore, 221.

[17] Pauli-ES, 11/22/26, ibid.

[18] ES-Pauli, 12/15/26，Ibid., 222.

[19] 奥本海默“用开玩笑的口吻对我说，玻恩向每个人解释薛定谔的想法错得有多离谱，就好像他是召集军队的总司令”。(Pascual Jordan interview; Beller, 46.)

[20] JRO interview 1963 in Smith and Weiner, 104.

[21] JRO-Ferugusson, 11/14/26 in Smith and Weiner, 100.

[22] Born-AE, 11/30/26 in Pais, Subtle, 443; Pais, Niels Bohr' s, 288.

[23] 玻尔至少在写作时不会沉溺于使用“生动的词组”。Bohr, Discussion with Einstein in Bohr, Atomic Physics, 36.

[24] 克拉默斯对此的回忆（1923），出自：Dresden, 143. Wigner' s memories in Woolf; Pais, Niels Bohr' s, 287-288.

[25] AE-Born, 12/4/26 in B-E Letters, 90.

[26] Born, commentary, in B-E Letters, 91.

[27] AE-Eh. 1/19/27 in Fine, 27.

[28] AE & Grommer, meeting report of the Preussische Akademie, 1927 in Pais, Subtle, 290.

[29] Hedi-AE in B-E Letters, 94-95.

[30] Hedi-AE in B-E Letters, 95.

12 不确定性

[1] “(薛定谔来访之后的）几个月里，对量子力学的物理解释都是我和玻尔之间谈话的首要话题。我那时住在研究所的阁楼上，那是一间狭小而舒适的公寓，房间的墙壁有些倾斜，从窗子可以俯视法艾拉德公园入口处的树木。玻尔经常在深夜到我的阁楼里来，然后我们一起构想各种假想实验。”(WH, Physics and Beyond, 76.)

[2] “当我们论及位置或速度时，总需要用到一些词汇，显而易见，这些词汇根本不是在这个不连续的世界里被定义的……在我们用来描述某一事实的词汇中，‘c-数字’（狄拉克用来称呼‘经典数字’的术语）太多了。再也没人知道，‘波’或‘微粒’这些词具体代表什么意思。”(WH-Pauli, 11/23/26 in

Beller, 88-89.）

[3] “现有一切对量子力学的物理学运用，以及如狄拉克所说的‘以后将会存在的’所有运用，都将归于狄拉克当前的工作之下。”（WH-Jordan, 11/24/26; Cassidy, 236.）“现在任何人都可以计算。那是已经由某人清楚地证明，至少从数学上讲，是正确的解决方案。”（WH, 1963 interviewin Pais, Niels Bohr' s, 302-303.）狄拉克喜欢把变换理论（transformation theory，他对量子力学所做的概括，于1926年底完成）与相对论的完整性进行比较。（Beller, 88; Pais, Inward, 288-289.）

[4] “深层次的真相”是玻尔的口头禅之一。“玻尔曾试图让粒子和波这两种观点并存，并同时有效，尽管它们相互矛盾，且都缺乏关于原子过程的完整描述。我并不喜欢这种方法，我更想从一个真相入手，即量子力学已被强加上了一种独一无二的物理学意义。”（WH, Physics and Beyond, 76, 102.）玻尔在1927年9月16日的一次演讲记录中，讲述了他“用经典概念陈述原子所有信息”的坚决主张；这在1926年还是求救的呼声，而非坚决的声明。（Pais, Niels Bohr' s, 311; compare Pais, Niels Bohr' s, 302-303, 309-310. I）“这些似是而非的理论一直在他的脑海中徘徊，他想不出谁能找出答案，即使是在拥有世界上最完善的数学方案的情况下。”“玻尔会说：‘即使是数学方案也帮不上忙，我首先想搞清楚的是，大自然究竟是如何避免这些矛盾的。’”“他或多或少感觉到，‘其实这里还是存在某种数学工具——那就是矩阵力学，此外还有一种是波动力学……但我们必须回到最基本的哲学阐述上来’。”（WH, 1963 interview in Pais, Niels Bohr' s, 302.）

[5] WH, 1963 interview in Pais, Niels Bohr' s, 302-303.

[6] Bohr-WH, 4/18/25 in Cassidy, 195.

[7] “玻尔……想以某种非常严肃的方式做出解释，并在两个方案中都能使用。”（WH, 1963 interview in Pais, Niels Bohr' s, 303.）

[8] “（认识论上的经验教训）也是玻尔爱用的一个词。”同上，315。

[9] WH, 1963 interview in in Pais, Niels Bohr' s, 303.

[10] “我们两人都被彻底搞得筋疲力尽，神经也变得相当紧张。”WH, Physics and Beyond, 77.

[11] WH, 1963 interview in Pais, Niels Bohr' s, 304.

[12] “埃伦费斯特跟我讲了发生在尼尔斯·玻尔的‘思考厨房’（Gedankenküche）中的许多细节；他肯定拥有第一流的头脑，极具批判性，极有远见，从来不会跟不上宏伟规划的进展。”（AE-Plank, 10/23/19 (postcard) in Pais, Subtle, 416.）

[13] WH, 1963 interview in Pais, Niels Bohr' s, 302.

[14] 同上。

[15] “我现在把所有精力都集中在云室中电子轨迹的数学表达上……我很快就清楚地认识到，摆在我面前的障碍完全无法逾越。”（WH, Physics and Beyond, 77; compare Wick, 37.）“我们得出了一套前后一致的数学方案……由于它向自身逼近，假如它是正确的，那么加于其上的任何东西都必然是错误的。”（WH, 1963 interview in Pais, Niels Bohr' s, 303.）

[16] “当时肯定已经过了凌晨12点，我突然回忆起与爱因斯坦的谈话，特别是他说的：‘是理论最先决定了我们能够观测到的东西。’……我决定就在夜里去法艾拉德公园走一走，深入思考下这个问题。”（WH, Physics and Beyond, 77-78.）

[17] 同上，78。

[18] WH-Pauli, 10/28/26; Cassidy, 233; Enz, 144. “9天后，海森堡从哥本哈根回信，信中提到他、玻尔、狄拉克和弗里德里希·洪德围绕泡利的信展开了混战。”

[19] Pauli-WH, 10/19/26 in Pais, Niels Bohr' s, 304.

[20] 参见术语表中“决定论”的词条。

[21] 关于魏玛共和国学术风气的长达 100 页的分析报告参见：Forman, Weimar Culture, Causality, and Quantum Theory, 1918-1927: Adaptation by German Physicists and Mathematicians to a Hostile Intellectual Environment, Forman, Weimar Culture.

[22] “非理性”是 20 世纪 20 年代，玻尔在描述“量子假说”时最喜欢用的词之一。在划时代的科莫演讲中（1927 年），他三次用到这个词。后来在《原子理论》（*Atomic Theory*，1929 年）中，这个词又三次出现。（Pais, Niels Bohr' s, 316 and Mermin, Boojums, 188.）

[23] “我回到研究所以后，用一个简洁的计算结果证实，人们确实可以用数学把这些情况表示出来。”（WH, Physics and Beyond, 78.）

[24] WH, Zeitschrift für Physik 43 (1927) in Beller, 99.

[25] WH-Pauli, 2/23/27 in Pais, Niels Bohr' s, 304.

[26] WH-Pauli, 2/23/27; Cassidy, 236.

[27] WH-Pauli, 2/23/27 in Beller, 83.

[28] WH-Pauli, 2/27/27 in Beller, 108-109.

[29] WH-Bohr, 3/10/27 in Pais, Niels Bohr' s, 304.

[30] “（我们）在挪威的居德布兰河谷附近的群山中滑了一个月的雪。（正如他常说的那样）他就是在那时，互补性的论据第一次进入他的脑海。”（Pais, Niels Bohr' s, 310.）费米的夫人形容玻尔的滑雪姿态“十分优美”（Pais, Niels Bohr' s, 497.），而冯·魏茨泽克则评论说：“没有人能在丹麦的林地里学会高山滑雪。”这些评价展现了不同的人刻画出的不同的玻尔。

[31] Klein, 1968 int. Pais, Niels Bohr' s, 303-304.

[32] 事实上，后来泡利确实来到了哥本哈根，并根据赫尔曼·卡尔卡的记载，他的来访“对化解海森堡和玻尔在观点上的分歧起到了重要作用”。（Pais, Niels Bohr' s, 310.）

[33] WH-Pauli, 5/16/27 in Pais, Niels Bohr' s, 309.

[34] “通常，我们对物理现象的描述完全建立在这样一个想法之上，即我们可以在不对其造成明显干扰的情况下，对所关心的现象进行观测。”（Bohr' s Como lecture (1927); Bohr, Atomic Theory, 53-54.）

[35] Bohr (1929), Atomic Theory, 19；关于“粒子、波、空间与时间、因果关系”参见：e.g., the Como lecture, Bohr, Atomic Theory, 54-57.

[36] 下面是引自 1927 年玻尔在科莫演讲的三段话。（Bohr, Atomic Theory, 53-57.）“量子理论的特征是，在应用于原子现象时，必须承认经典物理学思想中的根本性限制。”（53-54）“量子理论的本性迫使我们把时空协调（space-time co-ordination）与因果关系链（这两者结合到一起，成为经典理论的特征）描述为互补而又互斥的两个特征。”（54-55）“（波）与分离物质粒子一样，都是抽象概念。只有在与其他系统发生相互作用时，它们在量子理论中的性质才能被定义和观察。尽管如此，这些抽象概念……对于经验描述却是必不可少的。”（56-57）

[37] 在给卢瑟福的一封信中（6/3/30），玻尔充满赞许地对这些关于波和粒子两种思想“互补性”的见解进行了总结，称它们为“顺从与热情的结合体”（combination of resignation and enthusiasm）。科学史家约翰·L. 海耳布朗引用了这封信，评论称玻尔拥有“高处不胜寒的凄凉，以及一种求败的渴望”。

[38] 1951 年，海森堡回忆说：“玻尔回来后，我和他进行了讨论。一旦论及对理论的诠释，我们就再也找不到共同语言，因为玻尔在那期间形成了互补性概念。” Pais, Niels Bohr' s, 310, 308-309 and WH, Physics and Beyond, 79.

[39] WH, 1963 interview Pais, Niels Bohr' s, 308.

[40] WH, Zeitschrift für Physik 43 (1927); Pais, Niels Bohr' s, 308-309; compare Wick, 41.

[41] Cassidy, 233; Niels Bohr' s, 304. 完整的论文标题是《关于量子理论运动学与动力学的直观性》（*On the*

Anschaulich Content of the Quantum-Theoretical Kinematics and Mechanics）这里的动力学（mechanics）是指对运动及引起运动的作用力的数学表达，而运动学（kinematics）是力学的一个分支，仅处理运动的问题。

[42] WH-Pauli, 5/16/27 in Pais, Niels Bohr's, 309.

[43] WH-Pauli, 5/31/27; Beller, 70.

[44] WH-Pauli, 5/16/27 in Pais, Niels Bohr's, 309.

[45] AE, World as I See It, 146ff; Pais, Subtle, 15.

[46] AE, World as I See It, 156.

[47] Bohr-AE, re: uncertainty, 4/13/27; Pais, Niels Bohr's, 309.

[48] Bohr-AE, 4/13/27 in Jammer, Philosophy of Quantum, 126.

[49] 同上，125。

[50] WH in vW, Reminiscence from 1932, French and Kennedy, 184.

[51] AE-Born in B-E Letters, 96.

[52] 引用与分析都来源于：Fine, 27, 99.

[53] WH-AE, 5/19/27 in Pais, Subtle, 444.

[54] WH-AE, 6/10/27 in Pais, Subtle, 467; and compare Jammer, Philosophy of Quantum, 125-126.

[55] 诺贝尔奖得主的传记和 KWI 医学研究所的历史。为了对玻尔 - 克拉默斯 - 斯莱特理论进行实验，博特和盖格尔发明了一种全新的方法，即测量碰撞后粒子间的"一致性"（coincidences）。这种方法在半个世纪后将被用来对贝尔定理进行实验。Dresden, 208.

[56] Bothe, Nobel lecture.

[57] AE; Fine, 99.

13 索尔维

[1] Greenspan, Surprises in Writing a Biography of Max Born; AIP History Newsletter, Vol. XXXIV, No. 2, Fall 2002. "埃伦费斯特做着鬼脸"源于作者进行的类似描述（原书 148 页末尾）。

[2] de Broglie, 183.

[3] Pais, Subtle, 445.

[4] Whitaker, Einstein, 203.

[5] 关于爱因斯坦在索尔维会议上的思想实验，我采用了玻尔的描述。（Atomic Physics, 41-42; compare Whitaker, Einstein, 204 and dB, New Perspectives, 150.）爱因斯坦还亲自撰写过一个更详细、更复杂的版本，打算刊印在会议论文集中，但玻尔和德布罗意都清楚记得爱因斯坦当时说得有多么简洁而精辟，这也是我相信玻尔的回忆没有问题的原因。（在爱因斯坦撰写的版本中，尽管他表达的观点一致，但风格更正式。）玻尔以此前一个月的科莫演讲内容为蓝本，向会议论文集递交了一篇长达 40 页的文章，而不仅是克拉默斯记录下的爱因斯坦实际说过的内容。（Pais, Niels Bohr's, 318n.）玻尔的回忆如下："爱因斯坦强烈地感到，困难显然在于，如果……一个电子被标明在金属板上的点 A，那就不可能在另一处点 B 观察到该电子产生的效应，尽管通常波的传播法则不允许这两个事件之间出现相关性。"（Bohr, Discussion with Einstein; Bohr, Atomic Physics, 42.）爱因斯坦的版本如下："向着（第二块屏幕）移动的散射波在方向上不会表现出任何偏好。如果简单地把 Ψ^2 视作一个确定的粒子在一个确定的瞬间位于某个位置的概率，那么就有可能发生同一个基本过程作用于屏幕的两个或多个位置的情况。"（比如，"薛定谔的猫"式的场景。）"然而，（玻恩的）解释预先设定了一种非常特别的机制——一种超距作用……根据这种解释，Ψ^2 表示的是这个粒子位

于某个位置的概率。”（AE in Howard, Nicht, 92.）

[6] AE in Howard, Nicht, 92.

[7] AE, Solvay in Wick, 54. Compare Howard, Nicht, 92.

[8] Eh. in Clark, 417.

[9] Bohr, from Kramers’ s fragmentary notes taken at the time; Whitaker, Einstein, 204. Compare Bohr in Pais, Niels Bohr’ s, 318.

[10] Whitaker, Einstein, 205.

[11] Eh.-Goudsmit et al., 11/3/27 in ibid., 209-210.

[12] 同上。

[13] Bohr, Atomic Physics, 42-47; Fine, 28-29; and Whitaker, Einstein, 210.

[14] Eh.-Goudsmit, 11/3/27 in Whitaker, Einstein, 209-210.

[15] WH, *Physics and Beyond*, 81. 在《与爱因斯坦谈话》（*Discussion with Einstein*）中，（据我所知）玻尔有一篇伟大的作品，他在文中讲述了同一个故事。与他机智反驳时扬扬得意的态度完全不同，玻尔像海森堡那样，故意用他常用的绕弯子的幽默方式说：“尽管所有的方法和观点都有分歧，但一个幽默的灵魂仍可以让讨论变得生动。我们在爱因斯坦身边时，他嘲弄地问大家，是否当真相信上帝的权威要依靠掷骰子（德文为 ob der liebe Gott würfelt）。对此，我在回应时指出要万分谨慎，当古代思想家在把各种特性归于常说的‘天命’时，也是同样谨慎。”（Bohr, Atomic Physics, 47.）

[16] WH, Physics and Beyond, 80. 而玻尔回忆道：“我记得当讨论达到高潮时，埃伦费斯特是怎样以他那种嘲弄朋友的亲密态度，用开玩笑的口吻暗示说，在爱因斯坦的态度与相对论反对者的观点之间，有明显的相似之处；但埃伦费斯特随即补充道，在与爱因斯坦达成一致以前，他的思想将不会得到解脱。”（Bohr, Atomic Physics, 47.）玻尔在叙述中会引用正反两面，而海森堡通常只引用其中的一面，上述两者的记述就是一个典型的例子。

[17] Eh. to Goudsmit, mid-1927 in Pais, Subtle, 443.

14 自旋的世界

[1] de Broglie, 182.

[2] 同上，183-184。

[3] 德布罗意认为爱因斯坦关于小孩的评论：“可能比他在正常情况下本想达到的目标走得更远。”同上，184。

[4] Planck to AE, 1913; Pais, Subtle, 239. 这句话是爱因斯坦告诉了斯特劳斯，后者告诉了派斯。

[5] AE in de Broglie, 184.

[6] 同上。

[7] ES-AE, 5/30/28, Przibram, 29-30. (summaries of ES-Bohr, 5/13/28 and Bohr-ES, 5/25/28, 29.）

[8] Bohr to Peterson in Pais, Niels Bohr’ s, 445. “语言是，一直是，人们之间铺展的一张网。”（Bohr, 1933 in WH, Physics and Beyond, 138.）

[9] Peterson, 1963 in Pais, Niels Bohr’ s, 445.

[10] AE-ES, 5/31/28 in Przibram, 31-32.

[11] AE-Weyl, 4/26/27 in Howard, Nicht, 87.

[12] 同上。

[13] Pauli-Kramers, 3/8/26 in Dresden, 63.

[14] Pauli-Kramers, 3/8/26 in Enz, 89.

[15] Pauli, 1925 in ibid., 106-107. 双值性（two-valuedness）原词的德语为 Zweiwertigkeit。这一词包含“暗示性”“模棱两可”“双关”等多种含义。而 Eindeutigkeit 意为“清楚”（clarity）。

[16] Bohr-Eh., 12/22/25 in Dresden, 63.

[17] Bohr told Pais, Inward, 278-279 (repeated in Niels Bohr’s, 242-243).

[18] Dresden, 64.

[19] Eh.-Dirac, 6/16/27 in Kragh, 46.

[20] AE-Eh., 8/26/26 in Pais, Subtle, 441.

[21] WH-Pauli, 7/31/28 in Pais, Inward, 348.

[22] Pauli-Bohr, 6/16/28 in Cassidy, 282.

[23] Pauli-Klein, 2/18/29 in Enz, 175.

[24] AE-Nobel committee, 9/25/28 in Pais, Subtle, 515.

[25] Born, My Life, 240-241.

[26] AE, 3/23/29, Nature 123, 464-469; Clark, 491.

[27] GG in Rosenfeld, 3/3/71, Quantum Theory in 1929: Recollections from the first Copenhagen conference.

[28] Eh. in Rosenfeld, 3/3/71, Quantum Theory in 1929.

[29] Rosenfeld, 3/3/71, Quantum Theory in 1929.

[30] Eh.-Kramers, 11/4/28 and 8/24/28 in Dresden, 313.

[31] Peierls, Bird of Passage, 60.

[32] Rosenfeld, 3/3/71, Quantum Theory in 1929.

[33] 根据惠勒那本精彩的回忆录：Physics in Copenhagen in 1934 and 1935, French and Kennedy, 226.

15 索尔维

在第六届索尔维会议上，由玻尔引发的与爱因斯坦的这场辩论，其故事情节多年来已变得扑朔迷离，因此我认为有必要通过引用 1931 年埃伦费斯特写给玻尔的信中最有价值的一部分内容，来进行如下注释。

“爱因斯坦对我说，他已经有很长一段时间完全不再怀疑不确定性关系，而且他这样举例，发明‘可称重的光子箱’（简称为 L-W 箱）根本不是为了‘反对测不准关系’，而是为了完全不同的目的……因此，鉴于测不准关系，一个人理所应当只能在两个物理量间任选其一，而这对于爱因斯坦来说并不在讨论和质疑的范围之内。但是，在光子发射已成为既定事实以后，质问者就可以在它们之间做出选择。”（Eh.-Bohr, 7/9/31 in Howard, Nicht, 98-99.）唐·霍华德重新检查了（已被错译的）这封信，才认识到玻尔完全没有理解爱因斯坦的思想实验意欲何为。（Howard, Nicht, 100.）

还有两条引文也许能帮助我们理解这种情况是怎么发生的。其中一条来自一位追随玻尔的朋友，另一条来自一个聪明的对手。惠勒说：“玻尔有两档感光度——不感兴趣和完全没兴趣。在每件事上都是如此。”（Wheeler to Bernstein, Quantum Profiles, 107.）而薛定谔写道：“玻尔……在原子问题上采用的方法……真是太了不起了。他坚信，任何通常字面意思上的理解都是不可能的。因此，谈话几乎立刻会落入哲学问题中。很快，你将不再清楚他所攻击的究竟是不是你所主张的；而他所捍卫的，你是不是确实应该加以抨击。”（Schrödinger to Wien,10/21/26 in Moore, 228.）

[1] Bohr, Discussion with Einstein, Bohr, *Atomic Physics*, 53.

[2] Rozental, 112; Frisch, 169; and Peat, 185.

[3] Eh.-Bohr, 7/9/31; Howard, Nicht, 98-99.

[4] Eh.-Bohr, 7/9/31; Ibid., 99.

[5] 玻尔只提到爱因斯坦思想实验的前半部分。Bohr, Discussion with Einstein; Bohr, Atomic Physics, 53.

[6] “有一种看法排斥了在测量对象与测量仪器之间控制动量与能量交换的可能性。作为这种看法的反对意见，爱因斯坦提出的论点是，假如这些仪器适合用来定义现象的时空框架的话，当把相对论的苛刻要求考虑在内时，就有可能实现这种控制。”（Bohr, Discussion with Einstein, 52-53.）

[7] “如果盒子中的物理效应也发生在逃逸的光量子身上，那么这将是一种以超光速传播的超距作用。”（AE-Epstein, 11/5/45 in Howard, Nicht, 102.）

[8] AE-Epstein, 11/5/45, in ibid.

[9] “因此我倾向于认为，波函数并没有（完整地）描述什么是实在的，它不过是一种（以我们经验可及的）关于什么是真实存在的最大认知……量子力学向我们描述的事物的真实状态并不完备。这才是我对此要表达的真正意思。”（AE-Epstein, 11/5/45; Ibid.）

[10] Rosenfeld; Pais, Subtle, 446.

[11] Eh.-Bohr, 7/9/31; Howard, Nicht, 98.

[12] “放弃具体化和因果性……或可被看作对建立原子概念的出发点的信心受到了挫折。尽管如此……我们恰恰应当把这种放弃视作自己在理解上取得的一种本质性进步。”（Bohr, 1929, Atomic Theory, 114-115.）

[13] “在为一个全新的经验领域建立规则时，除了需要避免逻辑上前后矛盾以外，不管这些原则有多宽泛，我们几乎不能相信任何一条惯常所遵循的原则。”玻尔在索尔维大获全胜之后，对爱因斯坦如是说。（Bohr, Discussion , Atomic Physics, 56.）

[14] Forman, “Weimar Culture...,” Raman and Forman, 16-19; Pais, Niels Bohr’s, 316, and Mermin, Boojums, 188.

[15] “原子物理的发展给我们上了一课，其要点是……承认原子过程中的整体性。”（Bohr, 1957, Atomic Physics, 1.）

[16] Bohr, 1929, Atomic Theory, 115. 该书第 11 页还有这样一句话：“由测量引起的干扰的大小程度从来都是不可知的。”

[17] Bohr, Discussion, Atomic Physics, 58.

[18] “整个晚上他都极为不悦，从一个人转到另一个人，挨个跟他们说这不可能是真的，说假如爱因斯坦是对的，那物理学就完蛋了。”（Rosenfeld, 1968; Wick, 56.）泡利和海森堡“并没有过多担心：‘啊，噢，会好起来的。’”（1927 年，索尔维）（Stern, 1961 in Pais, Niels Bohr’s, 318.）

[19] 娱乐室名为“大学基金会”。（Fondation Universitaire, Clark, 417.）

[20] Rosenfeld, 1968; Wick, 57.

[21] “我在哥本哈根度过了 1930 年秋天的大部分时间，故事令我们激动万分。我们完全没有敲锣打鼓地欢迎得胜归来的‘英雄玻尔’。但是我们——包括伽莫夫、朗道，还有那个多才多艺的艺术家皮亚特·海恩——在工作间里做了一套设计巧妙的奇妙装置。”（Casimir, 315-316；装置的照片参见：French and Kennedy, 134.）

[22] “爱因斯坦有力地促成了讨论的结果。结果开始变得明朗，于是争论也就不能再维持下去。”（Bohr, Atomic Physics, 53.）

插曲 支离破碎

[1] Eduard Einstein in Pais, Einstein, 24.

[2] Pais, Einstein, 21-25.

[3] AE-Eduard June 1918 in Michelmore, Einstein, 62.

[4] AE-Besso; Levenson, 384.

[5] “爱德华对演奏的热情给了我深刻的印象，当他弹奏的时候，他在学校里所具有的多疑，畏惧，嘲讽以及让我感到惊讶的缺失感全都不见了。”爱德华的一个同学如是说。（Pais, Einstein, 23.）

[6] Brian, 158 and 196; Michelmore, Einstein, 59, 123-124.

[7] 爱德华的话。Levenson, 382.

[8] AE-Eduard 2/5/30 in Brian, 196.

[9] Elsa-Vallentin in Levenson, 383.

[10] AE, The World As..., 1; Michelmore, 148.

[11] Elsa-Vallentin in ibid., 149.

[12] AE, Tolman, and Podolsky, Physical Review 37, 1931, 780-781.

[13] Physical Review 37, 602-615, 1931.

[14] 波多尔斯基的私人信件，2002.

[15] AE, Tolman, and Podolsky, Physical Review 37, 1931.

[16] Born-AE, 2/22/31 in B-E Letters, 109-110. 在这封信中，针对与史怀哲之间的有助于复原的聊天，玻恩相信政治乐观论——对他来说，这很不寻常。（B-E Letters, 112.）

[17] Hedi-AE, 2/22/31 in B-E Letters, 109.

[18] Somm. in Enz, 224.

[19] Pauli-Peierls, 1931 in ibid.

[20] Pauli Peierls, 7/1/31 in ibid., 223-224.

[21] Pauli-Wentzel, 9/7/31 in ibid., 224.

[22] Pauli to Somm. in ibid., 55.

[23] Pauli-Somm., 12/5/38 (Somm.' s 70th birthday) in ibid., 55-56.

[24] 泡利给弗兰卡·泡利的信（与弗兰卡在 1971 年告诉恩兹的一样）。同上，211。

[25] Pauli-Somm., 12/5/38 in ibid., 56.

[26] 1931 年 11 月 4 日，阿尔伯特·爱因斯坦受冯·劳厄邀请去做一个有关他的选择的研讨会：“论不确定性原理”。（Pais, Subtle, 449.）

[27] 1931 年至 1932 年冬天。（Casimir, 316.）

[28] 1933 年春夏之交，评罗森菲尔德。（Jammer, Philosophy of Quantum, 172-173.）

[29] 来源不清。同上，170-171。

[30] vW, Zeitschrift für Physik 70, 114-130 (1931) in ibid., 178-180.

[31] vW-Jammer, 11/13/67 in ibid., 179.

[32] Eh.-Bohr, 7/9/31 in ibid., 171.

[33] Eh.-Bohr, 7/9/31 in Howard, Nicht, 99.

[34] Eh.-Bohr, 7/9/31 in Jammer, Philosophy of Quantum, 172.

[35] 根据哈沃德记载，玻尔对光子箱的看法“与他后来在回忆录中记载的本质相同”（“与爱因斯坦的讨论”），哈沃德指出，如果玻尔显然误解了埃伦费斯特在 1931 年对爱因斯坦的透彻解读，不难相信，他也误解了爱因斯坦 1930 年的观点。（Nicht, 100.）

[36] Asher Peres' s obituary for Rosen, 12/24/95.

[37] 阿尔伯特·爱因斯坦写给诺贝尔评审委员会的信。（Pais, Subtle, 516.）

[38] AE, Leiden 1931 in Casimir, 316.

[39] 同上。（对比：Pais, Subtle, 449.）

[40] 阿尔伯特·爱因斯坦的旅行日志。（Michelmore, 162.）

[41] WH, Physics and Beyond, 93.

[42] JRO, Feb. 1930 in Pais, Inward, 351.

[43] 布莱克特，类似于访谈（他拒绝录音），1962.12.17，伯克利科学史部的量子物理历史档案。

[44] Rutherford to Mott in Weinberg, 109.

[45] WH, Physics and Beyond, 125-129.

[46] Rutherford in Pais, Inward, 363.

[47] WH, Physics and Beyond, 139.

[48] 海森堡记得该引用结束于“于是提出可靠的建议变得不可能了”。（WH, Physics and Beyond, 139.）

[49] 1956 年。（Pais, Inward, 569.）

[50] 考克饶夫的一个学生。（Hartcup and Allibone, 43.）

[51] Hartcup and Allibone, 39, 43, 56.

[52] Bowdon in Hendry, 17-19.

[53] Hendry, 21.

[54] AE, 9/29/32 in Pais, Subtle, 516.

[55] Eh., Zeitschrift für Physik 78 (1932) in Jammer, Philosophy of Quantum, 117-118.

[56] Eh., Zeitschrift für Physik 78 (1932) in ibid.

[57] Pauli, Zeitschrift für Physik 80 (1933) in ibid.

[58] Eh.-Pauli, 10/1932 in Enz, 257.

[59] Moore, 223-225; 251-256.

[60] 薛定谔未出版的 1932 年和 1933 年的笔记，是由埃克特的学生、剑桥大学的马提亚·斯克雷斯坦和劳伦斯·约安诺在维也纳薛定谔档案文件中发现的。

[61] Gamow, Thirty Years, 167; for a picture of the audience, see 156.

[62] 伽莫夫的缺席原因可参见：Gamow, Thirty Years, 167; for a picture of the audience, see 156.

[63] 这次演讲的题目是“光与生命”，被收入：Bohr, Atomic Physics, 3-12; Daniel J. McKaughan, The Influence of Niels Bohr on Max Delbrück: Revisiting the Hopes Inspired by Light and Life, Isis 96, 507-529 (2005).

[64] “马克斯·德尔布吕克，大礼帽下是一张沉着冷静的脸，他是最好的节目主持人。”这是卡西米尔描写其他的“哥本哈根绝技”（“永远是个很棒的演出”）。由于某些原因，卡西米尔自己错过了《浮士德》表演。（Casimir, 119-120.）

[65]《布莱达姆斯外大街的浮士德》再版收录于伽莫夫的著作《震惊物理学的三十年：量子理论的故事》。据冯·魏茨泽克说，它“本来”是马克斯·德尔布吕克写的。冯·魏茨泽克对这次演出也做了一点儿详细描述——实验室工作台和凳子，等等，而且他扮演过玻尔和泡利。（French and Kennedy, 118-190.）并据派尔斯和罗森菲尔德所说，是由伽莫夫自己做的插图。（French and Kennedy, 228.）就伽莫夫来说，对德尔布吕克“在口译这场话剧的某些部分中所给予的真情相助”就不仅仅是感谢了。他只是写下“除了歌德之外——剧中几乎完全是按照他的韵律进行的，本剧的作者及表演者不愿透露姓名”。他建议，如果作者和图解者不愿透露自己，他会将该书的一部分版税捐赠给玻尔图书馆。芭芭拉·伽莫夫将其做了英文翻译。（Gamow, Thirty Years, 168-169; Segrè, Faust in Copenhagen.）

[66] vW, in French and Kennedy, 187.

[67] 派尔斯曾经无意中听到玻尔最惊人的版本：“我这么说不是为了批评你，而是因为你的论点完全是废话。”（French and Kennedy, 229.）

[68] vW, A Reminiscence from 1932 in French and Kennedy, 190.

[69] Vossiche Zeitung, 6/12/33. https://www.einstein-website.de/z_biography/tuemmler-e.html

[70] 引自上述爱因斯坦网站，该网站描写了整个故事，包括爱因斯坦毫无结果的战后研究。

[71] Pais, Subtle, 450.

[72] Heilbron, 153; Einstein-Ludwik Silberstein, 9/20/34; see Cassidy, 307, and B-E Letters, 263.

[73] Cassidy, 315; Heilbron, 164.

[74] Cassidy, 316；恩兹："约尔当在政治上的反复无常刺激泡利发出了以下评论：'唉，好个约尔当！他已经以最大的忠诚服务于所有的政府。'"（180）约尔当显然相信，作为一名党内成员，自己能更好地保护导师玻恩和弗兰克。在弗兰克因抗议纳粹政策而从哥廷根大学辞职后，他立即加入了纳粹。（Greenspan, 176.）

[75] 叶芝，《第二次降临》。

[76] Born, My Life, 250-254; see also B-E Letters, 113-118.

[77] Born, My Life, 254.

[78] 同上，255-256。

[79] 女孩子们可能是独自和特里希来的，外尔后来才到来。B-E Letters, 117; Born, My Life, 257.

[80] Moore, 273.

[81] Born, My Life, 258.

[82] Moore, 272-273.

[83] WH-Born in Cassidy, 308.

[84] Cassidy, 483-485. 似乎他确实救过基多·贝克的命。（Cassidy, 321-322.）

[85] Born-Eh. in Cassidy, 308.

[86] 参见，比如泡利和朋友们（他的助手克罗尼格和比他大的一位同事舒勒）寄给帕斯库尔"PQ-QP 的约尔当"（他刚刚在汉堡接替了泡利的位置）的明信片："尊敬的约尔当先生，我们马上就要研究苏黎世的夜生活了，并根据泡利的新方法提高它：比较法。献上问候！——克罗尼格。""然而这种方法，可能也常常使事情变得糟糕！——祝福你，泡利。""我也听说了很多你的不幸，很想和你相识。——舒勒。"（Enz, 196-197.）

[87] Casimir, 144.

[88] Ibid, 145.

[89] 罗森菲尔德回忆中的爱因斯坦。Jammer, Philosophy of Quantum, 172-173.

[90] 同上。

[91] Rosenfeld in ibid., 173.

[92] Besso-AE, 9/18/32 in Brian, 236.

[93] 同上。

[94] AE-Besso, 10/21/32 in ibid.

[95] 汉斯·阿尔伯特·爱因斯坦的第一任妻子伊丽莎白·爱因斯坦在接受丹尼斯布莱恩访谈的时候说："在孩童时期他（爱德华）是一个天才，看过的书能过目不忘。他钢琴弹得非常好……我的丈夫（爱德华的哥哥）认为他是被电击疗法毁掉了。"（Brian, 195-196.）

[96] Brian, 247。书中也引入了那张照片。

[97] AE-Born, 5/30/33, Oxford, in B-E Letters, 113-114.

[98] AE, 6/10/33, Herbert Spencer Lecture in AE, World as I See It, 131ff.

[99] Born-AE, 6/2/33, Selva-Gardena, in B-E Letters, 116.

[100] Dirac-Bohr, 9/28/33 in Pais, Niels Bohr' s, 410. 德雷斯顿注解道（313），埃伦费斯特的恐惧实际是因狄

拉克 1928 年的工作而变得强烈的。也可参见：Enz, 255-256。

[101] 引自 1933 年 9 月 28 日，狄拉克给玻尔的信中描述的埃伦费斯特对狄拉克说的话：狄拉克叙述埃伦费斯特的话非常生动和完美，“最后一句话我记得非常清楚……我对这句话非常惊恐……现在，我不由得责备自己当时什么也没做。”（Pais, Niels Bohr’s, 410.）

[102] Ibid.; Segrè, 252. 派斯说该事件发生在等候室，但塞格雷认为是在附近的公园。塞格雷也注解说，瓦斯科有可能双目失明了，但没有死。

[103] Ehrenfest in Pais, Niels Bohr’s, 409-410.

[104] Born, My Life, 264.

[105] 同上。

[106] 参见穆尔著作中的插图。（Moore, 288.）

[107] WH-mother, 1933.9.17, Cassidy, 310.

[108] 薛定谔的祝酒词。（Moore, 291.）

[109] 狄拉克的祝酒词。（Moore, 290.）

[110] WH, Physics and Beyond, 87.

[111] Moore, 290.

[112] Ibid, 289.

[113] WH-Bohr in Cassidy, 325. 对于海森堡给玻恩的信，他同时从瑞士给玻尔写了一封信：“事实是，由于在哥廷根（你，约尔当还有我）合作完成的工作，我独自获得了诺贝尔奖，这个事实让我心情很沉重。我都不知道该怎么给你写信。”（Born, My Life, 220-221.）

[114] Pais, Niels Bohr’s, 543-544; 参见第 480 页，赫维西为了保护冯·劳厄和弗兰克而将二人的诺贝尔奖章融化的故事。参见 Frisch, 95，对弗兰克可爱之处的诸多描述之一。

[115] Pais, Niels Bohr’s, 393.

[116] 同上，411-412。

[117] 冯·诺依曼给克拉拉·丹的未公开的信件（1938 年 9 月 18 日），由马琳娜·冯·诺依曼·怀特曼收藏。玻尔府邸中的雕塑和温室是由丹麦伟大的新古典主义者彼德·托尔瓦德森完成的。对乔治·戴森能为我出示这封珍贵的信件表示非常感谢。

16 量子力学的实在性描述

格蕾特·赫尔曼和卡尔·荣格

[1] Cassidy, 271-272; Teller, Memoirs, 56, 63; cf. Dresden, 264.

[2] Bernstein, Hitler’s, 75, 144; Cassidy, 275, 295, 326.

[3] vW, Reminiscence, French and Kennedy, 184.

[4] 同上。

[5] 同上。

[6] Cassidy, 326.

[7] 维尔纳·海森堡于 1931 年在维也纳为严谨的认识论学者做的演讲；在 1928 年为哲学家做的一次演讲中，维尔纳·海森堡呼吁：“认识论中的康德基本问题再次出现了很困难的任务，而且……一切要重新开始……但这是你们的任务，不是科学家的任务。”（Cassidy, 256-257.）

[8] WH, Berliner Tageblatt, 1931 in Cassidy, 257.

[9] 海森堡说她是在冯·魏茨泽克之后“一两年”到的，卡西迪经过确认，说那是在 1932 年。这意味着她一看到维尔纳·海森堡在报纸上的挑战就来了。但这次会谈，就如维尔纳·海森堡回忆的那样，

与她在 1935 年 3 月的论文密切相关，詹默（Philosophy of Quantum, 207）说她是在 1934 年春季学期到的。这次会谈中，维尔纳·海森堡的部分（以及结尾）标注为 1930 年至 1934 年。“年轻的哲学家格蕾特·赫尔曼为了挑战原子物理哲学基础的目的来到莱比锡。”（WH, Physics and Beyond, 117.）参考：Von der Philosophie der Physik zur Ethik des Widerstandes: Zum Nachlass Grete Henry-Hermann im Archiv der sozialen Demokratie（伊尔莎·菲舍尔带照片的自传体散文，引自 www.fes.de）；Seevinck, Grete Henry-Hermann, unpublished manuscript（www.phys.uu.nl）。

[10] Hermann, Die Naturphilosophischen Grund-lagen der Quantenmechanik, Abhandlungen der Fries' schen Schule, New Series,Vol. 6, 1935, 99-102, translated for the author by Miriam Yevick, 2004; Harvard Review of PhilosophyVII, 37; 接下来是：“哪一个与当前的正式方法联合可能会再次给出准确的预测？一切都取决于这个问题的答案。”

[11] “虽然他是一名物理学者，但只要我们辩论哲学问题，（冯·魏茨泽克）就明显活跃起来……”（WH, Physics and Beyond, 117.）

[12] WH, Physics and Beyond, 120. 维尔纳·海森堡开始这样引用“这是自然界告诉我们的方式……”

[13] Bohr, Atomic Physics, 115.

[14] 维尔纳·海森堡始终未发表的对 EPR 的答复以这个问题为题目。接下来的两段，紧跟着这篇论文相关部分的卡西迪的摘要，给出了维尔纳·海森堡对该问题的回答。（Cassidy, 261.）

[15] 维尔纳·海森堡在维也纳的演讲（1935 年 11 月 27 日），它与海森堡回应 EPR 的手稿构成一体。（Cassidy, 261.）

[16] “然而，（经仔细分析）就排除了诺依曼证明中的一个必要步骤。另外，如果一个人（和诺依曼一样）不放弃这一步骤，该人就会完全把未加证实的没有明显鉴别特征的假设……归因于……这种特征不存在，而这是需要被证实的。”（Hermann, Die Naturwissenschaften, 1935, translated for the author by Miriam Yerick, 2004.）

[17] “运动过程所依赖的其他特征”。（Ibid.; Harvard Review of Philosophy, 38.）

[18] 格蕾特写下 *Erw*(R+S)=*Erw*(R)+*Erw*(S). “*Erw*” 是 Erwartung（期望值）的缩写。“*Erw*(*X*)” 和 “<*x*>” 都表示对 *X* 的期望值。某一属性的期望值是其给定环境下可能值的加权平均，是一种基本量子力学工具。

[19] Hermann, Naturwissenschaften; Seevinck, Grete Henry-Hermann, unpublished manuscript.

[20] “这使它可以读出来自不确定性原理中的这种增长的不可能性。”（Hermann, Harvard Review of Philosophy 37.）

[21] 同上。

[22] 同上，37-38。“这种主观解释与波粒二象性导出的关系是相矛盾的。”（Hermann; Harvard Review of Philosophy, 38.）当“仅仅主观地解释”不确定性原理，“似乎一点儿也不提及物理系统的本性”。格蕾特评论道，但这与维尔纳·海森堡的来源于波粒二象性的不确定性推论相矛盾。（Hermann; Harvard Review of Philosophy, 38.）“你利用一种客观特性，将不确定性变成物理实在。”（Grete to WH; WH, Physics and Beyond, 122.）

[23] Hermann in Harvard Review of Philosophy, 38.

[24] 同上，原书中斜体字部分。

[25] 她文章的其余部分显示了寻找结果，在文章中，她相信自己利用玻尔的对应原理，已经证明了“特性决定测量结果，而这种测量结果已经由量子力学自身给出了”。（原书中斜体部分。Harvard Review of Philosophy, 40.）这次辩论，并非是关于“诺依曼的证据”的辩论，而是给维尔纳·海森堡留下印象的辩论，他在回复 EPR 时利用了这次辩论。但玻尔发现这次辩论有逻辑矛盾。（Cassidy, 260.）

[26] Pauli-Kronig, 10/3/34 in Enz, 240.

[27] 荣格，第 5 次塔维斯托克演讲后的讨论，1935 年秋；Enz, 243.
[28] Ronald Hayman, A Life of Jung, NY: Norton, 2001, 327.
[29] Pauli-Rosenbaum, 2/3/32; Enz, 241.
[30] “很高兴，你已经能大量使用我的材质。当你褒扬它的时候，我不禁微微笑了，并想到，这是我有史以来第一次听到你以这种方式称呼我……我感到你的梦的解析并非完全正确，在这个地方，我愿意提一点。（如你所见，我依然不能被任何事搪塞。）我是指对‘7’的解释……在我 7 岁那年，我妹妹出生了。所以 7 是生命出生的迹象。”（Pauli-Jung, 2/28/36; A&A.）
[31] Pauli-Jung, 10/26/34; A&A. 信中包括约尔当的论文。
[32] “有迹象表明，至少一部分灵魂不服从时空法则。其科学的证据已经由著名的莱恩实验所证实。”（Carl Jung, Memories, Dreams, Reflections, New York: Vintage, 1989, 304.）
[33] 同上，304-305。
[34] 梅拉对凯特 · 纽金特的访谈。Enz, 210.
[35] Enz, 287. 在 1934 年，这是泡利在超心理学中的境况：“我当然不知道有关它的任何实际材质。如果我知道，上帝就知道我是否相信它。”（Pauli-Jung, 4/28/34 in Pauli and Jung, 25.）
[36] Pauli-Jung, 11/24/50 in ibid.
[37] Pauli-Jung, 5/27/53 in ibid.
[38] 同上。
[39] Hermann, Harvard Review of Philosophy, 41.

爱因斯坦、波多尔斯基和罗森

[1] Nathan Rosen—the Man & His Life-Work, Israelit, in Mann and Revzen, 5-10; Obituary, Asher Peres, Technion Senate, 12/24/95; Pais, Subtle, 494-495.
[2] 罗森访谈：Jammer, Philosophy of Quantum Mechanics, 181.
[3] 爱因斯坦、波多尔斯基与罗森之间的探讨：“如鲍里斯所讲，他是主要发起者，是他们这次合作的驱动力。（另一种说法是，罗森告诉派斯，EPR 的主要观点来源于他。见：Pais, Subtle, 494.）他将提出新的观点，并以之试探纳森……鲍里斯的伟大天赋之一就是理解抽象概念并将其归纳为数学公式的能力。所以，就是他接受了相关粒子的观点，并对其进行了精确描述。我相信，是爱因斯坦指出了数学意味着一个粒子状态的测量会瞬间决定另一粒子的状态这一事实。”见 2002 年 1 月 9 日和 25 日鲍勃 · 波多尔斯基给路易莎 · 吉尔德的电子邮件。
[4] AE-ES, 6/19/35; Fine, 35.
[5] Michelmore, 197.
[6] 鲍勃 · 波多尔斯基给路易莎 · 吉尔德的电子邮件（2002 年 1 月 9 日）。
[7] 约翰 · 哈特给路易莎 · 吉尔德的电子邮件（2001 年 12 月 7 日）。
[8] EPR, Physical Review 47, 777.
[9] 同上，780。
[10] “在爱因斯坦的论文集中没有初期的 EPR 论文草稿，而且，我没能发现其他信件或证据能解决下面这个问题：爱因斯坦在论文出版之前是否见过该论文的草稿？波多尔斯基大约是在论文提交的时候，离开普林斯顿去了加利福尼亚州，可能就是在那时候，爱因斯坦审定了这篇文章，他实际上是自己写的这篇文章。”（Fine, 35-36.）
[11] New York Times, 5/4/35 in Jammer, Philosophy of Quantum, 189-191.
[12] 贝格曼告诉奚模尼这个故事。（Wick, 286.）

[13] 爱因斯坦为波多尔斯基写的介绍信，引自鲍勃·波多尔斯基给路易莎·吉尔德的电子邮件（2002 年 1 月 9 日）。

玻尔和泡利

[1] 爱因斯坦的话。AE in Pais, Subtle, vi.
[2] 罗森菲尔德的话。Wheeler and Zurek, 142.
[3] 同上。
[4] 同上。
[5] 根据玻尔的报告（1962.11.17）。Beller, 145.
[6] 罗森菲尔德的话。Wheeler and Zurek, 142.
[7] Pauli-WH, 6/15/35 in Enz, 293.
[8] Christian Morgenstern, The Gallows Songs: Christian Morgenstern's Galgenlieder, Max Knight, trans., University of California Press, 1964.
[9] Pauli-WH, 6/15/35 in Cassidy, 259, and Rüdiger Schack trans., Fuchs, 549.
[10] Pauli-WH, 6/15/35 (translated by Rüdiger Schack) in Fuchs, 550-551.
[11] Pauli-WH, 6/15/35 in ibid., 550.
[12] Pauli-WH, 6/15/35 in ibid., 297.
[13] Moore, 296-298.
[14] ES-AE, 6/7/35; Moore, 304; Fine, 66.
[15] Fine, 67 and Fuchs, 640.
[16] Bohr to Rosenfeld in Pais, 430-431.
[17] Bohr, Physical Review 48, 696.
[18] 同上，696。
[19] 同上。
[20] 同上，720, 701。
[21] Rosenfeld in Wheeler and Zurek, 142.
[22] Bohr to Rosenfeld in ibid.
[23] Bohr, Physical Review 48, 697.
[24] 同上，699。
[25] 同上。
[26] 同上。
[27] “最后这些注释同样适用于由爱因斯坦、波多尔斯基和罗森设计的特殊问题。就像上面的简单粒子一样……我们……只关心……互补经典概念……之间的区别。”（同上。）
[28] 同上，700。
[29] 同上。
[30] 同上，701。
[31] “确实，在每一个测量程序的位置处，对两种情形（量子和经典）做出区别，主要是为了方便起见。”（同上。）
[32] “它在量子理论中的首要问题，源自经典概念用于解释所有确切测量的不可缺少的用途。”（同上。）
[33] “深入分析粒子与测量手段之间的相互作用的不可能是……适合于这种现象研究的任何装置的本质特征，在这里，我们必须解决与经典物理完全无关的特性。”（同上，697。）

[34] 同上。

[35] 罗森菲尔德的话。（Wheeler and Zurek, 142.）

[36] 玻尔对罗森菲尔德说的话。同上。

[37] “像玻尔劝诫我们的那样。”这是罗森菲尔德的话。（Wheeler and Zurek, 144.）

[38] “我一旦尝试量子现象更精确的时间描述，我就遇到新的佯谬……”（Bohr, Physical Review 48, 700.）

薛定谔和爱因斯坦

[1] AE-ES, 6/17/35 in Fine, 68.

[2] AE-ES, 6/19/35 in ibid., 35.

[3] AE-ES, 6/19/35 in ibid., 38. 爱因斯坦的话是：“…… ist mir wurst.” 即 “……对我来说小菜一碟。”也就是：“我不在乎。”

[4] AE-ES, 6/19/35 in Moore, 304.

[5] AE-ES, 6/19/35 in Fine, 69.

[6] Ibid. and Moore, 304

[7] AE-ES, 6/19/35 in Howard, Einstein on Locality, 178.

[8] AE-ES, 6/19/35 in Moore, 304-305.

[9] 在 1935 年 7 月 2 日，玻尔将自己对 EPR 的回应寄给海森堡；海森堡将自己对 EPR 的反应寄给泡利和爱因斯坦；薛定谔就“爱因斯坦的例子”写信给泡利。

[10] ES-Pauli, 7/2/35 in Rüdiger Schack trans. in Fuchs, 551-552.

[11] ES-Pauli, 7/2/35 in Moore, 306。

[12] 同上。

[13] Pauli-ES, 7/9/35 in Rüdiger Schack trans. In Fuchs, 553.

[14] Pauli, 1954, in Writings on Physics, 33.

[15] “个别并非由定律构成的测量结果，像一个没有任何原因的最终事实。”（同上，32。）

[16] ES-AE, 7/13/35 in Fine, 74.

[17] 同上，75。

[18] 同上，76。

[19] AE-ES, 8/8/35 in Moore, 305.

[20] AE-ES, 8/8/35 in Fine, 59

[21] AE-ES, 8/8/35 in Fine, 50 and 47 notes.

[22] AE-ES, 8/8/35 in Moore, 305

[23] AE-ES, 8/8/35 in Fine, 77.

[24] 同上，78。

[25] 同上。

[26] ES-AE, 8/19/35 in Fine, 79.

[27] ES, Proceedings of the Cambridge Philosophical Society 31, 555 (1935).

[28] 同上，555。

[29] ES, The Present Situation in QM, Naturwissenschaften 23, 807-812; 823-828; 844-849 in Wheeler and Zurek, 152-167. 第一部分发表于 1935 年 11 月 29 日，将这篇文章描述为“总忏悔文”，出现在薛定谔对第 12 段的脚注中。

[30] ES-AE, 8/19/35 in Fine, 80.

[31] Greenspan, 24 and 67.

[32] Cäcilie Heidczek-von Laue, 4/6/42 in Greenspan, 243.

[33] Verschränkung: ES,The Present Situation in QM, Naturwissenschaften 23, 827.

[34] ES, Present Situation, in Wheeler and Zurek, 155.

[35] ES, Present Situation, in Moore, 308.

[36] 同上。

[37] ES-Bohr, 10/13/35 in Moore, 312-313.

[38] WH-mother, 10/5/35 in Cassidy, 330.

[39] ES-AE, 3/23/36 in Moore, 314.

[40] AE-Lanczos, 3/21/42 in Dukas and Hoffmann, 68.

[41] ES-AE, 6/13/46 in Moore, 435.

[42] 同上，435。

[43] ES-AE, 11/18/50 in Przibram, 37.

[44] 玻尔对派斯说的话，1948 年。Pais, Niels Bohr' s, 12.

[45] Pais in Niels Bohr' s, 434.

[46] 1948 年，玻尔在口述"与爱因斯坦的辩论"之前对派斯说的话。Pais, Niels Bohr' s, 13.

[47] Bohr, Discussion with Einstein, 1949 in Atomic Physics, 66.

[48] Pais, Niels Bohr' s, 13.

[49] 同上。

[50] 同上。

[51] ES-Born, 10/10/60 in Moore, 479.

[52] Born, My Life, 270.

[53] 弗伦奇和肯尼迪书中有照片。French and Kennedy, 304.

17 普林斯顿

[1] Bohm in Peat, 92.

[2] Gell-Mann, 170.

[3] "整个兴起，始于约 1950 年的普林斯顿。当时，我刚刚完成了我的《量子理论》一书。实际上，我自认为是基于尼尔斯·玻尔的观点互补原理写起。当然，我教过三年的量子理论课程，并写了这本书，主要是为了努力获取对整个学科，尤其是对玻尔的深入而精巧的处理方式的更好理解。然而，工作完成以后，我回头纵观我所做过的工作，依然感到有些不满。"（Bohm in Hiley and Peat, 33.）

[4] 洛马尼茨访谈。Peat, 92.

[5] Pais, Einstein, 95.

[6] Jon Blackwell, the Trentonian, 1933, http://capitalcentury.com/1933.html（2008.3.21）

[7] "我的脑海中飘过一句《薄伽梵歌》中的诗句，在这首诗歌中，克利须那神试图劝说王子，他应该履行自己的职责：'我化身为死神，我是世界的毁灭者'。"（JRO in Goodchild, 162.）

[8] 洛马尼茨访谈。Peat, 92.

[9] "我说他们要说实话。""他们说的什么？""他们说'我们不会说谎'。"源自美国众议院非美活动调查委员会对奥本海默的约谈。（HUAC in In the matter..., 151.）

[10] 罗西的访谈。Peat, 92.

[11] 利普金访谈，Peat, 77-78。

[12] Gross in Hiley and Peat, 48-49.

[13] 关于伯克利放射实验室和原子弹计划内部问题的听讼（1949.5.25, 321），引自玻姆的档案。

[14] 同上。

[15] 同上，325。

[16] Peat, 95.

[17] 关于伯克利放射实验室和原子弹计划内部问题的听讼（1949.5.25, 325），引自玻姆的档案。

[18] 关于伯克利放射实验室和原子弹计划内部问题的听讼（1949.6.10, 325-353），引自玻姆的档案。

[19] 福特打给路易莎·吉尔德的电话，2000 年 12 月。

18 伯克利

[1] “玻姆对奥本海默的感觉超出了钦佩，扩展到后来他所描述的爱。有的人不但理解玻姆理性的激情，而且还给以鼓励和支持。不可避免地，玻姆的部分天性会让他将比自己大 13 岁的奥本海默看作充满爱护和理解的长辈。”（Peat，43.）

[2] Goodchild; and Smith and Weiner.

[3] Bethe, Science 155, 1967.

[4] 引自拉比等人书中拉比的话。Rabi in Rabi et al., 6-7.

[5] Goodchild, 26.

[6] Ibid., 27-29; Rabi et al., 5, 6, 19; Smith and Weiner, 133.

[7] 奥本海默给弟弟的信。（1/7/34 in Smith and Weiner, 170.）

[8] Pauli in Regis, 133.

[9] “虔诚的经典主义者”：不清楚这是玻姆还是温伯格说的话。（Peat, 50.）

[10] Bohm in Peat, 52.

[11] Bohm interview, Omni, 1/87. www.fdavidpeat.com/interviews/bohm.htm

[12] Peat, 56-58.

[13] JRO in In the Matter..., 114.

[14] 玻姆访谈，1979.6.15，来自玻姆档案，Birkbeck.

[15] In the Matter..., 119-120.

[16] 同上。

[17] 伯克利调查的记述、“X 科学家” 和史蒂夫·尼尔森，参见：In the Matter..., 259; Hearings of the Committee on Un-American Activities, v-vi, 1949, Bohm Archive.

[18] Pash in In the Matter..., 811.

[19] 同上，811。

[20] 所有引用来自兰斯代尔与奥本海默的会见，引自：In the Matter..., 873-883, except “the way he talked ... war project”, 121.

[21] 谢克特夫妇对他们自己的书的反应，参见 2002 年“精确媒体”研讨会记录。（www.aim.org）

[22] DeSilva in In the Matter..., 150.

[23] 同上。

[24] In the Matter..., 149.

[25] 同上。

[26] In Peat, 66-68, 135.

19 普林斯顿的量子论

[1] Bohm interview, Omni, 1/87.

[2] Bohm, Wholeness, ix.

[3] Bohm, Quantum Theory, 146.

[4] 同上，145。

[5] 同上，146。

[6] 同上，147。

[7] 同上，152。

[8] 同上，622。

[9] 同上，167。

[10] 同上，163。

[11] 同上，167。

[12] 福特打给路易莎·吉尔德的电话，2000 年 12 月。

[13] Gross in Hiley and Peat, 46.

[14] “在我的科学与哲学工作中，我一直重点关注的是，全面理解实在的本性，并作为一个连续整体，重点理解意识的本性。”（Bohm, Wholeness, ix.）

[15] Bohm, Quantum Theory, 171.

[16] 同上，169-170。

[17] 魏格纳的话，由阿勃纳·奚模尼传达给我。

[18] Bohm, Quantum Theory, 171.

[19] 同上，169。

[20] 同上，171。

[21] 同上，171。

[22] 同上，115。

[23] 同上，614。

[24] 同上。

[25] 同上，615。

[26] 同上，611。

[27] 同上，159。

[28] 同上，623。

[29] 同上，167n。

20 普林斯顿

[1] 罗切斯特的报道被收入 In the Matter...,（211）。玻姆告诉马丁·舍温，当他听说朱利叶斯·罗伯特·奥本海默谈了彼得斯的事，这让他很不安。舍温（Sherwin）访谈，伯克贝克学院，玻姆档案。

[2] “这位执行官挺友好，当玻姆让他给点儿建议的时候，他告诉玻姆，他们能开车去首府特伦顿，努力获取保释……在去特伦顿的路上，这位执行官和他讨论了自然科学，还问了爱因斯坦的事。他说自己来自匈牙利，是一个忠诚的美国人，他希望玻姆没有不忠。”（Peat, 98.）

[3] Schweber, In the Shadow..., x. 施威伯和朋友们后来去找奥本海默：“他通情达理地在学院为玻姆安排了一张办公桌。”玻姆的传记作者皮特讲述了不同的版本：是爱因斯坦想让玻姆回学院，而奥本海默却阻止了。奥本海默考虑到如果他利用学院“窝藏”共产主义者，那成什么了？（Peat, 104; 以及同书的

尾注，311.）

21 量子理论

[1] “我……把书的副本送给爱因斯坦、玻尔、泡利以及几位别的物理学家。我没收到玻尔的答复，但得到了泡利热情的回复。然后，我接到了爱因斯坦的电话……”（Bohm in Hiley and Peat.）盖尔曼这样描述，戴维“打断了我，兴奋地向我描述……爱因斯坦已经读过这本书了，并且给他打了电话，说在所有反对他的观点中，戴维的书是他见过的最好的表述，并且说他们应该在一起讨论一下。当我再次见到戴维时，当然急于想知道他们的谈话情况，于是向他打听。他似乎很窘困地对我说：‘他劝我放弃，我又回到了写这本书之前的境地。’”（Gell-Mann, The Quark & the Jaguar, 170.）

[2] Bohm in Hiley and Peat, 35.

[3] 同上。

[4] “这……接近于我的直观感觉，即这个理论只涉及统计序列。”“爱因斯坦认为，量子力学的统计预测是对的，但也认为，如果给出缺失的因素，原则上我们能超越统计规律，得到（至少在原则上）确定性的理论。这次与爱因斯坦的会面对我的研究方向有很大影响，因为，对是否能找到量子理论确定性的外延，我后来真的很有兴趣。”（同上。）

[5] 同上，33。

[6] “戴维告诉我，作为一个马克思主义者，他已经有了完全不同的量子力学信仰。（马克思主义者往往愿意他们的理论全是确定性的。)”（Gell-Mann, 170.）

[7] 戴维 · 玻姆档案。“博士”和“先生”之间的变换，是由于原始档案就是如此。

[8] Bohm in Hiley and Peat, 33.

[9] 同上。

22 隐变量与隐藏

[1] Bohm, Physical Review 85, 166, 1952.

[2] 《物理评论》在 1951 年 7 月 5 日收到这篇论文。（同上。）

[3] 同上，169。

[4] “作者完成这篇文章后，他注意到，1926 年德布罗意提出过类似的建议，这成为量子力学的第二种解释。”（同上，167。）

[5] 同上。

[6] 同上，170。

[7] 同上，186。

[8] 同上，170。

[9] 同上，180。

[10] 同上，166。

[11] 同上，179。

[12] 同上，189。

[13] 同上，166。

[14] 米利亚姆 · 耶维克记得玻姆这样说。（Peat, 113.）

[15] 同上，28-29。

[16] 同上，29-30。

[17] 同上，23-24。

[18] 同上，84。

[19] 后来，在奥本海默的安全听证会期间，这件事成为对他不利的证据。（Goodchild, 261.）

[20] “韦斯感到他的朋友正在躲避警察。一天傍晚，玻姆让韦斯透过窗户向外看看，看是否有辆黄色敞篷车在来回转悠。韦斯看到了这辆车，问他说，‘你被跟踪了吗?’玻姆回答说：‘是的，他们想搜捕我。’”（Peat, 105.）

[21] 玻姆和韦斯“一直等到天黑，然后走向地铁……在列车上，韦斯注意到一个男人正在读一份报纸的底页，在前页上……是一张玻姆的照片，配以文字说明：‘他们从他那里得到的永远只有他的名字。’韦斯开玩笑说，玻姆最终是从这张报纸上得到了他的名字。”（Peat, 105.）

[22] 同上，27。

[23] 同上，30。

[24] 同上。

[25] AE-Bohm, Peat, 1951.12.15, 116.

[26] 同上，120。

23 巴西

[1] Peat, 121-123.

[2] 参见圣保罗大学的网站，网站上反复强调这座建筑“历史悠久”。

[3] Bohm-Einstein in Peat, 121.

[4] 同上，122。

[5] 玻姆给洛伊的信（那时玻姆在佛罗里达，正准备动身去巴西）。（同上，105。）

[6] Bohm-Yevick, 11/1951 in ibid., 122.

[7] 同上，125-126。

[8] Bohm-Einstein in ibid., 121.

[9] 转自费曼在《别闹了，费曼先生》中描述他遇到的问题，巴西学生学习是死记硬背。（Surely, 211-219.）

[10] 同上，165。

[11] Bohm-Yevick in Peat, 131-132.

[12] “我意识到，在将来很长一段时间内，语言障碍真的要造成自己和大多数人密切联系的困难，这有点恐怖……在为不太懂英语的人讲解物理时，几乎激发不了多少想象力。我要保持警惕，以防……停滞不前。”玻姆给洛伊的信，邮戳时间为 1951.10.17，出自玻姆档案。

[13] “不是那种学究式的学校，而是很自由的感觉。”（Feynman, Surely, 206.）

[14] 同上，206-208。

[15] 格雷克在《费曼：天才的轨迹》书中描述费曼在 1952 年狂欢节上，就像一个狂魔。（Genius, 286.）

[16] 玻姆的护照被以奇怪的借口拿走，他的室友看到一辆汽车盘桓不去。（Peat, 124-125.）

[17] Bohm-Phillips in ibid., 125.

[18] 与爱因斯坦的谈话让玻姆开始寻求量子理论的确定性外延。“我很快考虑到，以一种基本方式将波和粒子联系到一起的哈密顿 – 雅克比理论……如果做一个近似（温策尔 – 克拉默斯 – 布里渊），薛定谔方程就等价于经典的哈密顿 – 雅各比方程……我问自己：在等价性的证明过程中，如果不采用这种近似，会发生什么？我马上看出，这将会出现一个附加的势，用以描述一种新的作用于粒子上的力，我称之为量子势。”（Bohm in Hiley and Peat, 35.）

[19] “遇到费曼时，他认为这个想法很荒唐，但经充分讨论后，我相信这个观点是逻辑一致的。”（Bohm-

Yevick, 1/5/52 in Peat, 126.）

[20] Bohm-Yevick, 1/5/52 in Peat, 126.

[21] 玻姆希望费曼摆脱“那让人压抑的困境，不要再整天长时间枯燥地计算一个众所周知的无用理论，在贝特和其他计算狂人缠住他之前，他或许可以像往常那样，将兴趣转向思考一些新的想法。”这是玻姆给耶维克或洛伊的信，具体是谁不太清楚。（1/5/52, in Peat, 126.）

[22] 费曼在《别闹了，费曼先生》一书中描写的与贝丝做的算术游戏。（Feynman, Surely, 92-95.）

[23] “一个聪明的人走进酒吧的时候，他怎么可能会变得那么愚蠢和不可救药呢?”（Feynman, Surely, 187.）

[24] 这是费曼研究物理的全部方法。在一次采访中，玻姆解释说，他明白，费曼不会采用隐变量的原因是他“不能看到其中的问题”。（Peat, 126.）

[25] 费曼“确信它具有合理的可能性，并可能会带来一些新东西”。（Bohm-Loewy, 12/10/51 in Peat, 126.）

[26] Bohm-Loewy, 12/51 in Peat, 127.

[27] 格雷克在《费曼：天才的轨迹》（Gleick, Genius, 282.）一书中描写他与费米互通的信件。

[28] 费曼关于这位失明的业余无线电行家的故事。（Feynman, Surely, 211.）

[29] 费曼在巴西很寂寞，他通过邮件求婚，开始了短暂的第二春。（Gleick, Genius, 282.）

[30] “他确实做到了，即使到了80年代，玻姆在去美国期间也总是去拜访费曼。”（Bohm-Loewy, 5/8/51 in Peat, 126.）

24 全世界的来信

[1] Pauli-Bohm, 12/3/51 in Bohm archive.

[2] Bohm, Physical Review 85, 186; Physical Review 108, 1072.

[3] Bohm in Hiley and Peat, 38.

[4] Bohm-Yevick in Peat, 128.

[5] Bohm-Yevick, 1/5/52 in ibid., 125.

[6] 同上，124。

[7] Bohm-Yevick, 1/9/52 in ibid., 130.

[8] Schweber, 129.

[9] Pauli-WH, 5/13/54 in Pais, Niels Bohr’s, 360.

[10] 同上。

[11] Bohm archives.

[12] 作者对米利亚姆·耶维克的访谈，2003年8月。

[13] Gross in Hiley and Peat, 46.

[14] 米利亚姆·耶维克访谈，2003年8月。

[15] 同上。

[16] “戴维喜欢信口开河，不管是哲学还是物理。他常常谈论深奥的问题，实则可能就没有问题。相较而言，尤金是一位务实得多的物理学家。他更爱质疑，性情幽默而愤世嫉俗。乔治倾向于认为尤金说得有理。”米利亚姆·耶维克访谈，2003年8月。

[17] 同上。

[18] “玻姆优柔寡断，而格罗斯直言不讳，非常果断（像我一样）。玻姆不能将这个重大问题融进自己的理论。”乔治·耶维克访谈，2003年8月。

[19] “我记得在一次社交晚会上，他构建了一个巧妙而有‘说服力’的理论，证明灵魂与魔鬼是存在的”。

（Gross in Hiley and Peat, 47. ）前面提到“我惊异于戴维……构建连贯知识体系的非凡手法”——鬼故事是这个技能的一个“荒唐”实例。

[20] “我只能用古语来描述他对我和别人的震撼。戴维完美的生命，毕投于表面平静、内含波澜的事业，以究万物本质，此唯尘世圣人矣。他一点不懂尔虞我诈，很容易被人利用。当然，他的学生和朋友大多数都比他年纪小，有保护这位有价值的人的强烈愿望。”（Gross in Hiley and Peat, 49. ）

[21] Bohm-Yevick, 3/9/52 in Peat, 131.

[22] Bohm-Yevick, 1/1951 and 1/1952 and undated in Peat, 131.

[23] Bohm-Yevick and Bohm-Phillips in Peat, 132.

[24] Peat, 129.

[25] “冯·诺依曼认为这个观点很坚实，甚至‘很精美，’（无耻的乞丐！)”。（Bohm-Yevick, undated; Peat, 132. ）

[26] Bohm-Yevick, undated in Peat, 131-132.

[27] 同上，132。

[28] 同上，134。

25 对抗奥本海默

[1] 杨振宁所做的周年祭文。（Physics Today, June 1998. ）

[2] Dresden, H. A. Kramers: Between Tradition and Revolution. New York: Springer-Verlag, 1987.

[3] 德莱斯登于 1989 年美国心理科学协会演讲。（Peat, 133. ）

[4] JRO-Dresden in ibid., 133.

[5] Pais-Dresden in ibid.

[6] 这是德莱斯登的回忆。同上。

[7] JRO-Dresden in ibid.

[8] Nasar, Beautiful Mind45, 81.

[9] Nash-JRO, 1957 in Nasar, Beautiful Mind, 220-221.

[10] 同上，221。

26 爱因斯坦的来信

[1] Born-AE, 5/4/52; B-E Letters, 190.

[2] AE-Born, 5/12/52; B-E Letters, 192.

[3] HB-AE, 5/29/52 in B-E Letters, 193-194.

[4] Born in B-E Letters, 193.

[5] AE-Born, 10/12/53 in B-E Letters, 199.

[6] Born-AE, 11/26/53 in B-E Letters, 205-207. “泡利提出了一个想法，这个想法不仅从哲学上而且在物理上击败了玻姆……” 惠特克注解道，“这好像一直是一种痴想。泡利将玻姆的研究描述为‘表面形而上学’，但他物理上的证据太蹩脚了，有点不可思议。他像海森堡一样相信：玻姆不可能在与现有的实验结论没有抵触的情况下改变量子力学形式，而且，他让玻姆解释一下波函数与概率密度之间的关系。实际上，玻姆和他的同事维歇尔能对后者做出解释，但一直没有答复，那么，很难说玻姆被‘击败’了。”（Whitaker, Einstein, 251. ）

[7] AE-Bohm, 1/22/54 in Bohm archives.

[8] Bohm-AE, 2/3/54 in Bohm archives.

[9] AE-Bohm, 2/1954 in Bohm archives.

玻姆故事的尾声

[1] Bohm-Yevick, probably 4/1954, in Peat, 160.

[2] Bohm, Wholeness, ix.

[3] Feynman, Character of Physical Law, ch. 6.

[4] 同上，127-147。

[5] Bohm, Wholeness..., 109-110.

27 事情的转机

[1] M. Bell in Bertlmann and Zeilinger, 3.

[2] Whitaker, Physics World, 12/1998, 30.

[3] Bell in Bernstein, Quantum Profiles, 65.

[4] 同上，12。

[5] 同上，12；Whitaker, Physics World, 12/1998, 29; and Bertlmann and Zeilinger, 7-9.

[6] Walkinshaw in Burke and Percival, 5.

[7] ibid.

[8] M. Bell in Europhysics News memorial edition.

[9] Walkinshaw in Burke and Percival, 5.

[10] M. Bell in Bertlmann and Zeilinger, 5.

[11] 派尔斯描述考克饶夫搜集砖头。(Bird of Passage, 120.)

[12] M. Bell in Europhys. News memorial edition.

[13] Bell, On the Impossible Pilot Wave(1982) in Speakable, 159-160.

[14] Mandl in Burke and Percival, 10.

[15] M. Bell in Bertlmann and Zeilinger, 3-4.

[16] Bell in Bernstein, Quantum Profiles, 65.

[17] Whitaker in Bertlmann and Zeilinger, 17.

28 不可能性证明证实了什么

贝尔和尧赫的谈话，在贝尔认识隐变量的历程上是一个转折点，对此，他后来在多个场合向尧赫表示特别的感谢。然而，两人都没有清晰记录所谈的内容，只留下了模糊的感受。在本书中，对尧赫的引用全部来自他的著作《量子是真实的吗：伽利略的对话》(*Are Quanta Real?: A Galilean Dialogue*)，以量子力学中的现实实在为主题的“对话”完稿于“1970 年秋天”的日内瓦——这是在对贝尔具有转折意义的那次谈话的 7 年之后。终究，“在这本书中，很多有迹可循的地方或多或少地忠实再现了那次谈话的实际情况”(xii)。贝尔的答词则引自他在 1964 年到 1986 年发表的作品。

贝尔告诉戴维斯：“由于我看到比我更精明的人在这个问题上进展甚微，因此，若干年来，我实际上回避了这个问题，而从事别的一些更具体的工作。但到 1963 年，当我在日内瓦忙于其他事情的时候，在大学里遇到了尧赫教授，当时，他正全神贯注于这些问题。与他的讨论使我决心在这方面做点什么。”(Davies, The Ghost in the Atom, 56.) 贝尔告诉伯恩斯坦，尧赫“竟然想巩固冯・诺伊曼那声名狼藉的定理。对我来说，这就像一头公牛见到了红色。所以，我想指出尧赫是错误的。我们进行了十分激烈的讨论”。(Quantum Profiles, 67-68.) “我对约瑟夫・玛丽亚・尧赫教授深深地怀有特别的感激之情……”(Bell, Acknowledgment to “On the problem of hidden variables in QM", 1964, 11.)。

[1] 玛丽·贝尔访谈。2000 年秋。

[2] Jammer, Phil. of QM, 303.

[3] "我看到……在戴维·玻姆的论文中……已经做了这件不可能的事。"(Bell, On the Impossible Pilot Wave (1982), Speakable, 160; Bell, 1990 in Bernstein, Quantum Profiles, 65.)

[4] 德布罗意的理论"是一个很巧妙的……现象。"(Jauch, 74.)

[5] Jauch, x, xi.

[6] 贝尔在"小小的"前面还写有"几乎"一词。(Bell, Six Possible Worlds..., 1986, Speakable, 194.)

[7] 同上。

[8] Bell, On the Impossible Pilot Wave, 1982, Speakable, 160.

[9] "德布罗意……以一种我认为可耻的方式被一笑置之……玻姆……甚至被忽略。"(Bell. 1986, in Davies, Ghost, 56.)

[10] 同上。

[11] Jauch, ix. 原著中,句子的顺序与此相反。

[12] Bell, "On the Impossible Pilot Wave" (1982), Speakable, 160. 这些话出自于不可能证据的目录中第一次出现尧赫的脚注里。

[13] 在尧赫的书中,辛普利西奥做了一个梦,梦中他发现自己置身于图书馆中,在这里,发生过的每件事都用各种语言记录下来,他想找"能解释基本粒子所有已知事实的理论"。图书管理员说:"可找到 137 种不同的理论……符合所有当前已知事实。"尧赫注解道:"就是这一点,向辛普利西奥展示了很显然的真理……如爱因斯坦所言,亦如这个梦所表现出来的,有两个真理标准,忽视第二个标准会导致谬论。"(AE, "Autobiographical Notes" in Schlipp, e.g. 13. Jauch, 51-53 and 105, note 15.)

[14] 它们"指出隐变量的提法有点意思"。(Bell, "On the Problem of Hidden Variables..." (1966), in Speakable, 12, note 2. Schlipp, 81-87.)

[15] "当前的形式……观察的现象。"(Jauch, Are Quanta Real?, xi.)

[16] 同上。

[17] Bell (1990); Bernstein, Quantum Profiles, 66.

[18] "确切无疑地说,量子势看起来在形式上非常做作,此外,它暗含了远程粒子间的瞬时相互作用,这一点应受到批判。"玻姆正在转入"根据更深入的次量子力学层次,进一步更新量子理论的解释"。(Bohm & Aharonov, PR 108, 1072(1957).)

[19] "它并没有否认月相,太阳所处的星系或是我的意识状态与这些参数的值无关。"(Jauch, 16.)

[20] 同上, 100, note 7。

[21] "科学的大门为各种与你那隐变量的来源有关的理论敞开着。"(同上,16。)

[22] Bell in Bernstein, Quantum Profiles, 72.

[23] 一个有关历史的注解:贝尔告诉伯恩斯坦,那年底,当他去加利福尼亚州休年假的时候,"我脑中想的全是与尧赫的争论,并且,我决定要以隐变量为大致主题的评论形式将之全部记下来。在写作过程中,我愈加深信,'定域性'是这个问题的核心"。(同上,67-68。)这是我能找到的贝尔关注定域性的年表中最明确的参考,它说明贝尔是在与尧赫谈话之后才有了这种想法,而不是在谈话过程中有的。

[24] "我所努力做的,就是排除尽可能多错误路线,这样,在留给我们很少的可能性中,我们就可能找到一种能让我们理解遍及整个物理世界的基本互补性的路线。"(Jauch, 21-22.)

[25] Bell, Bertlmann's Socks...(1981), Speakable, 155. 贝尔从玻尔对 EPR 的回复中,逐字逐句地分析了他最中意的陈述。"我真是对它的含义没什么概念。"他很惊讶,"玻尔是仅仅否定了前提('不存在超距

作用'）而不是驳倒了论点吗?"
[26] Jauch, 19.
[27] 同上，48。
[28] Bell, "Six Possible Worlds..." (1986), Speakable, 189.
[29] 同上。
[30] Jauch, 96.
[31] Bell, 6 Possible Worlds... (1986), Speakable, 190.
[32] "玻尔好像喜欢格言警句，比如'真理的对面……不常见意思'。"（同上。）
[33] 同上。
[34] Jauch, 54.
[35] Bell (1990) in Bernstein, Quantum Profiles, 52.
[36] 同上。
[37] Jauch, 18.
[38] Bell, 6 Possible Worlds... (1986), Speakable, 189.
[39] Bell (1990) in Bernstein, Quantum Profiles, 52.
[40] Bell, Six Possible Worlds...(1986), Speakable, 188.
[41] Bell (1990) in Bernstein, Quantum Profiles, 84.
[42] 同上。
[43] Jauch, 16.
[44] "窘迫的公诉人……必须找到罪犯。"（Jauch, 17.）隐变量理论的设计师在尧赫的寓言中被称为"辛普利西奥"。
[45] 同上，17。
[46] Bell (1990) in Bernstein, Quantum Profiles, 72.
[47] "因为爱因斯坦－波多尔斯基－罗森装置是一种临界情况，它导致了远程相关性。他们在文章的结尾处说道，如果你以某种方式完成了这个量子力学过程的描述，非定域性仅仅是表面上的。看来与玻姆说的不同，潜在的理论，应该是定域性的。"（同上。）
[48] "你多么固执啊，辛普利西奥！我不禁要佩服你了！你的异议对我深入思考物理的基础是一项挑战，我想我们都应该感激你。"（Jauch, 42.）
[49] 同上，xii。
[50] 同上，xi-xii。
[51] 同上，23。
[52] 同上，26。
[53] 同上，26, note 101。
[54] 同上，50-51, note 104。
[55] 同上，104。
[56] 同上，97。
[57] Bell, On the Problem of Hidden Variables in QM (1964, published 1966), Speakable, 1-2.
[58] Bell told Bernstein in Quantum Profiles, 67.
[59] Bell, On the Impossible Pilot Wave (1982), Speakable, 167.
[60] "所以，我毫不犹豫地着手，看一看我能否在一些简化的 EPR 形势下设计一个小模型，使之可以完成量子力学图像，并允许所有事件都是定域性的。我开始处理由两个自旋为 1/2 的粒子构成的极简

单的体系——不想太过严谨，但恰好得到一些输入和输出之间的简单关系，它能为量子关联给出定域性说明。我尝试过的所有例子都行不通。我开始感到事实很可能不是那样。”（Bell in Bernstein, Quantum Profiles, 72-73.）

[61] “不久，我来了这里（斯坦福），受到一位同事约瑟夫·尧赫辩论的激发，我又一次开始思考量子力学的根基问题。结果他竟然想巩固冯·诺伊曼那声名狼藉的定理。对于我来说，这就像一头公牛见到了红色。所以，我想指出尧赫是错误的。我们进行了十分激烈的讨论。我想，我已经找到了尧赫研究中不合理的假设。由于在斯坦福独自一人待着，这给了我思考量子力学的时间。我脑中想的全是与尧赫的争论，并且，我决定以隐变量为大致主题的评论形式将之全部记下来。在写作过程中，我愈加深信，‘定域性’是这个问题的核心。”（Bell in Bernstein, Quantum Profiles, 67-68.）

[62] “当我通读这些论文的时候，处处都有她的身影。”贝尔在《量子力学中的可道与不可道》（*Speakable*）中写的前言，对玛丽的帮助表示谢意。

[63] Bell, On the problem of Hidden Variables in QM (1966), Speakable, 11.

[64] Jammer, 303.

[65] 同上。

[66] “这个方程从出现在我脑海里，到落到纸面上，大概就是在一个周末的时间里。但在前几周，围绕这个方程，我一直在紧张地思考着。前几年，它就已经不断地出现在我脑海里。”（Davies, Ghost 57; see also Bernstein, Quantum Profiles, 72.）

[67] Bell, On the EPR Paradox (1964), Speakable, 19.

29 一点想象

[1] Bohm, Wholeness, 109-110.

[2] Abner Shimony, Tibaldo and the Hole in the Calendar (New York: Springer-Verlag, 1998), 1.

[3] “这篇论文的手稿写于旅居布兰德斯大学期间。”Bell, “On the EPR Paradox” (1964), Speakable, 20.

[4] 奚模尼给路易莎·吉尔德的信，2000 年春。

[5] 同上。

[6] 奚模尼引述霍纳给路易莎·吉尔德的信，2005 年 6 月。

[7] “Discussion of Experimental Proof for the Paradox of EPR” (1957), Physical Review 108, 1070.

[8] “Angular Correlation of Scattered Annihilation Radiation” (1950), Physical Review 77, 136.

[9] Horne, Shimony, and Zeilinger, “Down-Conversion Photon Pairs: A New Chapter in the History of QM Entanglement” (1989), Quantum Coherence, 361. 实际上，奚模尼是用这句话来赞扬霍纳的；霍纳很吃惊。（Optical Society of America meeting in San Jose, CA, Sept. 2007.）

[10] 奚模尼给路易莎·吉尔德的信，2000 年春。

[11] 克劳泽给路易莎·吉尔德的信，2000 年 10 月。

[12] 同上。

[13] Clauser, “Early History of Bell's Theorem” (2000) in Bertlmann and Zeilinger, 78.

[14] 克劳泽给路易莎·吉尔德的信，2000 年 10 月。

[15] 奚模尼给路易莎·吉尔德的信，2000 年春。

[16] 霍纳给路易莎·吉尔德的信，2000 年 11 月。

[17] 奚模尼给路易莎·吉尔德的信，2000 年春。

[18] 霍纳给路易莎·吉尔德的信，2000 年 11 月。

[19] Clauser in Wick, 119.

[20] Kocher & Commins, "Polarization Correlation of Photons Emitted in an Atomic Cascade" (1967) in Physical Review Letters 18, 575.
[21] 克劳泽给路易莎·吉尔德的信，2000 年 10 月。
[22] Ibid.; Wick, 120.
[23] Bell-Clauser, 1969 in Bertlmann and Zeilinger, 80.
[24] Clauser; Ibid.
[25] 霍尔特给路易莎·吉尔德的信，2001 年 12 月。
[26] 霍尔特给路易莎·吉尔德的信，2004 年 8 月。
[27] 奚模尼给路易莎·吉尔德的信，2000 年春。
[28] 霍尔特给路易莎·吉尔德的信，2001 年 12 月。
[29] 霍尔特给路易莎·吉尔德的信，2001 年 12 月。
[30] Horne, "What Did Abner Do?" at OSA meeting 2007.
[31] 奚模尼给路易莎·吉尔德的信，2000 年春。
[32] 霍纳给路易莎·吉尔德的信，2000 年 11 月。
[33] 霍纳在 2007 年美国光学学会会议上的报告。
[34] 霍纳给路易莎·吉尔德的信，2000 年 11 月。
[35] 奚模尼给路易莎·吉尔德的信，2000 年春。
[36] 霍纳给路易莎·吉尔德的信，2005 年 6 月。
[37] 辛那基：克劳泽给路易莎·吉尔德的信，2000 年 10 月。
[38] 奚模尼给路易莎·吉尔德的信，2000 年春。
[39] 克劳泽给路易莎·吉尔德的信，2000 年 10 月。
[40] Clauser, Horne, Shimony, and Holt (1969), Physical Review Letters 23, 880.
[41] 康明斯给路易莎·吉尔德的信，2000 年 10 月。
[42] 克劳泽给路易莎·吉尔德的信，2000 年 11 月。
[43] 康明斯给路易莎·吉尔德的信，2000 年 10 月。
[44] 克劳泽给路易莎·吉尔德的信，2000 年 10 月。
[45] 同上。
[46] 康明斯给路易莎·吉尔德的信，2000 年 10 月。
[47] 同上。
[48] Townes, 69-71.
[49] "康明斯告诉我，……'小伙子，这很疯狂。'"：弗里德曼给路易莎·吉尔德的信，2000 年 10 月。
[50] 同上。
[51] 克劳泽给路易莎·吉尔德的信，2001 年 12 月。
[52]-[54] 同上。
[55] 弗里德曼给路易莎·吉尔德的信，2000 年 10 月。
[56] 同上。
[57] 同上。
[58] Freedman, "Experimental Test of Local Hidden-Variable Theories," Ph. D. thesis, 5/5/72, Berkeley.
[59] 雷德尔给路易莎·吉尔德的信，2005 年 9 月。
[60] 弗里德曼给路易莎·吉尔德的信，2005 年 3 月。
[61] 雷德尔给路易莎·吉尔德的信，2005 年 9 月。

[62] 弗里德曼给路易莎·吉尔德的信，2000 年 10 月。

[63] 克劳泽给路易莎·吉尔德的信，2001 年 12 月。

[64] 同上。

[65] 在“‘光电倍增管的语言’中，所有不是蓝色或紫色的光（波长大于 4500Å）被（称作）‘红色’。这是大多数光电阴极转而漏掉的波段!”克劳泽给路易莎·吉尔德的信，2002 年 1 月 9 日。

[66] 克劳泽给路易莎·吉尔德的信，2001 年 12 月。

[67] 克劳泽给路易莎·吉尔德的信，2002 年 3 月。

[68] 弗里德曼给路易莎·吉尔德的信，2000 年 10 月。

[69] 克劳泽给路易莎·吉尔德的信，2001 年 12 月。

[70] 克劳泽给路易莎·吉尔德的信，2000 年 10 月。

[71] 弗里德曼给路易莎·吉尔德的信，2000 年 10 月。

[72] 同上；奚模尼给路易莎·吉尔德的信，2000 年。

[73] 康明斯给路易莎·吉尔德的信，2000 年 10 月。

[74] 弗里德曼给路易莎·吉尔德的信，2000 年 10 月。

30 实验物理学不简单

[1] 克劳泽给路易莎·吉尔德的信，2002 年 3 月；弗里德曼给路易莎·吉尔德的信，2008 年 5 月。

[2] 同上。

[3] “尤金·康明斯是一个非常诚实的人。”弗里德曼给路易莎·吉尔德的信，2000 年 10 月。

[4] 实际上，因为绿光是第一个被发射的，所以它总是先于紫光到达。但它们传播的间距是可以预知的，那么，在绿色光子一边安装一个电子延迟装置，所以两个光子的抵达就一致了，可以简单这样分析。

[5] 克劳泽给路易莎·吉尔德的信，2002 年 3 月。

[6] 同上。

[7] “我很兴奋，我想康明斯就是这时走了进来。”同上。

[8]-[13] 同上。

[14] 转自弗里德曼给路易莎·吉尔德的信中克劳泽的话，2000 年 10 月。

[15] 转自奚模尼给路易莎·吉尔德的信中霍尔特的话，2003 年 5 月。

[16] 霍尔特给路易莎·吉尔德的信，2004 年 8 月。

[17] 同上。

[18] 克劳泽给路易莎·吉尔德的信，2002 年 3 月。

[19] 同上。

[20] 霍尔特给路易莎·吉尔德的信，2004 年 8 月。

[21] 同上。

[22] 同上。

[23] “偶尔其中一个或另一个光电倍增管的暗电流比例会大幅增加……处理这种现象（用以检测淡绿色 5513Å 光子的 C31000E 经常出现这种情况）的方法是关闭实验，并在室温下将光电管保存几天；当再次冷却的时候，暗电流比例就恢复正常了。”（Freedman, “Experimental Test of Local Hidden-Variable Theories,” Ph. D. thesis, 5/5/72, Berkeley note on 76.）

[24] 克劳泽给路易莎·吉尔德的信，2002 年 3 月。

[25] 奚模尼给路易莎·吉尔德的信，2000 年春；克劳泽给路易莎·吉尔德的信，2002 年 3 月。

[26] 贝尔给出了一个更通用的新不等式：“隐变量问题导论”（1971），《量子力学中的可道与不可道》，29。

比较贾基夫和奚模尼，“深度和广度，” 90。

[27] 奚模尼指出弗里德曼 - 克劳泽实验测试了所有的定域实在性理论，不仅是确定了其中一个。（Foundations of QM, Proceedings of the International School of Physics “Enrico Fermi,” Course XLIX, d' Espagnat, ed. (New York: Academic, 1971), 191; Clauser and Horne (1974), Physics Review D, 10, 526. 274 “ ‘Theoretical physicists...such speculation’ ”: B.）

[28] Bell, “Introduction to the Hidden-Variable Question” (1971), Speakable, 29.

[29] 据奚模尼给路易莎·吉尔德的信中描述克劳泽所言，2000 年春。

[30] 在弗里德曼“定域隐变量理论的实验验证”一文中第 v 页能找到弗里德曼不等式。（Freedman, Experimental Test, v.）

[31] 弗里德曼给路易莎·吉尔德的信，2000 年 10 月。

[32] Fry, Arrogance? Naïveté? Stupidity?An Untenured Assistant Professor Threw Caution to the Wind for a Bell Inequality Experiment (2007), OSA meeting.

[33] 同上。

[34] 克劳泽给路易莎·吉尔德的信，2000 年 10 月。

[35] 弗里德曼给路易莎·吉尔德的信，2000 年 10 月。

[36] 同上。

[37] 同上。

[38] Holt, Quantum Mechanics vs. Hidden Variables: Polarization Correlation Measurement on an Atomic Mercury Cascade, 1973, Harvard University preprint, 1.

[39] 同上。

[40] 弗里德曼给路易莎·吉尔德的信，2000 年 10 月。

[41] 霍尔特给路易莎·吉尔德的信，2001 年 12 月。

[42] 同上。

[43] 弗里德曼给路易莎·吉尔德的信，2000 年 10 月。

[44] 霍尔特给路易莎·吉尔德的信，2001 年 12 月 31 日。

[45] 同上。

[46] 同上。

[47] 引自同上庞德所言。

[48] 霍尔特给路易莎·吉尔德的信，2001 年 12 月 31 日。

[49] Faraci et al., Lett. Nuovo Cim. 9 (1974), 607. “他们的数据严重违背量子力学的预测……因为他们的论文非常简练，很难猜测是否是系统误差造成了这种结果。”（Clauser and Shimony, “Bell' s Theorem,” 1917.）

[50] 霍纳给路易莎·吉尔德的信，2005, 6.

[51] Clauser and Shimony, “Bell' s Theorem,” 1916.

[52] 弗莱对霍尔特和皮普金结果的描述。（Arrogance? Naïveté?..., at OSA meeting, Sept. 2007.）

[53] 同上。

[54] 克劳泽给路易莎·吉尔德的信，2000 年 10 月。

[55] 贝尔在欧洲核子研究中心接受一位年轻女性的访谈；在维也纳大学图书馆的录像带上标注的日期是 1990 年 11 月 28 日，这不可能是访谈的日期，因为贝尔在当年的 10 月 1 日去世了。

[56] 克劳泽给路易莎·吉尔德的信，2000 年 10 月。

[57] 霍纳给路易莎·吉尔德的信，2005 年 6 月。

[58] 克劳泽给路易莎·吉尔德的信，2000 年 10 月。
[59] 同上。
[60] 霍纳给路易莎·吉尔德的信，2005 年 6 月。“该实验使约翰深信不疑，但我们对其有不同的反应。他会说：‘我不喜欢这结果。’我便说：‘它本来就是这样。’”
[61] 克劳泽给路易莎·吉尔德的信，2000 年 10 月。
[62] “Experimental Distinction Between the Quantum and Classical Field Theoretic Predictions for the Photo-Electric Effect” (1974), Physics Review D, 9, 853.
[63] 奚模尼给路易莎·吉尔德的信，2003 年 9 月 5 日。
[64] 克劳泽给路易莎·吉尔德的信，2000 年 10 月。
[65] 同上。
[66] Clauser and Horne, “Experimental Consequences of Objective Local Theories” (1974), Physics Review D, 10, 535.
[67] “堆放废旧仪器”是伯克利旧莱肯特大厅阁楼的称谓。
[68] 同 [66] 第 530 页有原始讨论（Clauser, “Early History of Bell’s Theorem”, 2000），对这些实验再次进行了讨论（Bertlmann and Zeilinger, 87-88）；爱斯派克特以“贝尔定理：一位实验学家的幼稚观点”为他们辩护（Aspect, “Bell’s Theorem: The Naïve View of an Experimentalist”, in Bertlmann and Zeilinger, 141-142）。
[69] 克劳泽给路易莎·吉尔德的信，2000 年 10 月。
[70] 克劳泽给路易莎·吉尔德的信，2002 年 3 月。
[71] “舒了一口气”：同上，2000 年 10 月。
[72] Fry and Thompson, “Experimental Test of Local Hidden-Variable Theories” (1976), Physical Review Letters 37, 465.

31 在哪里改一改

[1] Aspect, Optical Society of America meeting in San Jose, CA, Sept. 2007.
[2] Aspect, OSA meeting, 2007.
[3] Aspect, “The Paper That Changed My Life” at OSA meeting, Sept. 2007.
[4] Aspect, “Bell’s Theorem: The Naive View of an Experimentalist” in Bertlmann and Zeilinger, 119.
[5] 克劳泽给路易莎·吉尔德的信，2007 年 12 月。
[6] 同上。
[7] Fry, “Quantum (Un)speakables” conference in Vienna, Nov. 2000.
[8] Pipkin in Fry, “Arrogance? Naïveté?...” (2007); OSA meeting.
[9] 见克劳泽的兴趣分析。“Early History of Bell’s Theorem” in Bertlmann and Zeilinger, 61ff.
[10] 爱斯派克特给路易莎·吉尔德的信，2007 年 9 月。
[11] “我们刚刚解了几个偏微分方程——我知道，我已经错过了一些东西。”爱斯派克特给路易莎·吉尔德的信，2007 年 9 月。
[12] 同上。
[13] Aspect, “The Paper That Changed My Life” at OSA meeting, Sept. 2007.
[14] 同上。
[15] Bell, “On the EPR Paradox” (1964) in Speakable, 20.
[16] Aspect, OSA meeting, 2007.

[17] Aspect et al., “Experimental Test of Bell’s Inequalities Using Time-Varying Analyzers” (1982), Physical Review Letters 49, 1805.

[18] 同上。

[19] 同上，1807。

[20] Aspect, “Bell’s Theorem: The Naive View of an Experimentalist” in Bertlmann and Zeilinger, 119.

[21] 在爱斯派克特给路易莎·吉尔德的信中描述了贝尔给爱斯派克特的信的内容，2007 年 9 月。

[22] 弗里德曼给路易莎·吉尔德的信，2000 年 10 月。

[23] 霍尔特给路易莎·吉尔德的信，2001 年 12 月。

[24] Horne, “Quantum Mechanics for Everyone,” Third Stonehill College Distinguished Scholar Lecture, May 1, 2001.

[25] 霍纳给路易莎·吉尔德的信，2005 年 6 月。

[26] 同上。

[27] AZ, “Bell’s Theorem, Information...” in Bertlmann and Zeilinger, 241.

[28] Horne in Aczel, 210.

[29] 霍纳给路易莎·吉尔德的信，2005 年 6 月。

[30] 同上。

[31] 同上。

[32] 格林伯格给路易莎·吉尔德的信，2005 年 5 月。

[33] Greenberger, “History of the GHZ...” in Bertlmann and Zeilinger, 282.

32 薛定谔诞辰百年纪念

[1] Bertlmann, “Magic Moments: A Collaboration with John Bell” in Bertlmann and Zeilinger, 29.

[2] 贝尔总这样称呼它。伯特曼给路易莎·吉尔德的信，2000 年 11 月。

[3] “就像一个仪式，3 点 58 分的时候，我们离开办公室去了欧洲核子研究中心的自助餐厅，在那里，约翰用他那特有的英国口音点了他最喜欢的茶：‘请打两杯马鞭草。’”（Bertlmann, “Magic Moments...” in Bertlmann and Zeilinger, 36.）

[4] Leinaas, “Thermal Excitations of Accelerated Electrons” in ibid., 402.

[5] 伯特曼给路易莎·吉尔德的信，2000 年 11 月。

[6] 同上。

[7]-[10] 同上。包括贝尔的立场。

[11] AZ, “On the Interpretation & Philosophical Foundation of QM” in Vastakohtien Todellisuus, Festschrift for K. V. Laurikainen, Ketvel, et al., eds., Helsinki University Press, 1996.

[12] 安东·泽林格给路易莎·吉尔德的信，2005 年 5 月。

33 数到三

[1] 霍纳给路易莎·吉尔德的信，2005 年 6 月。

[2]-[4] 同上。

[5] “因为迈克和我也曾考虑一个三体问题。”格林伯格给路易莎·吉尔德的信中转述了安东·泽林格给格林伯格的信，2005 年 5 月。

[6] 格林伯格给路易莎·吉尔德的信，2005 年 5 月。

[7] “Observation of Nonclassical Effects in the Interference of Two Photons” (1987) in Physical Review Letters

59, 1903.
[8] 霍纳给路易莎·吉尔德的信，2005 年 6 月。
[9] 同上。
[10] Shih and Alley in Proceedings of the 2nd Int'l Symposium on Foundations of QM in the Light of New Technology, Namiki et al., eds. (Tokyo: Physical Society of Japan, 1986.)
[11] 格林伯格给路易莎·吉尔德的信，2005 年 5 月。
[12] 霍纳给路易莎·吉尔德的信，2005 年 6 月。
[13] 格林伯格给路易莎·吉尔德的信，2005 年 5 月。
[14] 同上。
[15] 默敏给路易莎·吉尔德的信，2005 年 10 月。
[16] 同上。
[17] 同上。
[18] Clifton, Redhead, Butterfield, "Generalization of the Greenberger-Horne-Zeilinger Algebraic Proof of Nonlocality" in Foundations of Physics 21, 149-184 (1991).
[19] Greenberger, Horne, and Zeilinger, "Going Beyond."
[20] 默敏给路易莎·吉尔德的信，2005 年 10 月。
[21] Mermin, Physics Today, June 1990, 9.
[22] 同上。
[23] 同上。
[24] 同上，9, 11。
[25] 同上，11。
[26] 同上。
[27] 默敏给路易莎·吉尔德的信中转述了贝尔给默敏的信，2005 年 10 月。

34 反对"测量"

[1] Mermin, "Whose Knowledge?" in Bertmann and Zeilinger, 271.
[2] John Bell, Physics World, 8/90, 33-40.
[3] Mermin, "Whose Knowledge?" in Bertmann and Zeilinger, 271.
[4] Dirac, "The Evolution of the Physicist's Picture of Nature," Scientific American, 5/1963.
[5] Mermin, "Whose Knowledge?" in Bertmann and Zeilinger, 271.
[6] 同上。
[7] 克劳泽给霍纳的信，1990 年 11 月 25 日，以及霍纳给路易莎·吉尔德的信，2005 年 6 月。
[8] Gottfried, "Is the Statistical Interpretation of Quantum Mechanics Implied by the Correspondence Principle?" in D. Greenberger, W. L. Reiter, and A. Zeilinger, 7th Yearbook Institute Vienna Circle, 1999.
[9] Mermin-Fuchs, 12/1998 in Fuchs, 321.
[10] Gottfried.
[11] Mermin-Fuchs, 12/1998 in Fuchs, 321.
[12] 奚模尼给路易莎·吉尔德的信，2005 年 10 月 20 日。
[13] 霍纳给路易莎·吉尔德的信，2005 年 6 月。
[14] 格林斯坦给路易莎·吉尔德的信，2005 年 10 月 19 日。
[15] 贝尔"对那些拥护他认为浅薄立场的人显示了有如旧约先知般的愤怒"。(Mermin and Gottfried, "John

Bell & the Moral Aspect of QM," Europhysics News 22, 1991.）

[16] Greenstein and Zajonc, Quantum Challenge, xii.

[17] Mermin and Gottfried, "John Bell & the Moral Aspect of QM," Europhysics News 22, 1991.

35 你是在告诉我，这可能是有实际用处的吗?

[1] 埃克特给路易莎・吉尔德的信，2005 年 9 月 20 日。

[2] 同上。

[3] 同上。

[4] Ekert et al., "Basic Concepts in Quantum Computation", 26 (April 22, 2001).

[5] 埃克特给路易莎・吉尔德的信，2005 年 9 月 20 日。

[6]-[9] 同上。

[10] 埃克特给路易莎・吉尔德的信，2005 年 5 月。

[11] 同上。

36 千禧年

[1] 霍纳给路易莎・吉尔德的信，2005 年 6 月。

[2] Bouwmeester, Pan, Mattle, Eibl, Weinfurter, and Zeilinger, "Experimental Quantum Teleportation," Nature 390, 575 (1997).

[3] Bennett, Brassard, Crepeau, Jozsa, Peres, Wootters, "Teleporting an Unknown Quantum State via Dual Classical and Einstein-Podolsky-Rosen Channels," Physical Review Letters 70, 1895 (1993); Zukowski, Zeilinger, Horne, and Ekert, "Event-Ready-Detectors: Bell Experiment via Entanglement Swapping," Physical Review Letters 71, 4287 (1993); Pan, Bouwmeester, Weinfurter, and Zeilinger, "Experimental Entanglement Swapping: Entangling Photons That Never Interacted," Physical Review Letters 80, 3891 (1998).

[4] Jennewein, Simon, Weihs, Weinfurter, and Zeilinger, "Quantum Cryptography with Entangled Photons," Physical Review Letters 84, 4729 (2000).

[5] Naik, Peterson, White, Berglund, and Kwiat, Entangled State Quantum Cryptography: Eavesdropping on the Ekert Protocol, Physical Review Letters 84, 4733 (2000).

[6] Gisin, Sundays in a Quantum Engineer' s Life, Bertlmann and Zeilinger, 199.

[7] Tittel, Brendel, Gisin, and Zbinden, Violation of Bell Inequalities More Than 10 km Apart (1998), Physical Review Letters 81, 3563, and Long Distance Bell-Type Tests Using Energy-Time Entangled Photons (1999); Phys. Rev. A, 59, 4150. entanglement over 31 mi: Marcikic, de Riedmatten, Tittel, Zbinden, Legré, and Gisin, PRL 93, 180502 (2004).

[8] 吉辛给路易莎・吉尔德的信，2002 年 5 月 8 日。

[9] 同上。

[10] Gisin, Can Relativity Be Considered Complete? at the 2005 Quantum Physics of Nature Conference in Vienna.

[11] 吉辛给路易莎・吉尔德的信，2002 年 5 月 8 日。

[12] Suarez, www.quantumphil.org/history.htm

[13] Gisin, Sundays in a Quantum Engineer' s Life, Bertlmann and Zeilinger, 202-206.

[14] 吉辛给路易莎・吉尔德的信，2002 年 5 月 8 日。

[15] Gisin, Sundays..., in Bertlmann and Zeilinger, 206.

37 或许只是个神话

[1] Feynman, “Simulating Physics with Computers” in Hey, 136-137；该书第 147-150 页包括了贝尔定理（但未命名）。

[2] Lloyd, “A Potentially Realizable Quantum Computer,” Science 261, 1569 (1993).

[3] Chuang and Gershenfeld, “Bulk Spin-Resonance Quantum Computation,” Science 275, 350 (1997); Chuang, Vandersypen, Zhou, Leung, and Lloyd, Nature 393, 143 (1998); Chuang, Gershenfeld, and Kubinec, PRL 80, 3408 (1998).

[4] Shor, “Polynomial-Time Algorithms,” SIAM Journal on Computing 26, 1484 (1997); Grover, PRL 79, 325 (1997).

[5] Lloyd, 118-119.

[6] 同上，3ff。

[7] 同上，49。

[8] 同上，118。

[9] 埃克特给路易莎·吉尔德的信，2005 年 9 月。

[10] Nielson, “Rules for a Complex Quantum World,” Scientific American, Nov. 2002, 68.

[11] Smithells-Rutherford, 1932 in Eve, 364.

[12] AE-Besso 12/12/51 in French, Einstein, 138.

[13] Rutherford in Capri, Anton Z., Quips, Quotes, and Quanta: An Anecdotal History of Physics (Singapore: World Scientific Pub. Co., 2007), 170; 与 1933 年卢瑟福的陈述对比：“而不确定理论（换句话说，就是不确定性原理）由于显示了当前物质波动理论的局限性，因此是很好的理论兴趣点。在我看来，它在物理中的重要性已经被许多作者夸大其词了。从一个不能由实验验证的（无论是直接的还是间接的）理论概念引出更多的推论，在我看来，这是很不科学的，也是很危险的。”（Rutherford-Samuel in Eve, 378.）另一个有关的评述：“理论家用他们的象征符号推来算去，而我们在卡文迪许制造出了自然界真正的具体过程。”（Eve, 304.）

[14] Rabi in Bernstein, “Physicist.” 329-330.

[15] Bell and Nauenberg; “The moral aspect of Quantum Mechanics” (1966), Speakable, 26-28.

尾声 回到维也纳

[1] 所有这些引用都是路易莎·吉尔德在这次讨论会上亲耳所闻。

[2] Mermin, Whose Knowledge?, in Bertlmann and Zeilinger, 273.

[3] Mermin in Fuchs, ii-iii.

[4] Fuchs, 136, 527.

[5] 同上，336.

[6] 鲁道夫给路易莎·吉尔德的信，2005 年 5 月。

[7] Fuchs, 45.

[8] 鲁道夫给路易莎·吉尔德的信，2005 年 10 月。

[9] Fuchs, 333.

[10] 同上，322。

[11] 鲁道夫给路易莎·吉尔德的信，2005 年 10 月。

[12] Fuchs, 68.

[13] 鲁道夫给路易莎·吉尔德的信，2005 年 10 月。

[14] Fuchs, v.

[15] 鲁道夫给路易莎·吉尔德的信，2005 年 10 月。

[16] Fuchs, Quantum Foundations in the Light of Quantum Information, 4, 2001.

参考文献

Aczel, Amir D. Entanglement: The Greatest Mystery in Physics. New York: Four Walls Eight Windows, 2001.

Anandan, Jeeva, ed. Quantum Coherence: Proceedings of the International Conference on Fundamental Aspects of Quantum Theory to Celebrate 30 Years of the Aharonov Bohm Effect. Singapore: World Scientific, 1989, in particular pp. 356-72, where is printed Horne, Michael A., Abner Shimony, and Anton Zeilinger, "Down-Conversion Photon Pairs: A New Chapter in the History of Quantum Mechanical Entanglement."

Aspect, Alain, Phillipe Grangier, and Gérard Roger. "Experimental Tests of Realistic Local Theories via Bell's Theorem,"Physical Review Letters 47, No 7, 460-463 (1981).

———. "Experimental Realization of Einstein-Podolsky-Rosen-Bohm Gedankenexperiment: A New Violation of Bell's Inequalities", Phys. Rev. Letters 49, No 2, 91-94 (1982).

Aspect, Alain, Jean Dalibard, and Gérard Roger. "Experimental Test of Bell's Inequalities Using Time-Varying Analyzers," Phys. Rev. Letters 49, No 25, 1804-1807 (1982).

Bell, John S. Speakable and Unspeakable in Quantum Mechanics. Cambridge, England:Cambridge University Press, 1993.

Beller, Mara. Quantum Dialogue: The Making of a Revolution. Chicago: University of Chicago Press, 2001.

Bernstein, Jeremy. Hans Bethe: Prophet of Energy. New York: Basic Books, 1980.

———. Hitler's Uranium Club: The Secret Recordings at Farm Hall. Second Edition. New York: Copernicus Books, Springer-Verlag, 2001.

———. The Merely Personal: Observations on Science and Scientists. Chicago: Ivan R.Dee, 2001.

———. "Physicist" [profile of I. I. Rabi]. The New Yorker, October 13, 1975, pp. 47ff., and October 20, 1975, pp. 47ff.

———. Quantum Profiles [Bell, Wheeler, and Besso]. Princeton, NJ: Princeton University Press, 1991.

Bertlmann, R. "Magic Moments with John Bell," lecture at the international conference "Quantum (Un) speakables" in honor of John S. Bell, Vienna, November 10-14, 2000.

Bertlmann, R., and Zeilinger, A., eds. Quantum (Un)speakables. Berlin: Springer, 2002.

Bethe, Hans A. "Oppenheimer: 'Where He Was There Was Always Life and Excitement,' " Science 155, 1080-1084 (March 3, 1967).

Bohm, David. "A Suggested Interpretation of the Quantum Theory in Terms of Hidden Variables" (I and II), Physical Review 85, No 2, 166-93 (1952).

———. David Bohm Archives, Birkbeck College, University of London. Bohm Letters: C6, 10-16, 37-41, 42, 44, 46-48, 58 (de Broglie, Einstein, Hanna Loewy, Lomanitz, Pauli, Melba Phillips, Rosenfeld); A116-18: 1979 interview by Martin Sherwin of Lomanitz and Bohm; Hearings Regarding Communist Infiltration of Radiation

Laboratory and Atomic Bomb Project at the University of California, Berkeley, Calif.: Wednesday, May 25, 1949, Executive Session U.S. House of Representatives Committee on Un-American Activities—Testimony of David Joseph Bohm.; photographs of Bohm and Lomanitz in court; B44: "On the Failure of Communication between Bohr and Einstein." Undated (post-1961) essay by Bohm.

———. Quantum Theory. New York: Dover Publications, 1979.

———. Wholeness and the Implicate Order. London: Ark Paperbacks, 1983.

Bohm, David, and Yakir Aharonov. "Discussion of Experimental Proof for the Paradox of Einstein, Rosen, and Podolsky," Physical Review 108, No 4, 1070-75ff.

Bohr, Niels. Atomic Theory & the Description of Nature. Cambridge, England: Cambridge University Press (1934), 1961.

———. Atomic Physics and Human Knowledge. New York: John Wiley & Sons, 1958.

Bolles, Edmund Blair. Einstein Defiant (Bohr Unyielding): Genius versus Genius in the Quantum Revolution. Washington, D.C.: Joseph Henry Press, 2004.

Born, Max. The Born-Einstein Letters: The Correspondence Between Albert Einstein and Max and Hedwig Born, 1916-1955. New York: Walker & Co., 1971.

———. My Life: Recollections of a Nobel Laureate. New York: Scribner's Sons, 1978.

Brian, Denis. Einstein. New York: John Wiley & Sons, 1996.

Burke, Philip G., and Ian C. Percival. "John Stewart Bell," Biographical Memoirs of Fellows of the Royal Society, London 45, 1 (1999).

Casimir, Hendrik B. G. Haphazard Reality: Half a Century of Science. New York: Harper & Row, 1983.

Cassidy, David C. Uncertainty: The Life and Science of Werner Heisenberg. New York: W. H. Freeman & Co., 1992.

Casti, John L., and Werner DePauli. Gödel: A Life of Logic. Cambridge, MA: Perseus Press, 2000.

Clark, Ronald W. Einstein: The Life and Times. New York: Avon Books, 1971.

Clauser, John F. "Early History of Bell's Theorem," invited talk, presented at "Quantum (Un)speakables," conference in commemoration of John S. Bell, Vienna, November 10-14, 2000.

Clauser, John F., Michael A. Horne, Abner Shimony, and Richard Holt. "Proposed Experiment to Test Local Hidden-Variable Theories," Phys. Rev. Letters 23, No 15, 880-84 (1969).

Clauser, John F., and Michael Horne. "Experimental Consequences of Objective Local Theories," Physical Review D 10, No 2, 526-35 (1974).

Clauser, John F., and Abner Shimony. "Bell's Theorem: Experimental Tests and Implications" [review article], Reports on Progress in Physics 41, 1881-1927 (1978).

Davies, Paul. The Ghost in the Atom. Cambridge, England: Cambridge University Press, 1986.

———, ed. The New Physics. Cambridge, England: Cambridge University Press, 1996.

Dawson, John W., Jr. Logical Dilemmas: The Life and Work of Kurt Gödel. Wellesley, MA: A. K. Peters, 1997.

de Broglie, Louis. New Perspectives in Physics: Where Does Physical Theory Stand Today? A. J. Pomerans, trans. New York: Basic Books, 1962.

d'Espagnat, Bernard. "My Interaction with John Bell." Invited lecture at the international conference "Quantum (Un)speakables" in honor of John S. Bell, Vienna, November 10-14, 2000.

Dirac, P. A. M. "The Evolution of the Physicist's Picture of Nature," Scientific American, May 1963.

Dresden, M. H. A. Kramers: Between Tradition and Revolution. New York: Springer-Verlag, 1987.

Dukas, Helen, and Banesh Hoffmann. Albert Einstein, The Human Side. Princeton, NJ: Princeton University Press, 1989.

Einstein, Albert. Letters to Solovine 1906-1955. New York: Citadel Press, 1993.

———. Out of My Later Years. New York: Bonanza Books, 1990.

———. Relativity: The Special & the General Theory. Robert W. Lawson, trans. New York: Three Rivers Press (1916), 1961.

———. The World as I See It. London: John Lane the Bodley Head, 1935.

Einstein, Albert, Boris Podolsky, Nathan Rosen. "Can Quantum-Mechanical Description of Physical Reality Be Considered Complete?" Physical Review 47, 777-80 (1935).

Einstein, Albert, and Mileva Maric. Albert Einstein Mileva Maric: The Love Letters. Jurgen Renn, ed., Robert Schulmann, ed. & trans., Shawn Smith, trans. Princeton, NJ: Princeton University Press, 1992.

Ellis, John, and Daniele Amati, eds. Quantum Reflections (1991 CERN symposium in memory of Bell). Cambridge, England: Cambridge University Press, 2000. In particular, Jackiw's "Remembering John Bell."

Enz, Charles P. No Time to Be Brief: A Scientific Biography of Wolfgang Pauli. Oxford: Oxford University Press, 2002.

Eve, Arthur S. Rutherford: Being the Life and Letters of the Rt. Hon. Lord Rutherford, O. M. Cambridge, England: Cambridge University Press, 1939.

Feynman, Richard P. The Character of Physical Law. Cambridge, MA: M. I. T. Press, 1987.

———. "Surely You're Joking, Mr. Feynman!" with Ralph Leighton. New York: Norton & Co., 1985.

Fierz, M., and V. F. Weisskopf, eds. Theoretical Physics in the Twentieth Century: A Memorial Volume to Wolfgang Pauli. New York: Interscience Publishers, 1960.

Fine, Arthur. The Shaky Game: Einstein, Realism, and the Quantum Theory. Chicago: University of Chicago Press, 1996.

Folsing, Albrecht. Albert Einstein: A Biography. Ewald Osers, trans. New York: Penguin, 1997.

Forman, Paul. "Weimar Culture, Causality, and Quantum Theory, 1918-1927: Adaptation by German Physicists & Mathematicians to a Hostile Intellectual Environment." Historical Studies in the Physical Sciences, Vol. 3, 1-115 (1971).

Freedman, Stuart Jay. "Experimental Test of Local Hidden-Variable Theories," Ph. D. thesis, University of California, Berkeley, 1972.

Freedman, Stuart J., and John F. Clauser. "Experimental Test of Local Hidden-Variable Theories," Phys. Rev. Letters 28, No 14, 938-941 (1972).

French, A. P., ed. Einstein: A Centenary Volume. Cambridge, MA: Harvard University Press, 1979.

French, A. P., and P. J. Kennedy, eds., Niels Bohr: A Centenary Volume. Cambridge, MA: Harvard University Press, 1985.

Frisch, Otto. What Little I Remember. Cambridge, England: Cambridge University Press, 1991.

Fuchs, Chris. Notes on a Paulian Idea: Foundational, Historical, Anecdotal, and ForwardLooking Thoughts on the Quantum (Selected Correspondence, 1995-2001). Växjö, Sweden: Växjö University Press, 2003.

Furry, W. H. "Note on the Quantum-Mechanical Theory of Measurement." Phys. Rev. 49, 393-399 (1936).

———. "Remarks on Measurements in Quantum Theory" (response to Schrödinger). Phys. Rev. 49, 476 (1936).

Gamow, George. My World Line: An Informal Biography. New York: Viking Press, 1970.

———. Thirty Years That Shook Physics: The Story of Quantum Theory. New York: Dover, 1985.

Gell-Mann, Murray. The Quark and the Jaguar. New York: W. H. Freeman & Co., 1994.

Gleick, James. Genius: The Life and Science of Richard Feynman. New York: Vintage Books, 1993.

Goodchild, Peter. J. Robert Oppenheimer:"Shatterer ofWorlds." London: BBC Press, 1980.

Goudsmit, Samuel. "The Discovery of the Electron Spin," 1971 Golden Jubilee of the Dutch Physical Society lecture, www.lorentz.leidenuniv.nl/history/spin/goudsmit.html (June 2, 2008).

Greenberger, D. M., M. A. Horne, and A. Zeilinger. "Going Beyond Bell's Theorem," in Bell's Theorem, Quantum Theory and Conceptions of the Universe, M. Kafatos, ed. Dordrecht, Netherlands: Kluwer, 1989, 69-72.

Greenberger, D. M., M. A. Horne, A. Shimony, and A. Zeilinger. "Bell's Theorem Without Inequalities," American Journal of Physics 58, 1131-1143 (1990).

Greenspan, Nancy Thorndike. The End of the Certain World: The Life and Science of Max Born. New York: Basic Books, 2005.

Greenstein, George, and Arthur Zajone. The Quantum Challenge: Modern Research on the Foundations of Quantum Mechanics. Sudsbury, MA: Jones and Bartlett Publishers, 1997.

Hartcup, Guy, and T. E. Allibone. Cockcroft and the Atom. Bristol, England: Adam Hilger, Ltd., 1984.

Heilbron, J. L. The Dilemmas of an Upright Man: Max Planck & the Fortunes of German Science. Cambridge, MA: Harvard University Press, 1996.

Heisenberg, Werner. Encounters with Einstein & Other Essays on People, Places, & Particles. Princeton, NJ: Princeton University Press, 1989.

———. Philosophical Problems of Quantum Physics. Woodbridge, CT: Oxbow Press, 1979 (originally published 1952 by Pantheon Books as Philosophical Problems of Nuclear Physics).

———. Physics and Beyond: Encounters and Conversations. New York: Harper and Row, 1971. (a.k.a. Der Teil und das Ganze [The Part and the Whole]).

Hendry, John, ed. Cambridge Physics in the Thirties. Bristol, England: Adam Hilger, Ltd., 1984.

Hermann, Grete. "The Foundations of Quantum Mechanics in the Philosophy of Nature" (originally published in Die Naturwissenschaften 41, 721 [1935]; another version in Abhandlungen der Fries'schen Schule 6, 2 [1935]), translated from the German by Dirk Lumma, The Harvard Review of Philosophy VII, 35-44 (1999).

Hey, Anthony J. G., ed. Feynman and Computation, with Contributions by Feynman and His Most Notable Successors. Reading, MA: Perseus Books, 1999.

Hiley, B. J., and F. David Peat, eds. Quantum Implications: Essays in Honour of David Bohm. London: Routledge & Kegan Paul, 1987.

Holt, R. A., and F. M. Pipkin. "Quantum Mechanics vs. Hidden Variables: Polarization Correlation Measurement on an Atomic Mercury Cascade." Ph. D. thesis, Harvard University preprint, 1973.

Horne, Michael Allan. "Experimental Consequences of Local Hidden Variables Theories," Ph.D. dissertation, Boston University, 1970.

Howard, Don. "Einstein on Locality and Separability." Studies in History and Philosophy Science, Vol. 16, No. 3, pp. 171-201, 1985.

———. Revisiting the Einstein-Bohr Dialogue. 2005 lecture on his Web site.

———. "Nicht Sein Kann Was Nicht Sein Darf, or, The Prehistory of EPR, 1909-1935: Einstein's Early Worries

About the Quantum Mechanics of Composite Systems," in Miller, A. I., ed., Sixty-Two Years of Uncertainty. pp. 61-106ff. New York: Plenum Press, 1990.

Jackiw, Roman. "The Chiral Anomaly," Europhysics News 22, 76-77 (1991) (Bell Memorial).

Jackiw, Roman, and Abner Shimony. "The Depth and Breadth of John Bell's Physics," Physics in Perspective Vol. 4, No. 1, Feb. 2002, 78-116.

Jackiw, Roman, and D. Kleppner. "100 Years of Quantum Physics," Science 289, No 5481, 893-98 (Aug. 11, 2000).

Jammer, M. The Conceptual Development of Quantum Mechanics. New York: McGraw-Hill, 1966.

———. The Philosophy of Quantum Mechanics: The Interpretation of Quantum Mechanics in Historical Perspective. New York: John Wiley & Sons, 1974.

Jauch, J. M. Are Quanta Real? A Galilean Dialogue. Bloomington: Indiana University Press, 1973.

Johnson, George. A Shortcut Through Time: The Path to the Quantum Computer. New York: Knopf, 2003.

———. Strange Beauty: Murray Gell-Mann and the Revolution in Twentieth-Century Physics. New York: Knopf, 1999.

Kafatos, M., ed. Bell's Theorem, Quantum Theory, and Conceptions of the Universe. Dor drecht, the Netherlands: Kluwer Academic Publishers, 1989.

Klein, Martin J. Paul Ehrenfest: Volume 1 The Making of a Theoretical Physicist. Amster dam: North-Holland Publishing Co., 1972.

———. "The First Phase of the Bohr-Einstein Dialogue." Historical Studies in the Phys ical Sciences, Vol. 2, 1970.

Kocher, Carl A., and Eugene D. Commins. "Polarization Correlation of Photons Emit ted in an Atomic Cascade," Phys. Rev. Letters 18, No 15, 575-577 (1967).

Kragh, Helge. Dirac: A Scientific Biography. Cambridge, England: Cambridge Univer sity Press, 1990.

Lang, Daniel. "A Farewell to String and Sealing Wax" [Profile of Samuel Goudsmit] The New Yorker, November 7, 1953, pp. 47ff, and November 14, 1953.

Levenson, Thomas. Einstein in Berlin. New York: Bantam, 2004.

Lipschütz-Yevick, Miriam. "Social Influences on Quantum Mechanics?-II" Mathematical Intelligencer 23, No. 4 (Fall 2001).

Lloyd, Seth. Programming the Universe. New York: Knopf, 2006.

Mann, A., and M. Revzen, eds. The Dilemma of Einstein, Podolsky, and Rosen—60 Years Later: An International Symposium in Honour of Nathan Rosen. Bristol, England: Institute of Physics Publishing, 1995.

Mead, Carver. Collective Electrodynamics: Quantum Foundations of Electromagnetism. Cambridge, MA: M. I. T. Press, 2000.

Mehra, Jagdish. "Niels Bohr's Discussions with Albert Einstein, Werner Heisenberg, and Erwin Schrödinger: The Origins of the Principles of Uncertainty and Complementarity," Foundations of Physics 17, No. 5, 1987.

Mermin, N. David. Boojums All the Way Through: Communicating Science in a Prosaic Age. Cambridge, England: Cambridge University Press, 1990.

———. "Is the Moon There When Nobody Looks?" in Richard Boyd, Philip Gasper, and J. D. Trout, eds., The Philosophy of Science. Cambridge, MA: M. I. T. Press, 1993.

———. "What's Wrong with These Elements of Reality?," Physics Today, June 1990, 9-11.

Michelmore, Peter. Einstein, Profile of the Man. New York: Dodd, Mead, 1962.

Miller, A. I., ed. Sixty-two Years of Uncertainty. New York: Plenum Press, 1990. An amazing conference proceedings, including John Bell, "Against 'Measurement'"; Michael Horne, Abner Shimony, and Anton Zeilinger, "Introduction to Two-Particle Interferometry"; Don Howard, "Nicht Sein Kann Was Nicht Sein Darf, or, The Prehistory of EPR, 1909-1935: Einstein's Early Worries About the Quantum Mechanics of Composite Systems"; Arthur I. Miller, "Imagery, Probability, and the Roots of the Uncertainty Principle."

Moore, Walter. Schrödinger: Life and Thought. Cambridge, England: Cambridge University Press, 1990.

Nasar, Sylvia. A Beautiful Mind. New York: Touchstone, 1998.

Nolte, David. Mind at Light Speed. New York: Free Press, 2001.

In the Matter of J. Robert Oppenheimer: Transcript of Hearing before Personnel Security Board. April 12-May 6, 1954. Cambridge, MA: M. I. T. Press, 1970.

Pais, Abraham. Einstein Lived Here (the companion volume to 'Subtle Is the Lord...'). Oxford: Oxford University Press, 1994.

———. Inward Bound: Of Matter and Forces in the Physical World. Oxford: Oxford University Press, 1986.

———. Niels Bohr's Times in Physics, Philosophy, and Polity. Oxford: Oxford University Press, 1991.

———. 'Subtle Is the Lord...': The Science and the Life of Albert Einstein. Oxford: Oxford University Press, 1982.

Pauli, Wolfgang. Writings on Physics and Philosophy. Charles P. Enz and Karl von Meyenn, eds. Robert Schlapp, trans. Berlin: Springer-Verlag, 1994.

Pauli, Wolfgang, and C. G. Jung.Atom and Archetype: The Pauli-Jung Letters, 1932-1958.

C. A. Meier, ed. Princeton, NJ: Princeton University Press, 2001.

Peat, F. David. Infinite Potential: The Life and Times of David Bohm. Reading, MA: Addison-Wesley, 1997.

Peierls, Rudolf. Bird of Passage. Princeton, NJ: Princeton University Press, 1985.

———. Surprises in Theoretical Physics. Princeton, NJ: Princeton University Press, 1979.

Penrose, Roger. The Emperor's New Mind: Concerning Computers, Minds, and the Laws of Physics. Oxford: Oxford University Press, 2002.

Przibram, K., ed. Letters on Wave Mechanics: Schrödinger-Planck-Einstein-Lorentz. New York: Philosophical Library, 1967.

Rabi, I. I., Robert Serber, Victor Weisskopf, Abraham Pais, and Glenn Seaborg. Oppenheimer. New York: Charles Scribner's Sons, 1969.

Rajaraman, Ramamurti. "Fractional Charge," invited lecture at the international conference "Quantum (Un) speakables" in honor of John S. Bell, Vienna, November 10-14, 2000.

Raman, V. V., and Paul Forman. "Why Was It Schrödinger Who Developed de Broglie's Ideas?" Historical Studies in the Physical Sciences, Vol. I, 1969, 294-296.

Regis, Ed.Who Got Einstein's Office? Eccentricity and Genius at the Institute for Advanced Study. Reading, MA: Addison-Wesley, 1988.

Rozental, S., ed. Niels Bohr: His Life and Work as Seen by His Friends and Colleagues. Amsterdam: North Holland Pub. Co., 1967.

Satinover, Jeffrey. "Jung and Pauli," unpublished paper.

Saunders, Thomas J.Hollywood in Berlin. Berkeley: University of California Press, 1994.

Schlipp, P. A., ed. Albert Einstein: Philosopher-Scientist. New York: MJF Books, 1970.

Schrödinger, Erwin. "Discussion of Probability Relations between Separated Systems," Proceedings of the Cambridge Philosophical Society 31, 555-563 (1935).

———. The Interpretation of Quantum Mechanics. Michel Bitbol, ed., Woodbridge, CT: Ox Bow Press, 1995.

———. What Is Life? And Other Scientific Essays. New York: Doubleday Anchor Books, 1956.

Schweber, S. S. In the Shadow of the Bomb. Princeton, NJ: Princeton University Press, 2000.

Segrè, Gino. Faust in Copenhagen. New York: Viking, 2007.

Shimony, Abner. "Metaphysical Problems in the Foundations of Quantum Mechanics," in The Philosophy of Science. Richard Boyd, Philip Gasper, and J. D. Trout, eds. Cambridge, MA: M.I.T. Press, 1993.

———. The Search for a Naturalistic Worldview, Vol. 2. Cambridge, MA: Cambridge University Press, 1993.

Shimony, Abner, M. A. Horne, and J. F. Clauser, "Comment on the Theory of Local Beables"; Shimony, "Reply to Bell," Dialectica 39, No. 2, 97-110 (1985).

Shimony, Abner, Valentine Telegdi, and Martinus Veltman. Obituary: "John S. Bell," Physics Today 82 (Aug. 1991).

Smith, Alice Kimball, and Charles Weiner, eds. Robert Oppenheimer Letters and Recollections. Stanford, CA: Stanford University Press, 1980.

Stachel, John, ed. Einstein's Miraculous Year: 5 Papers That Changed the Face of Physics. Princeton, NJ: Princeton University Press, 1998.

Teller, Edward, Memoirs: A Twentieth-Century Journey in Science and Politics. Cambridge, MA: Perseus Publishing, 2001.

Tomonaga, Sin-itiro. The Story of Spin. Takeshi Oka, trans. Chicago: University of Chicago Press, 1997.

Townes, Charles. How the Laser Happened. Oxford: Oxford University Press, 1999.

Uhlenbeck, George E. "Reminiscences of Professor Paul Ehrenfest," American Journal of Physics 24, 431-433 (1956).

Uhlenbeck, George E., and Samuel A. Goudsmit. "Spinning Electrons and the Structure of Spectra," Nature 117, 264-265 (1926).

Wang, Hao. Reflections on Kurt Gödel. Cambridge, MA: M.I.T. Press, 1987.

Weaver, Jefferson Hane. The World of Physics: A Small Library of the Literature of Physics from Antiquity to the Present (Vol. II: The Einstein Universe and the Bohr Atom). New York: Simon & Schuster, 1987.

Weinberg, Steven. The Discovery of Subatomic Particles. New York: Scientific American Books, 1983.

Weisskopf, Victor F. Physics in the Twentieth Century: Selected Essays. Cambridge, MA: M. I. T. Press, 1972.

Wheeler, J. A., and W. H. Zurek, eds. Quantum Theory and Measurement. Princeton, NJ: Princeton University Press, 1983.

Whitaker, Andrew. Einstein, Bohr, and the Quantum Dilemma. Cambridge, England: Cambridge University Press, 1996.

———. "John Bell and the Most Profound Discovery of Science," Physics World, December 1998, 29-34.

Wick, David. The Infamous Boundary: Seven Decades of Heresy in Quantum Physics. New York: Copernicus, Springer, 1995.

Woolf, Harry, ed. Some Strangeness in the Proportion: A Centennial Symposium to Celebrate the Achievements of Albert Einstein. Reading, MA: Addison-Wesley, 1980.

人物传记网站

www - groups.dcs.st - and.ac.uk/~history/.

数学家和物理学家的传记文献网站，内容翔实，文字简短而优美。

The arXiv: http://arXiv.org.

其中的 “quant - ph” 栏目，提供了关于量子物理学的重要而有趣的论文和信息。

量子计算和密码学相关文献

The Quantum Information issue of Physics World 11, No 3, 35 - 57 (March 1998).

Fitzgerald, Richard. “What Really Gives a Quantum Computer Its Power?,” Physics Today, 20 - 22 (January 2000).

Gisin, Nicolas, Grégoire Ribordy, Wolfgang Tittel, and Hugo Zbinden, “Quantum Cryptography,” Reviews of Modern Physics 74, 145ff. (January 2002).

Grover, Lov. “Quantum Computing,” The Sciences, 24 - 30 (July 1999).

Lloyd, Seth. “A Potentially Realizable Quantum Computer,” Science, 261 (1993).

———. “Quantum Mechanical Computers,” Scientific American, 140 - 45 (October 1995).

Naik, D. S., C. G. Peterson, A. G. White, A. J. Berglund, and P. G. Kwiat. “Entangled State Quantum Cryptography: Eavesdropping on the Ekert Protocol,” Phys. Rev. Letters 84, 4733 (2000).

Nielsen, Michael A. “Rules for a Complex Quantum World,” Scientific American, 66 - 75 (November 2002).

大众读者可参阅的词汇表和百科全书

Q Is for Quantum: An Encyclopedia of Particle Physics, by John Gribbin. (Mary Gribbin, ed.; Jonathan Gribbin, illus.; Benjamin Gribbin, time lines). New York: The Free Press, 1998.

Oxford Dictionary of Physics. Alan Isaacs, ed. Oxford: Oxford University Press, 2003.

量子理论最有趣的读物之一

The Einstein Paradox and Other Science Mysteries Solved by SHERLOCK HOLMES, by Colin Bruce. Reading, MA: Helix Books, 1997.

致谢

乔治·伽莫夫的《震撼物理学的三十年》（*Thirty Years That Shook Physics*）和戴维·默敏的论文《给所有人的量子秘密》（*Quantum Mysteries for Anyone*）启发我撰写这本书。

如果没有不可思议的传记三部曲——亚伯拉罕·派斯的《奇哉上苍》（*Subtle Is the Lord*）、《尼尔斯·玻尔的物理、哲学和政治时代》和《内心的束缚》（*Inward Bound*），这本书是不可能完成的。

有四个人让我一想到写了这本书就感到高兴，他们是赖因霍尔德和莱内特·伯尔特曼、乔治·约翰逊和米利亚姆·耶维克，我感激不尽。

非常感谢每一个帮我寻找记忆或解释的人。我很荣幸能见到这么多了不起又有魅力的人。特别要感谢阿伯纳·奚模尼和罗曼·查克威，他们率先指导了我的思考和写作，而他们的指导至关重要。

感谢阿兰·爱斯派克特、玛丽·贝尔、安迪·伯格伦德、尤金·科敏斯、阿图尔·埃克特、约翰·克劳泽、埃德·弗莱、肯·福特、斯图尔特·弗里德曼、约翰·哈特、理查德·霍尔特、迈克·霍纳、丹尼·格林伯格、乔治·格林斯坦（他与阿瑟·沙姜克撰写的书很棒），尼古拉·吉辛、拉斯·贝克尔·拉森、塞思·劳埃德、戴维·默敏、鲍里斯·波多尔斯基，戴夫·雷德尔、特里·鲁道夫、拉贾拉曼、杰克·斯坦伯格，杰夫·萨蒂诺福、戴维·萨瑟兰以及米利亚姆和乔治·耶维克。也要感谢史蒂夫·温斯坦，他给了我《摇摇欲坠的比赛》（*The Shaky Game*）这本书。尤其，我要感谢安德鲁·惠特克，因为他写了优美的《爱因斯坦、玻尔和量子困境》（*Einstein, Bohr, and the Quantum Dilemma*）一书；还要感谢克里斯·富克斯写了《量子信息时代的到来》（*Coming of Age With Quantum Information*）——这两本书一直摆在我的书桌上。

非常感谢阅读和评论本书部分或全部内容的各位：马特·巴比诺（其在 2002 年的敏锐评论，指导我此后多年的写作），乔治、梅兰和乔什·吉尔德，唐尼·弗莱茨、安妮·帕尔默、索里纳·希金斯、赖因霍尔德和莱内特·伯尔特曼、阿伯纳·奚模尼、米利亚姆·耶维克、理查德·霍尔特、尼古拉·吉辛、约翰·哈特、杰夫·萨蒂诺福、迈尔斯·布兰科韦、赫歇尔·斯诺格拉斯以及他在 2006 年于刘易斯克拉克学院举办的“量子力学课程”秋季班，此外，是帕蒂·卡琳把我介绍给赫歇尔的。感谢海宁·马克霍尔姆对哥本哈根火车站的描述，感谢芭芭拉·帕尔默对慕尼黑及其电影院的描述。

感谢迈尔斯·布兰科韦对于纠缠的清晰而幽默的研究，并在其中辅以物理学。感谢卡弗·米德的善良和他对量子力学的远见。感谢苏·戈德塞尔和伦敦大学伯贝克学院在查询玻姆档案时提供的帮助。感谢马蒂亚斯·科尼尔吉克，他是我在2000年第一次参加维也纳会议时的朋友和向导。感谢已故的弗莱德·巴德斯顿，他使伯克利成了一个受欢迎的地方。感谢2005年在维也纳与我度过美好一天的亚历山大·斯提博，感谢他坚持让我参观了夏宫，并见到了特里·鲁道夫，我还有幸与李·斯莫林和赫伯·伯恩斯坦共进晚餐。

感谢路易斯、亚美利加和伊莎贝拉·冯·哈尼尔，他们带我完成了一场神奇之旅，去了瓦尔兴湖。在那里，我们找到了海森堡的故居。我的表兄弟姐妹斯蒂芬和海伦娜、达米恩、契卡和特蕾莎·冯·格特堡，我们一起吃白笋，在黑森林里骑了两小时的摩托车去拜访了玻恩与史怀哲相遇的教堂。康斯坦丁和冈迪·冯·格特堡请我美餐一顿，然后开车送我赶去机场。

感谢道格·哈根，他教会我成为一名放映员，这让我在写作的时候更有乐趣。感谢达科塔·赖斯，他为我提供了精神上的支持。我的表兄杰里米·戈迪尼耶通宵达旦地把我的画在计算机上做成数字图像，而这台计算机完全不能胜任这项工作。感谢布鲁斯·查普曼，他在我需要帮助的时候给予善意的帮助和经济上的支持。

感谢我的经纪人兼表妹妮娜·瑞安，感谢她所有的工作和鼓励。感谢阿维莉娜·特鲁切罗的自制奶油软糖！感谢罗克珊·厄里，如果没有她在关键时刻的牺牲和付出，我会迷失。感谢纳塔莉亚·戴维斯提供给我写作的空间，让我在奥克兰山度过了一年半的时间，并多次给予我重要的精神支持。感谢福特谷酒店（索诺玛城最好的酒店）的娜·坎贝尔和布兰登·根瑟，他们在本书撰写的最后时间里提供给我美丽的工作空间和各种当地美食。

感谢 Knopf 出版社处理我那些成堆的手稿的每一个人。感谢凯特·诺里斯专心致志地誊抄，梅根·威尔逊冷静和重要的帮助。特别感谢我的编辑乔纳森·西格尔的指导，让零散的手稿变成一整本书。同时，感谢他优秀的助手凯尔·麦卡锡和乔伊·麦加维。

最后，感谢我所有的朋友和家人的支持和乐观态度。特别要感谢我的母亲科妮莉亚·布鲁克·吉尔德，她在我酝酿这本书的八年里也写了两本书。几年来，我们一起在车库上方的“圣殿”里工作，陪伴、责任、偶尔的园艺工作和门廊上的午餐是我最好的写作经历。感谢我妹妹梅兰的陪伴，尤其，她要在另一边海岸通宵达旦地陪我。还有我的父亲乔治·吉尔德，他是我的支柱，是不断批判的读者，也是我跑步的伙伴。他总是能通观大局。感谢唐尼·弗莱茨在我写作时为我伴奏。